平朔大型生态脆弱矿区生态修复研究与实践——生态过程分析与评价

李晋川　岳建英　主编

科学出版社
北京

内 容 简 介

本书以平朔矿区为研究对象，系统介绍了其受损生态系统的修复过程与动态变化，包括应用遥感数据监测平朔矿区植被覆盖度的时空分布特征及影响因素分析、平朔矿区固定监测样地物种组成及空间格局、平朔矿区人工重建生态系统植被演替及多样性分析、平朔矿区人工重建生态系统土壤质量演变及养分累积效应、平朔矿区重建人工林凋落物研究、平朔矿区人工重建生态系统动物多样性调查与评价、平朔矿区人工重建生态系统健康评价、平朔矿区人工重建生态系统服务价值等相关内容。全书共分十章，并附有平朔矿区植物、昆虫和陆栖脊椎动物名录。

本书可作为恢复生态学、环境科学、土壤学和地理学等学科教学的专业参考书，也可供从事矿区土地复垦与生态修复的科研人员及修复工程技术人员参考。

图书在版编目（CIP）数据

平朔大型生态脆弱矿区生态修复研究与实践：生态过程分析与评价/李晋川，岳建英主编. —北京：科学出版社, 2019.11

ISBN 978-7-03-061579-4

Ⅰ. ①平… Ⅱ.①李… ②岳… Ⅲ. ①矿区–矿山环境–生态恢复–研究–宁武县 Ⅳ.①X822.5

中国版本图书馆 CIP 数据核字（2019）第 111355 号

责任编辑：马 俊 付 聪 郝晨扬 / 责任校对：郑金红
责任印制：吴兆东 / 封面设计：刘新新

科学出版社 出版
北京东黄城根北街 16 号
邮政编码: 100717
http://www.sciencep.com

北京虎彩文化传播有限公司 印刷

科学出版社发行 各地新华书店经销

*

2019 年 11 月第 一 版 开本：787×1092 1/16
2019 年 11 月第一次印刷 印张：18 3/4
字数：445 000

定价：198.00 元

(如有印装质量问题，我社负责调换)

前　言

随着国家煤炭生产的重心转向黄土高原晋陕蒙交界的西部生态脆弱矿区，矿区生态修复治理研究的重点区域也将随之转移，未来黄土高原大型矿区，特别是露天矿区的生态修复治理将是我国矿区生态修复治理重点关注的区域。平朔矿区位于黄土高原东部，是我国最早开展大型露天矿区土地复垦和生态重建研究与治理的矿区，也是全球唯一从采矿初期就开始进行矿区土地复垦和生态重建研究与治理，并持续跟踪开展系统修复过程研究的矿区。2000 年以前，平朔矿区以露天矿区地貌重塑、土壤重构和生态重建研究与治理为重点，进入 21 世纪后，研究重心逐渐转向对矿区生态修复过程的科学研究。2000 年出版的《露天煤矿土地复垦与生态重建》（李晋川和白中科，2000）对矿区土地复垦中的地貌重塑、土壤重构和生态重建做了系统的介绍，本书是对其后续部分研究工作的总结，是对原有研究工作的接续和延展。脆弱生态矿区生态修复治理面临着原脆弱生态区的生态修复和因采矿导致的极度退化生态系统修复治理的双重使命，是一项复杂而漫长的系统工程。从 2000 年开始，通过持续跟踪研究，研究重点由先前关注的工程技术问题转向生态修复过程中面临的科学问题，研究主要集中在人工重建或修复生态系统的修复过程和动态变化上，涉及植物群落的演变及其与环境的关系、植被结构与功能的关系、生物多样性与生态系统稳定性的关系、土壤生态系统修复与植被的关系、人工重建生态系统与自然生态系统融合等的研究。本书通过大量的野外基础研究数据和文献综述，力求真实反映平朔矿区人工重建生态系统演替的生态过程和与之相关的研究内容，如应用遥感数据监测平朔矿区植被覆盖度变化与影响因子分析、人工植被群落演替与野生植物侵入的关系、野生动物多样性与生态系统稳定性的关系、乔木固定样地监测与格局分析、土壤质量演变和土壤生态系统修复、人工林枯落物的动态变化及其对养分循环的影响、人工重建生态系统健康评价和人工重建生态系统服务价值。

本书总结了平朔矿区生态重建方面持续系统的研究工作，介绍了最新的研究结果，可为从事相关研究的科研人员提供参考，对拓展矿区生态修复研究的思路、方法和内容起到抛砖引玉的作用。此外，也希望我们的研究可以丰富我国矿区生态修复研究的理论体系，为我国西部矿区特别是露天矿区的生态修复提供科学依据和技术支撑。

我们在样地建设和数据采集工作方面，得到中国地质大学（北京）白中科教授和赵中秋教授、山西农业大学闫海冰副教授和中国科学院沈阳应用生态研究所郝占庆研究员的支持与帮助；在项目研究和基地建设方面，获得中煤平朔集团有限公司张忠温、贺振伟、柴书杰、赵峰、尹建平和陈建军等领导的支持与帮助，在项目研究及野外工作中得到山西省生物研究所谢海军所长、彭晓光副所长及邢盼盼、卢晓霞、戴骁虎、刘福、崔国良等相关人员的大力支持与协助，在此一并致谢！

参加野外调查及研究工作的人员还有山西省生物研究所王文英、李旭霞、刘新志副研究员，山西农业大学韩丽君、乔俊耀、马芳、韩维亚、韩静、李倩冉等，中国地质大学（北京）白中科教授团队及研究生，山西大学郭东罡等，在此一并表示感谢！

该项研究工作在实施期间先后获得“十一五”国家科技支撑计划项目“煤炭露、井联采沉陷区土地复垦与农业生态再塑技术开发及应用”、“十二五”国家科技支撑计划项目“资源转型城市矿区生态修复关键技术与示范”、国土资源部公益性行业科研专项“生态脆弱矿区复垦土地生物多样性调查、监测与评价技术”和山西省重大科技专项“生态脆弱区和工矿区生态恢复、重建技术与示范”等国家及省部级项目的资助，在此表示衷心的感谢！

李晋川

2019 年 3 月 15 日

目　录

各章主要作者

第一章　绪论

李晋川　卢　宁

第二章　平朔矿区概况

卢　宁　李晋川　贺振伟

第三章　平朔矿区植被覆盖度的时空分布特征及其影响因素分析

张昊平　李晋川　许建伟　杨生权

第四章　平朔矿区固定监测样地物种组成及空间格局

卢　宁　岳建英　郭春燕　李晋川

第五章　平朔矿区人工重建生态系统植被演替及多样性分析

郭春燕　岳建英　李晋川　王　卓

第六章　平朔矿区人工重建生态系统土壤质量演变及养分累积效应

王　翔　卢　宁　郭春燕　李晋川

第七章　平朔矿区重建人工林凋落物研究

卢　宁　郭春燕　岳建英

第八章　平朔矿区人工重建生态系统动物多样性调查与评价

曹天文　崔　艳　郭东龙　王菊平

第九章　平朔矿区人工重建生态系统健康评价

郭春燕　王　翔　岳建英

第十章　平朔矿区人工重建生态系统服务价值

王　翔　李晋川　王宇宏

附录一　平朔矿区植物名录

岳建英　郭春燕　卢　宁　王　翔　李倩冉　董　娟

附录二　平朔矿区昆虫名录

曹天文　王菊平　杨生权　许建伟

附录三　平朔矿区陆栖脊椎动物名录

曹天文　郭东龙

第一章　绪　　论

第一节　研究的必要性

生态脆弱矿区的生态修复是一个漫长的过程，如何通过人工措施实现由植被重建到人工重建生态系统雏形构建，再到人工重建生态系统与自然生态系统融合，逐步形成具有自我调节功能并可维持自身稳定的生态系统，是研究和治理的目标，也是该类矿区生态修复的难点。从平朔矿区人工重建生态系统演替的过程看，人工重建生态系统易受外部环境、物种竞争、野生动植物侵入和人为干扰的影响，使生态演替的进程变得曲折，生态退化时常发生。人工重建生态系统生态修复的过程远比我们想象的复杂，出现的问题已超出我们的认知，需要借助现代生态学研究的相关理论及研究成果，提升我们对矿区生态修复研究的能力，开展生态结构与功能的关系、生物多样性与稳定性的关系、环境胁迫与系统响应及调节机制等的相关研究，了解人工重建生态系统的演替特征，实现其与自然生态系统的融合，最终形成能维持其自身稳定的生态系统。

第二节　国内外研究现状

有关矿区土地复垦与生态修复的研究，国内外已开展多年，并取得了众多的研究成果，治理的成效也逐步显现。国外由于开展治理的时间较长，因此无论是在修复治理类型、技术、管理和政策法规方面，还是在研究的理念，修复治理的态度，公众、企业和政府对矿区土地复垦与生态修复的认知及重视程度上，都明显优于国内，在治理成效上也明显较国内好。国外对矿区土地复垦与生态修复治理的认识和修复治理目标同国内一样，也是经历了由重视工程治理，到生态修复，再到生态系统修复的认识过程。同时受益于对恢复生态学研究的重视和研究理念的扩展，在恢复生态学研究体系中，矿区生态修复被划在人为扰动的重大工程的生态修复研究领域，借助生态修复的理论和研究方法，可以探索许多过去无法认知和解决的科学问题。

相对于国外，国内有关矿区土地复垦与生态修复研究起步较晚，但也有较长的历史，研究工作主要集中在煤矿和金属矿山，煤矿以井工塌陷为主要研究对象，金属矿山以露天为主要研究对象。研究的内容多偏重工程技术方面，对矿区生态系统研究理念的认识较国外落后。主要原因是我国研究项目的时间多为 3～5 年，研究完成后未能开展持续的跟踪研究，而是在不同地区和矿区重复开展同类研究，修复治理技术相对固化。另外，在研究内容上仅局限于矿区覆绿和土地的再利用，未能从生态系统角度思考问题，制定目标，并开展相关研究。虽然近些年国内对生态修复治理有所重视，矿区生态修复成为研究的热点，且从事矿区土地复垦与生态修复研究的人员也在不断增加，但开展矿区生态修复研究需要多学科的协作与攻关，特别需要生态学研究的背景知识和经验的积累，加之能够持续开展系统生态修复研究的基地很少，这对提高国内在本领域的研究水平构成了障碍。

第三节 研究背景和意义

1987 年，平朔矿区作为我国煤炭行业改革开放的先驱者和试验田，由美国西方石油公司独资建设安太堡露天矿，将当时国际上最先进的露天开采技术、装备和管理引入我国，实现了我国露天矿开采工艺、技术和管理跨越式进步，并使其与国际接轨，达到国际先进水平。大规模高速开采造成土地资源的破坏和生态退化，驱使我们在建矿初期就对该矿山进行土地复垦与生态修复治理。1990 年，由山西省生物研究所牵头，组织山西农业大学、山西省农业科学院畜牧兽医研究所、山西省环境保护研究所（现为山西省环境科学研究院）和平朔安太堡露天矿成立的矿区土地复垦与生态修复课题组开始进行安太堡露天矿区土地复垦的相关研究。1991 年，课题组承担“八五”国家重点科技攻关计划课题“安太堡露天煤矿废弃地复垦系统工程的研究与开发示范”，开始了平朔矿区土地复垦与生态修复研究。之后，课题组又先后承担了“九五”国家重点科技攻关计划课题“平朔露天矿区生态环境综合整治研究与示范”、国家自然科学基金项目“黄土区大型露天采煤废弃地生境再造与群落重组研究”和“黄土区大型露天煤矿人工再造土壤与重组群落初期演变阶段的过程揭示”、“十一五”国家科技支撑计划项目“煤炭露、井联采沉陷区土地复垦与农业生态再塑技术开发及应用”、“十二五”国家科技支撑计划项目“资源转型城市矿区生态修复关键技术与示范”和山西省重大科技专项“生态脆弱区和工矿区生态恢复、重建技术与示范”，为我国大型露天矿山，特别是黄土高原半干旱地区露天矿的土地复垦与生态重建治理工作奠定了良好的理论基础，并提供技术支撑。从建矿初期开始，针对同一矿区，持续跟踪，系统开展生态脆弱矿区土地复垦与生态重建研究，在国内外尚无先例。由于在平朔矿区开采之前，我国在黄土高原地区没有开展矿区土地复垦与生态重建治理的经验，加之受自然条件的限制，国外许多成功的复垦与治理技术无法直接应用。因此，在研究初期，课题组多是摸着石头过河，研究的目标很实际，最初是在恶劣的退化条件下，将植物种活种好；然后是探索合理的种植模式，解决植被生长退化的问题；最后是探索构建矿区人工重建生态系统的问题。研究的前期主要解决土地复垦与生态重建的工程技术问题，“八五”期间研究提出了“剥离—采矿—回填—复垦”一条龙的露天矿开采与土地复垦修复治理工艺，并在国内率先将矿区土地复垦与生态修复治理成本纳入生产成本；“九五”期间针对矿区土地复垦与生态重建等生态治理工程，提出露天矿区土地复垦与生态重建的“地貌重塑、土壤重构和植被重建”技术集成和治理模式。随着研究的深入，课题组逐渐发现矿区的生态修复治理不是简单的土地资源复垦再利用和植被覆绿的问题，而是由土地复垦到植被重建，再到生态修复和生态系统修复的认识上的转变。研究的理念也由最初的解决工程技术问题转向解决生态修复与重建的科学问题，对于生态修复与重建过程中面临的新问题，需要引入生态系统生态学和恢复生态学的理论，科学解释和重新认识生态修复过程中存在的一系列科学问题。另外，也需要针对已有的土地复垦与生态重建技术开展回顾性评价，验证修复重建技术的科学性、合理性和适宜性，为今后的修复治理提供科学依据。因此，研究借鉴恢复生态学和生态系统生态学研究的理念及技术方法，寻找针对矿区生态修复过程中需要解决的科学问题，开展系统、科学和持续的研究，完善和充实我国矿区生态修复的研究内容和技术体系，实现矿区生态修复研究由注重工程技术问题向解决生态系统科学问题的研究理念转变。通过近十余年的系统研究，课题组获得了大量的基础科学数据，为持续开展矿区生态修复与重建研究奠定了良好的基础，也希望我们的研究能够丰富我国矿区生态修复研究的思路，提供可借鉴的技术路径。

第四节　平朔矿区生态重建过程中面临的主要问题

平朔矿区在开展土地复垦与生态重建治理初期，制定的重建目标是基于原自然生态系统和农田生态系统，建立优于原生态环境的生态系统。针对不同的立地条件，采用了不同的植被重建模式，在重建初期这些模式的植物生长均表现正常，人工重建生态系统雏形逐步显现，从景观上看已明显优于原生态系统，当时认为已经实现了矿区生态重建的目标，找到了矿区土地复垦与生态重建的技术和方法。但受自然条件的约束、野生物种的侵入、植被配置模式的不合理等因素的影响，人工重建生态系统面临的一系列问题逐步突显出来，严重制约了人工重建生态系统与自然生态系统的融合，以及制约了人工重建生态系统雏形向稳定生态系统的演替。归纳起来主要为三类问题。

（1）植被配置模式不合理。平朔矿区最早开展植被重建时，先后引种了近百种植物开展试验，目的是找到适于矿区生态修复治理的植物，但由于时间关系，没有开展这些植物的生态适宜性评价研究，认为只要能够种活就没有问题，导致部分种植模式的植物生长因水分和养分竞争出现退化，人工理想组合未能经受住自然和时间的检验。其原因主要是研究人员对植物的生态习性和物种之间的关系缺乏了解，对人工植被自然演替的规律认识不足。

（2）虫害暴发。由于大规模地集中种植人工植被，且部分区域存在单一物种的纯林模式，在人工植被前期生长茂盛时，昆虫大量侵入，极易诱发虫害。平朔矿区在2002年前后暴发了针对沙棘[①]群落的虫害，主要是由沙棘木蠹蛾（*Holcocerus hippophaecolus*）、红缘天牛（*Asias halodendri*）引起的，导致沙棘成片死亡，死亡后的沙棘又遭遇火灾，给矿区生态保护带来巨大的压力。

（3）野生植物大量侵入。随着人工植被生长成林，原有的生土逐步熟化，土壤养分得到改善，野生植物开始大量侵入，导致植物群落结构发生巨大变化。从生物多样性角度看是有利的，但同时也面临野生植物与人工栽培植物竞争的问题，直接影响植被结构与生态功能的关系。

上述都是脆弱生态系统重建与修复过程中需要面对的问题，是平朔矿区生态修复过程中必然存在的问题。由于我们的研究对象和生态重建目标与国内外已有的生态修复治理工程不同，存在的问题也较特殊，我们几乎是从零开始，不同的生态退化及修复过程中可能遇到的问题平朔矿区可能都将遇到。与自然生态系统形成及演替过程相比，人工生态修复与重建所经历的动态演替过程的各个阶段都是难以省略和跨越的，只是影响生

---

① 本书中沙棘均指中国沙棘（*Hippophae rhamnoides* subsp. *sinensis*）。

态系统正常演替问题出现的先后、时间的早晚和进程的长短有所不同。

为此，从 2000 年开始，引入恢复生态学和生态系统生态学的研究思路与方法，开展相关生态系统修复动态研究。该项研究有别于传统生态学的研究方法，从研究的尺度、样地建设，到监测指标和分析的内容，以及评价和预测模型等选择上，都需要从头构思和设计，国内外均没有可以参考和借鉴的技术和方法。研究涉及宏观生态学的“3S”技术，微观的基因检测技术，动物、植物和微生物的调查与分析，植物生理与生态，土壤理化与生物技术等相关技术指标。具体研究主要包括地上植被部分的矿区植被覆盖度分布特征、植被乔木样地的动态监测与格局分析、人工植被与自然植被的演变关系、野生植物的侵入与多样性分析、矿区动态植被区系分析和枯落物的归还及动态变化；野生动物部分的脊椎动物侵入及区系分析、昆虫多样性与虫害发生的相关性分析、土壤动物调查与多样性分析；地下土壤部分的植被与土壤生态演变的关系、土壤质量演变与肥力评价、土壤呼吸；针对整体生态系统的人工重建生态系统健康评价与生态系统服务等研究。通过这些研究拟科学解释矿区人工植物群落结构特征及变化过程和趋势、矿区人工重建生态系统生物多样性与稳定性的关系及其响应机制、土壤生态与植被重建结构的关系、植物与微生物的互作机制及生态效应，以期实现对原植被重建模式的回顾性评价及对人工重建生态系统的动态监测和科学管理，最终能够为平朔矿区人工重建生态系统与自然生态系统的融合及持续稳定提供科学依据（图 1-1）。

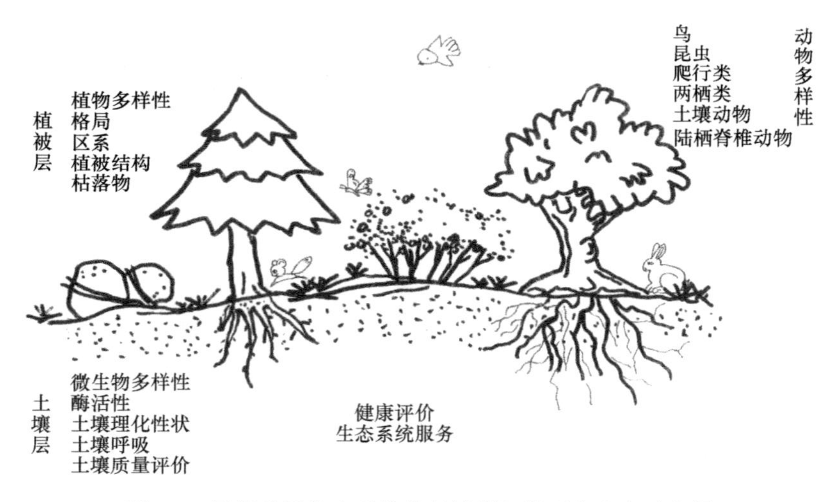

图 1-1　平朔矿区生态系统修复过程相关研究内容示意图

第二章　平朔矿区概况

第一节　地理位置与自然概况

一、地理位置

平朔矿区地处黄土高原东部生态脆弱区，位于山西省北部朔州市平鲁区，与晋陕蒙“黑三角”地带接壤，北距大同 145km，南距太原 210km。地理坐标为：39°23′～39°37′N，112°10′～113°30′E（图 2-1）。

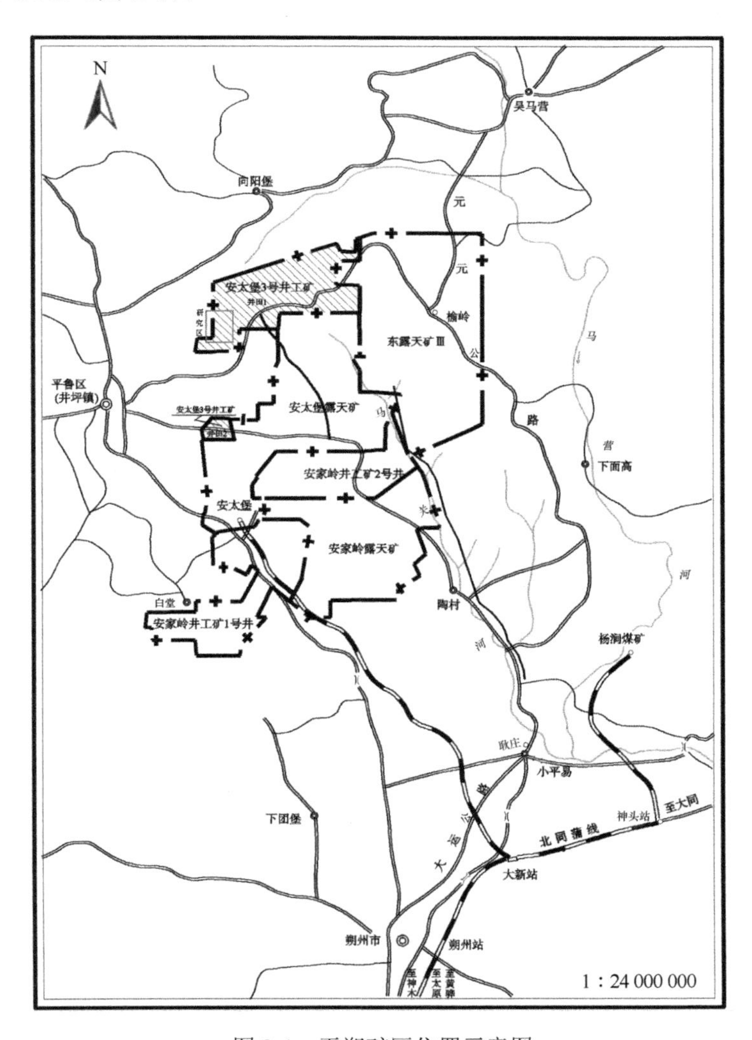

图 2-1　平朔矿区位置示意图

二、气候状况

平朔矿区属于中温带季风气候区，为典型的半干旱大陆性季风气候，冬季严寒，夏季凉爽，春季风大。

年平均气温为4.8～7.5℃，极端最高气温为37.9℃，极端最低气温为–32.4℃，极端温差达70.3℃；无霜期为107～175天，平均约为140天，初霜期最早为9月14日，终霜期为次年5月，最晚为次年6月7日。冰冻期为每年10月中旬到次年4月中旬，约6个月，最大冻土深度一般为1.31m，最大积雪厚度为26cm。

年日照时数最长为2883.1h，最短为2444.5h，平均为2693.3h；湿度最大为80%，最小为0。

雨热同季，年平均降水量为426.7mm，最低为195.6mm，最高为757.4mm，降水多集中在7～9月，占全年降水量的75%。年平均蒸发量为2006.7mm，约为年平均降水量的5倍。

年平均有风（风速4m/s以上）天数约占全年的70%以上；年平均8级以上大风天气约为35天；飓风天气约为2天；扬沙天气为29天以上，多集中在冬春季节，风向西北，最大风速可达21.7m/s。

三、地形地貌

平朔矿区位于山西省北部，东有洪涛山，西北有西石山脉，南与朔州市平原相接。属于黄土高原与北方土石山区接壤地带，为黄土丘陵地貌，区内中部黄土广布，侵蚀切割作用强烈，加之植被覆盖度低，水蚀、风蚀严重，冲刷剧烈，冲沟大致呈南北向树枝状分布，切割深度为30～50m，形态为“V”形或“U”形，形成典型的梁、垣、峁等黄土高原地貌。平朔矿区典型地貌如图2-2所示。

图2-2 平朔矿区典型地貌（彩图请扫封底二维码）

海拔最低处在矿区东南的平原区，最低海拔为1038m，海拔最高处在矿区的西南部山区，最高海拔为2165m。矿区大部分位于黄土高原丘陵区，海拔为1200～1600m，总体起伏高差小于500m。按照地形起伏程度划分为4个等级（表2-1）。根据该分级方案，相对高差小于20m的地区为高平原区，主要分布在矿区的东南角上，面积比较小，占矿区总面积的2.59%；丘陵区分布在矿区的中部，贯穿整个矿区，占矿区总面积的39.03%；低山区分布在矿区的东西两侧及矿区中部，为本矿区地貌最大的单元，占矿区总面积的54.66%；相对高差在500～1500m的中山区分布在矿区的东西两侧山地，面积较小，占矿区总面积的3.72%。

表2-1　基于相对高差地貌类型分类表

地貌类型	相对高差（m）	占矿区总面积的比例（%）
高平原	<20	2.59
丘陵	20～200	39.03
低山	200～500	54.66
中山	500～1500	3.72
高山	1500～5000	0

四、地质状况

平朔矿区位于山西省北部，宁武煤田北部，属于黄土半掩区，现将井田内出露地层层序由老到新分述如下。

1. 奥陶系

中、下奥陶统（O_{1+2}）出露于井田外西部，井田内部分钻孔有揭露。中奥陶统多为灰色、深灰色厚层石灰岩，质纯性脆，致密坚硬，中夹棕褐色，具黄色斑点的豹皮状灰岩和灰绿色钙质泥岩，底部为灰褐色同生角砾状灰岩，此层为中、下奥陶统的分界灰岩。下奥陶统为灰黄色、灰白色白云质灰岩及白云岩，间夹薄层状灰岩及结晶灰岩，总厚度为400m左右。

2. 石炭系

（1）中统本溪组

主要为泥岩、砂质泥岩、粉细砂岩夹灰岩及薄灰层，具水平及缓波状层理。有时含1或2层薄煤层，含1～3层灰岩，多为两层，其中下部一层为深灰色石灰岩，层位稳定，厚2.23～6.40m，平均4.08m，为标志层（K_1）。K_1上为深灰色、灰绿色泥岩和砂质泥岩以及灰褐色中砂岩，K_1下为青灰色间红褐色铝土泥岩，底部赋存山西式铁矿，呈鸡窝状分布，发育不普遍，本组地层厚25～47.9m，平均38.53m，与下伏奥陶系地层呈平行不整合接触。

（2）上统太原组

为该井田主要含煤地层，含煤十余层，主要有4（4^{-1}、4^{-2}）号、5号、7（7^{-1}、7^{-2}）号、8号、9号、10号、11号煤层，煤层总厚度为29.70m，含煤系数为37.2%。

该组地层中部发育一砂岩段，岩性为灰白色中粗石英砂岩，有时含砾，层位稳定，厚度一般为 10～20m，将该组地层分为上下两个煤岩组。上煤岩组为深灰-灰黑色泥岩、砂质泥岩及 4 号煤层、5 号煤层，含较多的黄铁矿及菱铁矿结核。下煤岩组为深灰色砂质泥岩、泥岩、灰褐色中粒砂岩及 7 号煤层、8 号煤层、9 号煤层、10 号煤层、11 号煤层，含较多的黄铁矿结核，11 号煤层顶部常为深灰色泥质灰岩，富含腕足类化石残骸，11 号煤层下 5～7m 为灰白色、灰褐白色中粒石英砂岩，定为标志层（K_2），作为太原组底界。全组厚 57.33～105.34m，平均 79.76m。与下伏本溪组整合接触。

3. 二叠系

（1）下统山西组

上部为灰白色、灰黄色中粗砾石英砂岩，以及深灰色砂质泥岩、粉砂岩互层，中夹蓝灰色泥岩及硬质耐火黏土层，砂岩厚度变化较大。下部为灰色和深灰色泥岩、粉砂岩及软质耐火黏土矿层，有时含 1～3 层薄煤层。底部为灰白色中粗粒砂岩，粒度向下增大，有时含砾，常含炭屑，定为标志层（K_3），层厚 11.41～97.99m，平均 59.61m，与下伏地层呈整合接触。

（2）下统下石盒子组

上部为灰色、灰绿色、蓝灰色细砂岩，与粉砂岩互层，夹黄绿色、紫色、灰色等杂色黏土岩，中下部以黄褐色、黄绿色粗砂岩为主，有时含砾，砾石成分为石英、燧石、斜层理，中部常夹有 1～3 层耐火黏土。该组地层厚 8.16～97.30m，平均 49.57m。

（3）上统上石盒子组

主要分布于井田西南部太西村一带。未见顶界。为蓝灰色、黄绿色、紫红色砂质泥岩和粉砂岩，中夹灰绿色、浅紫色中粗砂岩及其透镜体，下部为厚层状灰白-灰绿色粗粒砂岩，分选差，常含有砾石及泥质团块，上部疏松，易风化。底界标志层（K_6）为灰白色、灰绿色含砾粗砂岩，含绿色矿物及红色长石，交错层理均有发育。该组地层厚 0～190.56m，平均 25m，与下伏地层整合接触。

4. 第三系

第三系上新统静乐组（N_{2j}）主要出露于井田西南太西村到井田中部上窑村一带，为棕红色粉砂质亚黏土，内含黑色铁锰质斑点，中下部常夹 3～5 层钙质结核。该组土层厚 0～59.44m，平均 23.74m，与下伏地层不整合接触。

5. 第四系

（1）中上更新统

上部为黄土（即黄色粉砂质亚黏土），垂直节理发育，底部有 2～6m 的砾石层，下部为浅红色砂质黏土。该组土层厚 0～68.00m，平均 20.96m，与下伏地层不整合接触。

（2）全新统

为现代河床沉积物、河漫滩堆积物，以砾石为主，间夹一些砂土，二级阶地为亚砂土及次生黄土，含较多腐殖质土。该组土层厚 0～18.3m，平均 5m 左右。

五、水文状况

（一）地表水系

平朔矿区内及周边地表河流属于海河流域桑干河水系，主要河流有源子河、七里河和恢河，恢河和七里河在太平窑水库附近汇流，向东至马邑入桑干河。平朔矿区所属区域地表水系的分布情况如图 2-3 所示，各河流特征值见表 2-2。

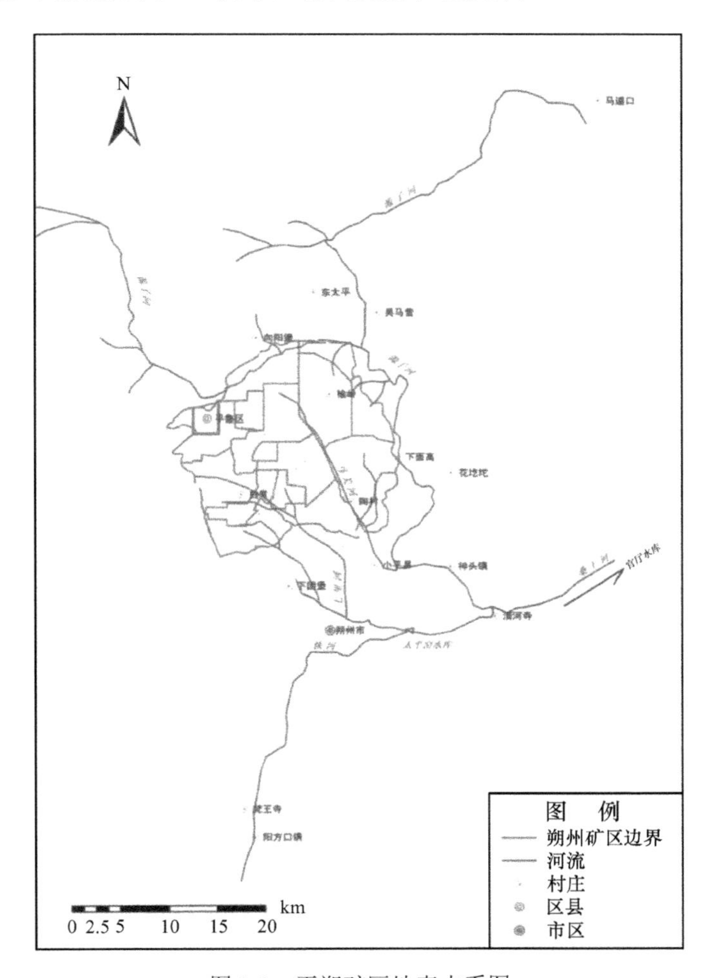

图 2-3　平朔矿区地表水系图

表 2-2　平朔矿区地表河流特征值

河流	流域面积（km^2）	长度（km）	平均河宽（m）	年径流量（万 m^3）	清水流量（m^3/s）	最大洪水流量（m^3/s）	发源地
源子河	1489	114.5	19.5	2134.0			左云县马道头
七里河	322	39.7	7.9	1166.9	0.28	600	平鲁区佃水沟
恢河	1273	74.0			0.2～0.5	1800	宁武县管涔山

注：引自《山西河流》（2004 年，李英明和潘军峰主编）

桑干河属于海河流域永定河水系，是朔州市最大的河流，发源于宁武县管涔山分水岭村（始称恢河），流经忻州市宁武县阳方口镇入朔州市，至太平窑水库接纳七里河，然后继续向东北，与马邑下游源子河汇合后始称桑干河。此后经东榆林水库、西朱庄村、新桥村，于怀仁市大滩头村东北进入大同市，又经古定桥村、册田水库，在阳高县南流出山西省，进入河北省阳原县，最后于官厅水库上游与洋河汇合后注入永定河，矿区所属朔州市市界以上流域面积为 7569km^2。

源子河是桑干河的一级支流，发源于左云县马道头乡。大致由北向南经吴马营村、下面高村、张家口村折向东南，经神头镇、马邑汇入桑干河，马邑村以上流域面积为 1489km^2。恢河是桑干河河源，全河流域面积为 1273km^2。

七里河是恢河的一级支流，发源于平鲁区佃水沟，安太堡露天矿生产区为了不受七里河上游洪水威胁，保证矿坑安全和正常生产，在细水村西七里河干流上游右侧改道开挖新河，途经井坪镇汇入大沙沟河。改道下游段，大致由西北向东南途经二铺煤矿、安太堡、刘家口村、七里河公园，于二十里铺汇入太平窑水库，流域面积为 322km^2。

（二）区域水文地质

1. 含水层组

平朔矿区含水层可划分为奥陶系岩溶裂隙含水层、石炭系太原组砂岩含水层和二叠系山西组砂岩裂隙含水层。

2. 隔水层组

平朔矿区内各含水层之间均有隔水层相间，主要隔水层有石炭系本溪组泥岩隔水层、二叠系石盒子组泥岩隔水层和第三系红土隔水层。

3. 地下水补给、径流、排泄特征

平朔矿区主要位于神头泉域马关向斜构造区，水文地质上属于马关向斜蓄水构造区，在神头泉域岩溶水的马营河、七里河强径流带和马关向斜弱径流带上。

平朔矿区奥陶系灰岩岩溶地下水主要接收平鲁区西部、北部灰岩地下水侧向补给，自北向南经马营河、七里河及马关向斜径流带向矿区外东南神头泉域排泄区径流；由于矿区所处区域岩溶含水层埋深较大，且岩溶含水层与上覆矿区主要可采煤层之间存在连续稳定、平均厚度约 40m 的石炭系本溪组泥岩隔水层，神头泉域岩溶含水层与上覆含水层之间水力联系较小。而其上覆石炭系、二叠系碎屑岩类裂隙含水层主要接收大气降水补给及地下水侧向补给，含水层向东、西碎屑岩类泉水汇集于马关向斜轴部，向南径流补给神头泉域。

六、土壤

（一）土壤类型

平朔矿区地带性土壤为栗钙土与栗褐土的过渡带，分布在洪积平原、冲积平原及河流

二级阶地或沟台地，其成土母质多为黄土性的冲积物、洪积物、坡积物，也有部分地带性的风积物，多数为花岗岩、片麻岩的风化产物，因而土壤的物理风化强烈，土质偏砂，土体干旱，通气良好，好气微生物活动旺盛，碳酸盐含量在8%以上，土壤通体石灰反应强烈。

（二）土壤质量

存在于黄土丘陵区的峁梁、倾斜平地及河谷沟地上的土壤，绝大多数为农耕地，少数为林地、荒地。由于自然条件差，耕作粗放，土壤贫瘠，耕层土壤有机质含量一般为5.0～9.0g/kg，有的低于5.0g/kg；全氮含量一般为0.3～0.6g/kg；速效磷含量一般为5.0～8.0mg/kg，少数在10mg/kg以上，低的只有2.0～3.0mg/kg；速效钾含量一般为50～80mg/kg，少数超过100mg/kg；土壤有机质含量低于1%，低于全国平均水平。作物主要有黍子、谷子、玉米、豆类、胡麻和马铃薯等，年平均产量一般为1000～1288kg/hm^2。

（三）土壤剖面特性

平朔矿区原地貌土壤由于侵蚀严重，无明显分层。典型土壤剖面分A、B、C三层。

A层　腐殖质层，厚25～50cm，暗棕色至灰黄棕色，胡敏酸的积累相当多，胡敏酸/富里酸（H/F）值为0.8～1.2，土壤呈栗色，富含钙质。砂壤至砂质黏壤，粒状或团块状结构，有大量活根及半腐解残根，向下过渡明显。

B层　钙积层，厚30～50cm，灰棕色至浅灰色，砂质黏壤至壤黏土，块状结构，紧实或坚实，植物根稀少，石灰淀积物多呈假菌丝或粉末状。

C层　母质多为黄土母质，母质较疏松均一。

（四）土壤侵蚀状况

1. 原地貌

平朔矿区年平均降水量仅为426.7mm，且季节分配不均，多集中在7～9月，占全年降水量的75%，降雨时的降水强度较大，而地面的植被状况又不理想，有效的林木覆盖度仅为10%左右，加之地表植被结构单一、土质松散，使得该区域地表在一次性降水强度较大时的产流过程为超渗产流，在植被缺少保护且人为松动的情况下，雨滴的溅蚀产生比降较大的冲沟，水流速度大，挟沙能力强，使大量泥沙进入河流，致使该区域平均侵蚀模数达到10 500t/（km^2·a），年平均流失厚度在3.8～11.1mm/a。

（1）水蚀

总体上讲，平朔矿区处于缓坡丘陵区，区内地形较为平缓，冲沟尚在发育初期，地面切割深度为30～50m，沟壑密度为2.8km/km^2，因沟谷呈“V”形，所以地面坡度呈两极分化，坡度≤8°的沟坡面积约占75.0%；坡度＞35°的沟坡面积约占17.0%；坡度为8°～35°的沟坡面积约占8.0%。地面坡度的特殊组成直接影响土壤侵蚀强度。项目区水蚀以面蚀为主。

（2）风蚀

通过类比平朔矿区安太堡露天矿和安家岭露天矿原地面风蚀强度，确定平朔矿区地面风蚀强度分级，见表 2-3。

表 2-3　类比区原地貌风蚀强度分级表

级别	土地类型	覆盖度或郁闭度（%）	风蚀模数［t/（km²·a）］	
			范围	确定值
Ⅰ	乔木林地、灌木林地	＞70	50～100	100
Ⅱ-1	乔木林地、灌木林地	50～70	100～500	400
Ⅱ-2	乔木林地、灌木林地、荒草地	30～50	500～1000	800
Ⅱ-3	疏林地、灌木林地、荒草地、弃耕地	20～30	1000～1500	1200
Ⅱ-4	疏林地、灌木林地、荒草地、弃耕地、撂荒地	10～20	1500～2500	2000
Ⅲ	荒草地、农耕地、弃耕地、撂荒地、疏林地	＜10	2500～3000	2800

（3）工程侵蚀

调查区的影响区域环境较复杂，包括安太堡和安家岭两个已开发的矿区，这个区域的土壤侵蚀情况与其他区域不同，属于典型的工程侵蚀，主要源于露天采矿、排土造成的土壤侵蚀。

2. 露天采矿扰动区

（1）露天采掘场

采掘场是低于周边原地貌 100 多米的大采坑。因此，面蚀、沟蚀和重力侵蚀主要发生在采掘场边坡和工作平台上，以内部迁移和沉积为主。采掘场周边被开挖切断的原地面汇水沟渠仍可能将外部大量径流汇入采掘场，这对采掘场的危害比其自身的径流要大得多。采掘场由于低于原地面，经常处于逆温和内部环流状态，以扬尘为主，风蚀比原地面要小。

（2）排土场

内排土场由矿坑回填形成，外排土场的水土流失形式在内排土场都可能发生，但侵蚀程度及对周边的危害较外排土场小。外排土场是造成矿区水土流失的主要源地，外排土场由于其特殊的物质构成和存在形态，土体结构松散，颗粒大小不均，胶结性差，再加上植被覆盖度很小，在春、秋、冬季极易遭受风蚀，而雨季则以水蚀为主。风蚀主要发生在排土场平台上，排土场边坡主要以水蚀为主。

排土场的地形地貌、地面坡度、地表组成物质与原地貌相比发生了巨大的变化，原地表的生态系统遭到完全破坏。排土场的地表采用大型推土机排土压实，易产生地表径流，加剧水土流失，同时地表径流挟带大量岩屑、黄土等细小颗粒，沙砾化面蚀严重，坡面的集中水流冲刷则会形成细沟和浅沟侵蚀。除此之外，排土场还会发生原地貌上不常见的水土流失形式——地表的非均匀沉降，其侵蚀形态有陷坑、陷穴、裂缝、盲洞、穿洞、盲沟等。这主要是由于排土场是在一种高速采排进度下形成的，加之基底面积大、地形复杂、排弃物堆置厚度在各部位不等，本身又是非均质松散物，使各部位受力不均，自然固结相差很大，故非均匀沉降严重。在没有采取任何保护措施的条件下，露天矿区（包括采掘场和排土场）的土壤侵蚀模数由开采前的 10 500t/（km²·a）增加至 15 000t/（km²·a）。

3. 复垦区

通过复垦措施改善了排土场平台容重，表层由 1.8g/cm³ 降为 1.3g/cm³ 左右，表面疏松后比表层压实的平台减少径流 56%，加之新建了完善的排洪渠系，使坡面基本无切沟侵蚀。经复垦形成的乔灌草覆盖度基本达 80%～90%，减少径流 66%，减少侵蚀 77%。复垦后的边坡和平台降低风速 38%，明显减少了风蚀。通过实施水土保持措施和复垦，排土场水土流失逐年减轻，复垦后侵蚀模数为 3478t/（km^2·a），约相当于原地貌的 33%。

根据实地调查、遥感影像的解释分析，以及国家关于全国土壤水蚀按 6 级划分的原则和指标范围，结合矿区的实际情况，对矿区土壤侵蚀现状进行分类分析。

矿区土壤侵蚀主要为水蚀，总的侵蚀强度较轻。土壤侵蚀面积及强度统计见表 2-4 和图 2-4。

表 2-4　土壤侵蚀面积统计表（2010 年）

侵蚀类型和区域	面积（hm^2）	占调查区总面积的比例（%）
轻度侵蚀	8 605.57	80.76
中度侵蚀	239.75	2.25
剧烈侵蚀	918.52	8.62
居民及工矿区	740.53	6.95
水库	2.1	0.02
道路	149.18	1.40
合计	10 655.65	100.00

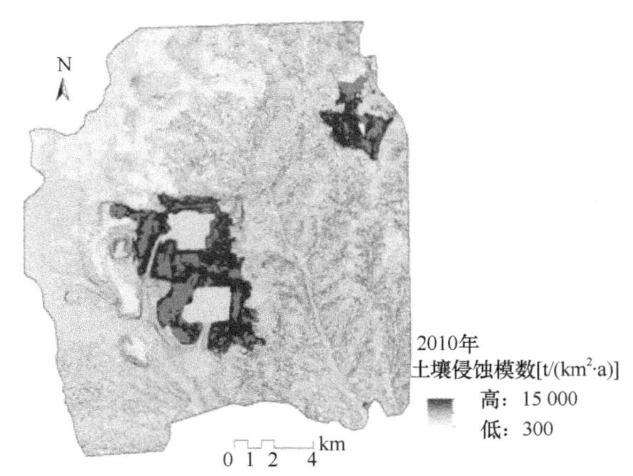

图 2-4　2010 年平朔矿区土壤侵蚀图（彩图请扫封底二维码）

轻度侵蚀区面积为 8605.57hm^2，约占调查区总面积的 80.76%，主要分布在调查区周围的乔木林地、疏林地、草地等自然植被区域。土壤侵蚀模数一般为 1000～2500t/（km^2·a）。

中度侵蚀区面积为 239.75hm^2，约占调查区总面积的 2.25%。主要为耕地，土壤侵蚀模数一般为 2500～5000t/（km^2·a）。侵蚀的特征以冲沟、切沟为主。

剧烈侵蚀区面积为 918.52hm^2，约占调查区总面积的 8.62%。呈斑块状分布于覆盖度很低的裸地、裸岩，土壤侵蚀模数一般为 15 000t/（km^2·a）。

七、植被

平朔矿区地处黄土高原丘陵区，为温带半干旱大陆性季风气候，地带性植被类型属于干草原植被。

天然草地占矿区总面积的7.12%，主要生长在河谷内受地表和地下水影响而水分条件较好的地段，在矿区内零星分布，形成以草本植物为主构成的河漫滩草甸；矿区内原生地貌常见的主要草本植物有猪毛菜、蒺藜、披碱草、刺藜、地锦、稗子、狗尾草、牡蒿、赖草、猪毛蒿、黍子、大针茅、虱子草、苦苣、独行菜、狗娃花、反枝苋、菊叶香藜、刺儿菜、窄叶小苦荬、车前、花苜蓿、草地早熟禾、砂珍棘豆、草木樨状黄耆、紫羊茅、徐长卿、狼毒、莳萝蒿、蚤缀、绳虫实、粘毛黄芩、披针叶野决明等。其中猪毛蒿、绳虫实、猪毛菜、狗尾草、刺藜、百里香为优势种。

复垦草地主要分布在安太堡露天矿的内排土场、西排土场扩大区和安家岭内排土场，种植的草本植物主要有紫苜蓿、沙打旺等，占矿区总面积的0.07%。

耕地中农田栽培作物均属一年一熟制，主要有谷子、玉米、莜麦、黍子、马铃薯、胡麻、豆类等。

林地占矿区总面积的32.58%，其主要类型为乔木林地、灌木林和疏林地。由于开发历史悠久，耕垦指数高，天然次生林已毁坏殆尽，亦很少见到大片草原群落，呈零星分布。其中人工林地主要是20世纪50年代营造的小叶杨人工林，分布在黄土丘陵区，位于矿区中部和北部的部分地区，但由于土壤干旱贫瘠，长势很差，成为“小老树”；灌木林占矿区总面积的4.20%，主要种类有柠条锦鸡儿、沙棘、兴安胡枝子、百里香等，主要分布在北部丘陵区冲沟内；疏林地占矿区总面积的8.26%；乔木林地占矿区总面积的15.86%，主要种类有杨、槐、榆、臭椿、油松、落叶松等，在矿区西部、东部部分地区有分布。

八、野生动物

平朔矿区位于黄土高原东部，野生动物区系属于古北界。根据平朔矿区原地形地貌特点、植被类型及海拔，大致将本区划分为人工林带、灌丛和草地、农田、水域及人类活动区5种动物生境类型。常见野生动物有花背蟾蜍、白条锦蛇、红尾伯劳、灰喜鹊、喜鹊、北红尾鸲、山斑鸠、灰头绿啄木鸟、大斑啄木鸟、赤颈鸫、斑鸫、环颈雉、凤头百灵、金翅雀、麻雀、黄眉柳莺、大山雀、小鸮、花鼠、大林姬鼠、草兔、猪獾、狐狸等。矿区原地貌生境多处于农田、草地、灌木、乔木林交错地带，具有“群落边缘效应”，植被类型多样，为野生动物的生存及繁衍提供了多样的生态位，是野生动物多样性较为丰富的生境。

第二节　煤炭资源及开采工艺

一、矿区分布

平朔矿区属于我国首批煤炭国家规划的19个矿区之一，是依据2004年国土资源部和国家发展改革委员会发布的《关于设立首批煤炭国家规划矿区的公告》（国土资源部、国家发展改革委员会公告2004年第13号）建设的国家级规划矿区。依据《国家发展改革委员会关于山西平朔矿区总体规划的批复》（发改能源〔2005〕891号）批准平朔矿区总体规划，批复中确定平朔煤矿矿区范围为：东以马营河 11 号煤层露头线为界，北和西均以 11 号煤层露头线为界，南以担水沟断层为界，南北长 23km，东西宽 22km，矿区总面积为 $380km^2$。保有地质储量 112.21 亿 t。现有 3 个特大型露天矿，即安太堡露天矿、安家岭露天矿、东露天矿；4 座千万吨级现代化井工矿，即安家岭井工矿（1 号井）、露天不采区矿（2 号井）、安太堡井工矿（3 号井）、井东矿（4 号井）（井东煤业）；还包括周边对原集体煤矿整合后形成的若干井工矿。2010 年，平朔矿区原煤产量首次达到亿吨，一跃成为我国首座单一的、露井联采的亿吨级矿区。平朔矿区总体规划示意图如图 2-5 所示。

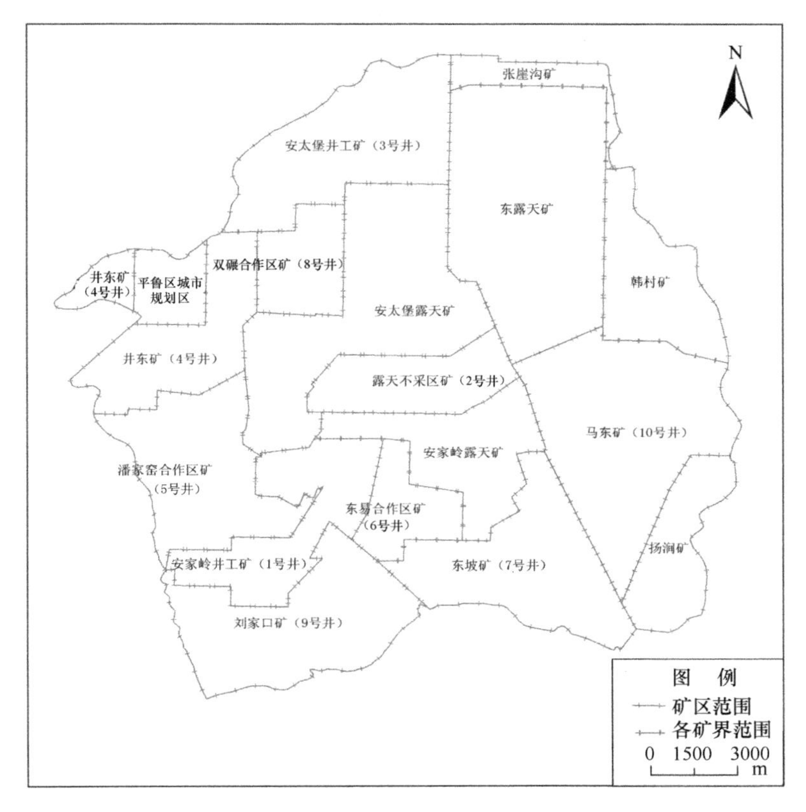

图 2-5　平朔矿区总体规划示意图

二、煤炭资源

平朔矿区含煤地质层为本溪组、太原组和山西组，其中，本溪组和山西组煤层少、薄且不稳定，无开采价值，太原组是主要含煤层。矿区内稳定可采煤层有 4（4^{-1}、4^{-2}）号、9 号和 11 号，主要为气煤，个别地段为弱黏结煤或长焰煤，均可以作动力用煤。其中 4^{-1} 号、4^{-2} 号煤灰分含量为 25%左右，属于中、高灰煤；9 号煤灰分含量小于 25%，主要为中灰煤；11 号煤灰分大于 25%，以高灰煤为主。4（4^{-1}、4^{-2}）号煤硫分小于 1%，属于低硫煤，9 号煤硫分为 0.51%～3.77%，属于中、高硫煤；11 号煤硫分为 2.5%～5.19%，以中、高硫煤为主。各煤层磷含量均小于 0.05%，属于低磷、特低磷煤。矿区各主采煤层的厚度、层间距、夹石层数、顶底板岩性及稳定性见表 2-5。

表 2-5　平朔矿区主采煤层赋存特征表

煤层	煤层厚度（m）	煤层间距（m）	夹石层数（层）	顶板岩性	底板岩性	稳定性
4^{-1} 号	5.88～12.99 9.12	0.7～6.6 2.42	0～7 3	中粗砂岩、泥岩	泥岩、炭质泥岩	稳定
4^{-2} 号	0.65～3.37 1.94	30.77～47.5 36.98	0～2 1	泥岩、粉砂岩	泥岩、粉砂岩	较稳定
9 号	9.21～15.23 12.41	0.8～11.86 5.8	0～11 6	砂岩、泥岩	砂质泥岩、泥岩	稳定
11 号	0.42～6.86 2.86	—	1～3 1	凝灰岩	砂质泥岩、泥岩	稳定

注：表内每个煤层的第一行数据为范围，第二行数据为平均值

三、开采方式

平朔矿区是全国最大的露井联采亿吨级煤炭生产基地。露井联采工艺是指在同一矿区内，既有露天开采又有井工开采的生产工艺，是对露天开采形成的外排土场和露天开采未涉及的区域采用井工开采进行作业的一种工艺，它有别于传统单一井工开采和大规模露采工艺，能达到最大限度的资源回采率。

露井联采分为露井联采叠加作业和露井联采镶嵌作业。露井联采叠加作业是指在露天矿区的外排土场，因抢救性开发压占煤炭资源，对外排土场压占区域采用井工开采，主要分布在 1 号井西排土场采区、2 号井内排部分未采区和井东煤业安太堡西排扩大区采区。露井联采镶嵌作业是指在露天矿区边缘和露天矿区内，对于因开采工艺或开采成本不适宜露天开采的部分区域，采用井工开采，主要分布在 1 号井太西采区、2 号井边帮采区、3 号井木瓜界采区和井东煤业井东采区。

平朔矿区所属的 3 个大型露天矿均采用大型单斗挖掘机–卡车连续开采工艺，生产过程主要由土岩剥离作业系统和毛煤作业系统构成。土岩剥离作业系统即煤田上部松散物、黄土和岩石剥离采用单斗挖掘机采装，由自卸卡车运输至排土场。毛煤作业系统即将可采煤层用单斗挖掘机采装，由自卸卡车运输至地面半固定式破碎站破碎。全部采矿工序实现机械化作业，机械化程度为 100%，资源回收率达 95%以上。

平朔矿区部分 4 号煤层和 9 号煤层虽然埋藏不深、硬度大，但煤层解理、裂隙发育、顶煤冒放性良好，适合井工开采，采用综采放顶煤工艺。顶板管理方法为全部垮落法。井田开拓方式包括：全斜井开拓，主斜井、副斜井联合开拓，主斜井、副斜井和回风立井混合开拓。

第三节　土地复垦现状

中煤平朔集团有限公司（以下简称平朔公司）从建矿开始，就把矿山土地复垦与生态修复摆到可持续发展的战略位置上，将生态建设与经济建设同步规划、同步实施、同步发展，是国内第一家把生态环境治理资金纳入生产成本的矿山企业。1991 年以来，平

朔公司采用“剥离—采矿—回填—复垦”一体化等技术，开展以造地造土、土地复垦、植被重建、生态修复等为主要内容的生态建设工程，变山地为平地，变荒地为耕地，使原来沟壑纵横的荒山变成层林叠翠、灌草葱绿的绿色生态型矿区。

平朔矿区土地复垦与生态修复项目组主要由山西省生物研究所、中国地质大学（北京）、平朔公司和山西农业大学组成，山西省环境科学研究院和山西省农业科学院畜牧兽医研究所、植物保护研究所、生物技术研究中心等单位也分别参与了由山西省生物研究所承担的“八五”“九五”国家重点科技攻关计划、“十一五”“十二五”国家科技支撑计划以及山西省重大科技专项等项目的研究。项目组在对平朔矿区的土地复垦与生态修复治理进行全面、系统的研究后，积累了大量宝贵经验，并取得了显著的成效。矿区排土场经人工复垦后，植被结构较开采前原地貌植被有较大的改变，植被覆盖度明显提高，生物多样性增加，生态环境大为改善。平朔矿区目前已成为国内矿区土地复垦与生态修复集科研、教学、实践为一体的综合研究基地。

露天矿排土场、井工矿塌陷治理区是平朔矿区土地复垦与生态修复研究基地的重要组成部分。截至 2016 年年底，平朔矿区完成土地复垦总面积达 2340hm^2（35 100 亩[①]），其中复垦生态林地 1394hm^2（20 910 亩）、复垦耕地 946hm^2（14 190 亩），矿区土地复垦率达 50%以上，排土场植被覆盖度达 90%以上。

一、排土场复垦现状

目前平朔公司已有 11 个排土场，其中安太堡露天矿有 6 个排土场，分别为二铺排土场（24.7hm^2）、南排土场（226.7hm^2）、西排土场（313.3hm^2）、西排土场扩大区（281.7hm^2）、南寺沟排土场（93.3hm^2）和内排土场（560hm^2），总面积为 1499.7hm^2，其中二铺排土场、南排土场、西排土场和部分内排土场主要复垦为生态林地，面积为 1059.7hm^2，其他排土场主要复垦为耕地和草地，面积为 440hm^2；安家岭露天矿有 3 个排土场，分别为西排土场（196.3hm^2）、东排土场（117.3hm^2）和内排土场（354.7hm^2），总面积为 668.3hm^2，其中西排土场、东排土场和部分内排土场复垦为林地，面积为 402.3hm^2，其他为耕地和草地，面积为 266.0hm^2；东露天矿有两个排土场，即东露天北排土场（61.3hm^2）和麻地沟排土场（40hm^2），东露天北排土场复垦为林地，麻地沟排土场复垦为牧草地。

（一）安太堡露天矿

安太堡露天矿由于开采范围大，采坑近 600hm^2，采深 150～200m，垫高 30～150m，工程扰动大，生态破坏严重，为此，矿方开展了以水土保持与生态重建为主要内容的土地复垦工程。

（1）安太堡南排土场

该排土场是安太堡露天矿最早的外排土场之一，由 5 个台阶构成，堆置结构多样，平台覆土厚度 100cm，面积为 226.7hm^2。1992 年开始复垦，目前已经形成以油松、榆、刺槐、杏、国槐、柠条锦鸡儿、沙棘等为主的林–灌–草多层次、多类型的植物结构布局，

---

① 1 亩≈666.7m^2。

基本覆盖了排土场原有的裸露地表，生态环境得到有效恢复，已经成为国土资源部（现称自然资源部）第一批野外观测基地和复垦示范基地（图 2-6）。

图 2-6 安太堡露天矿南排土场远眺图（彩图请扫封底二维码）

（2）安太堡西排土场

该排土场面积为 313.3hm^2。1994 年开始复垦南部平台，1995 年开始复垦中部，1997 年开始复垦北部。平台覆土厚度 80cm，目前地表植被为刺槐、沙棘、紫苜蓿、沙打旺、新疆杨、双阳快杨、榆等。

（3）安太堡西排土场扩大区

该排土场扩大区是露井联采工艺叠加开采影响区，面积为 281.7hm^2。2001 年开始复垦东南部和西南部，平台覆土厚度 100cm；2003 年开始复垦南部，平台覆土厚度 150cm。该区域复垦时间较短，目前主要植被为沙棘、沙枣、紫苜蓿等草、灌类，大型乔木较少。根据平朔矿区生态重建总体规划，该区域将逐步向耕地、牧草地、中草药种植、家禽饲养等方面发展，构建多层次的现代立体农业。

（4）安太堡内排土场

该排土场面积为 560hm^2。1997 年开始复垦，平台覆土厚度 100cm，边坡覆土厚度 50cm。主要植被为沙棘、沙枣、柠条锦鸡儿、榆、紫穗槐等。根据平朔矿区生态重建总体规划，该区域已建成部分生态农业示范区，主要包括智能温室、日光温室、养羊场、饲料加工厂等。

（二）安家岭露天矿

安家岭露天矿是平朔公司第二座露天矿，采煤工艺与安太堡露天矿基本一样。矿区排土场已累计复垦土地面积约 668.3hm^2，且随着采矿的推进，排土场面积增加，复垦面积将以每年 60 余公顷递增。排土场各平盘布置为反坡，坡降为 3‰，同时，在排土场台阶边缘修筑截流土埂，在排土场最终的台阶与边坡上均种植速生、耐旱、耐贫瘠的植物，物种以乔、灌、草相结合，草本植物为沙打旺、无芒雀麦、紫苜蓿、白香草木犀、黄香草木犀、黄耆、甘草等；灌木为柠条锦鸡儿、沙枣、沙棘、沙柳、紫穗槐等；乔木为油松、小黑杨、双阳快杨、新疆杨、刺槐、垂柳、旱柳、白榆、火炬树等。

（1）安家岭东排土场

该排土场面积为 117.3hm^2。2005 年开始复垦，平台覆土厚度 200cm，边坡覆土厚度 50cm。主要植被为沙棘、沙枣、柠条锦鸡儿、油松、紫穗槐等。

（2）安家岭西排土场

该排土场是露井联采工艺叠加开采影响区，面积为 196.3hm^2。2000 年开始复垦，平台覆土厚度 200cm，边坡覆土厚度 50cm。主要植被为沙棘、沙枣、柠条锦鸡儿、油松、刺槐、紫穗槐等。

（3）安家岭内排土场

该排土场面积为 354.7hm^2，平台覆土厚度 100cm 以上。与新排土场连成一片，形成大的平台。主要复垦为耕地，用于置换以租代征的采矿用地。

此外，东露天矿开采时间较短，复垦面积也较少。安太堡露天矿的二铺排土场复垦为绿化景观地，南寺沟排土场主要复垦为耕地。

二、木瓜界生态修复示范区

木瓜界生态修复示范区位于安太堡井工矿的塌陷治理区，是矿区最新完成生态修复的区域，原地貌为小叶杨林。治理措施包括工程技术措施和植被重建措施。工程技术措施主要包括充填裂缝、坡改梯田、土方调配（来源于安太堡露天矿剥离的表土）、田面平整、坡肩挡水墙工程、道路工程、排水沟工程。

木瓜界生态修复示范区共计 147 个平台，总面积为 100hm^2，示范区植被总覆盖度达 71.61%，乔木成活率为 86.05%。木瓜界生态修复示范区植被重建主要采取油松、油松+刺槐、油松+紫苜蓿（草木犀或沙打旺）3 种模式。

第三章　平朔矿区植被覆盖度的时空分布特征及其影响因素分析

植被是陆地生物圈的主体，它不仅在全球物质与能量循环中起着重要作用，而且在调节全球碳平衡、减缓大气中 CO_2 等温室气体浓度上升及维持全球气候稳定等方面具有不可替代的作用。针对一个具体地区而言，植被是生态环境优劣的重要表征，在水土保持、生态系统恢复、涵养水源、防风固沙和净化空气等方面起着巨大的作用。就矿区而言，植被可表征矿区在生产过程中对生态环境影响的综合响应过程的综合表现。植被生长状况的空间分布与过程，一方面受气候、生态环境影响；另一方面也是人为因素，特别是煤炭生产过程影响的反映。开展平朔矿区植被覆盖度的时空分布特征分析，可以从景观尺度了解矿区植被的变化过程和趋势。

第一节　试验区概况、数据来源和处理方法

（一）植被概况

平朔矿区地处黄土高原东部生态脆弱区，矿区内植被覆盖度低，草地呈零星分布，树木稀少，目前总体上呈农业耕作景观。在黄土丘陵斜坡地段分布着一些20世纪50年代种植的小叶杨林，呈“小老树”生长状态；在黄土丘陵区的沟谷中则有以沙棘为主的灌木丛零星分布；在沟谷水分充沛的地段则出现一些河漫滩草甸（图3-1）。

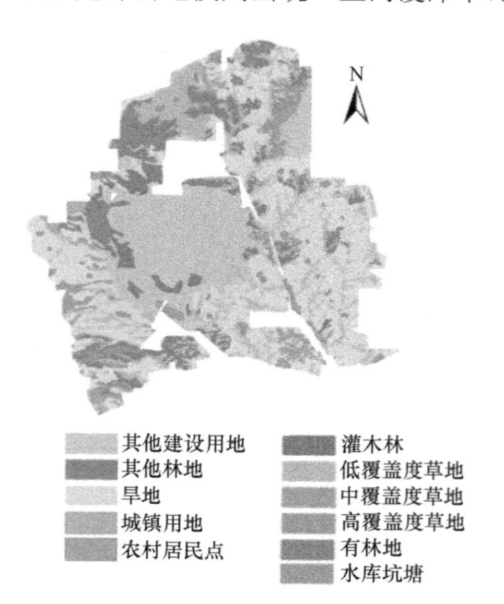

图3-1　平朔矿区土地利用现状图（彩图请扫封底二维码）

矿区相应的地带性植被为温带干草原，常见的植物群落为针茅、百里香、隐子草、胡枝子及冷蒿等组成的草原复合体，以旱生和旱中生草原植物区系成分占优势。侵入的野生植物多数零散分布，也有呈片状、带状或大片状分布的，如白草等呈带状分布，菊叶香藜、早熟禾、针茅、猪毛菜、百里香、拂子茅等呈片状或块状分布，大籽蒿呈现近 0.5hm^2 大片状分布。

矿区内农田栽培植物均属一年一熟制，主要农作物品种有谷子、玉米、莜麦、黍子、马铃薯、胡麻、豆类等。

平朔项目区自 1991 年在安太堡露天矿区开始土地复垦与生态重建，先后种草、种树、种植农作物等，排土场等废弃地植被覆盖度逐年增加，土地复垦面积已达 2000 余公顷，成为当地的绿色景观。1994 年 8 月、1998 年 8 月、2006 年 8 月、2012 年 8 月和 2017 年 8 月，我们先后 5 次对整个项目区进行植被调查，结果显示植被物种数呈逐年增加的趋势。目前植物共有 273 种，隶属于 44 科 156 属。

（二）数据来源

研究中涉及大量的数据，主要包括：研究区域的多时序遥感数据、气象数据（主要是降水量和温度）、土壤数据（物理和化学）、地形地貌数据、植被类型及植被分布数据、煤矿开采生产信息、地下水信息等。

（1）遥感数据

遥感数据主要从中国科学院遥感与数字地球研究所及地理空间数据云给出的共享数据网下载获取。本研究下载了 1987～2015 年 9 年的 Landsat 5 与 Landsat 8 等系列遥感数据（表 3-1）。

表 3-1 遥感数据年份、类型与来源

影像时间（年.月.日）	类型	来源
1987.7.6	Landsat 5 TM	地理空间数据云
1991.9.19	Landsat 5 TM	地理空间数据云
1995.6.26	Landsat 5 TM	地理空间数据云
2001.8.22	Landsat 5 TM	地理空间数据云
2005.7.6	Landsat 5 TM	地理空间数据云
2010.8.6	Landsat 5 TM	地理空间数据云
2013.8.30	Landsat 8 OLI_TRIS	中国科学院遥感与数字地球研究所
2014.6.30	Landsat 8 OLI_TRIS	中国科学院遥感与数字地球研究所
2015.8.13	Landsat 8 OLI_TRIS	中国科学院遥感与数字地球研究所

（2）土壤数据

平朔矿区作为国内早期与国外合作的现代化矿区，在生产模式和管理等方面都走在了全国矿区前列，并且是国内最早进行土地复垦和生态重建的矿区。目前，平朔矿区承接了山西省生物研究所、中国地质大学（北京）、国土资源部（现称自然资源部）、农业部（现称农业农村部）相关的各类建设与科研项目，积累了大量的相关资料。

（3）地形地貌数据

研究区地形地貌数据主要通过实地调查及对从数据共享网上获取的 30m×30m 数字

高程模型（DEM）中的高程数据分析获得。

（4）植被类型数据

植被类型数据主要是通过现场调查获取，针对不同植被类型，分别设定不同的样方。研究样地采用 100m×100m，乔木样方采用 10m×10m，灌木样方采用 4m×4m，草本样方采用 1m×1m。通过现场调查与统计分析获得具体的植被数据。

（5）煤矿开采生产信息

煤矿开采生产信息主要来自平朔公司。

（三）数据处理

1. 遥感数据的处理

对获取的研究区域遥感影像进行定量处理，包括辐射校正、几何校正等过程，使得不同类型、时间、分辨率的影像数据具有可比性。

（1）遥感影像辐射校正

辐射校正的主要目的是对传感器所接收的地物像元亮度值（DN）进行修正，主要有两步，分别是辐射定标和大气校正。影像 DN 值代表每个像元的亮度值，记录着地物的各种信息，受很多因素的影响，如传感器的辐射分辨率、地物的发射率、大气透过率和散射率。辐射定标是排除传感器本身产生的干扰，减少误差，将无量纲的 DN 值变为具有实际物理意义的大气顶层辐射亮度或反射率。辐射定标操作通过 ENVI5.1 的 Radiometric Calibration 工具进行处理。FLAASH 大气校正模块可以由 ENVI5.1 提供的 FLAASH Atmospheric Correction 处理完成。

（2）遥感影像几何校正

由于受到地球自身和遥感器等多方面的影响，遥感影像在形成的过程中通常会产生几何形状的变异，而几何校正的作用就是要纠正这种影像的扭曲。采用的方法是通过在现实中选取一定数量的地面控制点（GCP）来建立校正所需的数学模型，使用所建的数学模型来对影像中的畸变进行纠正，使影像能够为研究所使用。几何校正通过 ENVI5.1 来完成。完成几何校正首先要选取经过精校正的影像为基准影像，本研究中用来进行精校正的影像为产品等级 L4 的正射产品影像，在校正的过程中，为了使得校正有较高的精度，所选取的地面控制点首先需要均匀分布在整幅图像内，其次选取的地面控制点应具有易分辨且精细的特性，主要是在道路交叉口、矩形或有明显棱角部位的建筑、耕地分界线等，确定精度时应控制均方根误差（RMSE）在 1 个像元以下，至少选取 10 个控制点进行校正，校正的最后将影像的投影方式转换为墨卡托投影，地理坐标系变为 GCS_WGS_1984，并采用一次多项式进行。

2. 矿区植被影响因素统计特征

主要采用统计学方法、地统计学方法，分析选定矿区的降水量、温度、植被指数、植被覆盖度、土壤理化特征、地形地貌特征、煤炭生产过程中特征植被的时空变化及分布。式（3-1）主要采用各项指标的均值、变异系数和方差来表征影响矿区植被时空变化的潜在影响因素的特征。

$$\overline{x}=\frac{\sum_{i=1}^{n}x_i}{n},\ \mathrm{CV}=\frac{s}{\overline{x}},\ s=\sqrt{\frac{\sum_{i=1}^{n}\left(x_i-x\right)^2}{n}} \tag{3-1}$$

式中，$x_1,x_2,\cdots,x_n$ 表示相关指标的重复数；$\overline{x}$ 表示样本均值；s 表示样本方差；CV 表示样本的变异系数。

3. 植被指数与植被覆盖度的计算

在获得研究区域遥感数据的各光谱波段的基础上，采用式（3-2）计算研究区归一化植被指数（NDVI）；在获得归一化植被指数的基础上，采用式（3-3）计算研究区植被覆盖度。计算植被覆盖度时，分别采用 NDVI 频率累积表上频率为 0.5%的 NDVI 值为最小值（$\mathrm{NDVI_{min}}$），频率为 99.5%的 NDVI 值为最大值（$\mathrm{NDVI_{max}}$）。

$$\mathrm{NDVI}=\frac{\mathrm{TM_4}-\mathrm{TM_3}}{\mathrm{TM_4}+\mathrm{TM_3}} \tag{3-2}$$

$$F_{\mathrm{c}}=\frac{\mathrm{NDVI}-\mathrm{NDVI_{min}}}{\mathrm{NDVI_{max}}-\mathrm{NDVI_{min}}} \tag{3-3}$$

式中，$\mathrm{TM_4}$ 为近红外波段；$\mathrm{TM_3}$ 为红外波段；F_{c} 为植被覆盖度；$\mathrm{NDVI_{min}}$ 为像元内最小的归一化植被指数；$\mathrm{NDVI_{max}}$ 为像元内最大的归一化植被指数。

4. 植被覆盖度的时空变化特征

采用线性回归法，分析不同年份不同遥感影像上像元植被覆盖度随时间的变化趋势。对于每个像元，在选定的 n 个年份下分别计算其植被覆盖度，计算植被覆盖度对年份的回归系数［式（3-4）］。如果回归系数大于一定的临界值，表明该像元单元对应的实际矿区位置上植被覆盖度逐年增加；如果回归系数介于一定的范围内，表明植被覆盖度变化不明显；如果回归系数小于一定的临界值，表明植被覆盖度减少。

$$b=\frac{\sum_{i=1}^{n}\left(n_i-\overline{n}\right)\left(f_i-\overline{f}\right)}{\sum_{i=1}^{n}\left(n_i-\overline{n}\right)^2} \tag{3-4}$$

式中，b 表示植被覆盖度对年份的回归系数；n_i 表示年份；f_i 表示植被覆盖度。

5. 植被覆盖度时空变化的主要影响因素分析

研究区域植被覆盖度变化的驱动因素分析采用植被覆盖度与各潜在影响因素间的相关分析来实现。具体方法：计算植被覆盖度与各潜在影响因素的相关系数及各潜在因素间的相关系数［式（3-5）］。对计算得到的各相关系数进行统计检验，如果检验结果差异显著，表明两个因子间存在相关性。对本研究而言，如果通过统计检验植被覆盖度与选定的指标间存在相关性，则在一定的概率下，覆盖度与该因子间存在相关性，表明该因子在特定的区域是驱动矿区植被覆盖度变化的因子，反之，在一定的概率下，表明该因子不是驱动植被覆盖度变化的因子。通过各因子间的相关性分析，剔除相关性强的两个因子中的一个因子，以此减少分析矿区植被覆盖度驱动因子的数量，便于后续的分析。

$$r=\frac{\sum_{i=1}^{n}\left(x_i-\bar{x}\right)\left(y_i-\bar{y}\right)}{\sqrt{\sum_{i=1}^{n}\left(x_i-\bar{x}\right)^2\times\sum_{i=1}^{n}\left(y_i-\bar{y}\right)^2}} \tag{3-5}$$

式中，r 表示两个变量间的线性相关系数；x_i 与 y_i 表示因素 x 与因素 y 的各个观测值；$\bar{x}$ 与 $\bar{y}$ 分别表示 x_i（i=1,2,…,n）与 y_i（i=1,2,…,n）的均值。

6. 不同水平尺度下的净初级生产力及其差异计算

植被生长状况受到多种因素的影响。在选定矿区，为了突出采矿对植被生长状况的影响，通过计算气候因素下的净初级生产力（NPP）值、矿区实际的 NPP 值，得到采矿活动因素引起的矿区植被 NPP 值的变化，对比反映不同区域采矿对植被的影响。

（1）矿区实际 NPP 值测算

采用改进的 CASA（Carnegie-Ames-Standford approach）模型模拟矿区实际产生的 NPP 值。该模型中 NPP 是区域温度、降水、太阳辐射、光能利用率、植被类型、土壤类型的函数，是气候因素和采矿活动因素综合作用的结果［式（3-6）］。

$$\mathrm{NPP}(i,t)=0.5\times\mathrm{SOL}(x,t)\times\mathrm{FPAR}(x,t)\times T_{\mathrm{s}_1(x,t)}\times W_{\mathrm{s}_2(x,t)}\times\varepsilon(x,t) \tag{3-6}$$

式中，$\mathrm{NPP}(i,t)$表示矿区实际的空间位置 x 上的植被在 t 时间内的净初级生产力［g C/（m^2·月）］；x 表示像元编号；t 表示月份或者时间；$\mathrm{SOL}(x,t)$表示 x 像元在 t 时间下太阳的总辐射量［MJ/（m^2·月）］；$\mathrm{FPAR}(x,t)$表示 x 像元在 t 时间下植被光合有效辐射的吸收比例；$T_{\mathrm{s}_1(x,t)}$ 表示 x 像元在 t 时间下温度影响系数；$W_{\mathrm{s}_2(x,t)}$ 表示 x 像元在 t 时间下水分影响系数；$\varepsilon(x,t)$表示 x 像元在 t 时间下太阳光能利用率（g C/MJ）。

（2）气候因素作用下的 NPP′ 值测算

采用 Chikugo 模型计算气候条件下植被的 NPP′值。该模型考虑影响植被的气候因子，如太阳辐射、蒸发量、气温、水分等，计算公式如下

$$\mathrm{NPP}'(i,t)=0.29\times\left(\exp^{(-0.216\times\mathrm{RDI}(i,t))}\right)\times\mathrm{Rn}(i,t)\times0.45\times0.0917 \tag{3-7}$$

式中，$\mathrm{NPP}'(i,t)$表示气候因素影响下的空间位置 x 上的植被在 t 时间内的净初级生产力［g C/（m^2·月）］；$\mathrm{RDI}(i,t)$为月平均辐射干燥度；$\mathrm{Rn}(i,t)$为以月为时间单位的陆地表面所获得的净辐射量［MJ/（m^2·月）］。

（3）采矿活动因素作用下的 NPP″ 值测算

假设矿区 NPP 的变化仅受到采矿活动和气候变化的影响，则采矿活动对 NPP 的影响采用潜在的 NPP′ 与实际的 NPP 差值来衡量，见如下公式：

$$\mathrm{NPP}''=\mathrm{NPP}'-\mathrm{NPP} \tag{3-8}$$

式中，NPP″ 表示采矿活动因素作用下的植被净初级生产力；NPP′ 表示气候因素作用下的植被净初级生产力；NPP 表示矿区实际的植被净初级生产力。

第二节　植被覆盖度的时空分布特征

平朔矿区位于生态环境脆弱的黄土高原地区，加上该区多年高强度的煤炭开采，使矿区范围的生态环境恶化，特别是植被遭到破坏，在气候与人为因素的综合作用下矿区生态环境及生态承载力向着更加脆弱与恶化的方向发展。实时地监测、评价与预测矿区生态环境的变化，对生态环境的治理与恢复有着重要的理论和实践意义。

研究分别选定了 6 个年份 7～8 月植被生长最茂盛的时段，采用 Landsat 系列的 TM 影像、研究区 6～8 月的气象数据（降水量、温度、太阳辐射、湿度、蒸散量），以及利用式（3-6）计算得到该矿区煤炭开采前后的 NPP 值。采用上一节的数据与处理方法，得到平朔矿区在 1987 年、1993 年、1995 年、2001 年、2007 年、2010 年、2013 年、2014 年、2015 年、2016 年 7～9 月的遥感影像，通过一系列处理与分析，得到该矿区植被覆盖度的变化特征。在遥感影像的选取中，部分矿区在 7～9 月的遥感影像质量较差，主要是云量占比大，所以矿区最终得到的遥感数据序列时间段不完全相同。

1. 矿区开发利用与植被覆盖度的关系

平朔矿区植被覆盖度的变化如图 3-2 所示，其变化特征与矿区的开发利用及生态环境治理相关。由于该矿区主要采用露天开采方式，挖损、剥离、排弃、压占对地表植被破坏较大，在 1986～2000 年，矿区植被覆盖度整体较低。另外，矿区植被在被完全破坏后，随着矿区生态重建工程的实施，也在缓慢恢复。从 2000 年开始，一直到 2010 年，矿区植被覆盖度呈增加的趋势。从 2010 年开始，煤炭行业进入黄金开发时段，平朔公司为了增加产量，在露天开采矿区增加了井工开采作业，形成我国特有的露井联采工艺。矿区分为叠加作业影响区和镶嵌作业影响区。叠加作业影响区是对原来已复垦的外排土场压占的煤炭资源采用井工工艺开采，提高整个矿区的资源回采率和效益。为此，会对原来已复垦的部分植被重建区域造成二次扰动与损害，加之随着露天开采进度的加快，以及受露井联采镶嵌作业区的影响，进而影响该矿区土地复垦与生态重建的同步速率和整体节律，出现植被重建工程延迟和整体滞后的现象，导致矿区整体植被覆盖度开始降低。2013～2015 年植被覆盖度降低的表现尤为明显，2015 年以后降低的趋势得到反转，植被覆盖度又呈缓慢上升的趋势。

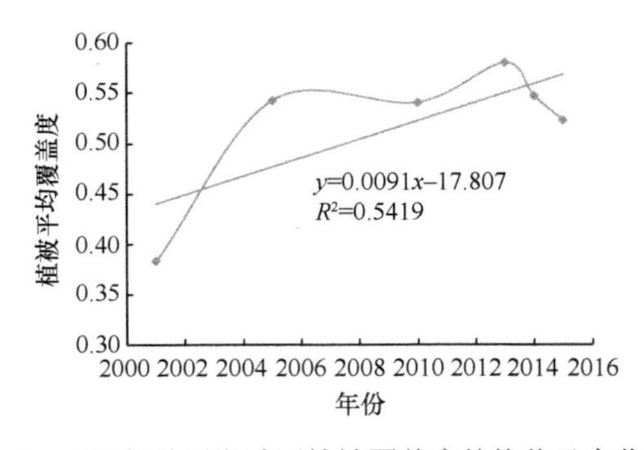

图 3-2　不同年份平朔矿区植被覆盖度的均值及变化趋势

矿区开发利用过程中，对植被覆盖度的影响是一个比较复杂的过程。前期植被覆盖度主要受到气候因素的影响，植被覆盖度在不同年份的变异程度基本一致。随着矿区开始进行煤炭开采，植被覆盖度受到煤炭开采的影响，使得植被覆盖度的变异程度增加。1996年左右，矿区植被主要受到人为因素的影响，如人工种植草、灌、乔等植被，使得植被覆盖度的变异程度变小。从2008年开始植被覆盖度同时受到人为因素和气候因素的影响，变异程度开始增大（图3-3）。这说明植被覆盖度受到矿区煤炭开采的影响越来越小，主要的影响因素是气候因素。表明该地区人为因素和气候因素共同作用于植被覆盖度的时间有限，植被覆盖度在逐渐摆脱人为因素影响后，又开始主要受到气候因素的影响。

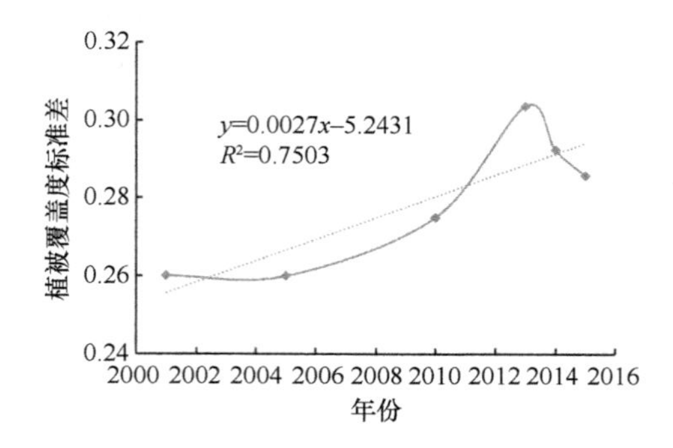

图3-3　不同年份平朔矿区植被覆盖度标准差的均值及变化趋势

2. 植被覆盖度的时空变化特征分析

植被覆盖度的变化受多种因素的影响，从较长的时间尺度来看，其变化具有一定的规律性与趋势。不同年份平朔矿区的植被覆盖度如图3-4所示，其植被覆盖度的时空变化特征不同于一般井工矿区，具有“跳跃”的特点。从1986年开始到1993年前后，植被覆盖度主要受到气候因素的影响，植被覆盖度整体偏低。而在煤炭开采区域，

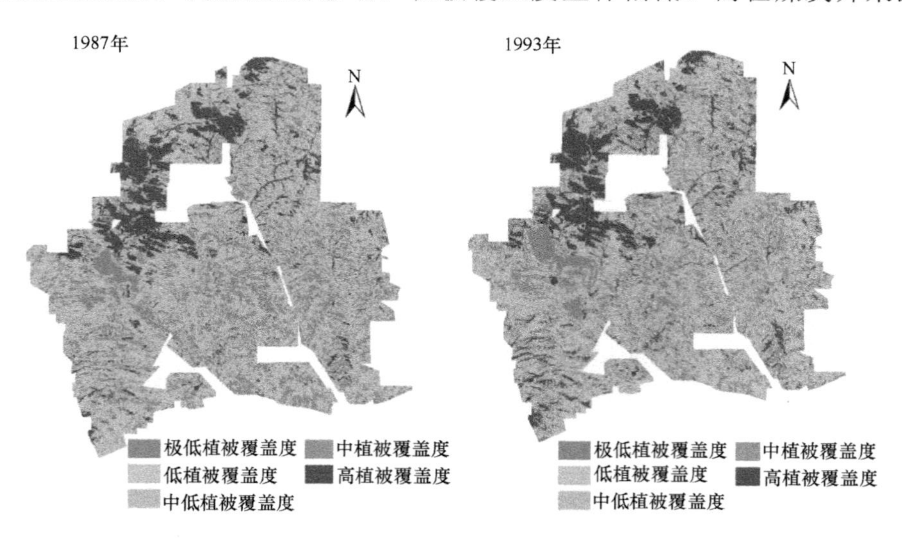

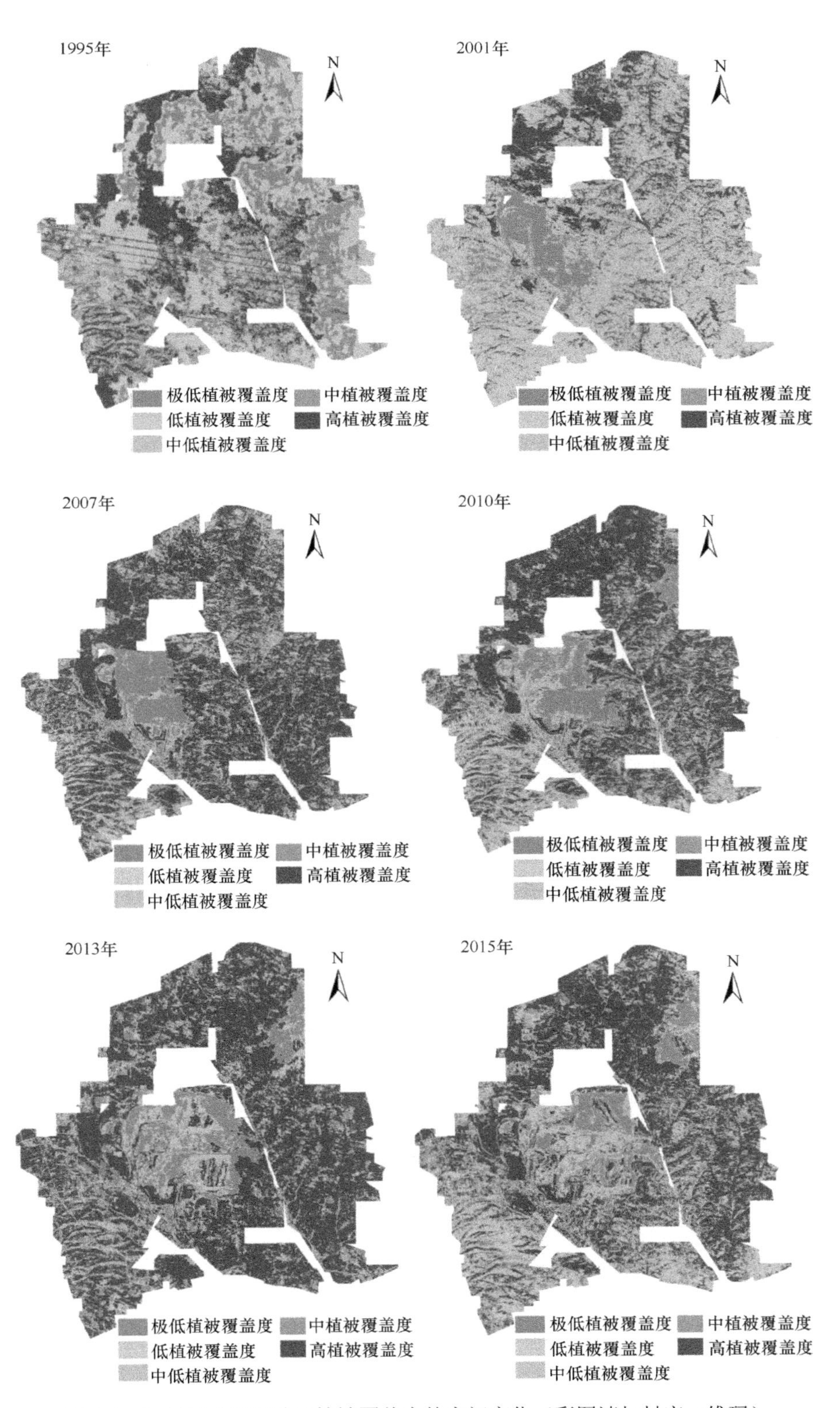

图 3-4　不同年份平朔矿区植被覆盖度的空间变化（彩图请扫封底二维码）

植被覆盖度同时又受到人为因素的影响，导致植被覆盖度更低。从 1995 年开始，平朔矿区安家岭露天矿建设并投入生产，矿区煤炭开采进入一个新的阶段，植被覆盖度的空间分布明显受到人为因素的影响。从 2007 年开始，在前期矿区生态修复治理的基础上，人工植被生长加快，部分区域已形成乔木林地，矿区植被覆盖度整体提高，但是在露天矿的采坑区，植被覆盖度仍然偏低。此时，矿区植被覆盖度缓慢地从人为因素和气候因素共同影响转向主要受到气候影响的阶段。

平朔矿区植被覆盖度的时空变化特征主要受气候因素及采煤活动影响。但该露天矿区人为因素对矿区植被覆盖度的影响方式与过程不同于一般井工开采矿区。一般井工开采矿区，在大规模开发煤炭之前植被主要受到气候因素的影响，随后人为因素影响下的煤炭开采活动开始对植被覆盖度产生影响，人为因素与气候因素共同对植被覆盖度产生作用，而且人为因素与气候因素的共同影响将会持续很长的时间。而平朔矿区植被覆盖度在煤炭开采前主要受气候因素影响，随后煤炭开采成为影响该区域植被覆盖度的主要因素，气候因素的影响程度明显小于人为采矿因素的影响。随着矿区生态环境的治理，植被覆盖度又转向主要受气候因素的影响。表明在平朔矿区气候因素与人为因素在不同阶段对植被的影响是不同的，两者仅仅在煤炭开采的特定阶段对植被覆盖度的变化有明显作用，而在其他时段，平朔矿区植被覆盖度更多地受气候因素的影响。

3. 平朔矿区植被净初级生产力的时空变化

矿区植被的变化能够反映矿区生态环境的现状及治理恢复的效果，但是矿区进行的一系列人类活动，给矿区带来的影响是多方面的，如对矿区微地貌小环境的影响，引发矿区局部温度、土壤含水量的变化。这种情况下仅从植被特征（如覆盖度等）角度比较，难以全面评估采矿引发的生态损失程度与损失量。采用不同层次下的植被净初级生产力（NPP）可以综合衡量资源分布区采矿前后的变化，能更合理地分析矿区生态环境变化的内在原因。植被 NPP 一方面可以表征植物活动特征；另一方面可以用来判断生态环境系统的现状与稳定性。为此，通过植被 NPP 来综合衡量矿区采矿前后的变化，从而更合理地分析矿区生态环境变化的内在原因。研究采用 CASA 模型，结合平朔矿区 Landsat TM 系列遥感影像、当地的气象数据，估算了平朔矿区 2001 年、2005 年、2010 年、2013 年、2014 年、2015 年 6 个时期的植被 NPP。为了直观表现出平朔矿区植被 NPP 的变化特征，研究将植被 NPP 大小分为三类，分别为低值 NPP 区、中值 NPP 区和高值 NPP 区（图 3-5）。

研究结果表明，从 2001 年开始到 2013 年植被 NPP 整体上增加，2014 年较 2013 年有一定程度的降低，随后一直到 2015 年植被 NPP 又表现出增加趋势。2001～2015 年露天采煤区总体上植被 NPP 值较低，矿区范围内耕地 NPP 的数值较采煤区高，而高值区主要分布在矿区外围人工林区及平朔矿区范围内的生态重建治理区。需要特别关注的是矿区范围内，随着煤炭的开采与矿区生态重建措施的实施，植被 NPP 从低值区逐渐过渡到中值区。矿区同一年份中的植被 NPP 主要受到采矿过程的影响，年份间的变化更多的是受气候因素的影响。平朔矿区降水量虽然表现出一定的增加趋势，但是没有统计学意义（图 3-6）。然而，矿区降水量的年际差异较大，这也是引起矿区植被 NPP 变化的主要原因。平朔矿区温度变化趋势是缓慢上升，并且通过了 0.05 水平下的显著性检验（图 3-7）。同样，温度的年际变异也对植被 NPP 产生一定的影响。

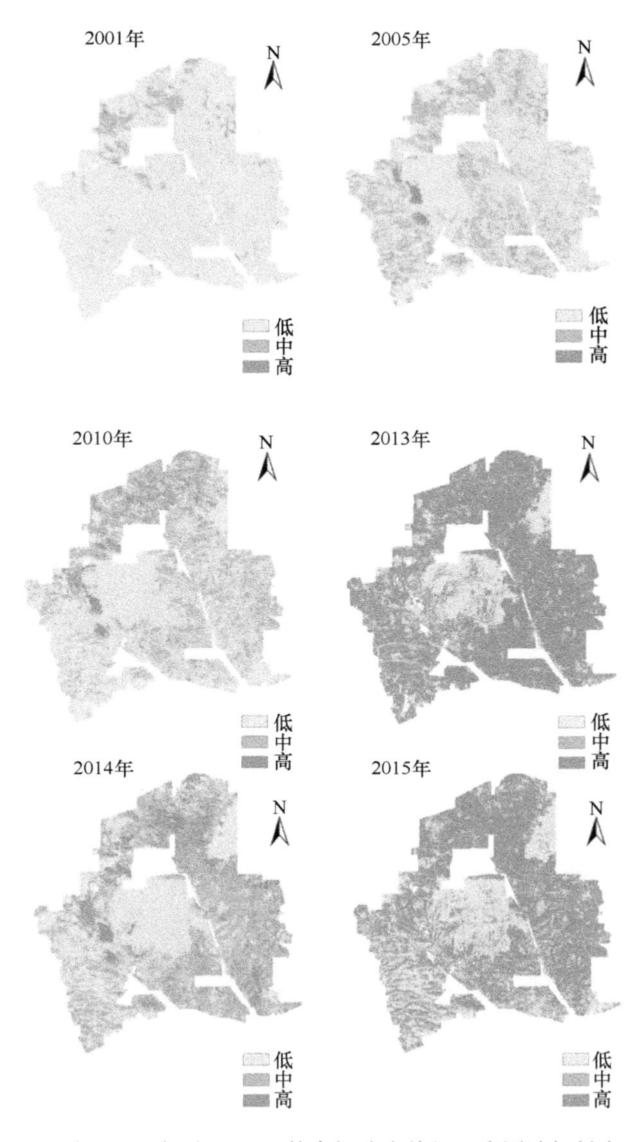

图 3-5　平朔矿区不同年份下 NPP 的空间分布特征（彩图请扫封底二维码）

4. 近 15 年植被覆盖度的变化趋势分析

分析近 15 年来不同空间位置下植被 NPP 的变化趋势，根据不同计算单元上的线性变化系数，将平朔矿区植被覆盖度近 15 年的整体变化趋势分为 5 类：严重退化型、退化型、变化不显著型、增加型、快速增加型。分析植被 NPP 的空间变化特征，植被退化型的区域主要分布在露天矿区及居民点，零星的井工煤矿区也存在植被退化现象。植被 NPP 变化不显著的区域是平朔矿区生态重建植被恢复区、复垦地及农田种植区；植被 NPP 增加的区域主要是原有的林草地及矿区破坏后新复垦的区域。

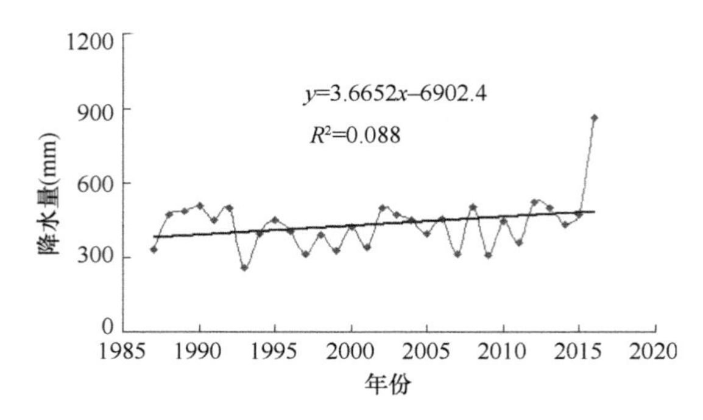

图 3-6　平朔矿区年降水量变化趋势与特征

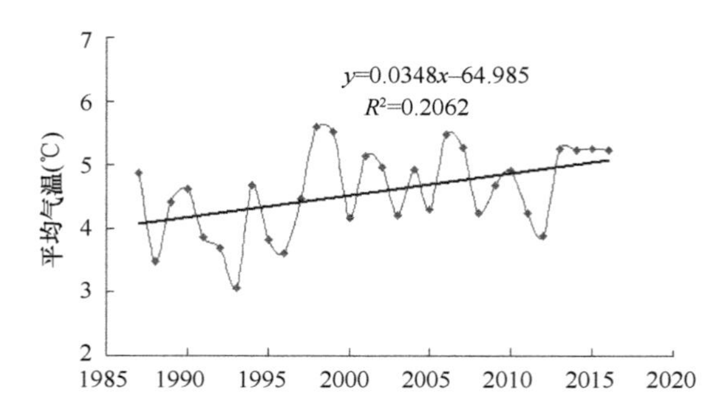

图 3-7　平朔矿区年平均气温变化趋势与特征

第三节　植被覆盖度的影响因素分析

1. 气候因素对植被覆盖度的影响分析

考虑到平朔矿区区域尺度范围在 $400km^2$ 内，气象数据在研究区域范围内变化幅度不大，采用以时间换空间的分析方法，分析年降水量、7 月降水量、8 月降水量、年平均气温、7 月平均气温、8 月平均气温与植被覆盖度的均值和标准差的相关性，从而分析气象因素对矿区植被覆盖度变化的影响。

平朔矿区地处半干旱地区，其植被类型与分布的影响因素中，气候因素发挥着重要的作用。研究分析了 2001～2016 年 6 年的植被覆盖度均值，并分别与该地区年均降水量、7 月平均降水量、8 月平均降水量、年平均气温、7 月平均气温、8 月平均气温进行相关性分析（图 3-8）；同时分析了 2001～2016 年 6 年的植被覆盖度标准差与该地区年均降水量、7 月平均降水量、8 月平均降水量、年平均气温、7 月平均气温、8 月平均气温的相关性，如图 3-9 所示。

结果表明，在平朔矿区，植被覆盖度的变化受温度、降水量的影响，且变化趋势随温度、降水量的不同而不同。该地区仅 7 月平均气温对植被覆盖度均值有着显著影响，而且呈负相关，即 7 月平均气温越低，植被覆盖度均值越高。年平均气温及 8 月平均

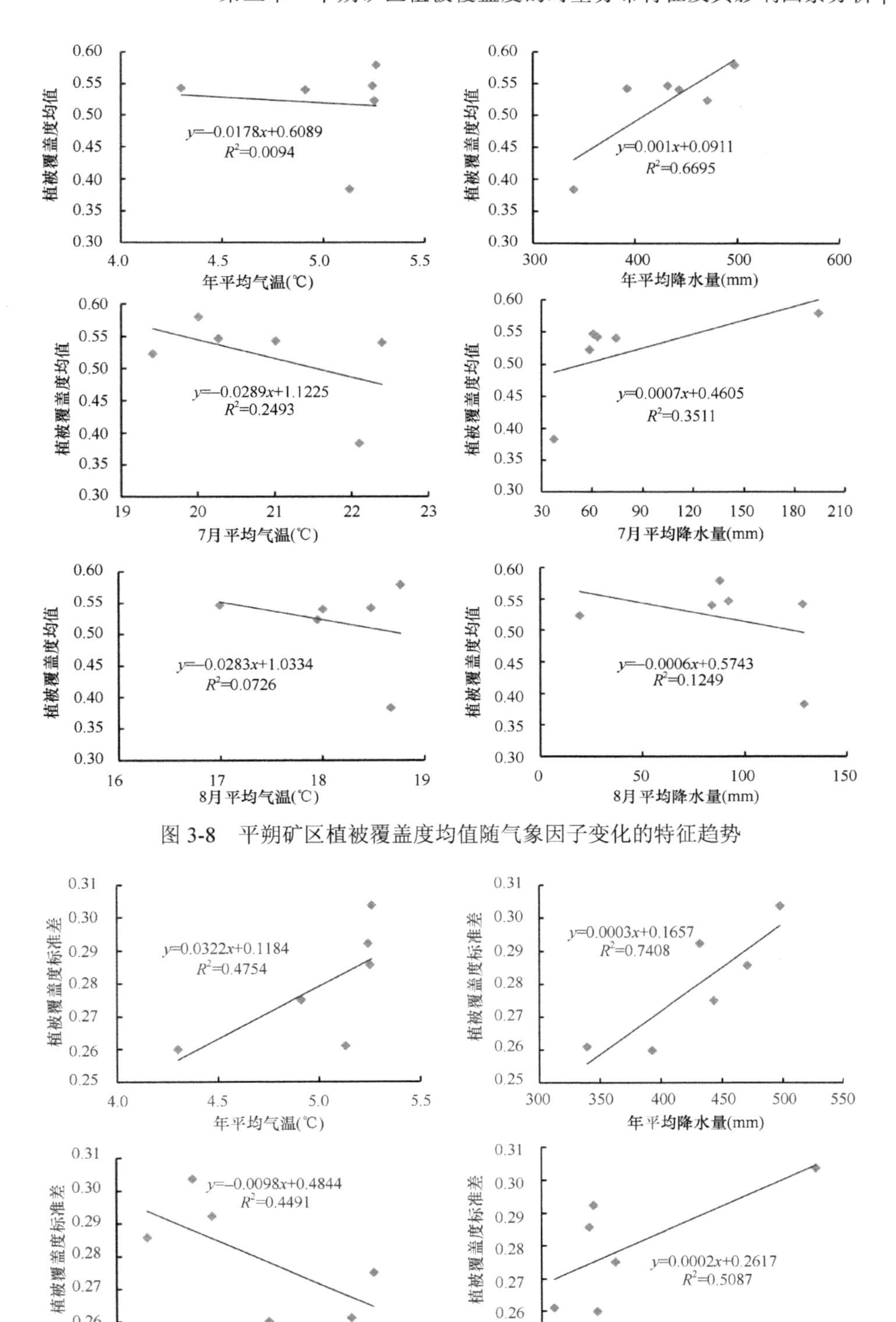

图 3-8　平朔矿区植被覆盖度均值随气象因子变化的特征趋势

图 3-9　平朔矿区植被覆盖度标准差随气象因子变化的特征趋势

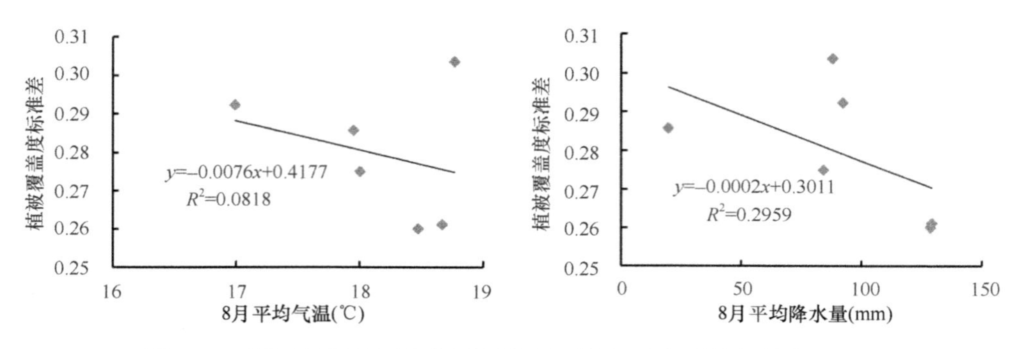

图 3-9 平朔矿区植被覆盖度标准差随气象因子变化的特征趋势（续）

气温对植被覆盖度均值影响不显著，没有通过 0.05 水平下的显著性检验。各项降水量对该地区的植被覆盖度均值均有影响。影响显著的是 7 月平均降水量，即 7 月平均降水量越大，该地区的植被覆盖度均值就越大。年平均降水量对平朔矿区的植被覆盖度均值有着正向的影响，即年平均降水量大，该地区的植被覆盖度均值相对也会比较大，但是没有通过统计学上 0.05 水平下的显著性检验。8 月平均降水量对该地区植被覆盖度均值存在一定的负向影响，即 8 月平均降水量越大，相应的植被覆盖度均值越小，但是该结论没有通过 0.05 水平下的显著性检验。

矿区植被覆盖度标准差能够反映植被覆盖度的变异大小，同时也能够综合反映各影响因素引起的植被覆盖度变化。在平朔矿区，年平均气温对植被覆盖度变异贡献最大，并通过了 0.05 水平下的显著性检验。而 7 月、8 月平均气温对植被覆盖度变异的贡献较小。降水量引起的植被覆盖度的变异特征与温度不同。年平均降水量不会使平朔矿区植被覆盖度变异增大（$P>0.05$），而 7 月与 8 月平均降水量是引发平朔矿区植被覆盖度标准差变大的主要气象因素（$P>0.05$）。

2. 地形因子对植被覆盖度影响的分析

除了气象因子对矿区植被覆盖度造成影响外，矿区植被覆盖度还受到矿区地形中的坡度与坡向的影响。坡度是指过地表一点的切平面与水平面的夹角，描述地表面在该点的倾斜程度。坡度的大小影响着地表物质流动与能量转换的规模和强度，制约生产力空间布局。坡向是指地表一点的切平面的法线在水平面的投影与该点的正北方向的夹角，描述该点高程值改变量的最大变化方向。坡向是决定局部地面接收阳光和重新分配太阳辐射量的重要地形因子，直接造成局部地区气候特征差异，影响各项生态指标。对于北半球而言，辐射收入南坡最多，其次为东南坡和西南坡，再次为东坡与西坡及东北坡和西北坡，最少为北坡。

通过分析不同像元的植被覆盖度均值、标准差与相应像元的坡度、坡向间的相关性来描述坡度、坡向对植被覆盖度的影响。表 3-2 给出了矿区植被覆盖度均值与坡度、坡向的相关系数。虽然植被覆盖度均值与坡度呈反向变化关系、与坡向呈正向变化关系，植被覆盖度标准差与坡度呈正向变化关系、与坡向呈反向变化关系，但是均没有通过 0.05 水平下的显著性检验，因此植被覆盖度变化与坡度、坡向的相关性不明显。考虑到露天矿采煤流程与工艺，特别是土地复垦工艺，土地综合整治后，地形差异减少，使得露天矿植被覆盖度与坡向及坡度的相关性不显著。

表 3-2　平朔矿区植被覆盖度与坡度、坡向间的相关性分析

项目	均值与坡度	均值与坡向	标准差与坡度	标准差与坡向
相关系数	–0.016	0.052	0.044	–0.004

3. 煤炭开采对植被覆盖度的影响分析

结合矿区植被 NPP、植被覆盖度，以及植被覆盖度的时空变化特征和煤矿开采量的综合分析（图 3-10，图 3-11），煤矿开采，特别是在露天矿开采区，对植被覆盖度的影

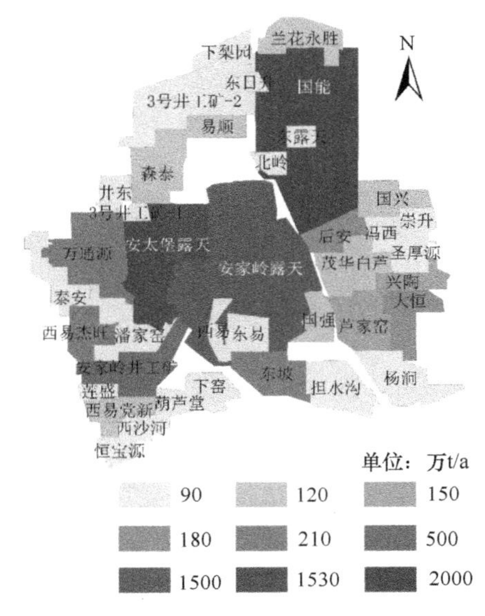

图 3-10　平朔矿区煤炭开采生产能力空间分布（彩图请扫封底二维码）

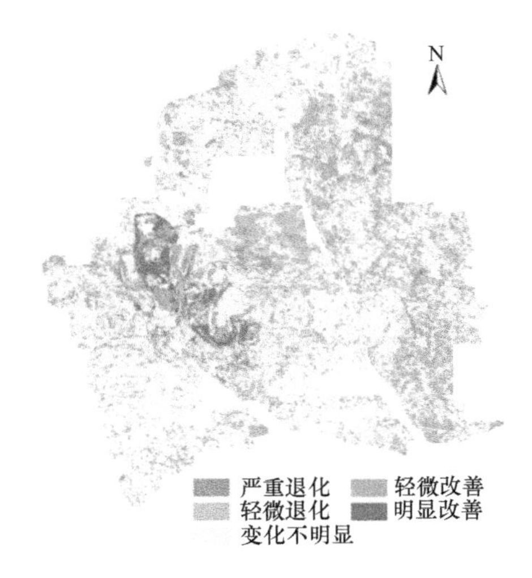

图 3-11　平朔矿区 2001～2016 年植被覆盖度变化趋势空间分布（彩图请扫封底二维码）

响是复杂的。开采初期，表土剥离，植被全部被破坏，几乎没有植被覆盖，煤炭采矿结束后复垦，重新种植植物，其植被变化过程呈现不同的趋势与特点，这从植被覆盖度的时空分布特征上可以反映出来。矿区植被覆盖度的变化过程除了受到气候、人为因素的影响外，还受到植物自身演替过程的影响。在矿区复垦初期，特别是生态重建后多以草、灌类型的植被为主，随后植被系统通过自身演替并适应环境，逐渐形成新的植被覆盖类型，在这个过程中，植被的NPP、覆盖度均会发生变化，但是总体演变趋势是相对稳定的。

第四章　平朔矿区固定监测样地物种组成及空间格局

第一节　研 究 方 法

平朔矿区排土场自实施地貌重塑、土壤重构和植被重建治理工程以来，已有近30年的历史，目前整体呈现乔木群落的植被恢复效果最好，灌丛群落植被恢复效果普遍好于草地群落，而乔木群落中刺槐和油松混交模式恢复效果最好。然而，受立地条件、植被配置模式和自然环境的影响，植被群落在演替过程中也呈现分化状态，正在经历人工重建生态系统与自然生态系统融合、自然野生植被大量侵入、生物多样性显著增加的阶段，人工植被配置结构与其生态功能的关系是否合理？植被生物多样性对群落稳定性的影响如何？为了能够科学解释和回答矿区生态重建过程中面临的相关科学问题，有必要对复垦地不同植物配置模式下的植被动态进行监测，以便了解平朔矿区不同植物配置模式下的群落演变特征和植物间的相互关系。研究根据矿区人工重建生态系统植被配置模式、立地条件、复垦年限等因素，采用美国史密森热带森林科学研究中心（Center for Tropical Forest Science，CTFS）样地建立标准（Condit，1995），于2010年在平朔矿区安太堡露天矿南排土场、西排土场生态重建区建立了5块固定监测样地，可有效监测物种的时空分布格局和系统的动态演变特征，为研究人工重建生态系统结构与功能的关系、物种多样性的维持机制、生物多样性与稳定性的关系等提供重要的科学依据和数据支持。

一、样地设置

参照CTFS样地建立标准，选择不同植被重建时间、不同植被配置模式和不同立地条件的人工生态林，建设3个1hm^{2}标准样地（S3、S5、W1）和两个0.8hm^{2}样地（S1、S4），将样地分别划分为10m×10m的乔木样方（其中S1、S4样地各80个，S3、S5、W1样地各100个），在每个10m×10m样方内用插值法细分为4个5m×5m的小样方。将每个乔木样方的4个角用水泥桩作为永久标记，以各样地坐标原点顺序排列10m×10m样方的行、列号作为水泥角桩的编号，采用GPS测量其经纬度和海拔，计算样地内每个基点的相对海拔，并绘制等高线地形图（表4-1）。

表4-1　平朔矿区固定监测样地概况

样地	植被	种植年份	海拔（m）	地形	立地条件	面积（hm^2）
S1	刺槐+油松	1991	1360	边坡	土石混排	0.8
S3	刺槐+榆+臭椿	1992	1380	平台	土石混排	1.0
S4	刺槐+油松	1993	1450	边坡	土石混排	0.8
S5	刺槐	1993	1420	平台	纯土	1.0
W1	旱柳+榆+油松+落叶松+青扦+白扦+樟子松	1994	1460	平台	土石分排，表层黄壤土	1.0

二、野外调查方法

分别于2010年和2015年对5块固定监测样地内物种进行调查。野外调查以5m×5m小样方为基本调查单元，按顺时针挂牌标记每个胸径（diameter at breast height，DBH）≥1cm的乔木个体，且不挂牌测定高度低于1.3m的乔木次生苗个体，详细记录样方号、小样方号、树种名称、胸径或基径、坐标、高度、冠幅、物候期、生活力等生长状况信息，并建立数据库。同时记录各样地的海拔、坡度等环境因子。

三、数据分析方法

根据在平朔矿区固定监测样地调查所得的数据，并参考有关种群的径级划分方法，对林木进行径级划分，共划分为3个等级：Ⅰ级个体（DBH<5cm）、Ⅱ级个体（5cm≤DBH<10cm）、Ⅲ级个体（10cm≤DBH<30cm）。

采用Excel 2007对数据进行相关统计和分析，采用R3.3.2（http://www.r-project.org）制作样地等高线地形图、径级结构图、空间分布格局图。

第二节 S1样地物种组成及空间格局

一、样地概况

S1样地位于安太堡露天矿南排土场复垦地1360平台边坡，样地坡向为南偏西65°，坡度为3°～23°，面积为0.8hm^2，长100m，宽80m。最高海拔为1354m，最低海拔为1338m。S1样地等高线地形图如图4-1所示。

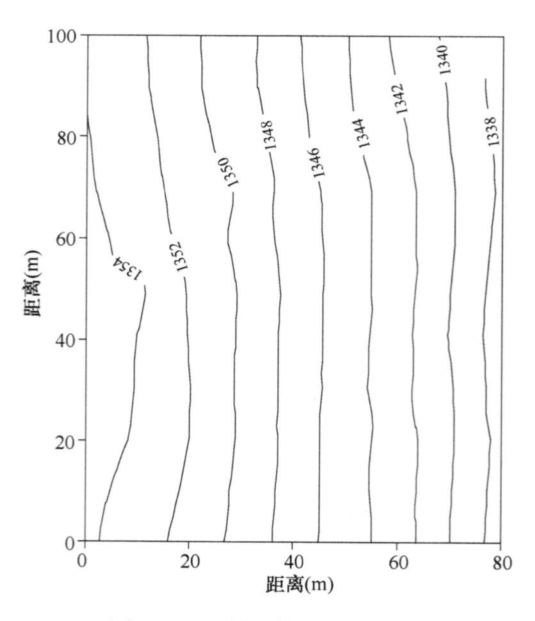

图4-1 S1样地等高线地形图

复垦初期，样地为刺槐、油松隔行间种，刺槐为一年生幼苗，平均高度 30cm，油松为五年生幼苗，平均高度 1m，栽植行间距为 2m，刺槐株距为 1m，油松株距为 5m。草本层人工撒种，种植有红豆草（*Onobrychis viciifolia*）和无芒雀麦（*Bromus inermis*）。现草本植物优势种为大籽蒿（*Artemisia sieversiana*）、无芒雀麦、戈壁针茅（*Stipa tianschanica* var. *gobica*），人工草本植物已基本退化，被野生草本植物取代。

二、物种组成及数量特征

S1 样地主要树种共 5 种，隶属于 5 科 5 属（表 4-2）。

表 4-2　S1 样地主要树种

物种	科	属
刺槐 *Robinia pseudoacacia*	豆科 Leguminosae	刺槐属 *Robinia*
榆 *Ulmus pumila*	榆科 Ulmaceae	榆属 *Ulmus*
油松 *Pinus tabuliformis*	松科 Pinaceae	松属 *Pinus*
杨树 *Populus* spp.	杨柳科 Salicaceae	杨属 *Populus*
三裂绣线菊 *Spiraea trilobata*	蔷薇科 Rosaceae	绣线菊属 *Spiraea*

由图 4-2 和图 4-3 可见，2010 年调查发现样地内独立个体数为 1761 株，刺槐为优势种，占 72.91%。2015 年调查发现样地内独立个体数为 1273 株，比 2010 年下降了 27.71%，减少了 488 株；样地内没有新增木本植物物种，优势种仍为刺槐，占 63.00%。

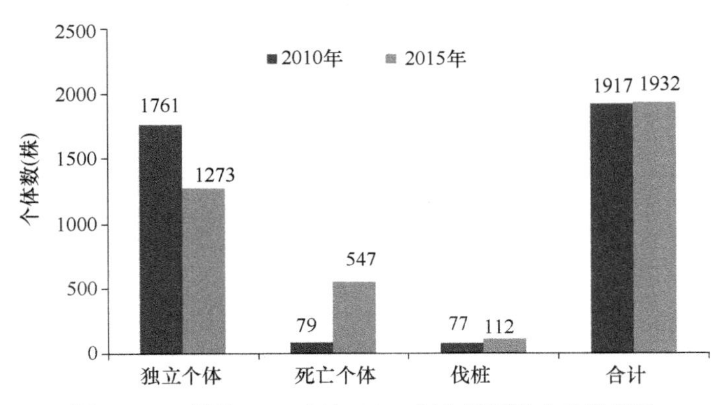

图 4-2　S1 样地 2010 年与 2015 年主要树种个体数统计

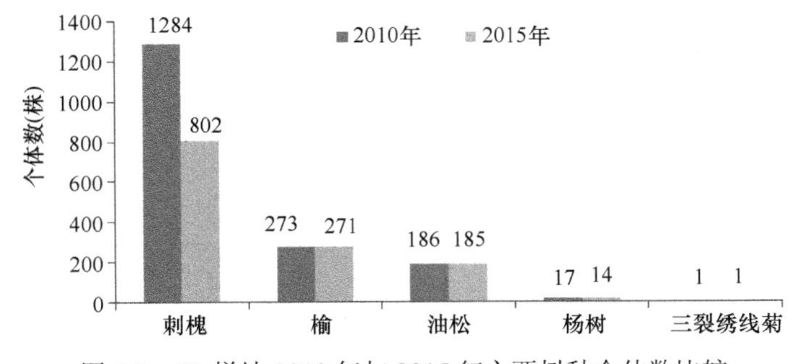

图 4-3　S1 样地 2010 年与 2015 年主要树种个体数比较

Hubbell 和 Foster（1986）把每公顷内个体数≤1 株的种定义为稀有种，1～10 株为偶见种。按此定义，两次调查结果显示 S1 样地内只有三裂绣线菊 1 个稀有种（表 4-3）。

表 4-3　S1 样地 2010 年与 2015 年主要树种组成统计　（单位：株）

物种	2010 年	2015 年	更新个体	死亡个体
刺槐	1284（72.91%）	802（63.00%）	6（24.00%）	488（95.13%）
榆	273（15.50%）	271（21.29%）	18（72.00%）	20（3.90%）
油松	186（10.56%）	185（14.53%）	1（4.00%）	2（0.39%）
杨树	17（0.97%）	14（1.10%）	0（0.00%）	3（0.58%）
三裂绣线菊	1（0.06%）	1（0.08%）	0（0.00%）	0（0.00%）
合计	1761（100%）	1273（100%）	25 (100%)	513 (100%)

由表 4-3 可见，2015 年样地内更新个体共计 25 株，榆占 72.00%；死亡个体共计 513 株，刺槐占 95.13%。

三、优势度

按树种重要值（important value）$\left(\frac{\text{相对高度}+\text{相对多度}+\text{相对胸高断面积}}{3}\times 100\%\right)$排序，两次调查结果表明：样地内优势种明显为刺槐，为建群种。优势种刺槐的胸高断面积在样地内占有显著优势，2010 年占样地总胸高断面积的 81.31%，2015 年占 73.68%。与 2010 年相比，2015 年样地总胸高断面积增加了 $2.22\text{m}^2/\text{hm}^2$。榆的个体数虽然比油松多，但其重要值较油松要小。多度较高的物种其优势度不一定高，在反映物种优势度上，胸高断面积与重要值表现出较好的一致性（表 4-4）。

表 4-4　S1 样地主要树种优势度统计

物种	2010 年			2015 年		
	多度（株）	胸高断面积（m^2/hm^2）	重要值（%）	多度（株）	胸高断面积（m^2/hm^2）	重要值（%）
刺槐	1284	7.31	77.94	802	8.26	68.48
榆	273	0.27	8.40	271	0.76	13.89
油松	186	1.10	11.51	185	1.80	15.50
杨树	17	0.31	2.12	14	0.39	2.09
三裂绣线菊	1	0	0.03	1	0	0.04
合计	1761	8.99	100	1273	11.21	100

四、径级结构

径级结构是植物群落稳定性与生长发育状况的重要指标。调查结果表明：与 2010 年相比，2015 年样地内总个体与各树种的平均胸径和最大胸径均有不同程度的增加。刺槐、油松、杨树的平均胸径均大于总个体的平均胸径，榆的平均胸径小于总个体的平均胸径（表 4-5）。

表 4-5　S1 样地主要树种胸径统计　（单位：cm）

物种	2010 年		2015 年	
	平均胸径	最大胸径	平均胸径	最大胸径
刺槐	5.63	20.00	8.82	24.30
榆	1.41	17.15	3.57	23.20
油松	7.51	12.70	9.71	15.80
杨树	12.94	19.13	16.33	22.60
总个体	5.24	20.00	7.92	24.30

由图 4-4 所示，2010 年，S1 样地内总个体的径级结构在 DBH 0～5cm 呈现反“J”形，在较大径级呈现近似正态分布，I 级个体随着径级增大而急剧减少，后又缓慢上升，在 5～15cm 出现峰值，之后又缓慢下降。总个体中，I 级个体占 54.00%，II 级个体占 24.42%，III级个体占 21.58%。刺槐和总个体的径级结构相似，也在 0～5cm 呈现反“J”形，在较大径级呈现近似正态分布，在 5～15cm 出现峰值，I 级个体占 53.51%，II 级个体占 20.17%，III级个体占 26.32%。榆的径级结构近似“L”形，90.84%的个体集中在 I 级，DBH≥5cm 的个体仅有 25 株。油松的径级结构在 5～10cm 出现峰值，II 级个体占 80.65%。

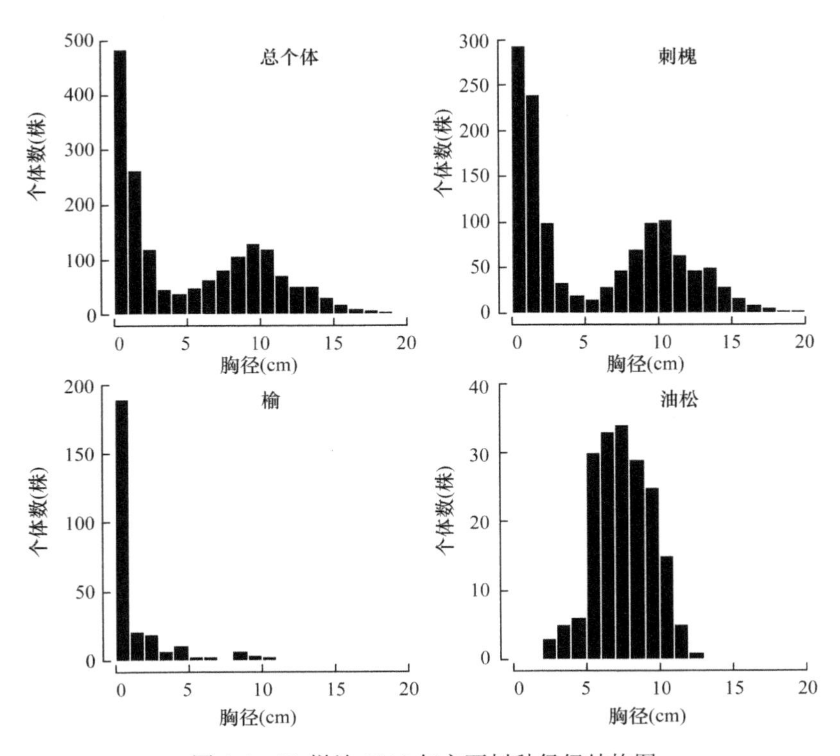

图 4-4　S1 样地 2010 年主要树种径级结构图

如图 4-5 所示，2015 年，S1 样地内总个体的径级结构在 DBH 0～5cm 和 5～15cm 出现 2 个明显的峰，III级个体居多，占总个体的 41.95%，II 级个体最少，占 14.77%。

刺槐和总个体的径级结构相似，也在 DBH 0～5cm 和 5～15cm 出现 2 个明显的峰，Ⅲ级个体居多，占总个体的 51.62%。榆的径级结构随着径级增大总体呈逐渐减少的趋势，个体主要集中在Ⅰ级，占 77.49%，Ⅲ级个体仅占 8.49%。油松的径级结构主要集中在 5～15cm，并出现明显的峰，Ⅱ级个体居多，占 52.43%，Ⅰ级个体占 1.62%，仅有 3 株。

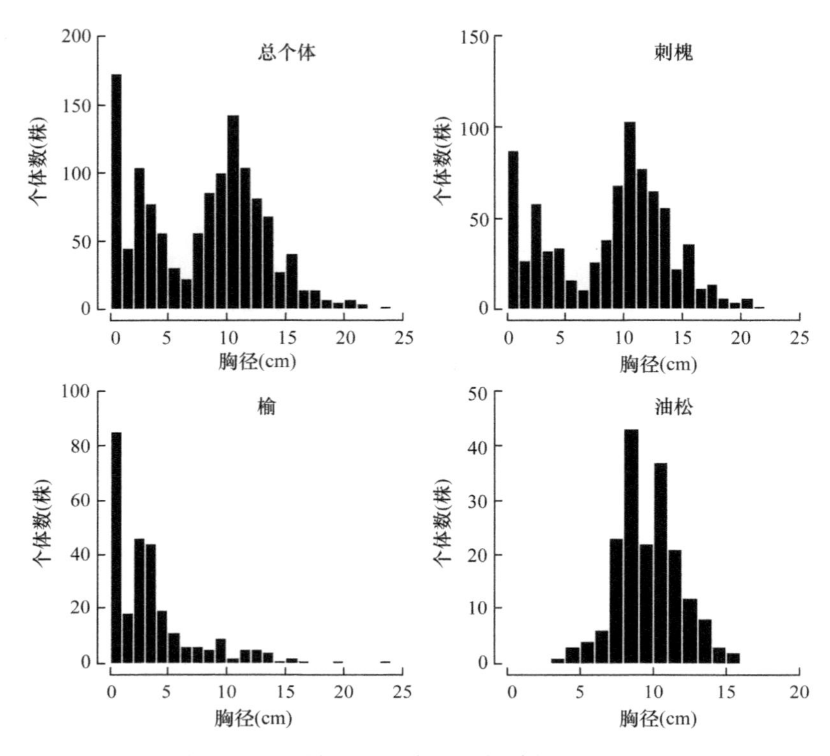

图 4-5　S1 样地 2015 年主要树种径级结构图

随着树木的生长，与 2010 年相比，样地内主要树种Ⅲ级个体所占比重均有不同程度的增加，刺槐、油松的径级结构主要集中在Ⅱ级、Ⅲ级个体，榆的Ⅱ级、Ⅲ级个体均有所增加，但Ⅰ级个体仍占主导地位。

如图 4-6 所示，S1 样地 2015 年刺槐死亡个体径级结构在 DBH 0～5cm 呈现反“J”形，在 DBH 5～10cm 个体数变化不大。刺槐死亡个体 87.70%集中在Ⅰ级，Ⅱ级死亡个体占 10.66%，Ⅲ级死亡个体仅有 8 株，Ⅱ级、Ⅲ级死亡个体数比Ⅰ级死亡个体数显著降低。说明该样地刺槐在生长到 DBH＞5cm 时，其生活力及种内和种间竞争力相对较强，死亡个体数减少，死亡率基本稳定。

对比 2010 年和 2015 年 S1 样地刺槐、油松、榆的径级结构图，可以看出刺槐和榆的径级结构由两部分组成：一是最初种植的成年树种的径级部分，分布在 5～15cm；二是次生幼树的径级结构分布，主要位于 0～5cm。2010 年刺槐和榆的幼树占比较多，其结构图分别呈反“J”形和“L”形，较小胸径的个体数分布较多，说明当时正值刺槐和榆的次生繁殖高峰期，与现场调查情况一致。而到了 2015 年，其径级结构图发生改变，刺槐呈现双峰，幼树小径级刺槐明显减少，与图 4-6 死亡刺槐径级结构图对比，可发现幼树减少数与死亡数趋势一致。两次调查结果表明，刺槐的径级结构图在 0～5cm 呈现反“J”形，在较大径级呈现近似正态分布；榆的径级结构近似“L”形；油松是乔木树种正常生长的径级结构分布图，总体呈现正态分布。

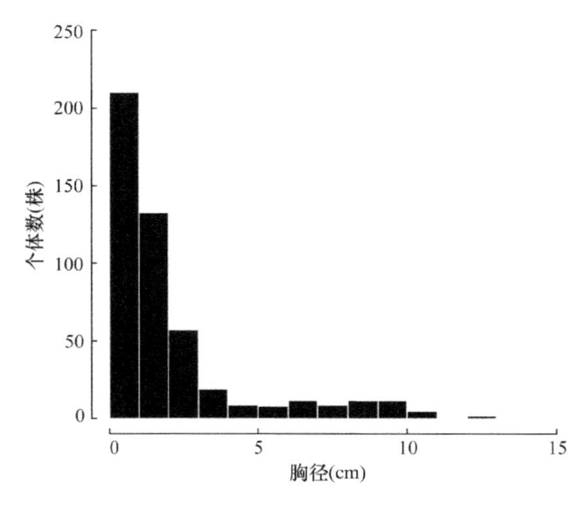

图 4-6　S1 样地 2015 年刺槐死亡个体径级结构图

五、空间分布格局

（一）主要树种空间分布格局

由图 4-7 和图 4-8 可知，刺槐在样地内分布较均匀；榆在样地内呈现聚集分布和随机分布，在局部地区出现明显的空白区；油松主要均匀分布在样地的西部和中部；杨树和三裂绣线菊在样地内零星分布。2015 年样地内个体数较 2010 年要少，主要是刺槐数量减少。

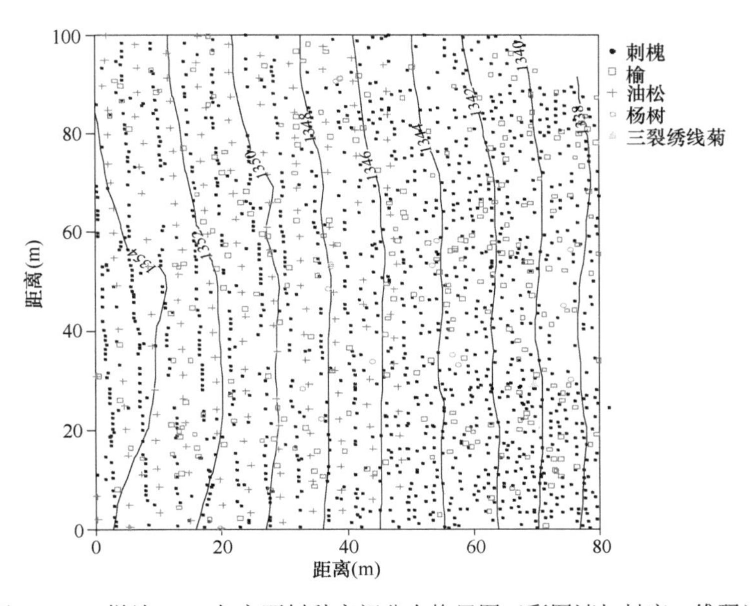

图 4-7　S1 样地 2010 年主要树种空间分布格局图（彩图请扫封底二维码）

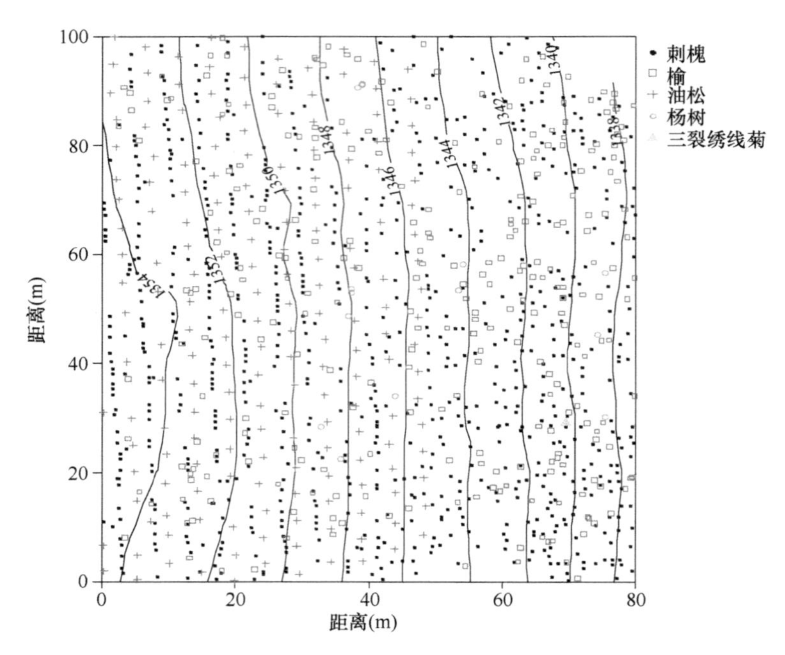

图 4-8　S1 样地 2015 年主要树种空间分布格局图（彩图请扫封底二维码）

（二）刺槐空间分布格局

如图 4-9 所示，两次调查结果显示，S1 样地刺槐的空间分布随径级的变化而表现出不同的格局。2010 年，刺槐各径级个体在样地内均有分布，Ⅰ级个体占总个体的 53.50%，主要集中在样地东部，小范围内呈现局部集中分布，样地西部分布较稀疏；Ⅱ级个体分布较均匀，在样地东南角分布较少，出现“空白区”；Ⅲ级个体在样地西部分布较均匀，在样地东部分布较稀疏，在样地的东北角和东南角分布稀少。2015 年，刺槐各径级个体在样地内均有分布，Ⅰ级个体主要集中在样地东部 20m 条带范围内，在其他范围分布较少，出现大片的“空白区”；Ⅱ级个体分布较均匀；Ⅲ级个体占总个体的 51.62%，样地西部个体较多，呈均匀分布，东部个体较少，呈均匀分布和随机分布。对应植株生长状况，说明次生幼树主要分布在东部 20m 条带内。而通过现场调查发现，这部分刺槐次生幼树是原种植刺槐成年树上部抽梢死亡后基部萌生的幼树，从目前生长状况看，这类幼树总体呈衰亡态势，说明刺槐树种已开始出现退化现象。

（三）榆空间分布格局

如图 4-10 所示，两次调查结果显示，S1 样地榆的空间分布随径级的变化而表现出不同的格局。2010 年，榆的各径级个体在样地内均有分布，Ⅰ级个体占总个体的 90.84%，在样地内呈随机分布，东部个体较多，小范围内呈现局部集中分布的特征；Ⅱ级个体 18 株，在样地随机分布；Ⅲ级个体仅有 7 株，主要分布在样地的东北部，在其他区域无分布。2015 年，榆的各径级个体在样地内均有分布，Ⅰ级个体占总个体的 77.49%，在样地内呈随机分布，东部个体较多，小范围内呈现局部集中分布的特征；Ⅱ级个体在样地内随机分布；Ⅲ级个体呈随机分布，主要集中在样地东部，西部仅有 2 株。

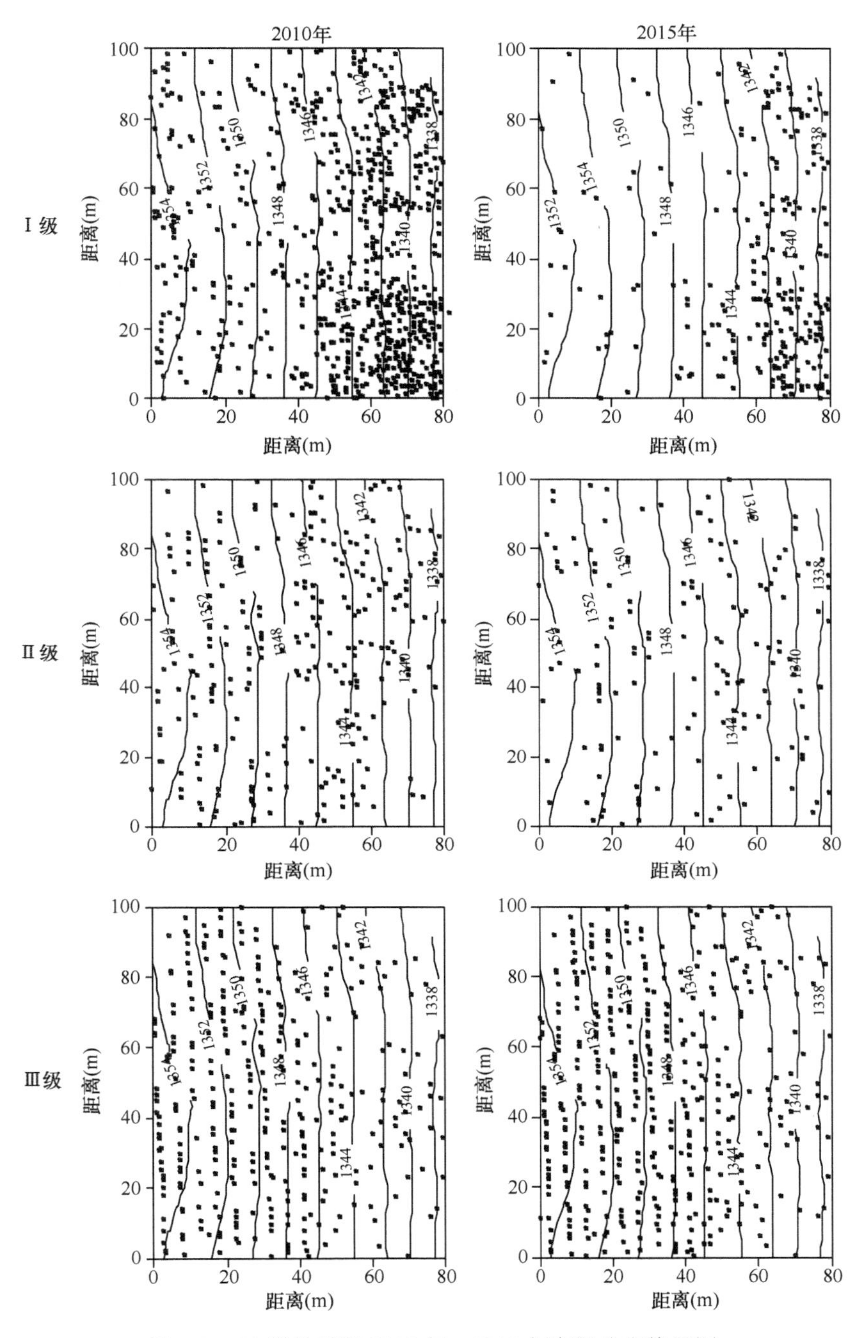

图 4-9　S1 样地刺槐 2010 年、2015 年空间分布格局图

榆的径级分布图与刺槐表现类似，但生长状况不同，其中Ⅰ级个体占绝对多数，基本呈现全区分布，该类幼树是通过样地内成年榆种子扩散繁殖而来，因此分布较均匀。但繁殖数量多，死亡数量也较多，多数幼树个体很难正常生长。

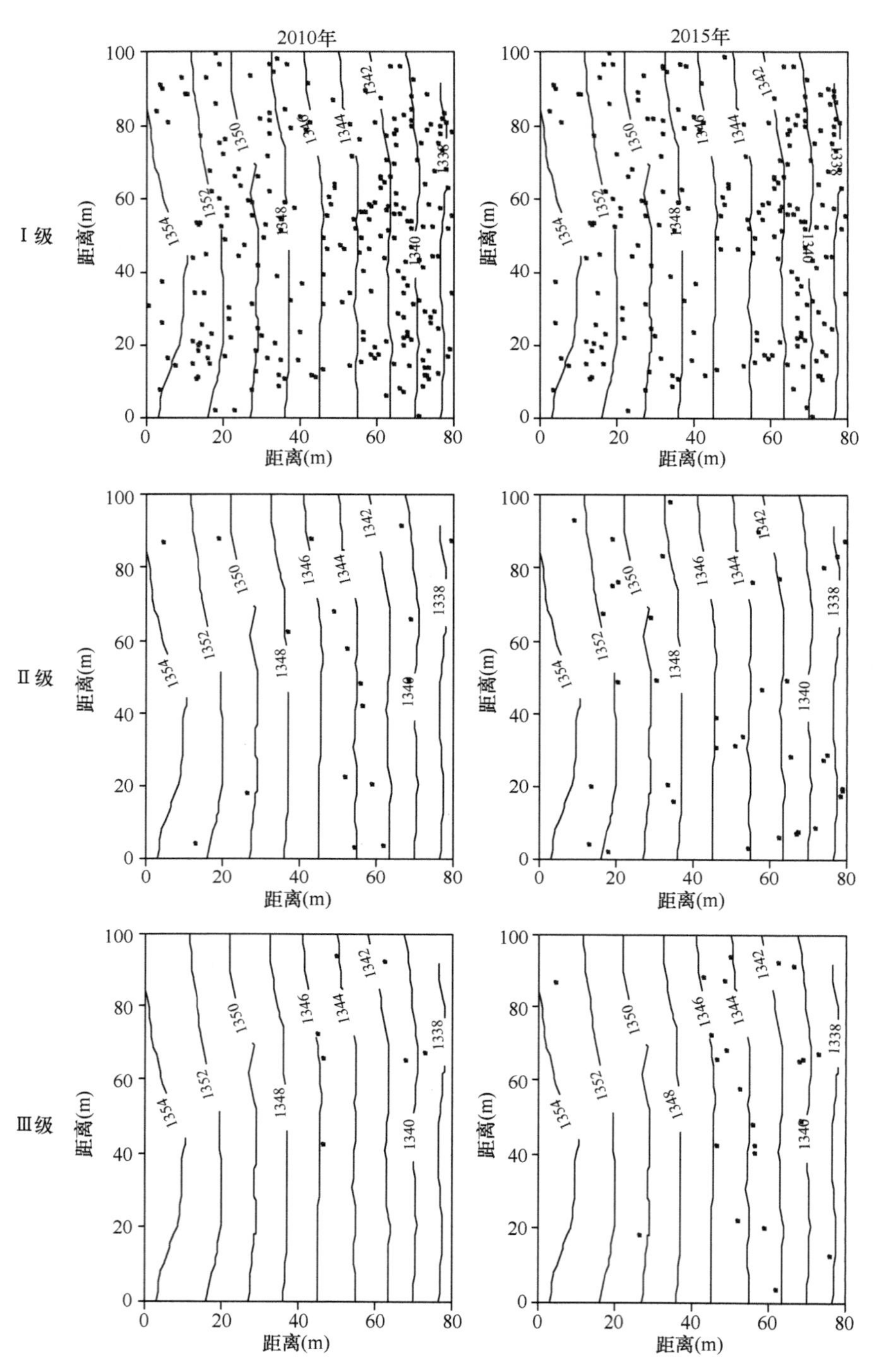

图 4-10 S1 样地榆 2010 年、2015 年空间分布格局图

（四）油松空间分布格局

如图 4-11 所示，两次调查结果显示，S1 样地油松的空间分布随径级的变化而表现出不同的格局。2010 年，油松各径级个体在样地内均有分布，主要分布在样地西部，I

级个体在样地内随机分布；Ⅱ级个体占总个体的 80.65%，在样地西部随机分布；Ⅲ级个体有 22 株，随机分布在样地西部。2015 年，油松各径级个体在样地内均有分布，Ⅰ级个体仅有 3 株，分布在样地中部；Ⅱ级个体、Ⅲ级个体占总个体的 98.38%，在样地西部呈均匀分布和随机分布。

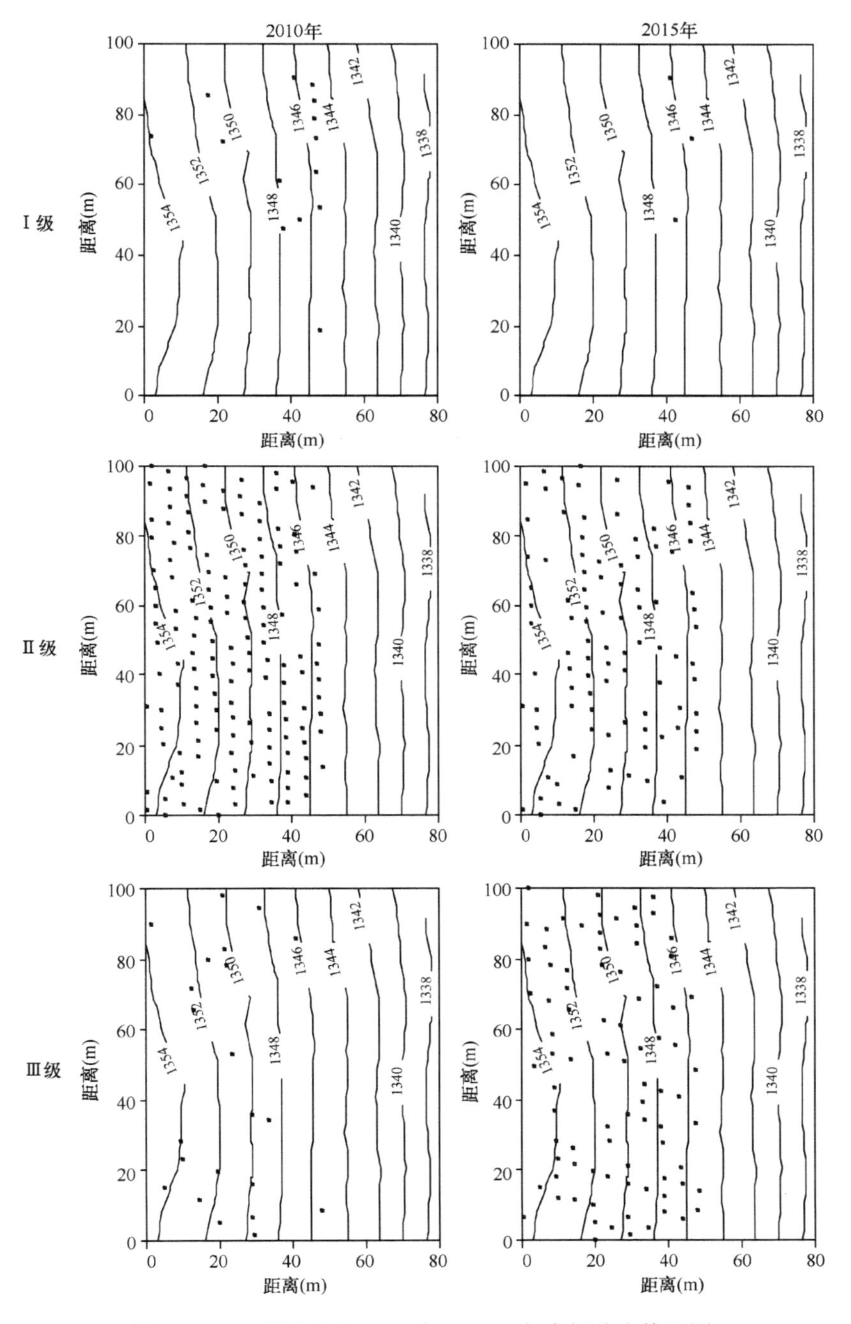

图 4-11　S1 样地油松 2010 年、2015 年空间分布格局图

（五）死亡刺槐空间分布格局

由图 4-12 可知，死亡刺槐各径级个体在样地内均有分布，Ⅰ级个体占总死亡个体的 87.70%，在样地东部死亡个体较多，分布较密集，样地西部分布较均匀；Ⅱ级死亡个体主要随机分布在样地东部，样地西部死亡个体较少；Ⅲ级死亡个体仅有 8 株，在样地内随机分布。

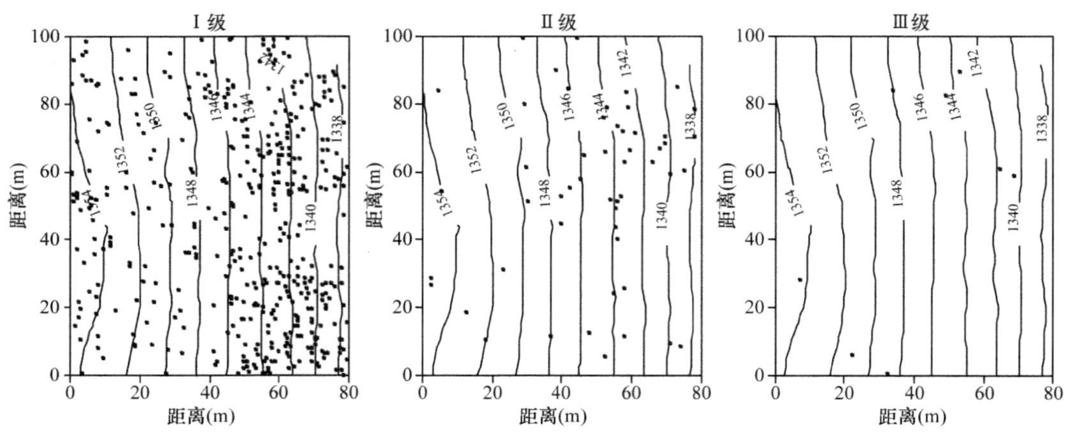

图 4-12　S1 样地 2015 年刺槐死亡个体空间分布格局图

第三节　S3 样地物种组成及空间格局

一、样地概况

S3 样地位于安太堡露天矿南排土场复垦地 1380 平台，面积为 1hm^2，长 100m，宽 100m。整个样地较为平缓，最高海拔为 1382m，最低海拔为 1378m，平均海拔为 1380m。S3 样地等高线地形图如图 4-13 所示。

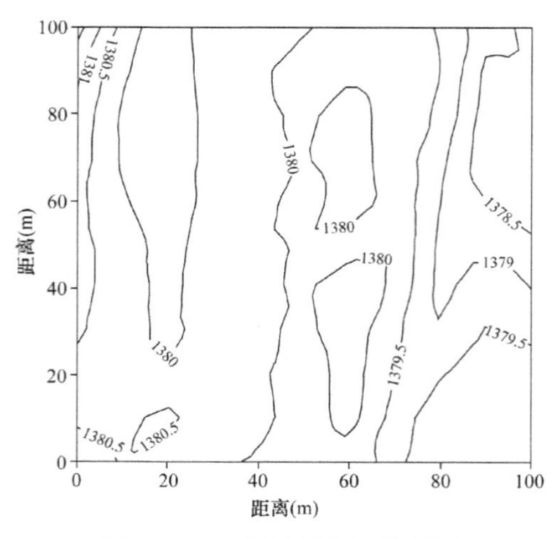

图 4-13　S3 样地等高线地形图

复垦初期，样地为刺槐、榆、臭椿隔行间种，栽植间距和行距为 1m×1m，刺槐为一年生幼苗，平均高度为 30cm。榆、臭椿也为一年生幼苗，平均高度为 1m。草本层人工撒种，种植有冰草（*Agropyron cristatum*）、紫苜蓿（*Medicago sativa*）和无芒雀麦（*Bromus inermis*）。

二、物种组成及数量特征

S3 样地主要树种共有 10 种，隶属于 8 科 10 属（表 4-6）。

表 4-6 S3 样地主要树种

物种	科	属
刺槐 *Robinia pseudoacacia*	豆科 Leguminosae	刺槐属 *Robinia*
榆 *Ulmus pumila*	榆科 Ulmaceae	榆属 *Ulmus*
臭椿 *Ailanthus altissima*	苦木科 Simaroubaceae	臭椿属 *Ailanthus*
沙棘 *Hippophae rhamnoides* subsp. *sinensis*	胡颓子科 Elaeagnaceae	沙棘属 *Hippophae*
旱柳 *Salix matsudana*	杨柳科 Salicaceae	柳属 *Salix*
枸杞 *Lycium chinense*	茄科 Solanaceae	枸杞属 *Lycium*
杏 *Armeniaca vulgaris*	蔷薇科 Rosaceae	杏属 *Armeniaca*
杨树 *Populus* spp.	杨柳科 Salicaceae	杨属 *Populus*
柠条锦鸡儿 *Caragana korshinskii*	豆科 Leguminosae	锦鸡儿属 *Caragana*
火炬树 *Rhus typhina*	漆树科 Anacardiaceae	盐肤木属 *Rhus*

由图 4-14 和图 4-15 可见，2010 年调查发现样地内独立个体数为 4681 株，优势种为刺槐和榆，分别占总个体的 43.45%、40.42%。2015 年调查发现样地内独立个体数为 3190 株，比 2010 年下降了 31.85%，减少了 1491 株。样地内优势种仍为刺槐和榆，但榆超过刺槐成为个体数最多的树种，占总个体的 56.71%，刺槐占 32.79%。火炬树由于个体死亡从样地内消失，样地内没有新增物种。

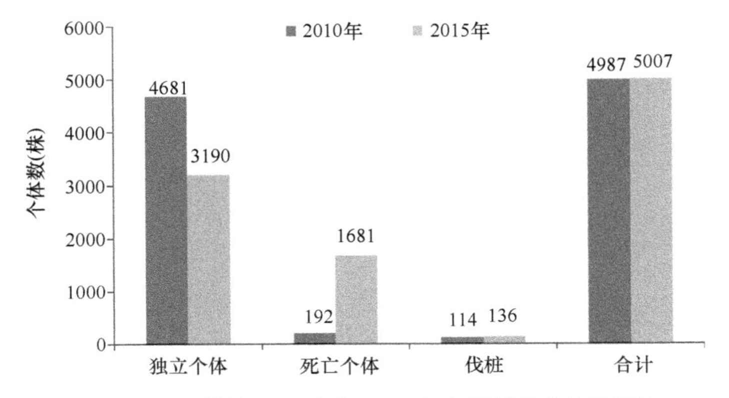

图 4-14 S3 样地 2010 年与 2015 年主要树种个体数统计

2010 年，S3 样地偶见种为旱柳、枸杞、杏，稀有种为柠条锦鸡儿、杨树、火炬树。2015 年，S3 样地内沙棘和柠条锦鸡儿变成了偶见种，杨树仍为稀有种（表 4-7）。

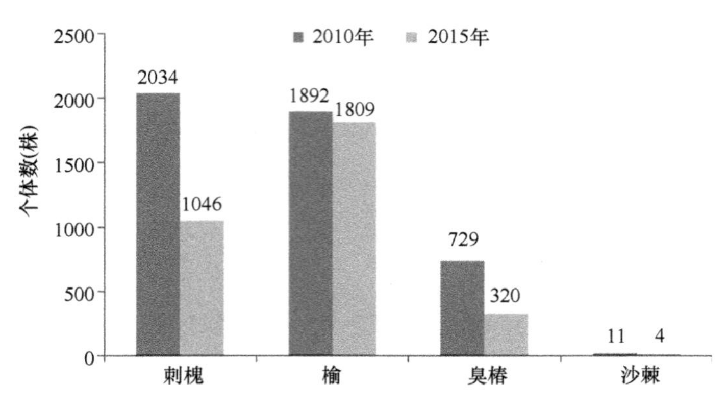

图 4-15　S3 样地 2010 年与 2015 年主要树种个体数比较

表 4-7　S3 样地 2010 年与 2015 年主要树种组成统计　　（单位：株）

物种	2010 年	2015 年	更新个体	死亡个体
刺槐	2034（43.45%）	1046（32.79%）	6（15.79%）	994（65.01%）
榆	1892（40.42%）	1809（56.71%）	27（71.06%）	110（7.19%）
臭椿	729（15.57%）	320（10.04%）	2（5.26%）	411（26.88%）
沙棘	11（0.24%）	4（0.13%）	0（0.00%）	7（0.46%）
旱柳	5（0.11%）	2（0.06%）	0（0.00%）	3（0.19%）
枸杞	4（0.09%）	2（0.06%）	0（0.00%）	2（0.13%）
杏	3（0.06%）	3（0.09%）	0（0.00%）	0（0.00%）
柠条锦鸡儿	1（0.02%）	3（0.09%）	2（5.26%）	0（0.00%）
杨树	1（0.02%）	1（0.03%）	1（2.63%）	1（0.07%）
火炬树	1（0.02%）	—	0（0.00%）	1（0.07%）
合计	4681（100%）	3190（100%）	38（100%）	1529（100%）

由表 4-7 可见，2015 年，样地内更新个体共计 38 株，榆占 71.05%；死亡个体共计 1529 株，刺槐占 65.01%，臭椿占 26.88%，榆占 7.19%。

三、优势度

按树种重要值排序，两次调查结果表明：样地内优势种明显为刺槐、榆，刺槐、榆为建群种。与 2010 年相比，2015 年样地总胸高断面积增加了 $2.45m^2/hm^2$。刺槐由于个体数减少了 48.57%，胸高断面积增加了 $0.77m^2/hm^2$，重要值降低为 50.50%。榆的个体数仅减少 83 株，但胸高断面积增加了 3.74 倍，重要值达到了 42.09%。臭椿的个体数减少了 56.10%，胸高断面积增加了 $0.09m^2/hm^2$，重要值降低为 6.88%（表 4-8）。

四、径级结构

径级结构是植物群落稳定性与生长发育状况的重要指标。调查结果表明：与 2010 年相比，2015 年样地内总个体与各树种的平均胸径和最大胸径均有不同程度的增加。刺槐、旱柳、杨树的平均胸径均大于总个体的平均胸径，榆、臭椿、杏的平均胸径小于总个体的平均胸径（表 4-9）。

表 4-8　S3 样地主要树种优势度统计

物种	2010 年			2015 年		
	多度（株）	胸高断面积（m^2/hm^2）	重要值（%）	多度（株）	胸高断面积（m^2/hm^2）	重要值（%）
刺槐	2034	6.35	65.97	1046	7.12	50.50
榆	1892	0.46	22.83	1809	2.18	42.09
臭椿	729	0.26	9.9	320	0.35	6.88
沙棘	11	0	0.11	4	0	0.06
旱柳	5	0.09	0.55	2	0.06	0.27
枸杞	4	0	0.03	2	0	0.02
杏	3	0.12	0.58	3	0	0.05
柠条锦鸡儿	1	0	0.01	3	0	0.04
火炬树	1	0	0.01	0	0	0
杨树	1	0	0.01	1	0.02	0.09
合计	4681	7.28	100	3190	9.73	100

表 4-9　S3 样地主要树种胸径统计　　（单位：cm）

物种	2010 年		2015 年	
	平均胸径	最大胸径	平均胸径	最大胸径
刺槐	4.78	19.09	8.44	21.2
榆	0.61	15.60	2.78	23.5
臭椿	1.43	9.19	2.81	15
旱柳	13.46	22.5	17.8	24.5
杏	0.33	0.98	1.8	3.3
火炬树	1.41	1.41	0	0
杨树	9.87	9.87	14.00	14.00
总个体	2.56	22.5	4.64	24.5

如图 4-16 所示，2010 年，S3 样地总个体的径级结构在 DBH 0～5cm 呈现反“J”形，在较大径级呈现近似正态分布，在DBH 5～10cm 出现明显峰值，Ⅰ级个体占 77.29%，Ⅱ级个体占 17.58%，Ⅲ级个体仅占 5.13%。刺槐在 DBH 0～5cm 呈现反“J”形，Ⅰ级个体随着径级增大而急剧减少，在 DBH 6～11cm 出现明显峰值，Ⅰ级个体居多，占 51.97%。榆的径级结构近似为“L”形，96.83%的个体集中在Ⅰ级。臭椿的个体数随着径级增大而急剧减少，主要为Ⅰ级个体，占 96.98%，Ⅱ级个体仅有 22 株，无Ⅲ级个体。

如图 4-17 所示，2015 年，S3 样地内总个体的Ⅰ级个体数量随着径级增大而急剧减少，后又缓慢上升，在 DBH6～12cm 处出现明显的峰值，之后又缓慢下降，Ⅰ级个体占 63.95%，Ⅱ级个体占 22.41%，Ⅲ级个体占 13.64%。刺槐的径级结构在 DBH0～5cm 和 5～15cm 出现两个明显的峰，Ⅱ级个体和Ⅲ级个体共占 78.78%。榆的径级结构总体表现为随着径级增大个体数不断减少的趋势，主要为Ⅰ级个体（占 84.85%）。臭椿的径级结构总体表现为随着径级增大个体数不断减少的趋势，主要为Ⅰ级个体（占 84.69%），Ⅲ级个体占 1.56%，仅有 5 株。

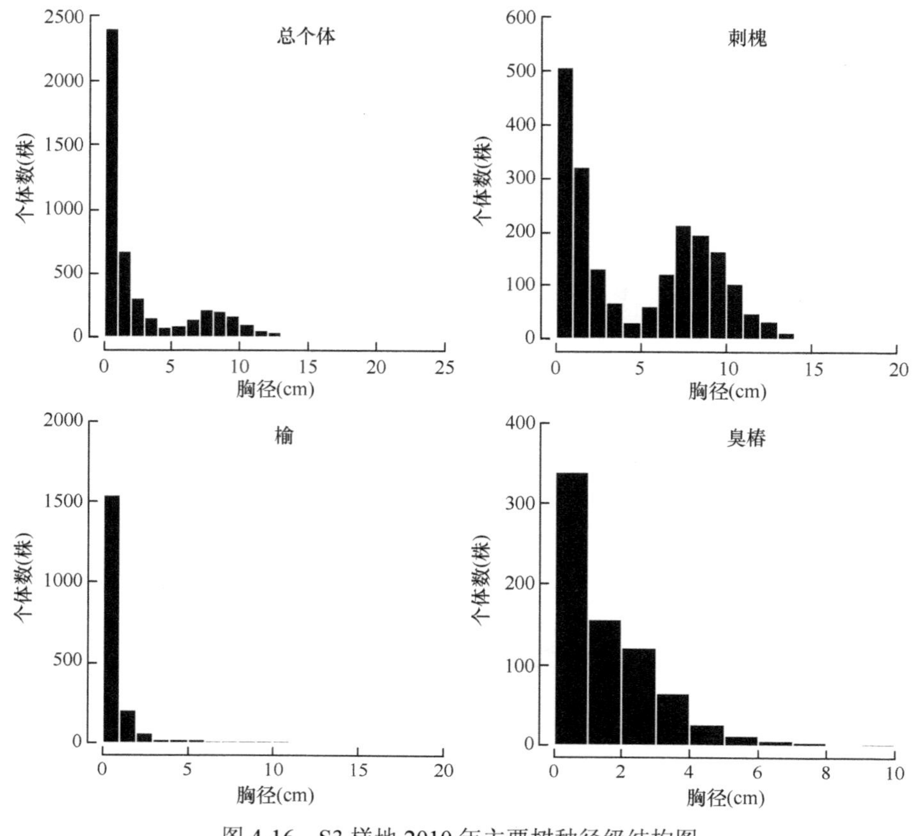

图 4-16 S3 样地 2010 年主要树种径级结构图

与 2010 年相比，随着树木的生长，样地内主要树种 I 级个体所占比重均有不同程度的下降，II 级个体、III级个体所占比重均有不同程度的增加。除刺槐外，总个体、榆、臭椿的 I 级个体仍占主导地位。

如图 4-18 所示，S3 样地 2015 年死亡刺槐的径级结构在 DBH 0～5cm 呈现反“J”形，在较大径级呈现近似正态分布。刺槐死亡个体 82.90%集中在 I 级，II 级死亡个体占 15.80%，III级死亡个体仅有 13 株。II 级、III级个体死亡率较 I 级个体明显降低。样地内刺槐 DBH 0～2cm 时的死亡个体占总死亡个体的 69.22%，这是刺槐幼苗生长的瓶颈期，当刺槐 DBH＞2cm 后，其死亡率显著降低，在刺槐生长到 DBH＞8cm 后，其死亡率逐渐降低并趋于稳定。榆的死亡个体径级结构近似于“L”形，在 DBH 2～4cm 出现明显断层；榆的死亡个体 99.09%集中在 I 级个体，II 级个体仅有 1 株，无III级个体；I 级个体中，DBH 0～1cm 的死亡个体最多，占总死亡个体的 92.73%，这是榆幼苗生长的瓶颈期，在榆 DBH＞1cm 后，其死亡率显著降低。臭椿死亡个体的径级结构呈现反“J”形，其死亡个体 99.76%集中在 I 级个体，DBH 0～1cm 的死亡个体最多，占总死亡个体的 67.40%，II 级个体仅有 1 株，无III级个体；随着 DBH 的增大，臭椿的死亡个体逐渐减少，在 DBH＞4cm 以后，其死亡率趋于稳定。

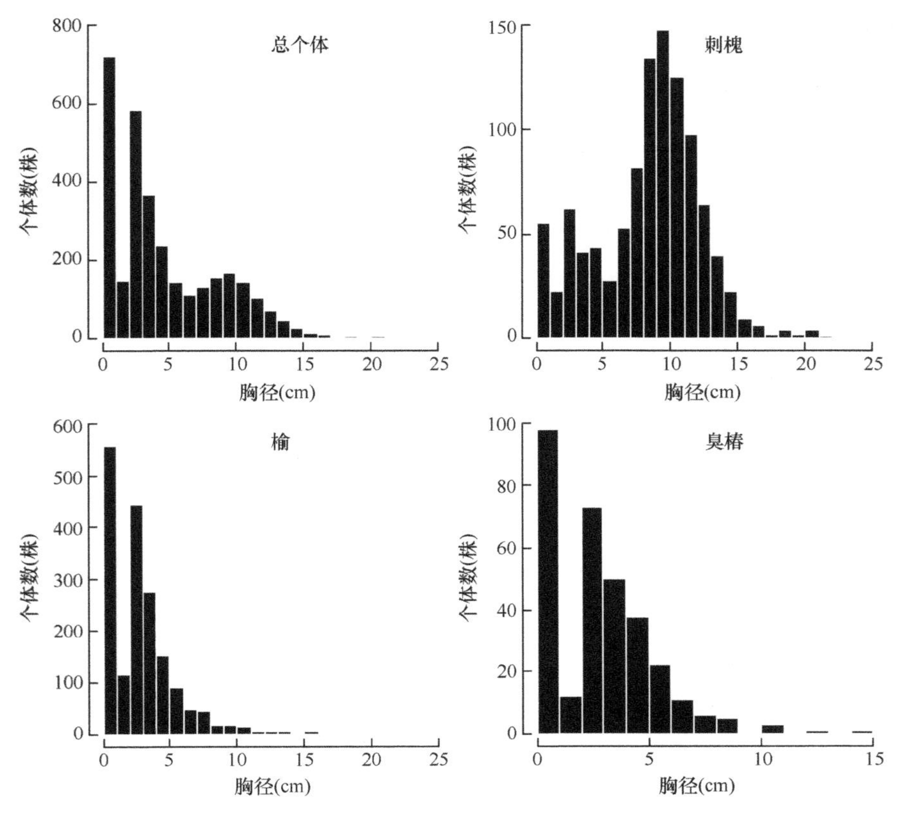

图 4-17　S3 样地 2015 年主要树种径级结构图

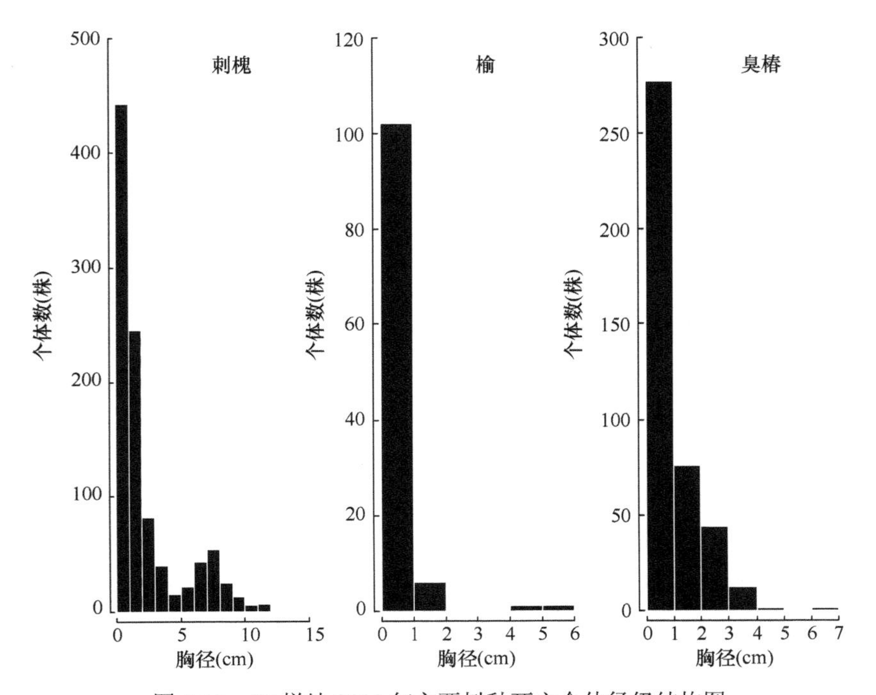

图 4-18　S3 样地 2015 年主要树种死亡个体径级结构图

综上，该样地径级结构图与S1样地相似，刺槐和榆2010年主要受次生繁殖幼树的影响，径级结构图靠近 *Y* 轴数量分布较多，2015 年幼树大量死亡，刺槐结构接近正态分布，榆的峰值降低。只是臭椿的分布在2010年与2015年变化不大，由于臭椿树种不适应矿区生长环境，整体呈现衰退现象，其径级结构的变化相对缓慢。

五、空间分布格局

（一）主要树种空间分布格局

由图4-19和图4-20可见，刺槐在样地内均匀分布；榆呈现聚集分布和随机分布，在局部地区出现明显的空白区；臭椿呈均匀分布和随机分布特征；沙棘主要分布在样地的西北角；旱柳、枸杞、杏、柠条锦鸡儿、杨树、火炬树在样地内随机分布。2015年，样地内个体数较2010年要少，主要是刺槐和臭椿的数量减少，仅有的1株火炬树死亡。

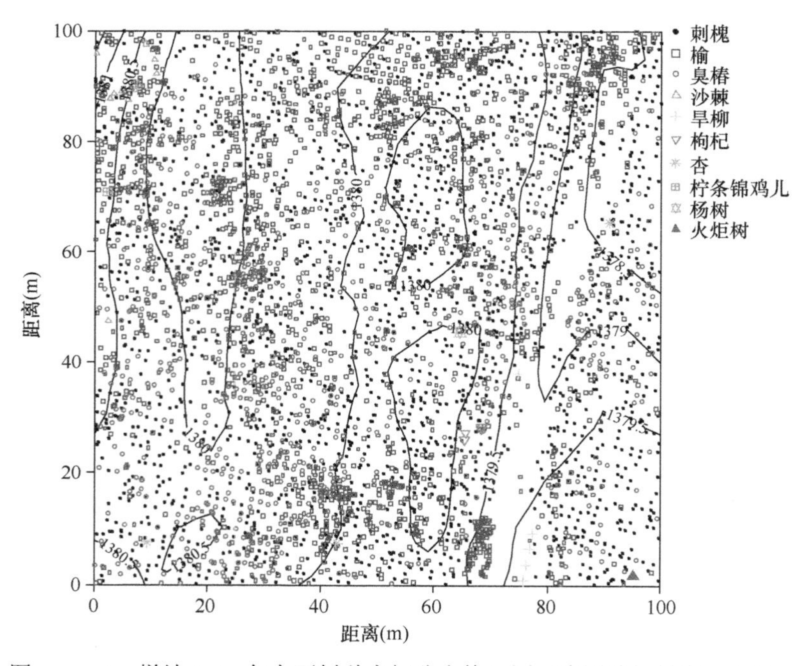

图4-19　S3样地2010年主要树种空间分布格局图（彩图请扫封底二维码）

（二）刺槐空间分布格局

如图4-21所示，两次调查结果显示，S3样地刺槐的空间分布随径级的变化而表现出不同的格局。2010年，刺槐各径级个体在样地内均有分布，样地东部各径级个体数量较西部多，Ⅰ级个体占总个体的51.97%，Ⅱ级个体占37.07%，在样地内呈均匀分布和随机分布，小范围内呈现局部集中分布的特征；Ⅲ级个体占10.96%，呈随机分布，在样地西北角分布较少。2015年，刺槐各径级个体在样地东部分布较西部多，均呈均匀分布和随机分布，小范围内呈现局部集中分布的特征，其中Ⅰ级个体占总个体的

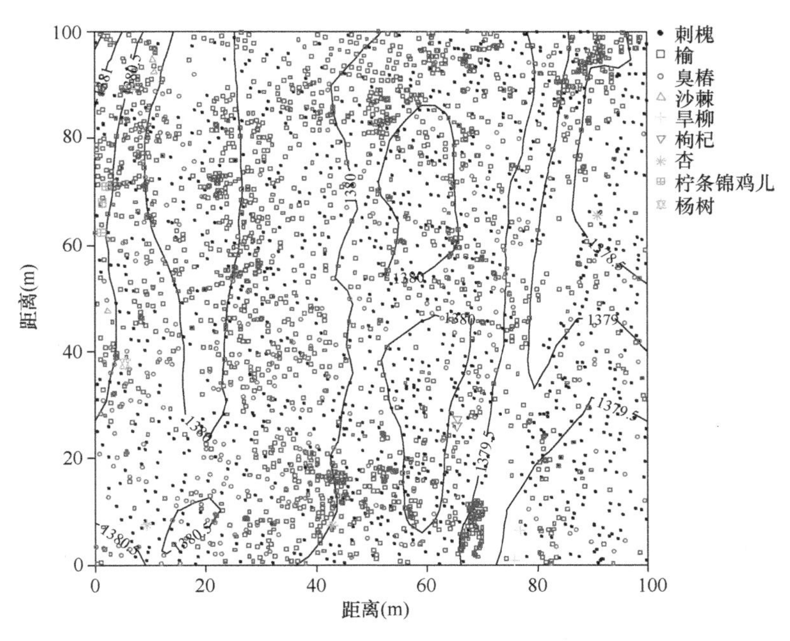

图 4-20　S3 样地 2015 年主要树种空间分布格局图（彩图请扫封底二维码）

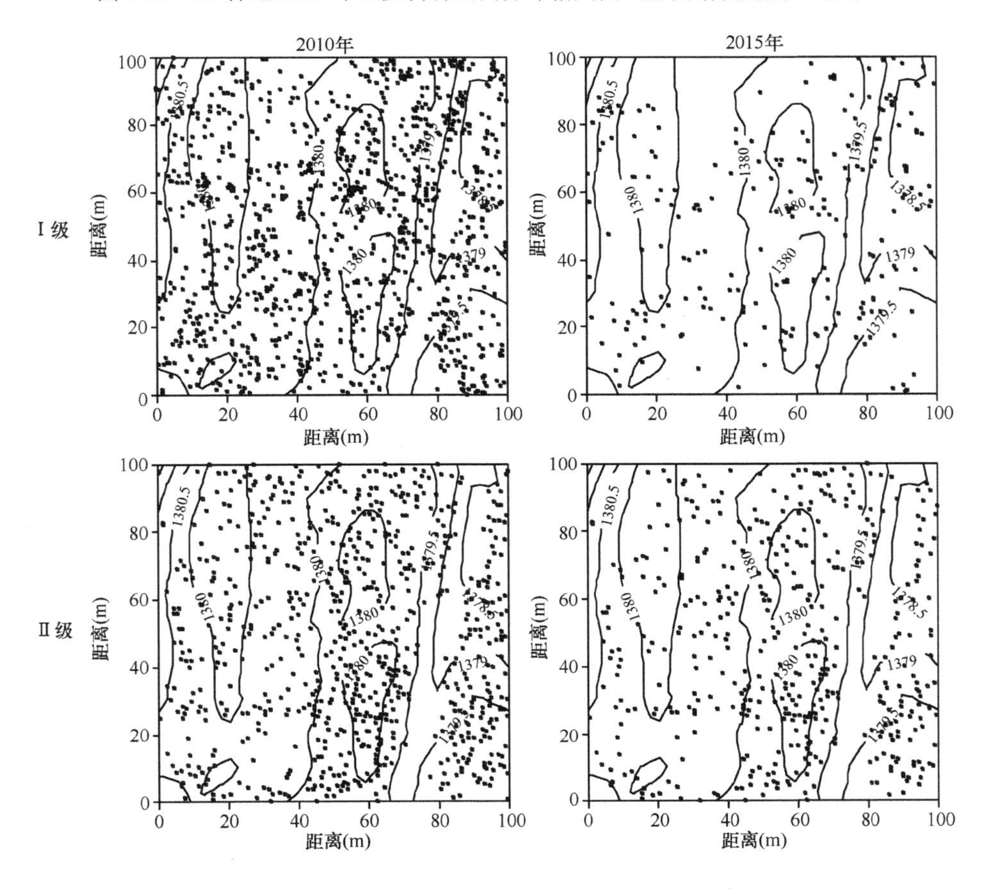

图 4-21　S3 样地刺槐 2010 年和 2015 年空间分布格局图

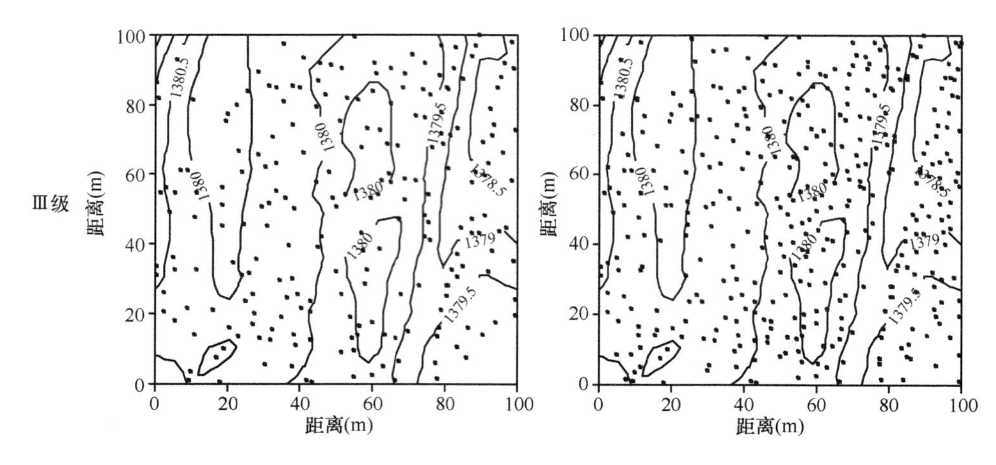

图 4-21　S3 样地刺槐 2010 年和 2015 年空间分布格局图（续）

21.22%，Ⅱ级个体占 42.07%，Ⅲ级个体占 36.71%。S3 样地东部有一条西南方向的排水渠，宽 50cm，深 50cm，由于水渠的存在，在样地的东侧形成了一条植物生长的“空白地带”。排水渠的存在，使得其东西两侧 20m 范围内的刺槐数量明显多于样地西侧，由此说明在半干旱区，水分是决定植物群落组成与空间格局的关键因素。

（三）榆空间分布格局

如图 4-22 所示，两次调查结果显示，S3 样地榆的空间分布随径级的变化而表现出不同的格局。2010 年，榆的各径级个体在样地内均有分布，Ⅰ级个体占总个体的 96.83%，在样地的西南角、东部边缘地带分布较少，在其他区域分布较多，呈现集中分布的特征；Ⅱ级个体仅有 47 株，主要集中分布在样地北部边缘中心处；Ⅲ级个体仅有 13 株，呈随机分布。2015 年，榆的Ⅰ级个体占总个体的 84.85%，数量有所减少，空间分布与 2010 年相似；Ⅱ级个体占 12.77%，个体数量较 2010 年增加，呈均匀分布和随机分布，小范围内呈现局部集中分布的特征；Ⅲ级个体虽然仅有 43 株，较 2010 年仍有所增加，总体呈随机分布。另外，榆的径级结构主要受次生幼苗的影响，由于榆是靠种子飘落传播繁殖，Ⅰ级个体的分布又受母树分布的影响，主要变化为Ⅰ级次生幼苗的繁殖数量变化和分布变化。从径级结构图上可以看出榆母树的空间分布格局和 5 年的幼树变化情况。

（四）臭椿空间分布格局

如图 4-23 所示，两次调查结果显示，S3 样地臭椿的空间分布随径级的变化而表现出不同的格局。2010 年，臭椿的Ⅰ级个体占总个体的 96.98%，呈均匀分布和随机分布，小范围内呈现局部集中分布的特征，在样地西北部边缘和排水渠南部区域出现“空白区”；Ⅱ级个体仅有 22 株，在样地内随机分布。2015 年，臭椿Ⅰ级个体占总个体的 84.69%，呈均匀分布和随机分布，样地西部个体较东部多，主要集中在样地的西南部；Ⅱ级个体有 44 株，呈随机分布；Ⅲ级个体仅有 5 株，在样地内随机分布。

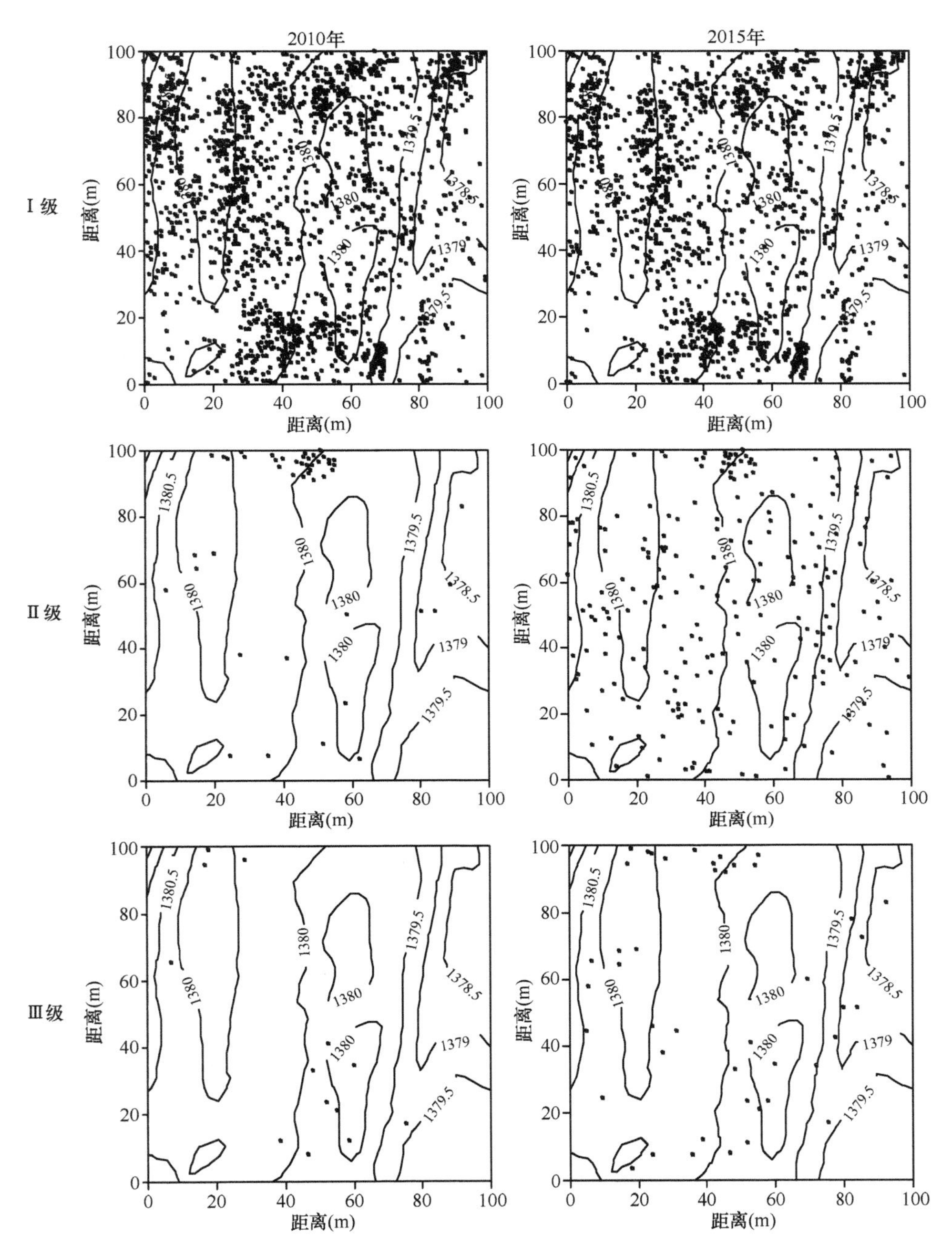

图 4-22　S3 样地榆 2010 年和 2015 年空间分布格局图

（五）死亡刺槐空间分布格局

由图 4-24 可知，死亡刺槐各径级个体在样地内均有分布，Ⅰ级个体占总死亡个体的 82.90%，呈均匀分布和随机分布，在小范围内呈现局部集中分布；Ⅱ级个体呈随机分布，样地的东北角和西南角死亡个体分布较少；Ⅲ级个体呈随机分布。

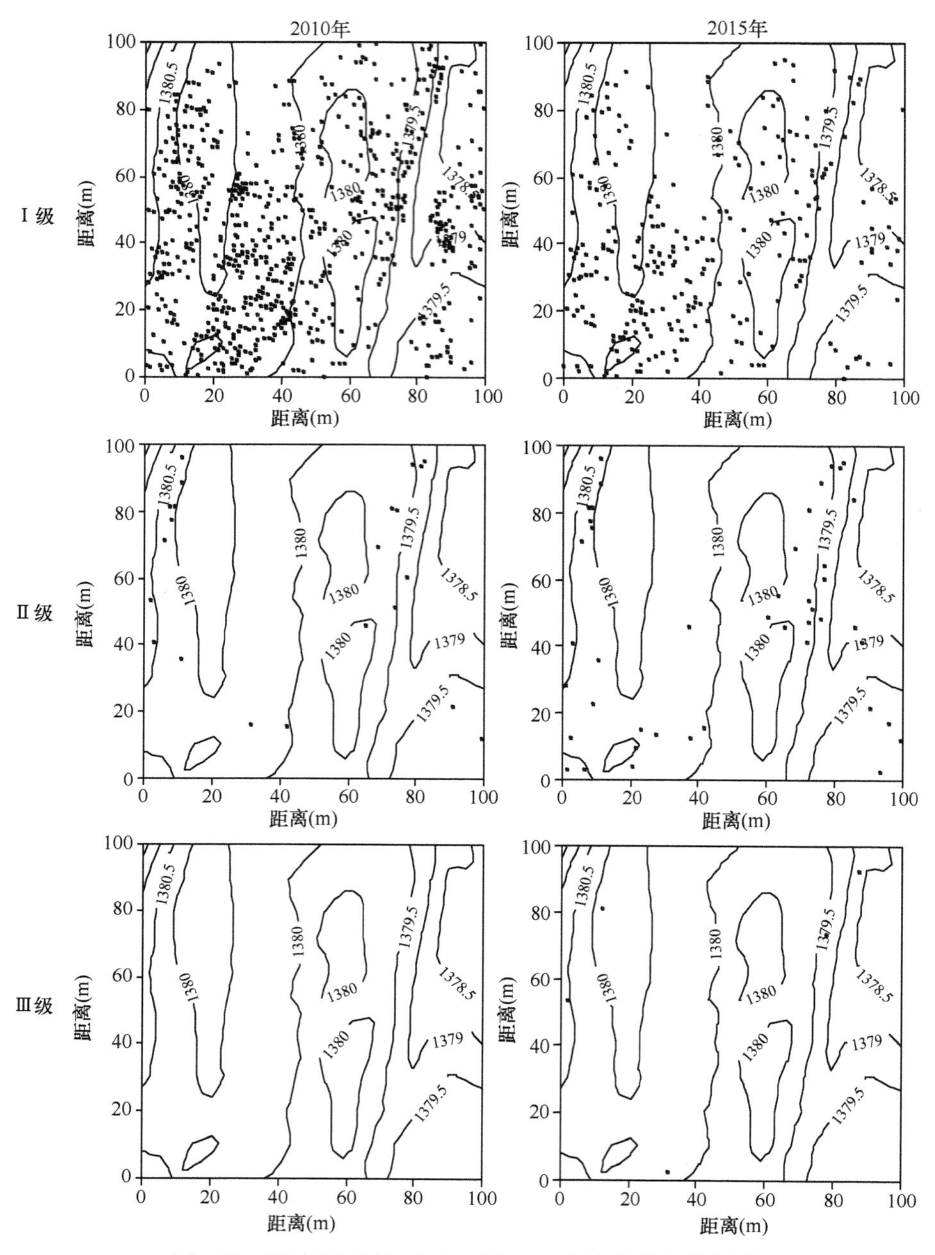

图 4-23 S3 样地臭椿 2010 年和 2015 年空间分布格局图

（六）死亡榆空间分布格局

由图 4-25 可知，只有Ⅰ级、Ⅱ级死亡榆个体在样地内有分布，Ⅰ级个体在样地内呈随机分布，在小范围内呈现局部集中分布；Ⅱ级个体仅在样地东部分布 1 株。

（七）死亡臭椿空间分布格局

由图 4-26 可知，只有Ⅰ级、Ⅱ级死亡臭椿个体在样地内有分布，Ⅰ级个体在样地内呈随机分布，在小范围内呈现局部集中分布；Ⅱ级个体仅在样地东北部分布 1 株。

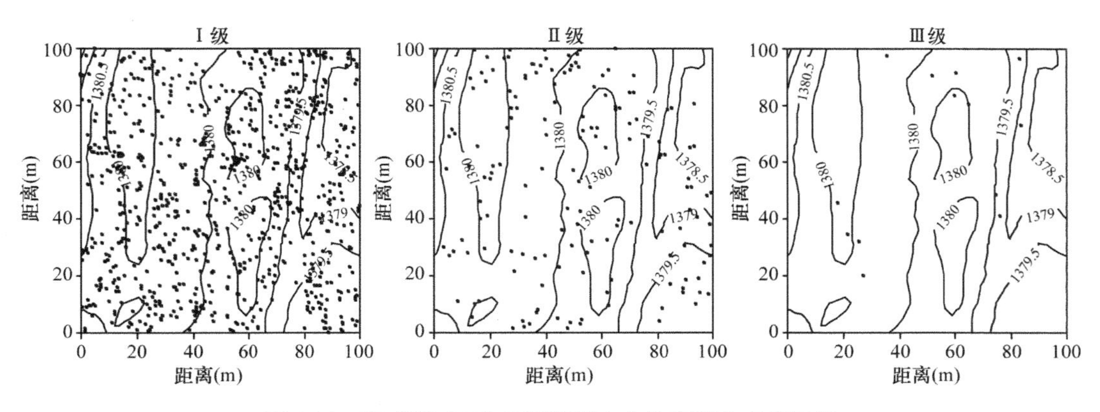

图 4-24 S3 样地 2015 年刺槐死亡个体空间分布格局图

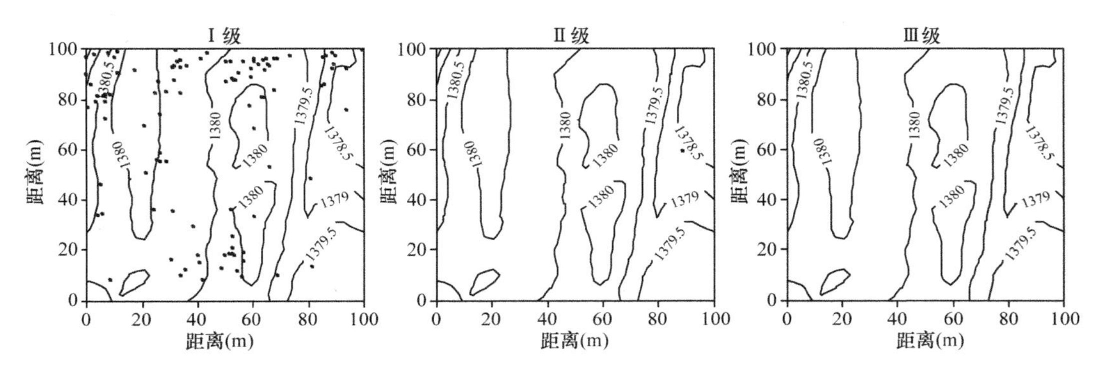

图 4-25 S3 样地 2015 年榆死亡个体空间分布格局图

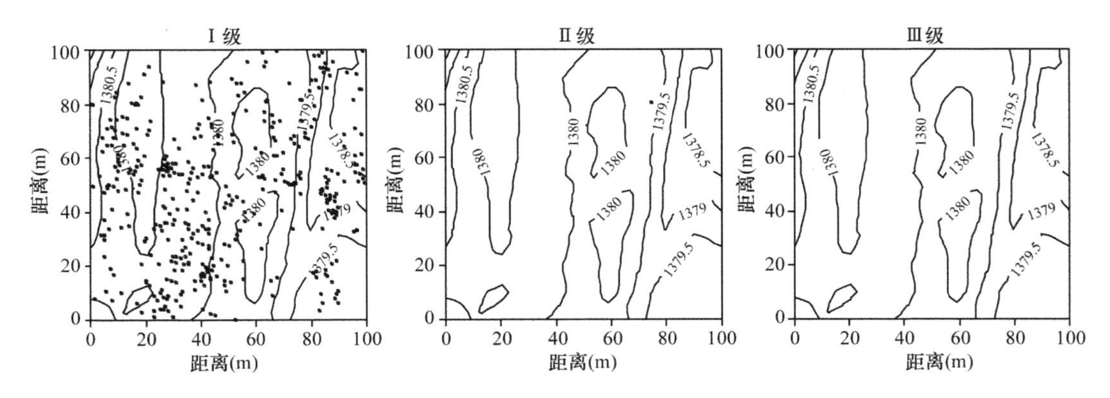

图 4-26 S3 样地 2015 年臭椿死亡个体空间分布格局图

第四节 S4 样地物种组成及空间格局

一、样地概况

S4 样地位于安太堡露天矿南排土场复垦地 1460 平台下边坡，面积为 0.8hm^2，长 100m，宽 80m。样地内最高海拔为 1450m，最低海拔为 1425m，坡度为 5°～15°。S4 样地等高线地形图如图 4-27 所示。

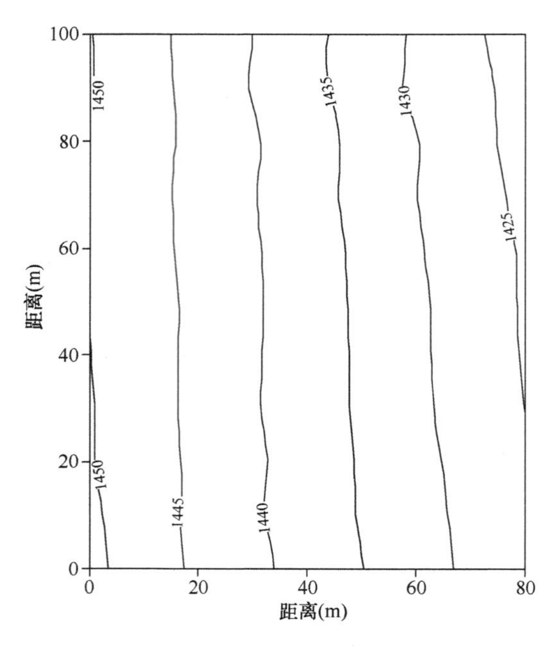

图 4-27　S4 样地等高线地形图

复垦初期，样地为三排刺槐间种一排油松，栽植行间距为 2m，刺槐株距为 1.5m，油松株距为 5m，刺槐为一年生幼苗，平均高度为 30cm，油松为五年生幼苗，平均高度为 1m。草本层人工撒种，种植有冰草（*Agropyron cristatum*）、紫苜蓿（*Medicago sativa*）和无芒雀麦（*Bromus inermis*）。

二、物种组成及数量特征

S4 样地主要树种共有 3 种，隶属于 3 科 3 属（表 4-10）。

表 4-10　S4 样地主要树种

物种	科	属
刺槐 *Robinia pseudoacacia*	豆科 Leguminosae	刺槐属 *Robinia*
榆 *Ulmus pumila*	榆科 Ulmaceae	榆属 *Ulmus*
油松 *Pinus tabuliformis*	松科 Pinaceae	松属 *Pinus*

由图 4-28 和图 4-29 可见，2010 年调查发现样地内独立个体数为 2172 株，优势种为刺槐，占总个体的 61.00%。2015 年调查发现样地内独立个体数为 1834 株，比 2010 年下降了 15.56%，减少了 338 株。样地内没有新增物种，优势种仍为刺槐，占总个体的 55.45%。

S4 样地内无偶见种和稀有种（表 4-11）。

由表 4-11 可见，2015 年样地内更新个体共计 26 株，榆占 80.77%；死亡个体共计 364 株，刺槐占 85.71%，榆占 13.74%。

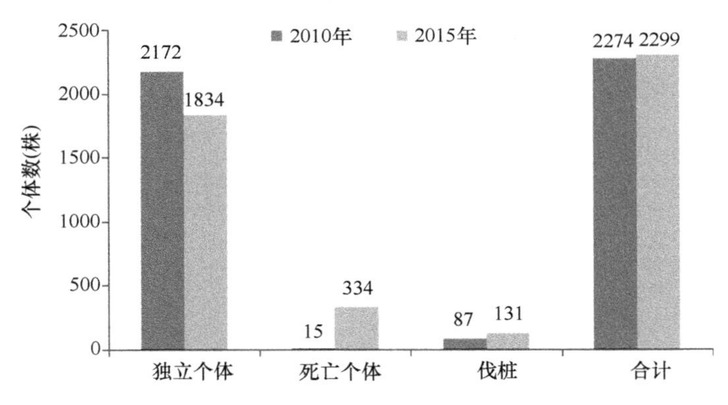

图 4-28　S4 样地 2010 年与 2015 年主要树种个体数统计

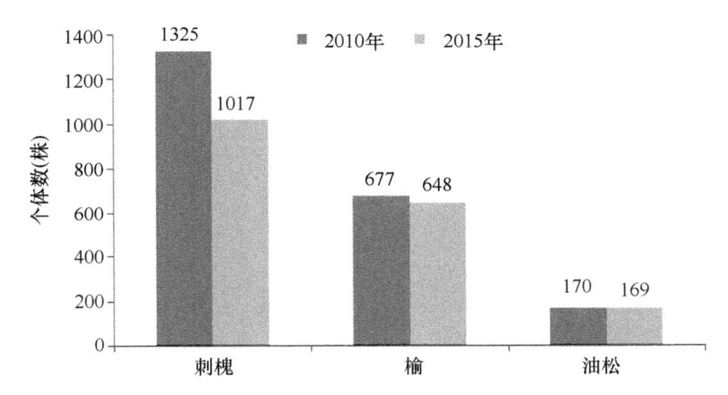

图 4-29　S4 样地 2010 年与 2015 年主要树种个体数比较

表 4-11　S4 样地 2010 年与 2015 年主要树种组成统计　（单位：株）

物种	2010 年	2015 年	更新个体	死亡个体
刺槐	1325（61.00%）	1017（55.45%）	4（15.38%）	312（85.71%）
榆	677（31.17%）	648（35.33%）	21（80.77%）	50（13.74%）
油松	170（7.83%）	169（9.22%）	1（3.85%）	2（0.55%）
合计	2172（100%）	1834（100%）	26（100%）	364（100%）

三、优势度

按树种重要值排序，两次调查结果表明：样地内优势种明显为刺槐，刺槐为建群种。与 2010 年相比，2015 年样地的总胸高断面积增加了 3.22m^2/hm^2。刺槐减少了 308 株，胸高断面积增加了 2.21m^2/hm^2，重要值增大为 68.56%。榆的胸高断面积增加了 0.43m^2/hm^2，重要值减小为 21.88%。油松的胸高断面积增加了 0.58m^2/hm^2，重要值减小为 9.56%（表 4-12）。

四、径级结构

径级结构是植物群落稳定性与生长发育状况的重要指标。调查结果表明：与 2010 年相比，2015 年样地内总个体与主要树种的平均胸径和最大胸径均有不同程度的增加。刺槐、油松的平均胸径均大于总个体的平均胸径，榆的平均胸径小于总个体的平均胸径（表 4-13）。

表 4-12 S4 样地主要树种优势度统计

物种	2010 年			2015 年		
	多度（株）	胸高断面积（m^2/hm^2）	重要值（%）	多度（株）	胸高断面积（m^2/hm^2）	重要值（%）
刺槐	1325	9.41	52.15	1017	11.62	68.56
榆	677	1.09	33.76	648	1.52	21.88
油松	170	0.93	14.09	169	1.51	9.56
合计	2172	11.43	100	1834	14.65	100

表 4-13 S4 样地主要树种胸径统计 （单位：cm）

物种	2010 年		2015 年	
	平均胸径	最大胸径	平均胸径	最大胸径
刺槐	7.28	19.98	10.0	23.0
榆	2.05	18.55	3.01	26.3
油松	7.00	12.75	8.99	17.3
总个体	5.63	19.98	7.44	26.3

由图 4-30 可见，2010 年，S4 样地内总个体中，Ⅰ级个体数量最多且随径级增加急剧减少，占 48.71%，Ⅱ级个体数量随径级增加逐渐上升，占 28.78%，Ⅲ级个体数量随径级增加逐渐减少，占 22.51%。刺槐的径级结构变化趋势与总个体相似，主要集中在 DBH 5～15cm 处，Ⅰ级、Ⅱ级、Ⅲ级个体数量比较均匀。榆的径级结构近似于“L”形，87.30%为Ⅰ级个体，Ⅱ级、Ⅲ级个体各占 6.35%。油松个体数量在 DBH 1～10cm 处总体表现为随径级增加而增加，DBH＞10cm 之后随径级增大而减少，在 DBH 0～1cm 出现明显的断层现象，Ⅱ级个体数量最多，占 60.59%，Ⅲ级个体数量最少，占 12.94%。

如图 4-31 所示，2015 年，S4 样地内总个体中，Ⅰ级个体数量最多，占 38.33%，Ⅱ级个体数量最少，占 23.83%，Ⅲ级个体数量随径级增加逐渐减少，占 37.84%。刺槐的Ⅰ级个体数量最少，占 13.96%，Ⅲ级个体最多，随径级增加逐渐减少，占 56.64%。榆主要为Ⅰ级个体，占 83.33%。油松主要为Ⅱ级、Ⅲ级个体，共占 87.57%，在 DBH 16～17cm 出现明显断层。

与 2010 年相比，随着树木的生长，样地内主要树种Ⅰ级个体所占比重均有不同程度的减少，Ⅲ级个体所占比重均有不同程度的增加，刺槐、油松的径级结构主要集中在Ⅱ级、Ⅲ级个体，榆的Ⅱ级、Ⅲ级个体数量虽然略有增加，但Ⅰ级个体仍占主导地位。

如图 4-32 所示，S4 样地 2015 年刺槐死亡个体径级结构在 DBH 0～4cm 呈现反“J”形，在 DBH 4～10cm 个体数变化不大。刺槐死亡个体 84.29%集中在Ⅰ级，其中 DBH 0～3cm 的死亡个体占总死亡个体的 77.24%，Ⅱ级死亡个体占 14.42%，Ⅲ级死亡个体仅有 4 株，Ⅱ级、Ⅲ级个体比Ⅰ级个体死亡率显著降低。说明该样地刺槐在生长到 DBH＞3cm 时，其生活力和竞争力相对较好，死亡率基本稳定且有一定的下降趋势。

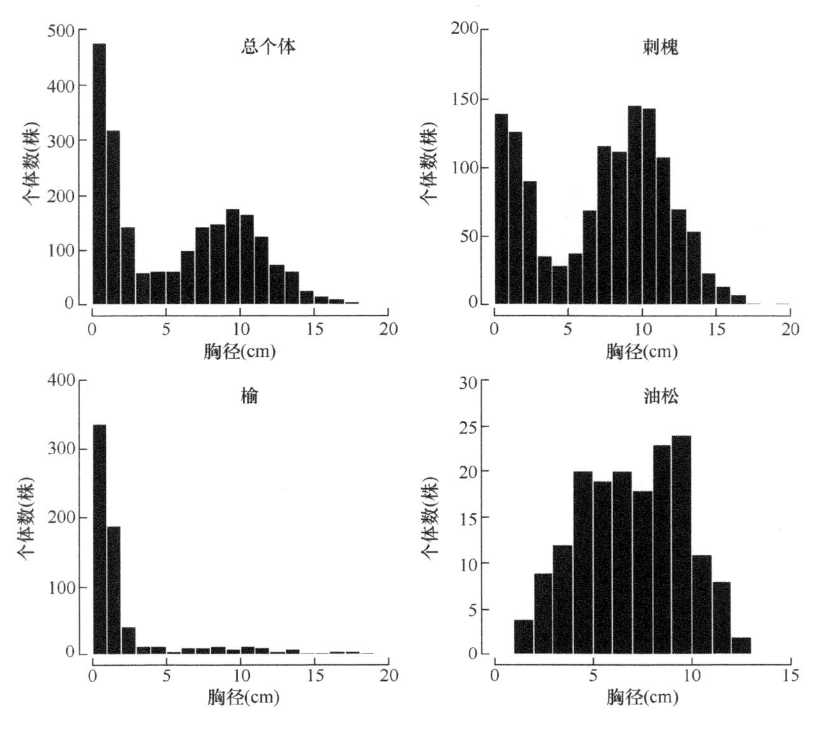

图 4-30　S4 样地 2010 年主要树种径级结构图

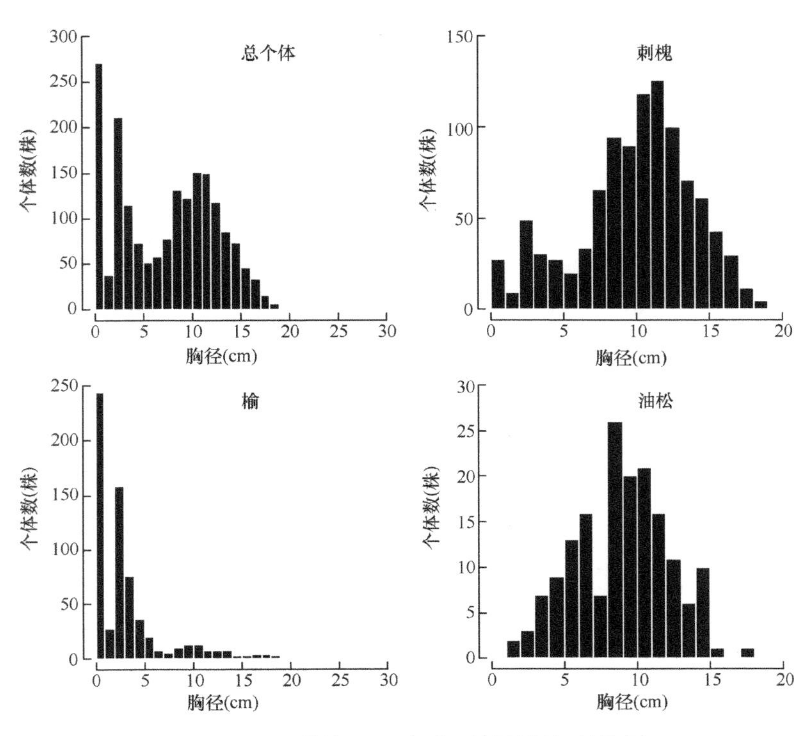

图 4-31　S4 样地 2015 年主要树种径级结构图

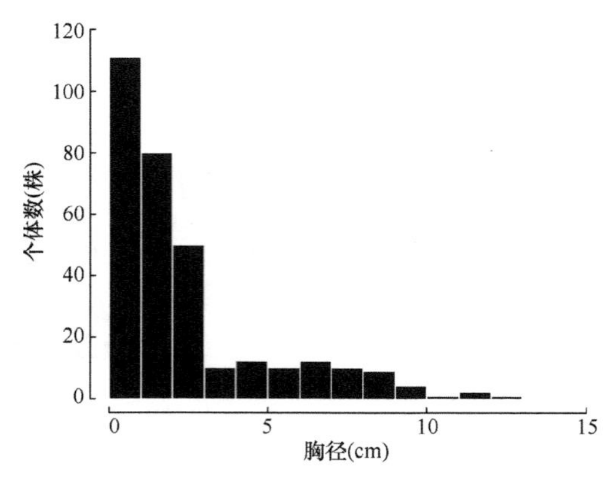

图 4-32　S4 样地 2015 年刺槐死亡个体径级结构图

综上可以看出，该样地刺槐、油松和榆的径级结构分布与 S1 样地的径级结构分布类似，2010 年刺槐呈现两个峰，榆为“L”形单侧峰，2015 年刺槐接近正态分布，榆的单侧峰趋缓，对应现场调查，主要是 2010 年两个树种均存在次生繁殖高峰期，大量幼树出现，Ⅰ级个体径级结构占比较大，2015 年幼树大量死亡，径级结构发生大的变化。该样地刺槐生长退化较 S1 样地轻，刺槐仍为优势种。榆的幼苗情况同 S1 样地。

五、空间格局

（一）主要树种空间分布格局

由图 4-33 和图 4-34 可知，刺槐在样地内分布较均匀；榆在局部区域呈现聚集分布；油松呈随机分布。2015 年样地内个体数较 2010 年要少，主要是刺槐数量减少。

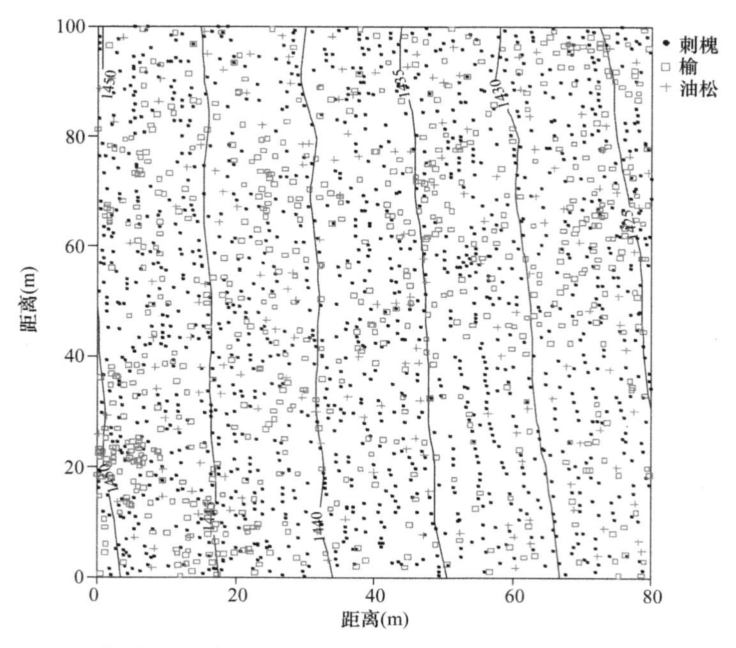

图 4-33　S4 样地 2010 年主要树种空间分布格局图（彩图请扫封底二维码）

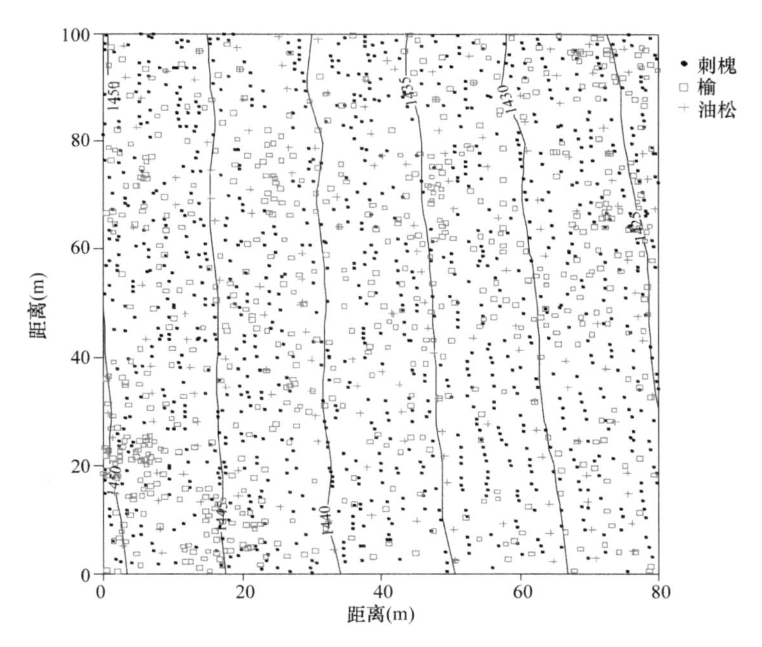

图 4-34　S4 样地 2015 年主要树种空间分布格局图（彩图请扫封底二维码）

（二）刺槐空间分布格局

如图 4-35 所示，两次调查结果显示，S4 样地刺槐的空间分布随径级的变化而表现出不同的格局。2010 年，刺槐各径级个体在样地内均有分布，Ⅰ级个体占总个体的 31.85%，在样地内呈随机分布，小范围内呈现局部集中分布的特征，在样地西北部出现明显的“空白区”；Ⅱ级个体占 36.15%，在样地内总体呈均匀分布和随机分布，小范围内呈现局部集中分布的特征；Ⅲ级个体占 32.00%，在样地内呈均匀分布和随机分布。2015 年，刺槐Ⅰ级个体占总个体的 13.96%，在样地内呈随机分布，小范围内呈现局部集中分布的特征，有大范围的“空白区”；Ⅱ级个体占 29.40%，在样地内呈均匀分布和随机分布，聚集不明显；Ⅲ级个体占 56.64%，在样地内呈均匀分布。

（三）榆空间分布格局

如图 4-36 所示，两次调查结果显示，S4 样地榆的空间分布随径级的变化而表现出不同的格局。2010 年，榆的各径级个体在样地内均有分布，Ⅰ级个体占总个体的 87.30%，在样地内呈均匀分布和随机分布，小范围内呈现局部集中分布的特征，在样地西北部和东南部出现明显的“空白区”；Ⅱ级个体占 6.35%，在样地内呈随机分布；Ⅲ级个体占 6.35%，在样地内呈随机分布，主要集中在样地北部。2015 年，榆Ⅰ级个体占总个体的 83.33%，在样地内呈随机分布，小范围内呈现局部集中分布的特征；Ⅱ级个体占 8.64%，在样地内呈随机分布；Ⅲ级个体占 8.03%，在样地内呈随机分布，主要集中在样地北部和西部，东南部个体较少。总体来看，榆的径级结构主要受次生幼苗的影响，与 S3 样地类似，主要变化为Ⅰ级次生幼苗的繁殖数量变化和分布变化，同样从径级结构图上也可以看出榆母树的空间分布格局和 5 年的幼树变化情况；2010 年和 2015 年Ⅱ级、Ⅲ级个体数量变化不大，结构分布也基本一致。

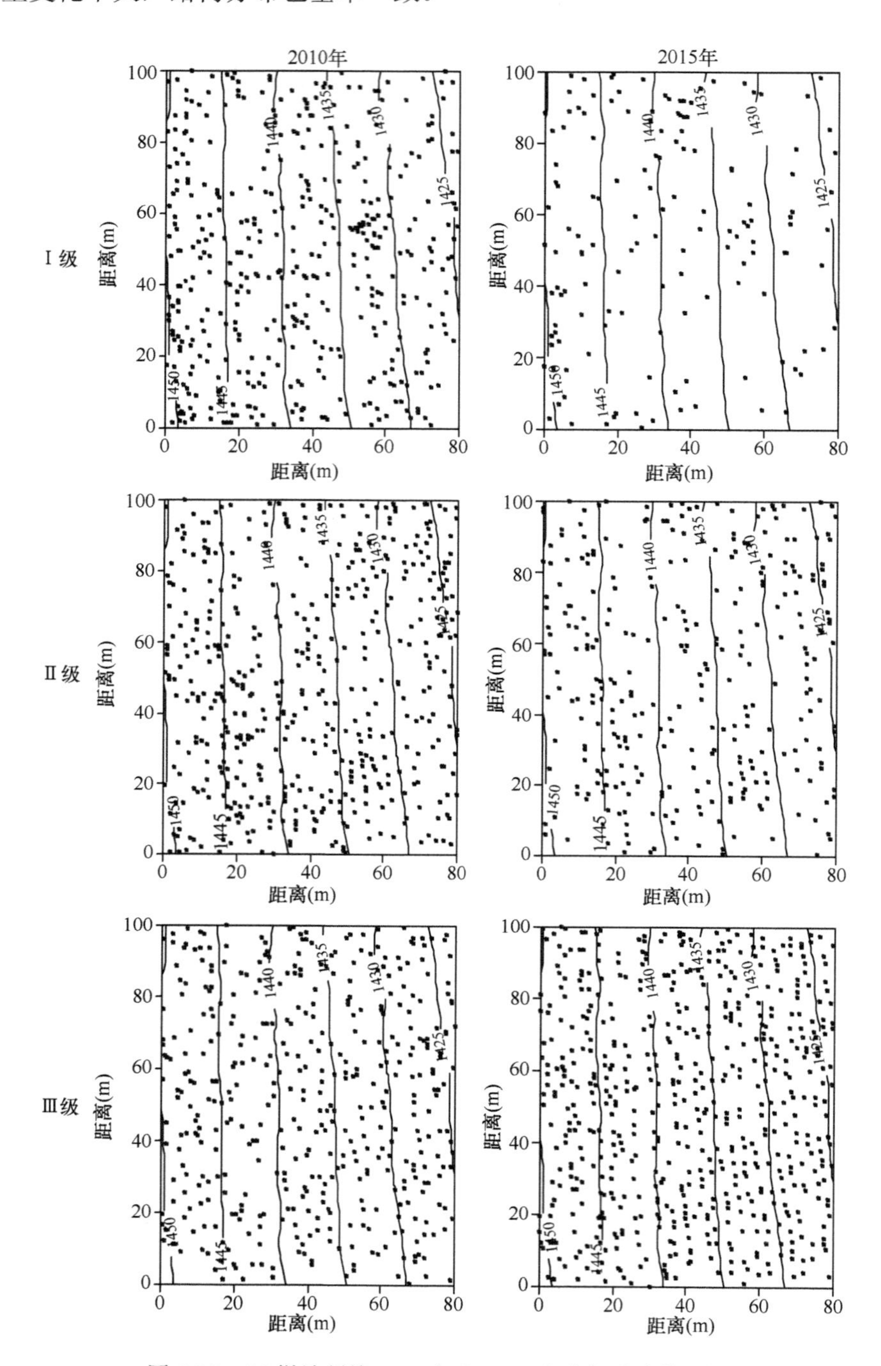

图 4-35 S4 样地刺槐 2010 年和 2015 年空间分布格局图

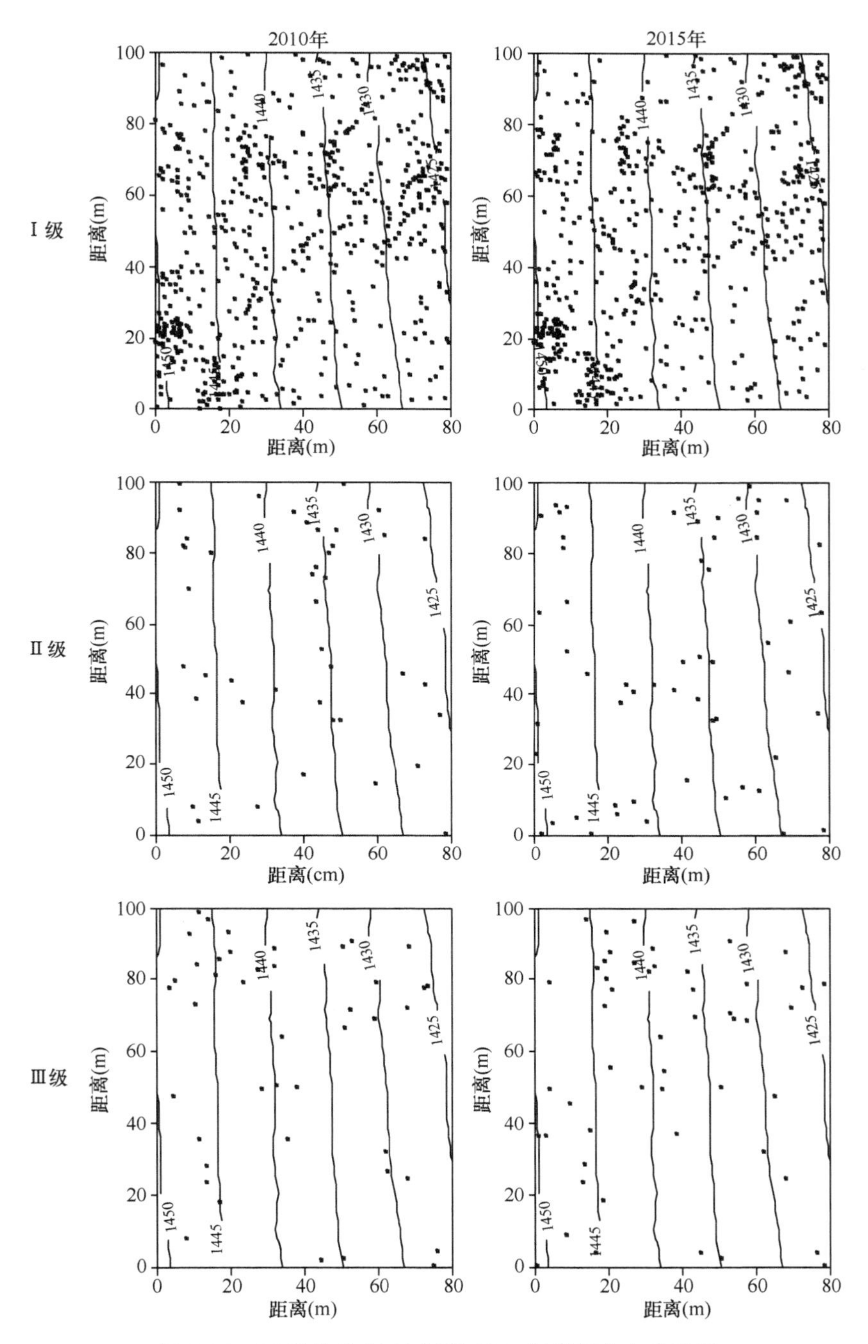

图 4-36 S4 样地榆 2010 年和 2015 年空间分布格局图

（四）油松空间分布格局

如图 4-37 所示，两次调查结果显示，S4 样地油松的各径级个体在样地内均有分布，且均呈随机分布。2015 年的Ⅲ级个体径级结构图与 2010 年的相比，油松个体数有所增加，说明油松胸径大于 10cm 的个体数增加明显。

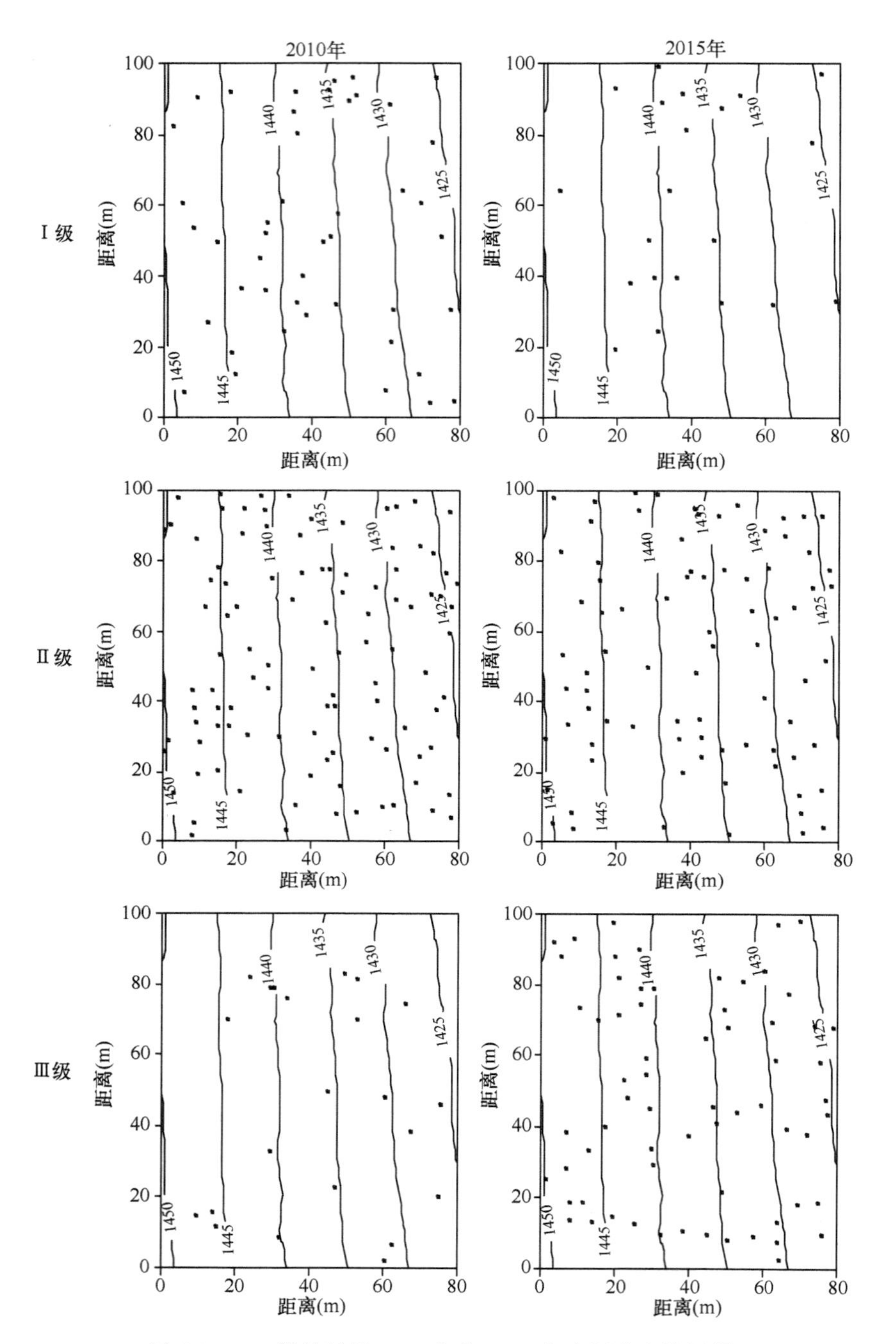

图 4-37　S4 样地油松 2010 年和 2015 年空间分布格局图

（五）死亡刺槐空间分布格局

如图 4-38 所示，死亡刺槐的各径级个体在样地内均有分布，Ⅰ级个体占总死亡个体的 84.30%，呈随机分布，在小范围内呈现局部集中分布，在样地的西北部和东部出现明显的“空白区”；Ⅱ级个体占 14.42%，呈随机分布，在小范围内呈现局部集中分布，样地南部死亡个体较多；III级个体仅有 4 株，呈随机分布。

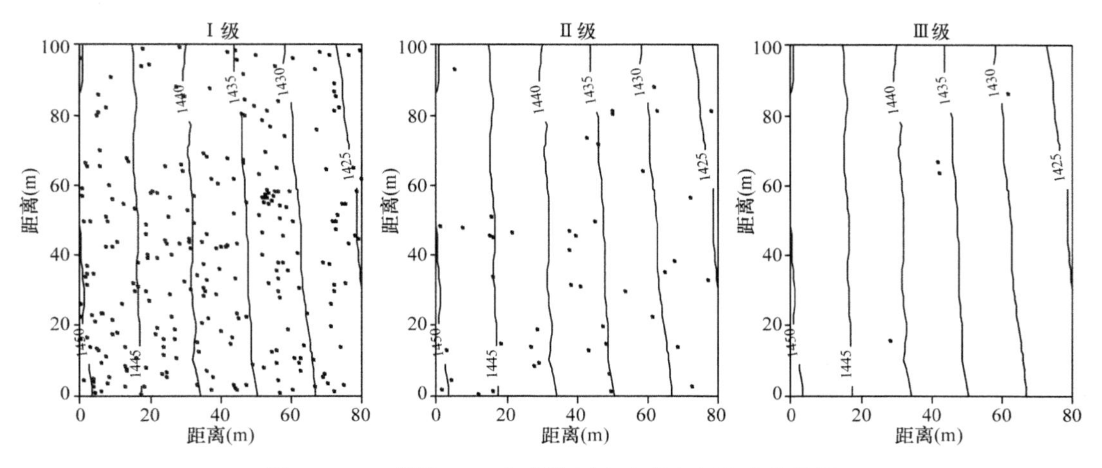

图 4-38　S4 样地 2015 年刺槐死亡个体空间分布格局图

第五节　S5 样地物种组成及空间格局

一、样地概况

S5 样地位于安太堡露天矿南排土场复垦地 1420 平台，面积为 $1hm^2$，长 100m，宽 100m。样地内海拔约为 1420m。S5 样地等高线地形图如图 4-39 所示。

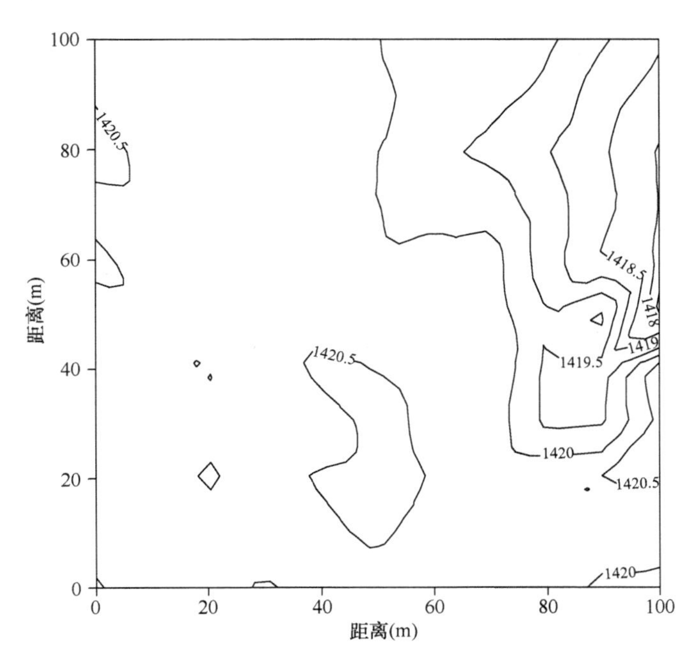

图 4-39　S5 样地等高线地形图

复垦初期，样地为刺槐纯林，栽种的刺槐为一年生幼苗，平均高度为 30cm，为了保证成活率，栽植间距和行距均为 1m。草本层人工撒种，种植有冰草（*Agropyron cristatum*）、紫苜蓿（*Medicago sativa*）和无芒雀麦（*Bromus inermis*）。

二、物种组成及数量特征

S5 样地主要树种共有 3 种，隶属于 2 科 3 属（表 4-14）。

表 4-14　S5 样地主要树种

物种	科	属
刺槐 *Robinia pseudoacacia*	豆科 Leguminosae	刺槐属 *Robinia*
榆 *Ulmus pumila*	榆科 Ulmaceae	榆属 *Ulmus*
柠条锦鸡儿 *Caragana korshinskii*	豆科 Leguminosae	锦鸡儿属 *Caragana*

由图 4-40 和图 4-41 可见，2010 年调查发现样地内独立个体数为 3099 株，优势种为刺槐，占总个体的 95.81%。2015 年调查发现样地内独立个体数为 2607 株，比 2010 年下降了 15.88%，减少了 492 株。样地内没有新增物种，优势种仍为刺槐，占总个体的 95.36%。

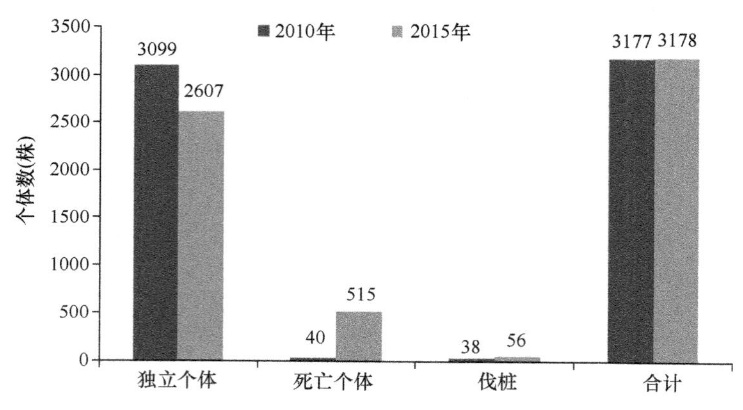

图 4-40　S5 样地 2010 年与 2015 年主要树种个体数统计

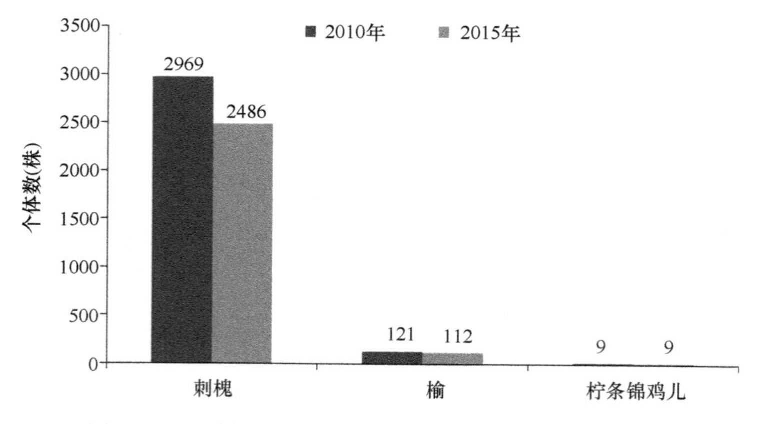

图 4-41　S5 样地 2010 年与 2015 年主要树种个体数比较

两次调查结果表明，样地内偶见种为柠条锦鸡儿，无稀有种（表 4-15）。

表 4-15　S5 样地 2010 年与 2015 年主要树种组成统计　（单位：株）

物种	2010 年	2015 年	更新个体	死亡个体
刺槐	2969（95.81%）	2486（95.36%）	3（100%）	486（98.18%）
榆	121（3.90%）	112（4.30%）	0（0.00%）	9（1.82%）
柠条锦鸡儿	9（0.29%）	9（0.34%）	0（0.00%）	0（0.00%）
合计	3099（100%）	2607（100%）	3（100%）	495（100%）

由表 4-15 可见，2015 年样地内更新个体为 3 株刺槐；死亡个体共计 495 株，刺槐占 98.18%。

三、优势度

按树种重要值排序，两次调查结果表明：样地内优势种明显为刺槐，刺槐为建群种。与 2010 年相比，2015 年样地的总胸高断面积增加了 $2.22m^2/hm^2$。刺槐减少了 483 株，胸高断面积增加了 $2.08m^2/hm^2$，重要值略有降低，为 96.77%。榆的胸高断面积增加了 $0.14m^2/hm^2$（表 4-16）。

表 4-16　S5 样地 2010 年与 2015 年主要树种优势度统计

物种	2010 年			2015 年		
	多度（株）	胸高断面积（m^2/hm^2）	重要值（%）	多度（株）	胸高断面积（m^2/hm^2）	重要值（%）
刺槐	2969	7.12	97.90	2486	9.20	96.77
榆	121	0.02	1.96	112	0.16	3.08
柠条锦鸡儿	9	0	0.14	9	0	0.15
合计	3099	7.14	100	2607	9.36	100

四、径级结构

径级结构是植物群落稳定性与生长发育状况的重要指标。调查结果表明：与 2010 年相比，2015 年样地内总个体与主要树种的平均胸径和最大胸径均有不同程度的增加。刺槐的平均胸径大于总个体的平均胸径，榆的平均胸径小于总个体的平均胸径（表 4-17）。

表 4-17　S5 样地 2010 年与 2015 年主要树种胸径统计　（单位：cm）

物种	2010 年		2015 年	
	平均胸径	最大胸径	平均胸径	最大胸径
刺槐	4.08	17.82	5.65	18.9
榆	0.51	9.17	3.49	12.9
总个体	3.93	17.82	5.54	18.9

如图 4-42 所示，2010 年，S5 样地内总个体径级结构在 DBH 0～4cm，个体数随径级增大而急剧减少，DBH＞4cm 后缓慢上升，在 DBH 5～10cm 出现明显的峰，之后又缓慢下降，Ⅰ级个体占 57.11%，Ⅱ级个体占 37.40%，Ⅲ级个体占 5.49%。刺槐的径级结构与总个体相似，在 DBH 0～4cm 处个体数随径级增大而急剧减少，在 DBH 5～10cm 出现明显的峰，Ⅰ级个体占 55.30%，Ⅱ级个体占 38.97%，Ⅲ级个体占 5.73%。榆的径级结构在 DBH 0～4cm 随着径级增加而急剧减少，在 DBH 4～6cm 和 7～9cm 出现明显的断层，Ⅰ级个体占 98.35%，Ⅱ级个体仅有 2 株，无Ⅲ级个体。

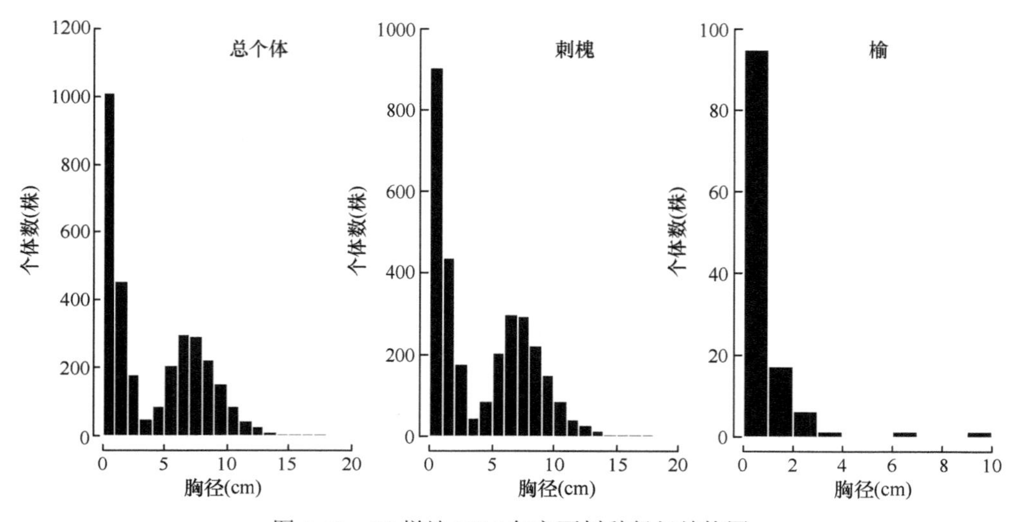

图 4-42　S5 样地 2010 年主要树种径级结构图

如图 4-43 所示，2015 年，S5 样地总个体与刺槐径级结构相似，均在 DBH 2～5cm 和 5～12cm 处出现两个明显的峰。总个体中Ⅰ级个体占 48.41%，Ⅱ级个体占 37.17%，Ⅲ级个体占 14.42%。刺槐中Ⅰ级个体占 46.94%，Ⅱ级个体占 38.01%，Ⅲ级个体占 15.05%。

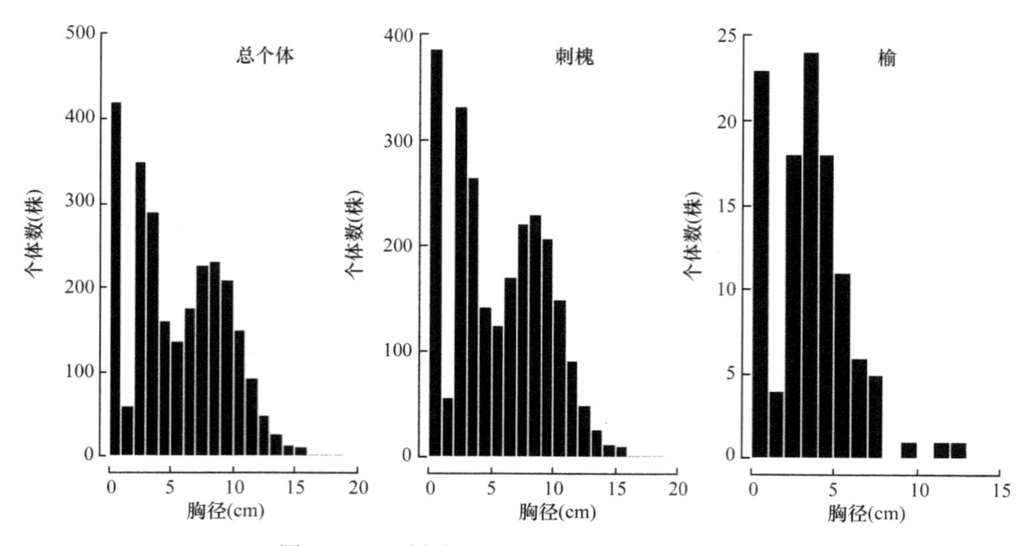

图 4-43　S5 样地 2015 年主要树种径级结构图

榆的径级结构在 DBH 2～8cm 出现明显的峰，在 DBH 8～9cm 和 10～11cm 处出现明显断层，Ⅰ级个体占 76.78%，Ⅱ级个体占 21.43%，Ⅲ级个体仅有 2 株。在总个体、刺槐、榆的Ⅰ级个体中，DBH 为 1～2cm 的个体数占比均最小。

与 2010 年相比，2015 年Ⅰ级个体在总个体、刺槐、榆中所占比重均有所下降，但仍占主导地位；总个体和刺槐中Ⅱ级个体所占比重略有下降，榆的Ⅱ级个体显著增加；Ⅲ级个体在各树种中所占比重均有所增加。

如图 4-44 所示，S5 样地 2015 年刺槐死亡个体的径级结构在 DBH 0～5cm 呈现反“J”形，在较大径级呈现近似正态分布。刺槐死亡个体 75.72%集中在Ⅰ级，其中 DBH 0～1cm 的死亡个体最多，占总死亡个体的 50.62%；Ⅱ级个体占 23.87%，主要集中在 DBH 5～7cm；Ⅲ级个体仅有 2 株。Ⅱ级、Ⅲ级个体总体表现为随着 DBH 的增大，死亡个体数逐渐减少。

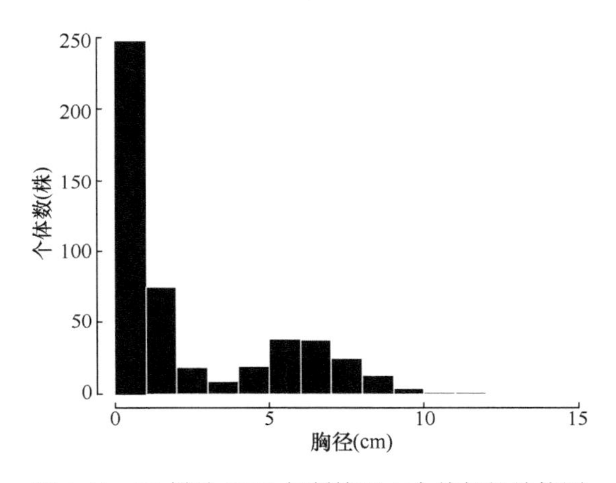

图 4-44　S5 样地 2015 年刺槐死亡个体径级结构图

五、空间格局

（一）主要树种空间分布格局

由图 4-45 和图 4-46 可见，刺槐在样地内分布较均匀，在局部区域呈现聚集分布；榆呈随机分布；柠条锦鸡儿主要分布在样地东部。在样地中部排水渠范围内出现明显的“空白区”。2015 年样地内个体数较 2010 年要少，主要是刺槐数量减少。

（二）刺槐空间分布格局

如图 4-47 所示，两次调查结果显示，S5 样地刺槐的空间分布随径级的变化而表现出不同的格局。2010 年，刺槐各径级个体在样地内均有分布，Ⅰ级个体占总个体的 55.30%，在样地内分布比较均匀，小范围内呈现局部集中分布的特征；Ⅱ级个体占 38.97%，在样地内总体呈均匀分布和随机分布，在局部呈现集中分布；样地中出现两个明显的“空白区”，一处是复垦时为了预防暴雨冲刷而设置的排水渠，位于样地中央；另一处为样地西部。排水渠左右两侧的刺槐排列整齐，分布均匀，说明这两排刺槐长势较好；

Ⅲ级个体有 170 株，在样地内表现为随机分布，南部边缘个体分布较少。2015 年，刺槐Ⅰ级个体占总个体的 46.94%，在样地内分布比较均匀，小范围内呈现局部集中分布的特征，在样地西北部有小范围的“空白区”；Ⅱ级个体占 38.01%，与 2010 年分布格局相似；Ⅲ级个体有 374 株，在样地内呈随机分布和均匀分布，聚集不明显。

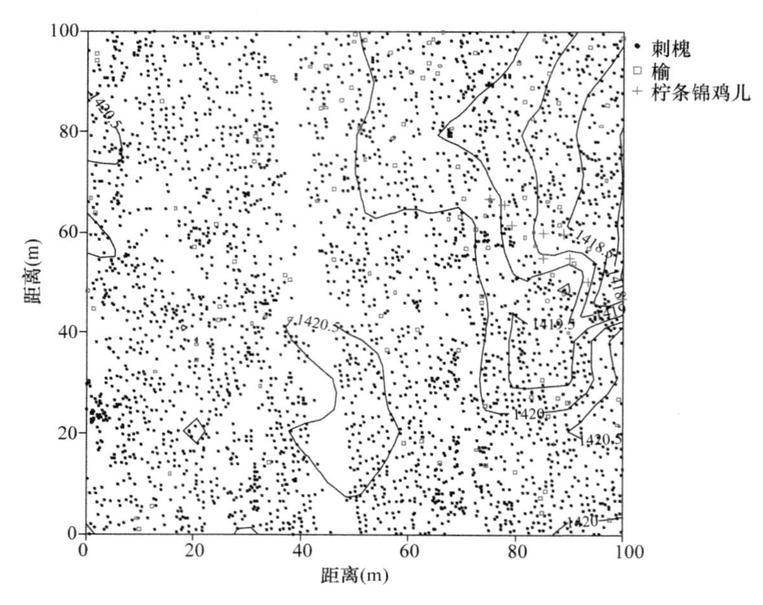

图 4-45　S5 样地 2010 年主要树种空间分布格局图（彩图请扫封底二维码）

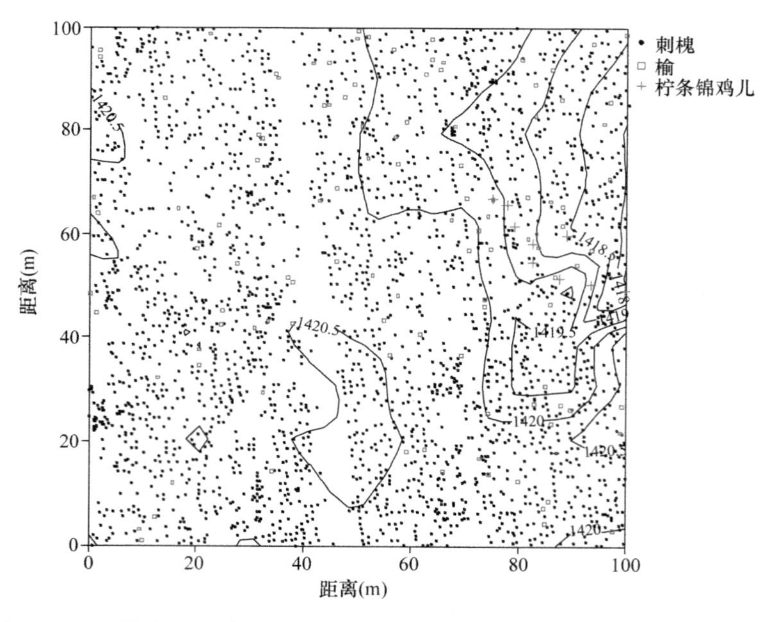

图 4-46　S5 样地 2015 年主要树种空间分布格局图（彩图请扫封底二维码）

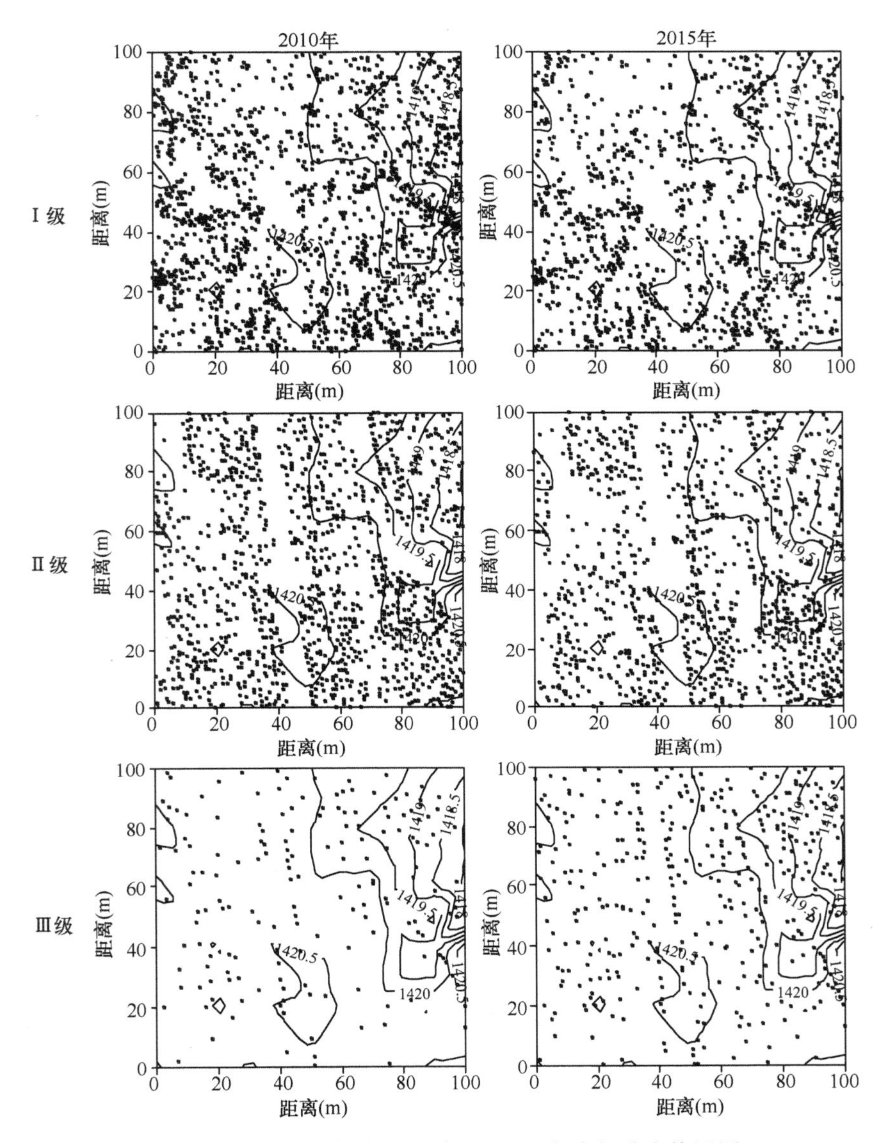

图 4-47　S5 样地刺槐 2010 年和 2015 年空间分布格局图

（三）榆空间分布格局

如图 4-48 所示，2010 年，榆的Ⅰ级个体占总个体的 98.35%，在样地内随机分布；Ⅱ级个体仅有 2 株；无Ⅲ级个体。2015 年，榆的各径级个体在样地内均有分布，均呈现随机分布特征，Ⅰ级个体占总个体的 76.79%，Ⅱ级个体占 21.43%；Ⅲ级个体仅有 2 株。

（四）死亡刺槐空间分布格局

如图 4-49 所示，死亡刺槐各径级个体在样地内均有分布，Ⅰ级个体占总死亡个体的 75.72%，在样地中心分布较少，在小范围内呈现局部集中分布；Ⅱ级个体呈随机分布，样地西部个体数较东部多，在样地西南角分布较密集；Ⅲ级个体仅在样地北部分布 2 株。

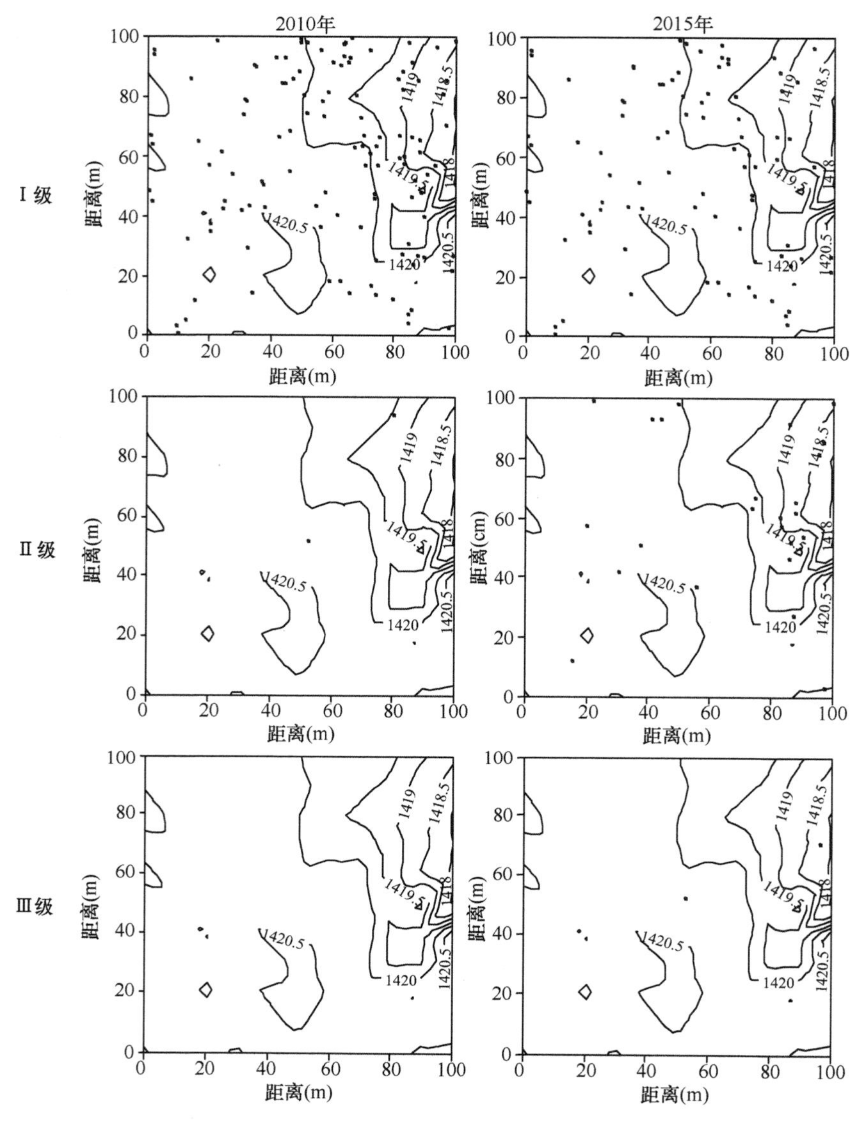

图 4-48　S5 样地榆 2010 年和 2015 年空间分布格局图

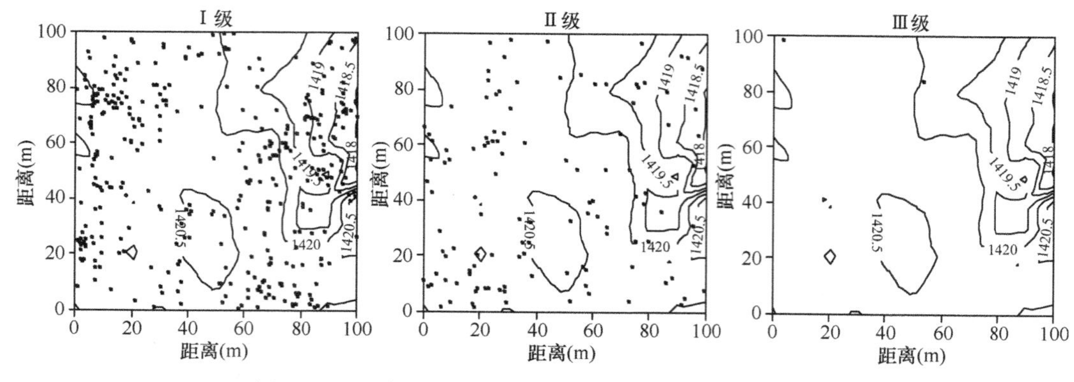

图 4-49　S5 样地 2015 年刺槐死亡个体空间分布格局图

总体来看，该样地刺槐虽然仍为优势种，但已呈现退化趋势，主要问题同 S1 样地。榆在该样地为侵入种，是由风将其他种植区的榆种子吹到该样地，成活后又自我繁殖扩大种群。

第六节　W1 样地物种组成及空间格局

一、样地概况

W1 样地位于安太堡露天矿西排土场复垦地 1460 平台，长 100m，宽 100m，面积为 $1hm^2$。样地内海拔约为 1460m。W1 样地等高线地形图如图 4-50 所示。该样地原为安太堡露天矿土地复垦与生态修复所用的苗圃，复垦初期植被配置模式为旱柳+榆+油松+落叶松+青扦+白扦+樟子松。

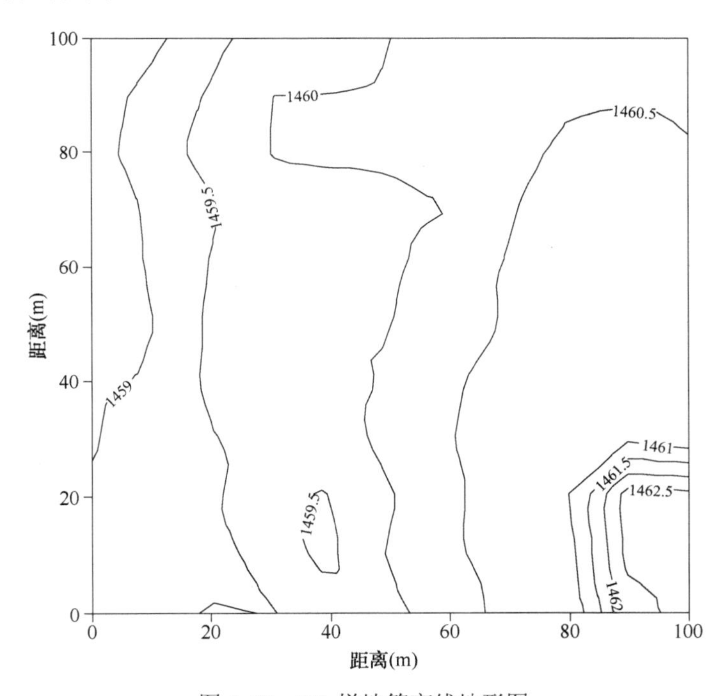

图 4-50　W1 样地等高线地形图

二、物种组成及数量特征

W1 样地主要树种共有 13 种，隶属于 6 科 10 属（表 4-18）。

由图 4-51 和图 4-52 可见，2010 年调查发现样地内独立个体数为 1333 株，优势种为榆，占总个体的 40.96%。2015 年调查发现样地内独立个体数为 1213 株，比 2010 年下降了 9.00%，减少了 120 株。样地内没有新增物种，优势种仍为榆，占总个体的 41.63%。

两次调查结果表明：样地内偶见种为杨树，稀有种为杏、沙柳、沙枣（表 4-19）。

由表 4-19 可见，2015 年更新个体共计 11 株，其中榆 6 株，白扦 2 株，旱柳 1 株，沙棘 2 株；死亡个体共计 131 株，榆占 35.88%，沙棘占 33.59%。

表 4-18　W1 样地主要树种

物种	科	属
榆 *Ulmus pumila*	榆科 Ulmaceae	榆属 *Ulmus*
白扦 *Picea meyeri*	松科 Pinaceae	云杉属 *Picea*
旱柳 *Salix matsudana*	杨柳科 Salicaceae	柳属 *Salix*
青扦 *Picea wilsonii*	松科 Pinaceae	云杉属 *Picea*
油松 *Pinus tabuliformis*	松科 Pinaceae	松属 *Pinus*
华北落叶松 *Larix gmelinii* var. *principis-rupprechtii*	松科 Pinaceae	落叶松属 *Larix*
沙棘 *Hippophae rhamnoides* subsp. *sinensis*	胡颓子科 Elaeagnaceae	沙棘属 *Hippophae*
柠条锦鸡儿 *Caragana korshinskii*	豆科 Leguminosae	锦鸡儿属 *Caragana*
樟子松 *Pinus sylvestris* var. *mongolica*	松科 Pinaceae	松属 *Pinus*
杨树 *Populus* spp.	杨柳科 Salicaceae	杨属 *Populus*
杏 *Armeniaca vulgaris*	蔷薇科 Rosaceae	杏属 *Armeniaca*
沙柳（乌柳）*Salix cheilophila*	杨柳科 Salicaceae	柳属 *Salix*
沙枣 *Elaeagnus angustifolia*	胡颓子科 Elaeagnaceae	胡颓子属 *Elaeagnus*

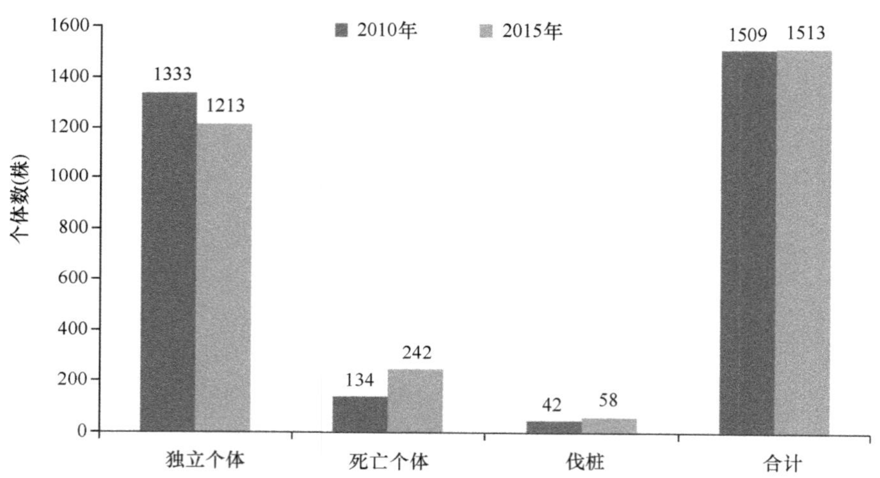

图 4-51　W1 样地 2010 年与 2015 年主要树种个体数统计

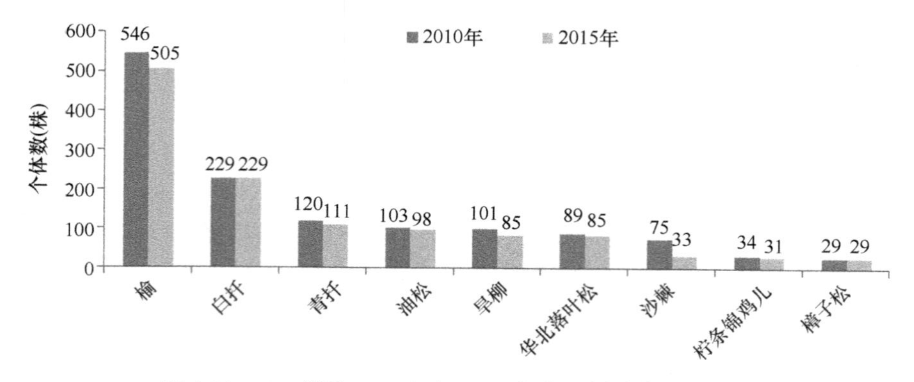

图 4-52　W1 样地 2010 年与 2015 年主要树种个体数比较

表 4-19　W1 样地 2010 年与 2015 年主要树种组成统计　　（单位：株）

物种	2010 年	2015 年	更新个体	死亡个体
榆	546（40.96%）	505（41.63%）	6（54.55%）	47（35.88%）
白扦	229（17.18%）	229（18.88%）	2（18.18%）	2（1.53%）
青扦	120（9.00%）	111（9.15%）	0（0.00%）	9（6.87%）
油松	103（7.73%）	98（8.08%）	0（0.00%）	5（3.82%）
旱柳	101（7.58%）	85（7.01%）	1（9.09%）	17（12.98%）
华北落叶松	89（6.68%）	85（7.01%）	0（0.00%）	4（3.05%）
沙棘	75（5.63%）	33（2.72%）	2（18.18%）	44（33.59%）
柠条锦鸡儿	34（2.55%）	31（2.56%）	0（0.00%）	3（2.29%）
樟子松	29（2.18%）	29（2.39%）	0（0.00%）	0（0.00%）
杨树	4（0.30%）	4（0.33%）	0（0.00%）	0（0.00%）
杏	1（0.07%）	1（0.08%）	0（0.00%）	0（0.00%）
沙柳	1（0.07%）	1（0.08%）	0（0.00%）	0（0.00%）
沙枣	1（0.07%）	1（0.08%）	0（0.00%）	0（0.00%）
合计	1333（100%）	1213（100%）	11（100%）	131（100%）

三、优势度

按树种重要值排序，两次调查结果表明：样地内优势种明显为榆。与 2010 年相比，2015 年 W1 样地的总胸高断面积增加了 2.67m^2/hm^2。榆减少了 41 株，胸高断面积增加了 1.20m^2/hm^2，重要值略有降低，为 49.06%。白扦的胸高断面积增加了 0.51m^2/hm^2，重要值增大为 15.44%。其他主要树种中，油松、华北落叶松、樟子松、杨树的胸高断面积和重要值均有不同程度的增加；旱柳、沙棘的胸高断面积有不同程度的增加，但重要值均有不同程度的减少（表 4-20）。

表 4-20　W1 样地 2010 年与 2015 年主要树种优势度统计

物种	2010 年			2015 年		
	多度（株）	胸高断面积（m^2/hm^2）	重要值（%）	多度（株）	胸高断面积（m^2/hm^2）	重要值(%)
榆	546	2.40	52.66	505	3.60	49.06
白扦	229	0.22	11.49	229	0.73	15.44
青扦	120	0.05	5.20	111	0.09	5.23
油松	103	0.22	6.25	98	0.56	8.14
旱柳	101	0.63	11.73	85	0.78	9.24
华北落叶松	89	0.08	4.47	85	0.22	5.33
沙棘	75	0.01	2.77	33	0.02	1.34
柠条锦鸡儿	34	0	1.25	31	0	1.22
樟子松	29	0.23	3.71	29	0.47	4.32
杨树	4	0.01	0.34	4	0.05	0.53
杏	1	0	0.05	1	0	0.05
沙柳	1	0	0.05	1	0	0.06
沙枣	1	0	0.03	1	0	0.04
合计	1333	3.85	100	1213	6.52	100

四、径级结构

径级结构是植物群落稳定性与生长发育状况的重要指标。调查结果表明：与2010年相比，2015年样地内总个体与主要树种的平均胸径和最大胸径均有不同程度的增加。榆、油松、旱柳、樟子松、杨树的平均胸径大于总个体的平均胸径，其他树种的平均胸径小于总个体的平均胸径（表4-21）。

表4-21　W1样地2010年与2015年主要树种胸径统计　（单位：cm）

物种	2010年		2015年	
	平均胸径	最大胸径	平均胸径	最大胸径
榆	6.67	19.90	8.59	24.6
白扦	3.03	8.86	5.97	12.5
青扦	2.03	11.49	2.95	6.4
油松	3.72	15.41	7.23	18.0
旱柳	8.59	15.18	10.41	18.6
华北落叶松	2.61	9.15	4.64	11.6
沙棘	0.74	4.47	1.57	6.4
柠条锦鸡儿	0.06	2.04	0.44	4.5
樟子松	9.41	15.00	13.85	20.8
杨树	6.44	9.91	11.61	20.6
杏	2.54	2.54	3.50	3.5
沙柳	1.19	1.19	—	—
沙枣	—	—	1.20	1.2
总个体	3.43	19.90	7.04	24.6

如图4-53所示，2010年，W1样地内总个体径级结构呈现随径级增大个体数逐渐减少的趋势，Ⅰ级个体占57.91%，Ⅱ级个体占31.51%，Ⅲ级个体占10.58%。榆的径级结构在DBH 3～10cm出现明显的峰，在DBH 16～20cm出现明显的断层，Ⅱ级个体占51.83%，Ⅲ级个体最少，占16.30%。白扦的径级结构在DBH 2～5cm出现明显的峰，Ⅰ级个体占89.52%，无Ⅲ级个体。青扦的径级结构在DBH 6～11cm出现明显的断层，Ⅰ级个体占98.33%，Ⅱ级、Ⅲ级个体各仅有1株。油松的径级结构近似于反“J”形，Ⅰ级个体占74.76%，Ⅱ级个体占15.53%，Ⅲ级个体仅有10株。旱柳的径级结构主要集中在DBH 6～16cm，出现明显的峰，在DBH 1～5cm、13～15cm出现明显的断层，Ⅱ级个体占68.32%，Ⅲ级个体占27.72%，Ⅰ级个体仅有4株。

如图4-54所示，2015年，W1样地内总个体径级结构在DBH 2～9cm出现明显的峰，之后随着径级增大个体数逐渐减少，Ⅰ级个体占33.39%，Ⅱ级个体占43.45%，Ⅲ级个体占23.16%。榆的径级结构在DBH 5～15cm出现明显的峰，在DBH 21～24cm出现明显的断层，Ⅱ级个体占48.32%，Ⅰ级个体最少，占18.42%。白扦的Ⅱ级个体占68.56%，Ⅰ级个体占28.38%，Ⅲ级个体仅有7株。青扦的Ⅰ级个体占93.69%，无Ⅲ级个体。油松的径级结构呈现随径级增大个体数呈减少的趋势，各径级内个体数无明显规律。旱柳的径级结构在 DBH 0～6cm 出现明显的断层，Ⅲ级个体占 56.47%，Ⅱ级个体占 41.18%，Ⅰ级个体仅有 2 株。

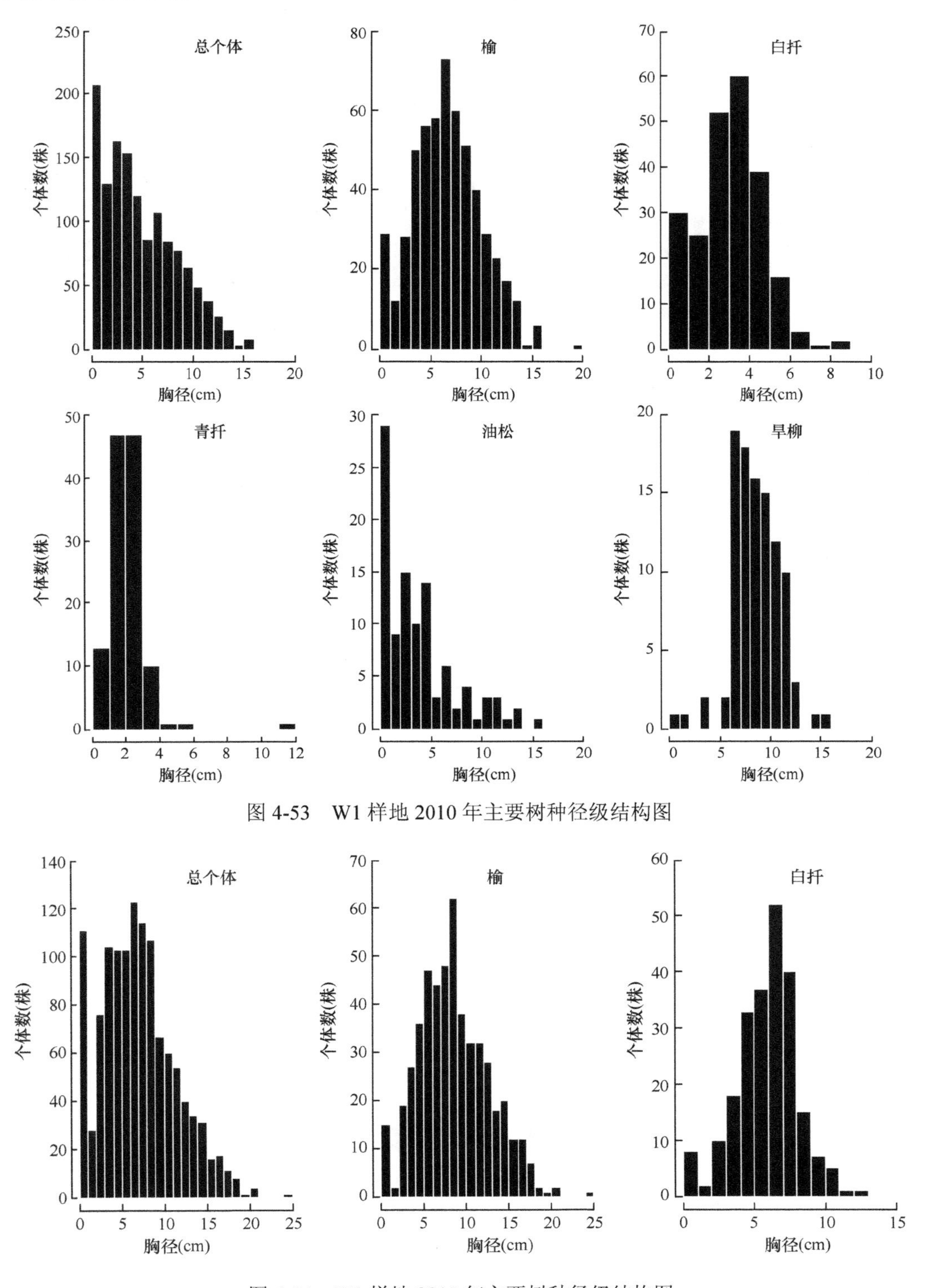

图 4-53　W1 样地 2010 年主要树种径级结构图

图 4-54　W1 样地 2015 年主要树种径级结构图

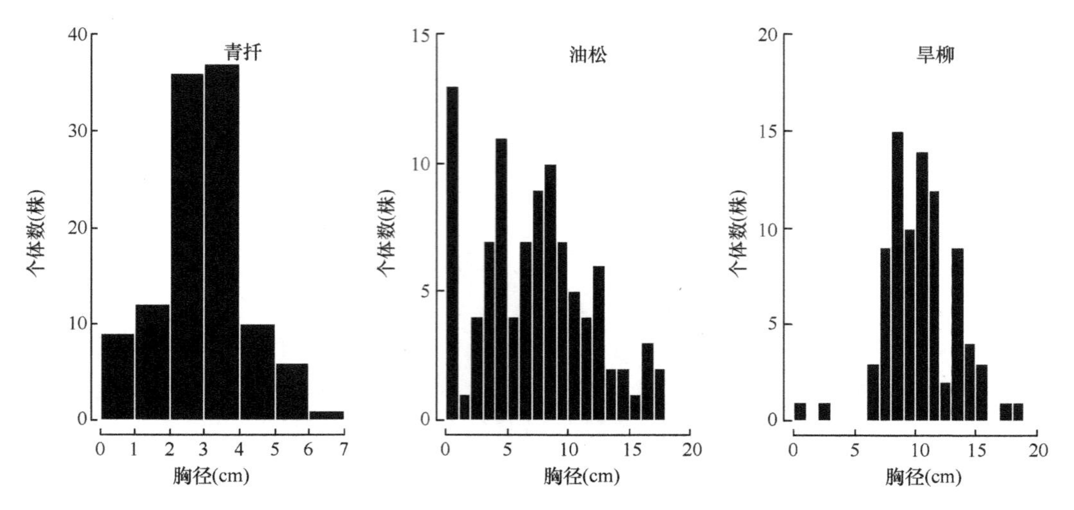

图 4-54　W1 样地 2015 年主要树种径级结构图（续）

与 2010 年相比，2015 年 W1 样地内总个体主要集中在Ⅱ级、Ⅲ级。Ⅰ级个体在主要树种中所占比重均有所下降，在青扦中仍占主导地位；榆、旱柳的Ⅱ级个体略有减少，白扦的Ⅱ级个体显著增加。除青扦外，Ⅲ级个体在其他主要树种中所占比重均有不同程度的增加。

如图 4-55 所示，W1 样地 2015 年死亡个体共计 131 株，其中榆占 35.88%，沙棘占 33.59%。死亡个体径级结构在 DBH 0～5cm 近似呈反“J”形，81.68%的死亡个体集中在Ⅰ级，其中 DBH 0～1cm 的死亡个体最多，占总死亡个体的 47.33%。Ⅱ级死亡个体占 16.80%，其中 DBH 6～7cm 的死亡个体最多；Ⅲ级死亡个体为 1 株榆和 1 株油松。

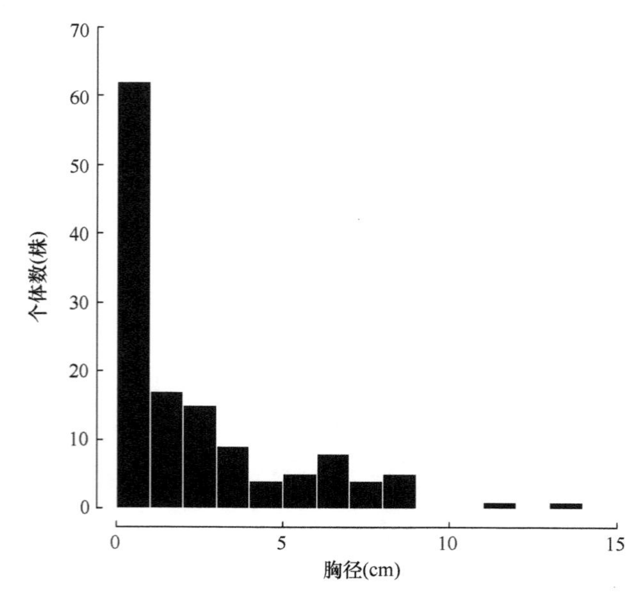

图 4-55　W1 样地 2015 年死亡个体径级结构图

五、空间分布格局

（一）主要树种空间分布格局

W1 样地原为安太堡露天矿进行土地复垦与生态修复的苗圃地，样地内主要树种基本呈条带状分布，具有固定的行间距，如图 4-56 所示。由于 2015 年样地内独立个体数仅减少 120 株，与 2010 年相比空间分布格局无明显变化，如图 4-57 所示。旱柳均匀分布在样地西部边缘，呈条带状；榆主要均匀分布在样地西部，部分个体随机分布在样地中部；华北落叶松在样地中部南北向随机分布；白扦在样地东部条带状均匀分布；青扦在样地东南角和北部随机分布；油松在样地东北角均匀分布；樟子松分布在样地东部边缘；沙棘在样地北部、南部的部分区域聚集分布。柠条锦鸡儿、杨树、杏、沙柳、沙枣在样地内零星分布。

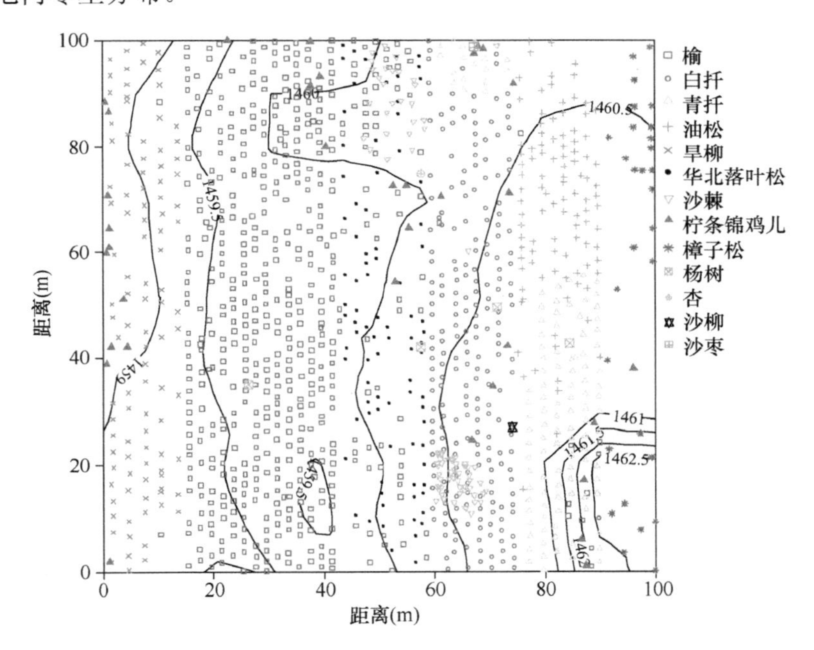

图 4-56　W1 样地 2010 年主要树种空间分布格局图（彩图请扫封底二维码）

（二）更新个体空间分布格局

如图 4-58 所示，2015 年，样地内更新树种有榆、白扦、旱柳、沙棘，共计 11 株，在样地内随机分布。

（三）死亡个体空间分布格局

如图 4-59 所示，2010 年挂牌调查的个体在 2015 年有死亡现象的树种共有 8 种，分别为榆、白扦、青扦、油松、旱柳、华北落叶松、沙棘、柠条锦鸡儿，其中榆死亡个体最多，占 35.88%，沙棘占 33.59%。样地西部、南部死亡个体较多，在样地中心、西北角、东北角有大片的“空白区”。沙棘死亡个体表现为聚集分布，榆、旱柳表现为均匀分布和随机分布，其他死亡个体表现为随机分布。

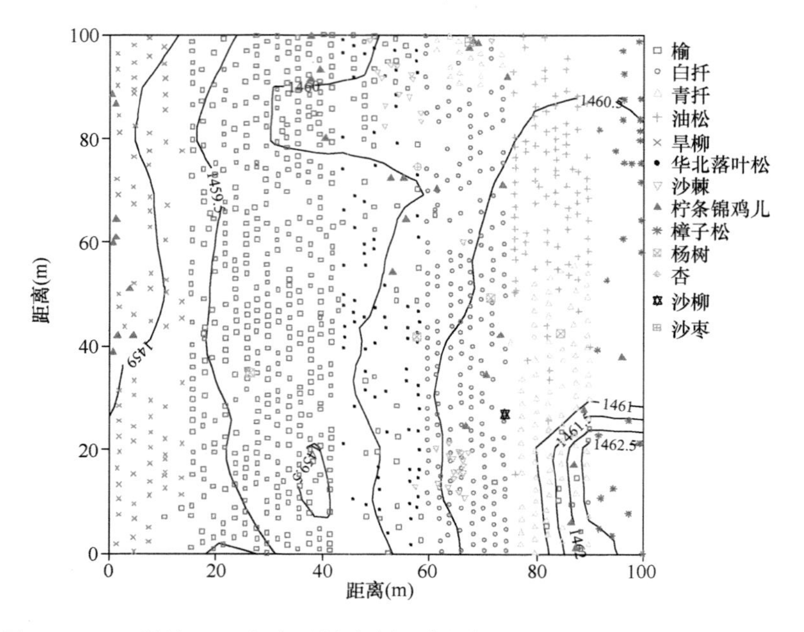

图 4-57　W1 样地 2015 年主要树种空间分布格局图（彩图请扫封底二维码）

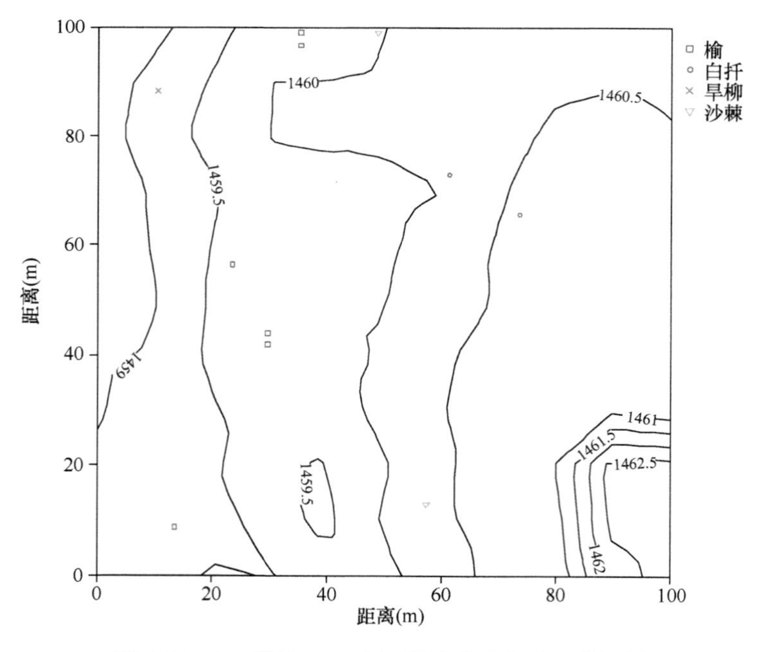

图 4-58　W1 样地 2015 年更新个体空间分布格局图

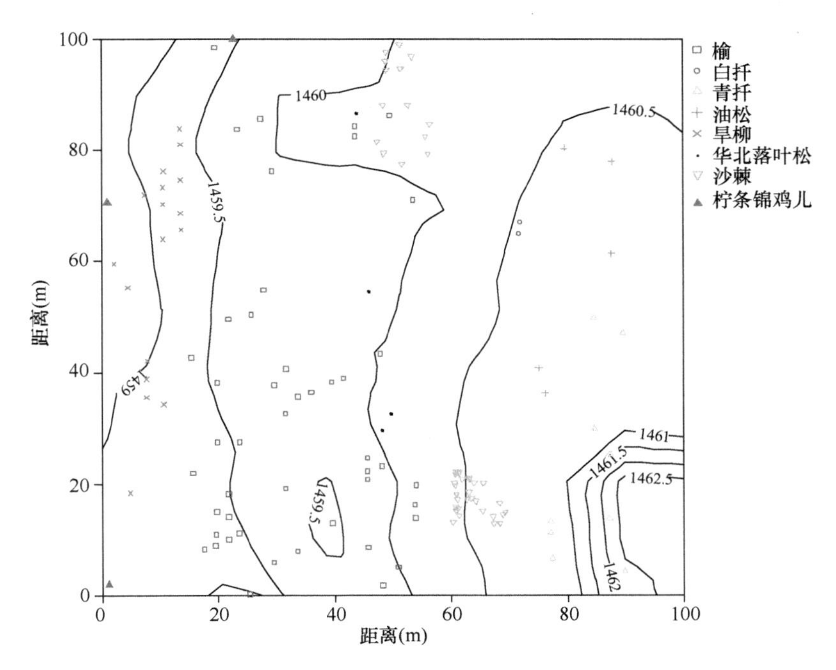

图 4-59　W1 样地 2015 年死亡个体空间分布格局图

第五章　平朔矿区人工重建生态系统植被演替及多样性分析

植被重建是矿区生态修复与重建的基础，植物多样性是反映群落结构和功能特征的有效指标，是生态系统稳定性的重要参数。在重建生态系统初期，研究重建生态系统植被群落和植物多样性的变异规律及影响因素，对探索脆弱生态系统植被重建及生态系统结构与功能的关系有极其重要的意义。平朔矿区位于黄土高原东部，由于矿区地处生态脆弱区，加之采矿形成的极度退化生态系统，矿区人工重建生态系统是否稳定及其群落结构如何变化成为该区重建生态系统生态过程研究的重要内容。对平朔矿区大型排土场植被群落演替、人工引种植物生态适宜性评价、人工重建生态系统植被类型、野生植物的侵入、植物多样性的变化及环境因子对其影响进行调查和分析，可以科学认识矿区重建生态系统植物群落的恢复过程和演替规律，客观地评价不同种植模式的恢复效果与生态效应。

第一节　植被群落演替过程及物种数量变化与趋势

安太堡是平朔矿区最先开采的露天矿，也是最早开始在外排土场进行人工植被重建的矿区。该露天矿新形成的排土场生境与原生境相比，虽然沟壑消失使地貌形态趋于简单，但重新组合堆置的固相岩土结构松散、地层层序紊乱、地表物质趋于复杂、土壤性质更趋恶化，加之区域性气候干旱、寒冷，原生境植物种子库已荡然无存，自然植被仅靠风力和鸟类等传播种子来恢复，难度较大，且恢复极其缓慢，即使天然植被能够部分生长，也无法使受损的生态系统快速恢复，新的侵蚀地貌会加速形成。为了快速、有效地重建排土场植被，改善矿区生态环境，平朔安太堡露天矿区最先采用美国复垦常用技术，主要种植草本植物，因草本植物易成活，且能够快速覆盖地表，减轻松散堆积体的水土流失和地表风蚀，然后再让其自然恢复，然而草本植物很快退化，无法实现生态修复治理的目标。面对复杂脆弱的立地条件和严酷的自然环境，矿区生态修复与植被重建已不再是简单地种草植树，必须综合考虑满足生态修复的几个基本需求：一是地表快速覆绿问题；二是土壤快速熟化问题；三是人工重建生态系统稳定性问题。为此，安太堡露天矿区针对排土场的立地条件，自 1987 年开始先后引种 104 种栽培植物，逐年种草、种树、种植农作物和中药材等，进行矿区土地复垦与生态重建，形成了 10 余种植被栽培组合模式，提高了矿区生态重建治理效果，形成了人工重建生态系统雏形，野生植物的大量侵入，促进了人工重建生态系统与自然生态系统的融合。为了跟踪矿区生态重建的效果及植被演替的过程，逐年对矿区已形成的人工重建生态系统开展植物多样性调查，选择对 1994 年、1998 年、2006 年、2012 年和 2017 年的调查结果（具体植物见“附录一平朔矿区植物名录”）进行分析。

1994年安太堡露天矿区开始植物引种和植被种植，先后建立了农作物引种园区、乔木引种园区、中药材引种园区和牧草引种园区，共引种植物91种，隶属于28科72属。由于原生境已被彻底破坏，原有的野生植物不复存在，只有少量靠风媒传播的植物，共4科14属17种。1994年矿区植物为28科83属108种，主要为人工种植植物。

1998年在进行人工生态重建后，首次对实施矿区土地复垦与生态重建的外排土场开展系统调查，调查面积为612hm^2，有关调查的详细数据见李晋川和白中科于2000年编撰的《露天煤矿土地复垦与生态重建》。当时正值矿区生态重建工程建设初期，最早的人工植物种植时间已有7～8年，人工重建生态系统尚未形成，不同植被配置模式随着时间的推移分化严重，野生植物侵入正进入盛期。为了筛选适生植物，前期先后引种了用于生态修复的草灌乔植物、农作物和中药材植物，共计91种。其中，农作物有19种，多为一年生植物，主要为矿区农业复垦筛选适宜作物；中药材植物有18种，为日后开展多种经营进行尝试；其余植物多为生态修复治理引种所选。调查共记录植物150种，隶属于33科111属。其中野生侵入植物91种，隶属于20科67属，野生植物较1994年增加了74种；人工栽培植物减少了32种，有59种，隶属于23科52属，占植物总数的39.3%。

2006年对平朔矿区进行第二次植被调查，采用样方结合样带的方法调查，采集标本和记录野生植物166种，隶属于28科103属。从生活型看，植物组成以草本植物为主，草本植物共计27科99属159种，占物种总数的95.8%；从生态习性看，阳生植物较多，阴生植物较少，反映出平朔矿区废弃地生态环境较为干旱。废弃地的野生植物以菊科和禾本科植物为多，菊科植物有45种，占总种数的27.1%，禾本科植物有33种，占19.9%，豆科、藜科植物各有12种，分别占总数的7.2%，其余有十字花科植物8种，唇形科和蔷薇科植物各7种，紫草科和蓼科植物各4种，萝藦科、堇菜科、旋花科、毛茛科、大戟科、柽柳科各3种，牻牛儿苗科、茄科、车前科植物各2种，苋科、杨柳科、木贼科、石竹科、锦葵科、瑞香科、柳叶菜科、紫葳科、茜草科、百合科植物各1种。野生侵入植物多数零散分布，也有呈片状、带状或大片状分布的，如大籽蒿在部分地段呈现近0.5hm^{2}大片状分布。优势度大的植物在植被构成中占有比较重要的地位，成为废弃地植被形成的先锋种或建群种。在这些植物中又以禾本科、菊科和豆科植物居多，它们是在该矿区废弃地上自然定居的先锋植物，同时又是黄土高原地区广布性、耐贫瘠的植物种类，适应性极强，在局部营养条件较好的区域生长较好，植株较高、植被盖度较大、叶色较深、根系发达，说明这三科植物在煤矿废弃地植被形成过程中起着十分重要的作用。与1998年调查结果相比，在将近10年的时间里植物总数增加了72种，隶属于20科58属，新增7个科，分别是苋科、茜草科、胡麻科、百合科、毛茛科、堇菜科和柳叶菜科，新增36个属，如铁线莲属、离子芥属、牻牛儿苗属、茜草属、火绒草属、茅香属、天门冬属及水柏枝属等。调查共记录植物37科141属222种，其中有些栽培植物发生退化，如槭树科的桫叶槭、漆树科的火炬树、石竹科的霞草、十字花科的菘蓝等，一些科属也随之消失。反映了植被重建措施对露天矿区排土场植物多样性的影响，也说明了栽培植物仍处在动态变化中。乔木、灌木植物主要为人工种植，种植的草本植物有冰草、披碱草、蜀葵、沙打旺、紫苜蓿、无芒雀麦、白香草木犀、黄香草木犀、山野豌豆、芨芨草、石竹等。人工种植植物有20科47属56种，占现有植物总数的 25.2%，野生侵入植物达 166 种，占总数的 74.8%，人工植被占整个植物总数的比例进一步下降。野生植物较好地解决了人工植被种类单纯、结构简单的问题，与栽培的草、灌、乔组成多层次的植物群落、多结构的生态系统，生物物种的多样性使生态系统趋于复杂，从而使得整个生态系统表现稳定。

2012 年对平朔矿区进行第三次植被调查，采用样地结合样带的方法调查，采集标本和记录野生植物 207 种，隶属于 32 科 118 属，人工栽培植物有 19 科 43 属 52 种，占总种数的 20.1%，共 41 科 148 属 259 种。新增 5 个科，如龙胆科、马鞭草科、桔梗科、鸭跖草科、薯蓣科；新增 12 个属，如翠雀属、锦葵属、龙胆属、沙参属、莸属、隐子草属、大丁草属、葱属等。与 2006 年调查植物物种数相比，新增加种类 46 种，隶属于 19 科 35 属，其中包括栽培种小叶锦鸡儿、鸭跖草、光果莸等。野生植物增加了 24.7%，新增 41 种，人工栽培植物种类减少了 9 种，呈现动态变化。1994 年引种植物种类到 2012 年约减少了 50%，加上新增栽培种类，人工植物也仅占植物总数的 20.1%，在继续减少。

2017 年对平朔矿区进行第四次植被调查，仍采用样地结合样带的方法调查，采集标本和记录野生植物 36 科 121 属 219 种，人工栽培植物有 18 科 44 属 54 种，共 44 科 156 属 273 种。2017 年人工栽培植物占总数的 19.8%，与 2012 年相比新增了 6 种，退化减少 4 种，总数基本持平。与 1994 年矿区大规模种植人工植物相比，植物总数增加了 152.8%（增加了 165 种），野生植物增加了 1188.2%（增加了 202 种），人工栽培植物除后期增加的 13 种外，1994 年的栽培植物总数到 2017 年减少了 54.9%（减少了 50 种）。而随着野生植物种类大幅度的增加，不适宜栽培植物的减少，土壤生态系统发生了较大变化，土壤微生物也趋于多态，大大丰富了人工林生物多样性，使人工重建生态系统逐渐向自然演变，从而提高了该生态系统的稳定性。

从 5 个时段的植物多样性调查来看，平朔矿区植被演替呈现野生植物在 5～15 年为快速增长期，之后逐步下降；人工植被 10 年后逐步进入稳定期，总数变化不大；植被总数，前期增长较快，后期增长幅度逐步下降，但仍维持稳定增长区间。矿区植被各年份调查的植物数量以实际调查采集标本为准，栽培植物的调查及变化存在固定区域，野生植物的物种和数量可能存在动态变化，不是绝对数值（图 5-1，图 5-2）。

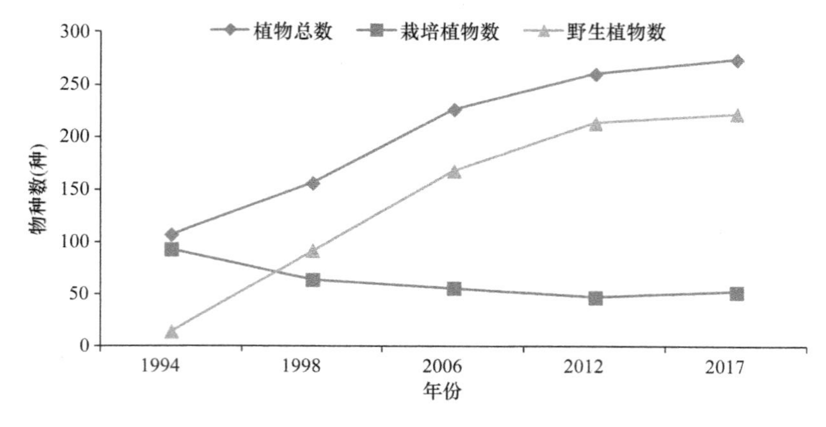

图 5-1　植被演替过程中植物数量变化图

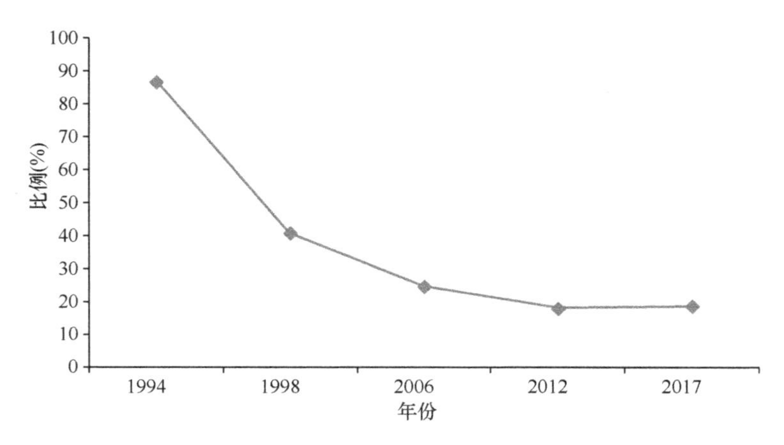

图 5-2　人工栽培植物占植物总数比例的变化图

第二节　生态重建植物引种与筛选评价

平朔矿区开展土地复垦与生态重建研究与治理已近 30 年，目前已形成 2340hm^2 的人工重建生态系统，其中人工林 1394hm^2。通过最初先锋和适生植物的引种试验、不同植被组合配置模式种植和人工重建生态系统雏形的形成及演替，野生植物大量侵入，最初矿区人工种植的植物呈现分化态势，许多植物已难觅踪影；多种人工组合种植模式也在经受时间和自然选择的检验，发生不同方向的异化与演替。由于平朔矿区自然条件的限制，其生态修复与重建过程复杂而漫长，需要持续跟踪矿区生态修复过程中人工植被的动态变化，科学评价引种植物的生态适应性，可为该区域生态修复与重建、适宜植物和先锋植物的确定提供依据。

一、主要引种植物的评价

平朔矿区处于干旱、半干旱生态条件脆弱地区，依靠自然恢复较困难且周期漫长，要快速恢复植被，首先是筛选先锋植物和适生植物。为此，研究初期制定了筛选原则。

（一）先锋植物的筛选

先锋植物是指能在新复垦土地的恶劣环境中生长的植物。这些植物能抗寒、抗旱、抗风、抗涝、耐贫瘠、耐盐碱，甚至耐毒性，生长快，能固定大气中的氮素，播种栽植较容易，成活率较高。通过引入先锋植物改善造林地植物的生存环境，为适生植物和目的树种的生长、人工优化生态系统提供前提条件，故引入先锋植物是至关重要的。

先锋植物的筛选原则如下。

1）具有优良的水土保持作用的植物种属，即能减少地表径流、涵养水源、阻挡泥沙流失、固持土壤等。

2）具有较强的适应脆弱环境、抗干冷逆境的能力，即对干旱、风害、冻害、瘠薄、盐碱、病虫害等不良立地因子有较强的忍耐能力。

3）生活力强，有固氮能力，能形成稳定的植被群落。

4）根系发达，有较快的生长速度，根系分蘖性强，能固持土壤，地上部分生长迅速，枝叶茂盛，能很快并且长时间覆盖地表，有效阻止风蚀，同时枯枝落叶易腐化分解，能较快地形成松软的枯枝落叶层，提高土壤的保水保肥能力，如有一定的经济价值更好。

5）播种栽植较容易，成活率高，种源丰富，育苗简易，若播种则要求种子发芽力强，繁殖量大，苗期抗逆性强，易成活。

（二）适生植物的筛选

1. 树种的选择原则

1）树种的各项性状（经济效益和生态效益性状）必须符合既定的培育目标，即定向原则。

2）树种的生态学特性与立地条件相适应，即适地适树的原则。

3）生物学稳定性原则，是指人工林具有稳定的结构，生长发育很好，能获得较高的生物产量，具有对极端环境变化的抵抗能力。

4）可行性原则，如选择的树种，其种子或苗木没有来源或来源有限，不可能大面积应用，或者是栽培技术复杂、投入大、成本高、经济上不划算或财力和物力不足等都不可行。

2. 草种的选择原则

草种选择与树种相似，要求生态与经济兼顾。必须根据种草区域的生境条件，主要是气候条件和土壤条件，以及种植和管理成本，选择适宜的草种。

根据以上树种、草种选择原则，平朔矿区自建矿以来，先后建立了 5 个植物试验筛选区，即牧草试验区、果树试验区、农作物试验区、药用植物试验区、林木试验区，共种植试验植物 91 种，其中裸子植物 7 种，隶属于 2 科 5 属；被子植物 84 种，其中双子叶植物 69 种，隶属于 23 科 56 属，单子叶植物 15 种，隶属于 3 科 11 属。结合已有的研究和人工植被的生长状况，本节重点对适宜在平朔矿区种植的植物做出适宜性评价。

（1）乔木

油松（*Pinus tabuliformis*），松科松属植物，常绿乔木，为暖温性常绿针叶树。油松为温带树种，适应大陆性气候，根系发达，吸收根上有菌根菌共生，有助于吸收水分和养分，耐瘠薄。针叶上有蜡质层和下陷的气孔，表皮细胞木质化，蒸腾强度低，耐干旱、耐寒，固土保水力强，是矿区植被重建的主要针叶树种。该树自 1992 年开始种植以来，已在平朔安太堡南排土场、西排土场、内排土场和安家岭东排土场、西排土场、东露天外排土场和木瓜界井工塌陷地种植，生长状况表现良好，尚无大面积死亡、病虫害发生和整体退化现象。南排土场最早种植的油松已有部分植株株高达 8m 以上，胸径达 25cm 以上；部分植株已结果，有种子萌发。从目前矿区种植的油松来看，该树是人工配置植被针叶树的最佳选择，也是未来可能形成顶极群落的主要树种。

刺槐（*Robinia pseudoacacia*），也叫洋槐，豆科刺槐属植物，落叶乔木。喜光，不耐庇荫；浅中根性树种，耐干旱，在沙土、壤土、黏土上能生长，具有较强的抗旱、耐瘠薄、耐盐碱能力，前期生长迅速，萌蘖性强，根系发达，根瘤可固氮。在矿区安太堡的南排土场、西排土场、内排土场和安家岭的东排土场、西排土场大面积种植，有刺槐纯林和复合配置林种植模式。刺槐属于喜温树种，朔州地区已是该树种生长的北界，当初选择它，主要是看中它具有固氮能力，自我维持能力较强。矿区最早将刺槐作为最佳的生态重建树种，为此大面积种植，但 10 年后发现其存在生态适应性问题。从平朔矿区的生长状况来看，该树种不适合种植纯林，易与油松等针叶树种配置，形成针阔混交林。该树种的生态习性是前期生长较快，也耐干旱和瘠薄，但树冠闭合或植株长高后，朔州地区的降雨无法满足其继续生长的要求，生长接近停止，且易受春季倒春寒的伤害，容易抽梢，使植株退化直至死亡，生长期内曾经发生过一次大面积虫害。该树种的优点是浅根系发达，前期保土固土效果较好，加之能够固氮，是很好的先锋树种，也是与针叶树种混交的最佳选择。

新疆杨（*Populus alba* var. *pyramidalis*），杨柳科杨属植物，落叶乔木。仅有雄株，树干通直，树皮灰绿色或灰白色，光滑，老树灰色，树干基部带有纵列。喜光，抗热，喜干热温凉气候，抗大气干旱能力强，在温暖湿热地区生长不良。在黄土区各种土壤中均能生长，但要求土壤疏松，通气良好。树冠狭窄，根系发达，根蘖苗少，根幅常为冠幅的 2～3 倍，抗风力强，耐寒冷，适应晋北干草原地区。新疆杨适合在平朔矿区生长，在乔木引种基地种植，至今表现良好。该树种适合做行道树和用于防风林带建设，因其株高挺直，树干偏小，根系发达，适合合理密植，起到防风的效果。平朔生活区种植有很多新疆杨，长势良好，矿区生态修复与重建也可以使用该树种。

双阳快杨（*Populus* × *xiaozhuanica*），也叫合作杨、小钻杨，杨柳科杨属植物，落叶乔木，树干通直，树冠近塔形，幼龄时树皮灰绿色，大树树皮灰褐色。雌雄异株，雄株的生长期比雌株长，且抗病虫害和耐瘠薄能力也比雌株强。对气候的适应性强，耐旱，抗风沙，对秋季晚霜抗性强，较抗病虫害。双阳快杨适合在黄土高原半干旱地区生长，是黄土高原丘陵沟壑区生态建设的适生树种，具有前期速生的特点，但耐寒性和耐瘠薄性不是很明显，生长状况一般，未大面积种植。

小黑杨（*Populus* × *xiaohei*），杨柳科杨属植物，落叶乔木。其当年生萌条上有 7 或 8 条明显棱线，是与其他树种区别的重要特征。全为雄性，喜光，抗逆性强，是干旱寒冷地区绿化造林的先锋树种，在干旱贫瘠的土壤中表现出较强的适应性，若在土壤水分条件较好的情况下，又可发挥其速生特性，对盐碱地也有较强的忍耐力。平朔矿区主要将其作为行道树和用于边坡底部护坡，生长状况较好。

榆（*Ulmus pumila*），榆科榆属植物，落叶乔木。喜光，喜温湿肥沃土壤，耐干旱，耐贫瘠，对恶劣的气候和土壤条件有很大的忍耐力，适应性强，生长迅速，枝叶繁茂，树姿优美。吸附毒气和烟尘性好，是净化空气、保护环境、绿化四旁的优良树种。在石灰性冲积土和黄土上生长良好，但在重碱地和地下水水位高的地方生长不良。为深根性树种，主根明显，侧根发达。矿区主要在安太堡南排土场、西排土场和内排土场栽植，生长状况良好。该树种自我繁殖能力超强，种子扩散速度快，易萌发，常在人工林地里成片生长，但受自然条件限制和植物间的竞争影响，多数幼苗难以存活。该树种与针叶树种混交模式生长表现也较好。

华北落叶松（*Larix gmelinii* var. *principis-rupprechtii*），又名落叶松、雾灵落叶松，松科落叶松属植物，是中国特有树种，原产于华北地区，主要分布在海拔1800～2800m的高山地带。落叶乔木，高达30m，胸径为1m。树冠圆锥形，树皮暗灰色，呈不规则鳞状裂开，大枝平展，小枝不下垂或枝梢略垂。喜光性强，幼苗喜群生，较耐庇荫。喜湿润凉爽气候，在年降雨600～900mm的地方生长良好。对土壤的适应性较强，喜深厚、肥沃、湿润的酸性土壤，在花岗岩、片麻岩、砂页岩等山地棕壤上生长最好。根系发达，抗风力较强，有一定的萌芽能力。在相同条件下比云杉、油松、华山松等生长都快。具有适应性强、成活率高、生长快、干形直、材质优良的特性。华北落叶松在安太堡西排土场乔木引种试验基地引种，另外还有300m^2的种植区。该树种前期生长较慢，但种植10年后生长较快，现已成林。该树枯枝落叶较多，有利于养分循环，对改善土壤有明显的作用，适合在平朔矿区作为针叶树种混交栽培。

白扦（*Picea meyeri*），松科云杉属植物，为中国特有植物。生于海拔1600～2700m的地区，常生于阴坡。乔木，高达30m，胸径约为60cm；树皮灰褐色，裂成不规则的薄块片脱落；大枝近平展，树冠塔形；小枝有密生或疏生短毛或无毛，一年生枝黄褐色，二年生和三年生枝淡黄褐色、淡褐色或褐色。耐阴、耐寒、喜凉爽湿润的气候和肥沃深厚、排水良好的微酸性沙质土壤，生长缓慢，属于浅根性树种。该树种在平朔矿区安太堡西排土场乔木引种试验基地种植，前期生长较慢，种植10年后生长逐年加快。从生态习性上看，该树种适宜在平朔种植，现已在新生态修复区作为行道树使用，部分片区也有种植，该树种可以作为该矿区针阔混交林针叶树种使用，也可与油松混交栽培。

樟子松（*Pinus sylvestris* var. *mongolica*），松科松属植物，常绿乔木，高15～25m，最高达30m。树冠椭圆形或圆锥形，树干挺直，3m以下的树皮黑褐色，鳞状深裂，叶2针一束，刚硬，常稍扭曲，先端尖。樟子松是阳性树种，树冠稀疏，针叶多集中在树的表面。樟子松适应性强，耐养分贫瘠、耐干旱、耐寒冷，在风沙土及土层很薄的山地石砾土中均能生长良好。在湿地或积水处生长不良，喜酸性或微酸性土壤。最早在平朔矿区安太堡南排土场种植了一批樟子松，但不知什么原因均未成活，但在西排土场乔木引种试验基地的樟子松生长很好，且矿区周边都将樟子松作为绿化树种。因此，樟子松应该可以在平朔矿区正常生长，未来可作为针阔混交林的针叶树种应用。

（2）灌木

柠条锦鸡儿（*Caragana korshinskii*），又叫毛条、柠条，豆科锦鸡儿属落叶灌木，根系极为发达，主根入土深，株高40～70cm，最高可达2m左右。适生长于海拔900～1300m的阳坡、半阳坡。柠条锦鸡儿对环境条件具有广泛的适应性，在形态方面具有旱生结构，其抗旱性、抗热性、抗寒性和耐盐碱性都很强。在土壤pH 6.5～10.5的环境下都能正常生长，不怕沙压和风蚀，病虫害相对较少。因其对恶劣环境条件的广泛适应性，柠条锦鸡儿对生态环境的改善功能很强，具有根瘤，属于深根性植物，是改造沙地和沟壑地的先锋植物，也是干旱地区的重要饲料植物。柠条锦鸡儿生长非常适应矿区深层黄土环境，特别适合边坡种植，护坡保土、控制水土流失效果俱佳。但该植物前期生长较慢，主要是扎根，一般3年后才进入正常生长阶段。因此，栽植护坡时，需要与草本植物混交，以快速覆盖地表。柠条锦鸡儿也适合作为灌木与乔木混交，组成乔灌混交林。

中国沙棘（*Hippophae rhamnoides* subsp. *sinensis*），本书中简称沙棘，胡颓子科沙棘属植物。落叶灌木。雌雄异株，雄株的光合作用、呼吸作用和生长势均高于雌株。喜光，不耐庇荫，耐寒，耐瘠薄，固氮量约为 180kg/hm^2，适宜在河滩潮湿地生长，根蘖能力强，枯枝落叶多，易腐烂，增加土壤腐殖质，是改良土壤、保持水土的优良先锋树种。沙棘不但自身能够适应恶劣的自然环境，而且由于它的固氮能力很强，能够为其他植物的生长提供养分，创造适宜生存的环境。沙棘属于浅根性植物，根蘖能力很强，这对于水土保持有正面意义，但根蘖促使繁殖量快速增加，一般 3～5 年会覆盖整个地表，造成植株之间的水分竞争，使植株生长力减弱，病虫害发生，导致沙棘灌木林大面积退化。此外，沙棘虫害相对较多，且不易防治。研究起初认为沙棘既耐干旱、能固氮，又有水土保持能力，还具有一定的经济价值。为此，在安太堡西排土场大面积种植，前 3～5 年，植株生长状况良好，之后出现自相竞争问题，长势很快衰退，虫害接踵而来，造成大面积死亡。更困难的是，沙棘虫害（主要有沙棘木蠹蛾和红缘天牛）不易防治。红缘天牛是沙棘的干部害虫，用药只能在成虫期，也只是杀死部分成虫，看似起到缓解作用，但对环境和天敌具有副作用。好在沙棘的根蘖性很强，红缘天牛仅危害沙棘的地表以上干部，它的存在有利于沙棘的更新和腐殖质的积累。沙棘木蠹蛾是沙棘的大敌，由于它危害的部位在地表以下主干部，对沙棘林常造成毁灭性的灾害。加之沙棘木蠹蛾多年一代，幼虫蛀干生活，在防治上有相当大的难度。2005～2007 年伴随着沙棘灌木林长势趋弱，暴发了大面积的沙棘虫害，主要是沙棘木蠹蛾危害，几乎给沙棘造成毁灭性打击。为此，研究认定沙棘是优良的先锋灌木树种，具有良好的固氮作用和保持水土的能力，适合生土种植，可快速熟化土壤，为其他植物提供养分，不适合建造沙棘纯林。利用沙棘自身退化的特性，易种植草灌乔混交林，待乔木郁闭时，沙棘可自身退化，为乔木生长提供养分和腐殖层，完成其使命。

紫穗槐（*Amorpha fruticosa*），豆科紫穗槐属植物，落叶丛生灌木。枝褐色，被柔毛，后变光滑，奇数羽状复叶，披针状椭圆形至椭圆形，先端圆或微凹，有小突尖，基部圆形，并有腺点。喜光，耐寒，耐旱，耐湿，耐盐碱，抗风沙，抗逆性极强，有固氮能力，在荒山坡、道路旁、河岸、盐碱地均可生长；侧根发达，浅根性，萌生能力强，是优良的水土保持树种。紫穗槐在矿区引入较晚，现主要用于边坡，可有效地对排土场边坡进行生态防护，成为继柠条锦鸡儿之后的优良灌木树种，已取代沙棘用于矿区边坡防护。

沙枣（*Elaeagnus angustifolia*），又名桂香柳，胡颓子科胡颓子属植物，落叶灌木，非豆科固氮植物。生长速度较快，喜光，耐旱，耐寒，耐瘠薄，耐高温。沙枣幼枝银白色，嫩枝、花序、果实、叶片背面及叶柄均被银白色盾状鳞，这与它的强抗旱性密切相关。主根不明显，侧根发达，属于浅中根性，为不透盐性的盐生植物。枝叶繁茂，可作为水土保持和防风固沙的先锋植物，其叶子的营养成分高于刺槐叶，接近苜蓿，是很好的饲料植物。将沙枣引入矿区，源于沙棘的大面积退化。现主要栽植于安太堡内排土场，与柠条锦鸡儿、刺槐和草本植物混交。沙枣前期生长较快，植被覆盖效果较好，但生长 10 年后开始退化，从现在的生长状况看，该灌木很难持续，只能作为先锋树种与乔木混交。

（3）草本植物

沙打旺（*Astragalus adsurgens*），又名直立黄耆，豆科黄耆属多年生草本植物。总状花序，花蓝紫色，其茎和叶上有“丁”字形白绒毛，是沙打旺与其他牧草的重要区别。具有喜温、耐干旱、怕潮湿的特性，防风固沙能力强，能固氮，耐瘠薄，对土壤的适应性较强。沙打旺属于深中根性植物，种植后第一年生长量较小，第二年以后生长量较大，5年以后出现退化。沙打旺不易被点燃，可作为防火隔离带。平朔矿区从1987年开始种植沙打旺，沙打旺是矿区最早获得好评的先锋植物，但退化以后难以恢复，需要二次复垦。沙打旺种子成熟需要年均温度高于10℃、0℃以上年积温大于3600℃、无霜期大于150天，而矿区无法满足上述条件，使得沙打旺种子难以成熟并自我繁殖，目前已很难看到其踪影。然而，作为乔、灌、草混交豆科植物需求，该植物是很好的选择。

紫苜蓿（*Medicago sativa*），豆科苜蓿属多年生直立型草本植物，为喜光长日照植物。喜中性或微碱性的钙质土壤，固氮量为300～450kg/hm^2。耐寒性强，抗干旱，根系发达，能深入土壤下层，对土壤产生强大的固着力；地上部分枝叶繁茂，覆盖度大，能有效减弱雨滴击溅和径流的冲击，对固沟护坡、蓄水保土有很大的作用。与禾本科牧草混播对斜坡防止水土流失起到很好的作用，并可防止家畜食用后腹胀病的发生。1987年至今，紫苜蓿一直是矿区土地复垦和生态重建的首选草种，现采用夏季7月播种，第二年生长量明显增大，可以起到很好的防护作用。紫苜蓿既可作为豆科草本植物与乔、灌混交，也可单独种植或与禾本科草本植物混交生产牧草，是平朔矿区较为理想的草本先锋和适生植物。

草木犀（*Melilotus* sp.），蝶形花科草木犀属二年生草本植物，有黄香草木犀（*M. officinalis*）和白香草木犀（*M. albus*）之分。黄香草木犀分枝多，株形矮，主根入土较深，开花较早；白香草木犀分枝较少，株形稍大，开花略迟，主根发达，适应性很强，耐旱，耐寒，耐瘠薄，耐盐碱，是优良的水土保持草种。由于具有广泛的适应性和较强的抗逆性，草木犀常被作为先锋植物用于改良瘠薄地和盐碱地。该植物也是平朔矿区较早种植的草本植物，多与灌、乔植物混交配置，因其生长期较短，不适合相对稳定的人工群落的构建，适合与其他草本植物混交，利用其固氮作用和短期生长量较大的优点，起到熟化土壤和为其他植物提供养分的作用。该植物具有自我繁殖能力，因此，矿区目前仍然能够看到其踪影。该植物可作为矿区生态重建特殊组合和短期利用的先锋植物。

无芒雀麦（*Bromus inermis*），禾本科雀麦属多年生草本植物。根系发达，具短根茎，叶鞘呈筒状包在茎上，叶鞘上部完全不开裂，这是与其他禾本科牧草的显著区别。抗旱，抗寒，具有横走根茎，须根系发达，属于浅根性草本植物，对土壤的适应性广，壤土和黏壤土均能生长，不适于高温高湿地区，生长期可达20年，是优良的水土保持植物。该植物是矿区较早引种种植的草本植物，可与豆科牧草沙打旺、紫苜蓿、红豆草混播复垦人工牧草地，也可与豆科牧草混播，与乔、灌植物混交形成乔、灌、草复合群落。无芒雀麦是平朔矿区优良的适生植物。

披碱草（*Elymus dahuricus*），禾本科披碱草属多年生草本植物。疏丛状，茎直立。对水热条件要求不严，适应环境能力强，耐干旱与寒冷，耐踏踩和盐碱，pH 8.7时生长良好，根系发达，属于中根性草本，抗风沙能力强，能从土壤深处吸收水分，在土壤水分不足时叶部卷缩，减少水分蒸发，干旱时仍能获得高产。该植物引种较早，是豆科与禾本科牧草混播的优良草种，除可用于人工牧草地外，还可用于乔、灌、草混交林建设，此外，还可与柠条锦鸡儿混交用于边坡防护。披碱草是矿区生态修复很好的适生草本植物。

冰草（*Agropyron cristatum*），又名扁穗冰草、扁穗鹅冠草，禾本科冰草属多年生草本植物，疏丛型，为典型草原旱生植物。根系发达，具地下茎，且具沙套，抗旱、抗寒能力都很强，干旱时可停止生长，遇雨时能快速生长，能在降水量为200～400mm的地区生长。对土壤条件要求不严，适应性较强，能在砂性或重黏土、半沙漠地带生长，旱生属性较强，耐碱性较强，但不耐盐渍化或沼泽化地类。但由于其具有较强的根蘖能力，加之旱生属性较强，易与其他植物形成水分竞争关系，一般植物很难与之竞争，容易造成植被退化，不适合作为乔、灌、草混交草本使用。平朔矿区于20世纪90年代初引种冰草，其前期生长很好，与其他植物混交的效果也不错，但时间一长，其自我繁殖能力和超强的耐旱能力便显现出来，易造成整个人工混交群落的退化。冰草具有很好的先锋植物和适生植物的特点，但在平朔矿区使用，需要慎重考虑。矿区生态重建适宜植物种见表5-1。

表5-1　平朔矿区生态重建适宜植物种

种类	物种	特点
乔木	油松	根系发达，有助于吸收水分与养分，耐寒，耐旱，耐瘠薄，喜光，适于深厚、肥沃、湿润的土壤，属于暖温性常绿针叶树
	刺槐	浅根系，根多分布在5～30cm土层，喜光，适宜深厚肥沃沙质土，耐干旱，耐瘠薄，抗寒性弱，属于温带速生树种
	樟子松	中深根系，适应性强，耐养分贫瘠，耐干旱，耐寒冷，在风沙土及土层很薄的山地石砾土中均能生长良好
	华北落叶松	根系发达，抗风力较强。有一定的萌芽能力。具有适应性强、成活率高、生长快、干形直、材质优良的特性。对土壤的适应性较强，喜深厚、肥沃、湿润的酸性土壤，在花岗岩、片麻岩、砂页岩等山地棕壤上生长最好
	白扦	属于浅根性树种，耐阴，耐寒，喜欢凉爽湿润的气候和肥沃深厚、排水良好的微酸性沙质土壤，生长缓慢
	榆	根系发达，喜光，耐旱，耐寒，耐瘠薄，耐碱，对恶劣的气候和土壤有很大的忍耐力
	新疆杨	落叶乔木。仅有雄株，树干通直，喜光，抗热，喜干热温凉气候，抗旱能力强，不适宜于温暖湿热地区，在黄土区各种土壤中均能生长，树冠狭窄，根系发达，根蘖苗少，抗风力强，耐寒冷，适应晋北干草原地区
灌木	沙柳	喜湿润，耐旱、耐寒、耐盐碱和沙压，属于温性沙生落叶灌木
	沙枣	喜光、浅根系速生树种，耐旱，耐瘠薄，耐盐碱，对防风固沙、水土保持起到一定的作用
	柠条锦鸡儿	落叶灌木，喜强光，深根性，根系发达，喜干燥气候，抗严寒，耐热，耐贫瘠，耐干旱，萌生力很强，耐沙打沙埋
	沙棘	喜光，稍耐阴，浅根性，水平根发达，抗严寒、风沙，耐大气干旱和高温，耐土壤水湿及盐碱，耐干旱、瘠薄，有根瘤。对土壤要求不严，能在水土流失严重的荒坡、湿润沙地、弱中度盐碱地上生长良好
	紫穗槐	抗逆性很强，耐盐，耐旱，耐涝，耐寒，耐阴，抗沙压。根系发达，能充分利用土壤水分，在干旱的坡地上也能生长。有一定的耐涝能力，所以也可以在沟渠旁、坑洼和短期积水地种植
草本	沙打旺	喜温，耐干旱，怕潮湿，防风固沙能力较强，能固氮，耐瘠薄，对土壤适应性较强，生长5年后开始退化
	披碱草	多年生草本，疏丛状，茎直立。对水热条件要求不严，适应环境能力强，耐干旱与寒冷，耐踏踩和轻盐碱，在平原、山坡土壤中均能适应生长
	紫苜蓿	多年生草本植物，根系发达，适应性强，喜半湿润半干旱的气候，宜于在干燥、温暖、多晴少雨的气候和干燥疏松、排水良好且富有钙质的土壤中生长。紫苜蓿是寿命长、不易退化的豆科草本植物
	无芒雀麦	耐干旱，抗寒冷，对土壤适应力强，边坡种植的水土保持效果好
	草木犀	浅根发达，耐干旱、瘠薄，对土壤要求不严，抗盐碱力较强
	冰草	多年生草本植物，疏丛型。为典型草原广幅旱生植物，根系发达，具地下茎，且具沙套，抗旱、抗寒能力都很强，能在砂性或黏重土、半沙漠地带生长，耐碱性较强，但不耐盐渍化或沼泽化地带

第三节 人工重建生态系统植被类型

安太堡露天矿作为生态修复与重建治理同步的矿区，针对单纯种草易导致退化的问题，在开展先锋植物和适生植物引种试验的同时，进行了不同草地模式、草灌模式及草灌乔模式的配置研究，形成现有的不同配置模式、不同生态重建时间、不同生长状况的人工重建生态系统。目前，安太堡露天矿复垦区主要有针叶林、针阔混交林、落叶阔叶林、灌丛、草地等人工生态类型。

一、针叶林

（1）油松林

油松纯林，主要分布在南排土场，种植于1992年，乔、灌、草总盖度为95%。

乔木层平均盖度为60%。建群种为油松，平均高度为8m。

灌木层平均盖度为40%。主要为入侵榆，平均高度为0.6m，盖度为40%。

草本层平均盖度为50%。优势种有披碱草，平均高度为0.4m，盖度为40%；大籽蒿，平均高度为0.6m，盖度为30%；阿尔泰狗娃花，平均高度为0.3m，盖度为20%。伴生种有小花鬼针草，平均高度为0.06m；硬质早熟禾，平均高度为0.4m，此外还有附地菜、抱茎小苦荬、兴安胡枝子、刺儿菜等，盖度均＜5%。

（2）油松+青扦+白扦林

油松+青扦+白扦林分布在复垦区西排土场，种植于1994年，乔、灌、草总盖度为85%。

乔木层平均盖度为55%。建群种为油松，平均高度为5m，盖度为20%；青扦，平均高度为2.5m，盖度为15%；白扦，平均高度为3.8m，盖度为20%。

灌木层平均盖度为15%。主要为沙棘，平均高度为1m，盖度为10%，其次为柠条锦鸡儿，平均高度为0.8m，盖度为5%，还有次生榆、次生杨及三裂绣线菊、土庄绣线菊、沙枣等小灌木，盖度均＜5%。

草本层平均盖度为70%。优势种有硬质早熟禾，平均高度为0.7m，盖度为30%；兴安胡枝子，平均高度为0.25m，盖度为20%；阿尔泰狗娃花，平均高度为0.3m，盖度为20%。伴生种有并头黄芩，平均高度为0.15m；紫花地丁，平均高度为0.1m；花苜蓿，平均高度为0.2m，盖度均为5%。此外，还有香青兰、小红菊、山野豌豆、远志、野亚麻等，盖度均＜5%。

（3）华北落叶松林

华北落叶松林分布在复垦区西排土场1450平台北部，种植于1994年，面积不大，为华北落叶松纯林，乔、草总盖度为90%。

乔木层平均盖度为60%。建群种为华北落叶松，平均高度为7m。

草本层平均盖度为60%。优势种有硬质早熟禾，平均高度为0.6m，盖度为20%；兴安胡枝子，平均高度为0.25m，盖度为20%；阿尔泰狗娃花，平均高度为0.3m，盖度为10%。伴生种有并头黄芩，平均高度为0.15m；紫花地丁，平均高度为0.1m；花苜蓿，平均高度为 0.2m，盖度均为 5%。此外，还有香青兰、小红菊、山野豌豆等，盖度均<5%。

二、针阔混交林

（1）油松+刺槐林

油松+刺槐林种植于 1992 年，主要分布于复垦区南排土场 1360m 斜坡与 1420m 斜坡，乔、灌、草总盖度为 90%。

乔木层平均盖度为 65%，建群种为油松和刺槐，平均高度分别为 7.5m 和 10.5m，盖度分别是 40%和 25%。

灌木层平均盖度为 40%。优势种为次生榆，平均高度为 1m，盖度为 40%。伴生种有次生刺槐，平均高度为 1.2m，盖度<5%；三裂绣线菊，平均高度为 1.2m，盖度<5%；毛叶水栒子，平均高度为 0.4m，盖度<5%。

草本层平均盖度为 25%。优势种有大籽蒿，平均高度为 0.4m，盖度为 15%；黄花蒿，平均高度为 0.45m，盖度为 10%；披碱草，平均高度为 0.5m，盖度为 5%。伴生种有阿尔泰狗娃花，平均高度为 0.3m；草地风毛菊，平均高度为 0.15m；小花鬼针草，平均高度为 0.05m；还有益母草、无芒雀麦、硬质早熟禾等，盖度均<5%。

（2）油松+杏林

油松+杏林位于南排土场 1380 平台东部，1993 年用于仁用杏的引种栽培试验，但杏的苗前期生长缓慢，认为引种失败，1994 年补栽油松苗，最后形成现在的油松+杏林模式。从总体长势上看，前期杏占优势，现在油松逐渐占优势，将来有逐步取代杏的趋势。

乔木层平均盖度为 80%。建群种为油松和杏，平均高度分别为 7m 和 2.5m，盖度分别为 40%和 40%。

草本层平均盖度低于 20%，无成片分布，只是零星分布。披碱草平均高度为 0.3m，盖度为 3%。伴生种有阿尔泰狗娃花，平均高度为 0.3m；草地风毛菊，平均高度为 0.15m；小花鬼针草，平均高度为 0.05m；还有益母草、无芒雀麦、硬质早熟禾等，盖度均<5%。

三、落叶阔叶林

（1）刺槐林

刺槐林种植于 1993 年，主要分布于复垦区南排土场 1380 平台，乔、灌、草总盖度为 95%。

乔木层平均盖度为 35%。建群种为刺槐，平均高度为 5m。

灌木层平均盖度为 15%。优势种为次生刺槐，平均高度为 1.2m，盖度为 10%，其次为次生榆，平均高度为 0.8m，盖度为 5%；柠条锦鸡儿，平均高度为 0.6m，盖度<5%。

草本层平均盖度为 80%。优势种有披碱草，平均高度为 0.6m，盖度为 55%；白莲蒿，平均高度为 0.55m，盖度为 25%；黄花蒿，平均高度为 0.5m，盖度为 10%。伴生种有角蒿，平均高度为 0.4m；阿尔泰狗娃花，平均高度为 0.3m；益母草，平均高度为 0.4m；

草地风毛菊，平均高度为 0.2m；小花鬼针草，平均高度为 0.1m；还有独行菜、无芒雀麦、硬质早熟禾、鹅观草、鹅绒藤等，盖度均＜5%。

（2）刺槐+榆+臭椿林

刺槐林种植于 1993 年，主要分布于复垦区南排土场 1380 平台，乔、灌、草总盖度为 95%。

乔木层平均盖度为 40%。建群种为刺槐，平均高度为 5m。榆和臭椿前期作为混交树种种植，起到了较好的效果，现榆生长较好，臭椿呈现整体退化趋势。

灌木层平均盖度为 15%。优势种为次生刺槐，平均高度为 1.2m，盖度为 10%，伴生种次生榆，平均高度为 0.8m，盖度为 5%；柠条锦鸡儿，平均高度为 0.6m，盖度＜5%。

草本层平均盖度为 80%。优势种有披碱草，平均高度为 0.6m，盖度为 55%；白莲蒿，平均高度为 0.55m，盖度为 25%；黄花蒿，平均高度为 0.5m，盖度为 10%。伴生种有角蒿，平均高度为 0.4m；阿尔泰狗娃花，平均高度为 0.3m；益母草，平均高度为 0.4m；草地风毛菊，平均高度为 0.2m；小花鬼针草，平均高度为 0.1m；还有独行菜、无芒雀麦、硬质早熟禾、鹅观草、鹅绒藤等，盖度均＜5%。

四、灌丛

（1）柠条锦鸡儿+沙棘灌丛

柠条锦鸡儿+沙棘灌丛种植于 2002 年，主要分布在复垦区内排土场，灌、草总盖度为 95%。

灌木层平均盖度为 85%。建群种为柠条锦鸡儿，平均高度为 1.8m，盖度为 50%，其次为沙棘，平均高度为 1.5m，盖度为 35%。

草本层平均盖度为 10%。优势种有兴安胡枝子，平均高度为 0.25m，盖度为 10%；糙隐子草，平均高度为 0.15m，盖度为 5%；硬质早熟禾，平均高度为 0.6m，盖度为 5%。伴生种有并头黄芩，平均高度为 0.2m；白莲蒿，平均高度为 0.55m；披碱草，平均高度为 0.6m；阿尔泰狗娃花，平均高度为 0.5m；还有角蒿、益母草、草地风毛菊、鹅观草、鹅绒藤等，盖度均＜5%。

（2）沙枣+沙棘灌丛

沙枣+沙棘灌丛种植于 2002 年，主要分布在复垦区内排土场，灌、草总盖度为 90%。

灌木层平均盖度为 80%。建群种为沙枣，平均高度为 2.2m，盖度为 35%，其次为沙棘，平均高度为 1.4m，盖度为 55%。

草本层平均盖度为 15%。优势种有披碱草，平均高度为 0.6m，盖度为 10%；白莲蒿，平均高度为 0.55m，盖度为 10%；阿尔泰狗娃花，平均高度为 0.5m，盖度为 5%。伴生种有角蒿，平均高度为 0.4m；益母草，平均高度为 0.25m；兴安胡枝子，平均高度为 0.15m；还有并头黄芩、糙隐子草、草地风毛菊、黄花蒿、独行菜、猪毛蒿等，盖度均＜5%。

（3）柠条锦鸡儿灌丛

柠条锦鸡儿灌丛种植于 2002 年，主要分布在复垦区内排土场，灌、草总盖度为 95%。

灌木层平均盖度为 95%。建群种为柠条锦鸡儿，平均高度为 1.8m，盖度为 90%，有少量沙棘，平均高度为 1.0m，盖度为 5%。

草本层平均盖度为 5%。优势种为黄花蒿，平均高度为 0.7m，盖度为 5%。伴生种有莳萝蒿，平均高度为 0.5m；猪毛蒿，平均高度为 0.45m；兴安胡枝子，平均高度为 0.25m；还有披碱草、糙隐子草、田旋花、硬质早熟禾、鹅绒藤、羊草等，盖度均＜5%。

五、草地

平朔矿区前期专门开展了牧草品种的引种试验，主要品种上一节已有专门描述。目前，仅保留紫苜蓿作为草地复垦的主栽种类，主要用于生土熟化和饲草生产。

紫苜蓿草地主要分布在复垦区西排土场扩大区。种植于 2005 年的紫苜蓿草地，草本盖度为 80%。目前，紫苜蓿退化严重，平均高度为 0.3m，盖度为 30%，入侵杂草总盖度为 50%。入侵优势种有硬质早熟禾，平均高度为 0.6m，盖度为 40%；羊草，平均高度为 0.55m，盖度为 20%；车前，平均高度为 0.15m，盖度为 10%；主要伴生种为阿尔泰狗娃花、香青兰、小红菊等，盖度均＜5%。

六、人工生态林演变的趋势

通过对矿区不同植被类型人工林的持续调查与分析，发现矿区植被类型总体上呈现乔木林模式优于灌木林模式，灌木林模式优于草本模式。乔木林模式又以乔、灌、草模式优于纯林模式，针叶林和针阔混交林优于落叶阔叶林。其中油松+刺槐林模式长势最好，其次是油松纯林模式和油松+杏林模式，刺槐纯林模式长势最差，这一结论与大多数研究结果一致。

1）油松+刺槐针阔混交林模式。油松和刺槐是目前平朔矿区针阔混交林的最佳模式，油松和刺槐形成多种互惠关系，前期刺槐生长快，油松生长慢，刺槐为油松遮阴，涵养水分；在空间结构上，前期刺槐为优势种，随着油松快速生长，刺槐退化，油松又转变为优势种；另外，刺槐为浅中根性树种，油松为深根性树种，在根系空间分布上能够互惠；在养分利用上，刺槐为固氮植物，在生土上刺槐具有先天优势，刺槐大量的枯落物为两者的生长提供了丰富的养料。此外，在人工种植稳定生长后，野生草本植物不断入侵到林下，逐渐形成了乔、草多层次的人工林生态系统，随着时间的推移，乔木生长郁闭度增加，冠层覆盖，草本植物将逐渐减少。从该模式未来演替看，由于研究区域处于干旱偏冷地区，油松作为一种耐寒、抗旱植物，表现出了良好的生长势头，能够作为该区域人工生态林的主要建群树种。与油松相比，刺槐所需水分较多、温度较高，由于朔州为刺槐生长的北界，植株长到一定高度后，对水分和积温的需求也随之提高，后期表现出退化现象，大量刺槐受倒春寒的影响，出现抽梢和部分死亡的状况。未来刺槐将会逐步退化，形成以油松为主的人工生态林。

2）乔、灌模式。乔、灌模式以针阔混交林为优，油松+刺槐+沙棘或柠条锦鸡儿模式表现最好。该模式最早为乔、灌、草模式，只是人工草本已退化，完成其为乔、灌植物提供养分和复垦初期快速覆绿的使命，草本层已被野生草本植物取代，形成新的草本群落。乔木层刺槐逐步退化，已逐渐演替成以油松为优势种，沙棘、柠条锦鸡儿在乔木层郁闭后将逐步退化，完成其为乔木提供养分的使命，目前沙棘已全部退化，柠条锦鸡儿还有部分存活。

3）灌木模式。灌木模式主要有两种：一种为纯林灌木模式；一种为灌木混交林模式。在 20 世纪 90 年代末，因沙棘前期表现优异，人工种植了一定数量的沙棘纯林，该模式前期表现出良好的生长势头，但由于沙棘是根蘖繁殖植物，3～5 年后大量繁殖，使得灌木丛快速闭合，形成自生性养分与水分竞争，生长势迅速减弱，诱发沙棘虫害暴发，引起沙棘林大面积死亡。灌木混交林模式是在沙棘纯林退化后，以灌木混交林模式进行新的尝试。该模式为柠条锦鸡儿+沙枣+沙棘+紫苜蓿，草本植物与其他模式一样，3～5 年后退化，3 种灌木植物前期生长较好，但随着时间的推移，沙棘率先退化，沙枣也出现退化，3 种灌木植物总体表现为柠条锦鸡儿优于沙枣，沙枣优于沙棘。用于人工生态建设，灌木有其局限性，但用于生态防护，灌木林在边坡防护方面优于乔木和单纯草地，特别是柠条锦鸡儿+禾本科牧草混交模式。

4）草本模式。草本模式由于存在退化问题，从生态防护角度上，已不再单独使用，但作为进行农业复垦的土壤快速熟化措施，在平朔矿区仍有较大的种植面积。该模式以紫苜蓿为佳，过去种植紫苜蓿不注意引种的秋眠性等级，为了提高产草量，往往引入需水量和积温要求高、秋眠性等级低的品种，导致品种生长出现不适应和难以越冬的问题。目前矿区大面积种植的紫苜蓿一般利用时间为 5 年，主要考虑其生态效益和功能，产草量不是唯一关注的因素，多选择秋眠性等级为 7～9 的品种，减少冬季死亡和防止提早退化。

5）乔、灌、草相克植物群落的演替模式。与上述乔、灌、草模式相反，同样是乔、灌、草搭配，由于在选择植物品种时没有注意植物种群间的生态特性，人工混交植被模式的植被群落在演替方向上与人为设想的方向相反，导致植被群落的演替向相反方向变化。

该模式位于安太堡南排土场 1450 平台，种植时间是 1993 年，选择刺槐、柠条锦鸡儿、沙棘、沙打旺和冰草进行混交，考虑到豆科牧草品种单一、易退化，增加了禾本科牧草冰草。该种植模式是一种大胆的尝试，前期生长表现很好，各种植物层次分明，景观效果也很理想，被作为“八五”国家科技攻关计划课题验收的典型模式，获得验收专家的认可。然而，当植被生长 5 年后，沙打旺出现退化，冰草逐渐占据上风，不仅侵占原有草地空间，还与沙棘、刺槐形成竞争关系，争夺水分。由于该平台位于南排土场的顶部，土壤水分蒸发对植物生长影响较大，在很短的时间内沙棘和刺槐就出现了大面积退化，形成以冰草为优势种的人工植被群落。1998 年进行植物调查时，冰草群落已发展到占据 75%的空间，刺槐、沙棘大部分死亡，柠条锦鸡儿植株还小，被草本植物遮盖，很难看到。显然，冰草与沙棘、刺槐不是生态习性相容、平等共存的，其结果导致群落结构简单化、低级化。2010 年以后，该人工群落又发生变化，柠条锦鸡儿取代冰草，占据 95%以上的空间，成为目前该人工群落的优势种，冰草在样地中已很难见到，只是在边缘偶有生长。柠条锦鸡儿作为本地适生的耐旱、耐寒、固氮和深根性灌木植物，其生态特征的优势帮助其通过和其他物种之间的竞争获得该人工群落模式的生态位。

未来该配置模式如何演替、如何与自然生态系统融合，还有待后续进一步研究。该种植模式作为生态修复治理可能是一个失败的典型，但作为研究人工植被演替的过程和动态变化则是非常好的范例，目前矿区未对该退化模式进行人工干预，相关的跟踪研究一直在持续。

乔、灌、草相克植物配置模式的植被演替过程如图 5-3 所示。

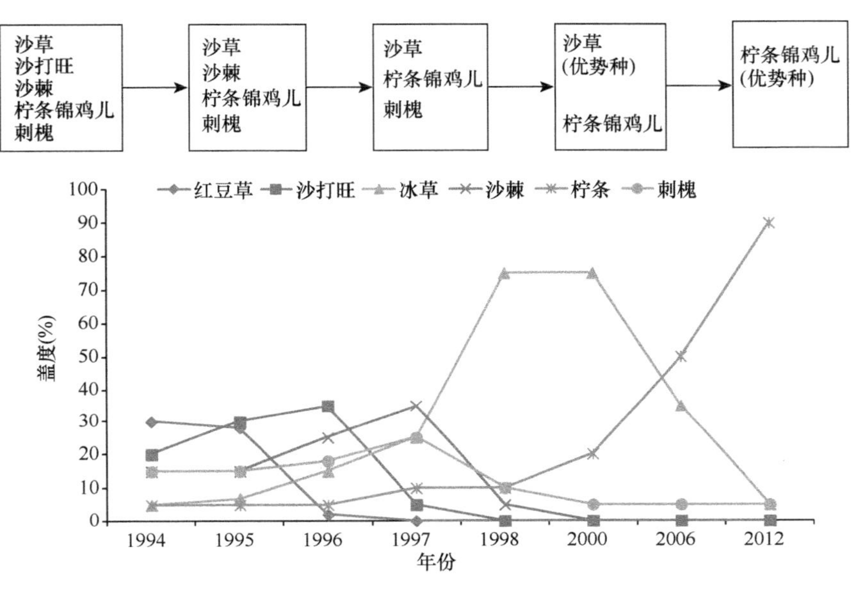

图 5-3　相克植被配置模式的植物演替图

总结上述人工植被演替过程和变化趋势，促使人们对人工生态修复中的植被配置模式多了几点思考。过去人们对人工植被配置模式的研究、设计偏理想化，在植物物种的选择上，主要看其优点，对物种的生态习性和特征认识不足，对于环境因子对人工重建生态系统的影响缺乏了解，对不同物种之间为争夺养分和水分而存在的竞争关系知之甚少，对野生动植物侵入带来的影响一知半解，缺少对人工重建生态系统生态修复过程和演替规律的了解，未能对人工植被结构与功能的关系引起关注。由于在生态脆弱区开展矿区生态修复是一个复杂的、动态变化的系统工程，以我们目前对该学科和研究领域相关知识的了解，不足以支撑该研究和工程设计以人为主观意志去实现，还需要一个对生态修复相关过程的知识积累和对生态修复变化规律的认知过程。从目前的研究结果看，有关人工植被配置模式和设计需要关注备选植物的生态习性，重点是生长中后期的习性和缺点、植被结构和功能的关系、环境因子对人工重建生态系统的影响及其响应。在一个生态系统中，每种植物都有其特有的生态功能和生长习性，利用这些植物的特有功能，形成功能互补和接续的模式及演替过程，是人工植被配置模式成功的关键。有关植被结构和功能的关系研究，以往多是关注植被空间结构和根系结构的关系与互补，较少从生态功能上考虑养分吸收与循环、水分涵养与利用、土壤熟化与土壤生态系统形成等。一般认为植被结构越复杂，其稳定性越高。乔、灌、草被认为是黄土高原地区最佳的组合模式，但这不是绝对的，平朔矿区乔、灌、草相克植物群落的演替模式就是很好的典型。为此，评价平朔矿区植被结构是否合理、能否持续，既需要考虑配置结构在空间上的合理，满足对降水的拦蓄以减轻侵蚀的作用，还要考虑地下空间根系分布的合理性，减少水分、养分竞争，改善土壤的结构和性状，更要考虑固氮与非固氮植物的合理配置，解决土壤养分瘠薄和快速熟化的问题，以及地上与地下界面生态过程和相互影响等的问题。上述每一部分都是生态系统中存在的复杂问题，有待今后研究解决，也是矿区生态修复和黄土高原脆弱区生态修复亟待解决的科学问题。

第四节　人工重建生态系统植物物种组成与区系成分分析

一、植物物种组成

对平朔安太堡露天矿野生及主要栽培植物 42 科 149 属 250 种（含种下等级）进行物种组成和区系成分分析，其中，苔藓植物 1 科 1 属 1 种，裸子植物 1 科 2 属 3 种，被子植物 40 科 146 属 246 种。

（一）科的分析

平朔安太堡露天矿科的大小按种数统计见表 5-2。

表 5-2　安太堡露天矿植物科的组成

种数	科名（属数/种数）	科数
≥10	菊科（26/53）、禾本科（24/43）、豆科（16/31）、蔷薇科（9/15）、藜科（5/12）	5
6～9	十字花科（7/8）、唇形科（5/8）、堇菜科（1/6）	3
2～5	蓼科（3/5）、杨柳科（2/5）、毛茛科（2/5）、百合科（2/5）、石竹科（4/4）、紫草科（4/4）、茄科（3/4）、旋花科（3/3）、松科（2/3）、柽柳科（2/3）、萝藦科（1/3）、牻牛儿苗科（2/2）、大戟科（2/2）、锦葵科（2/2）、胡颓子科（2/2）、木犀科（2/2）、亚麻科（1/2）、车前科（1/2）	18
1	葫芦藓科（1/1）、榆科（1/1）、苋科（1/1）、苦木科（1/1）、瑞香科（1/1）、马钱科（1/1）、龙胆科（1/1）、柳叶菜科（1/1）、马鞭草科（1/1）、紫葳科（1/1）、茜草科（1/1）、忍冬科（1/1）、败酱科（1/1）、桔梗科（1/1）、鸭跖草科（1/1）、薯蓣科（1/1）	16
合计		42

含 10 种以上的科有 5 个，共计 80 属 154 种，分别占属、种总数的 53.7%和 61.6%。这些科包含了平朔矿区一半以上的属种。10 种以下的小科和极小科有 37 科 69 属 96 种，分别占科、属、种总数的 88.1%、46.3%和 38.4%。其中，菊科、禾本科、豆科、蔷薇科、藜科的一些种类是平朔矿区的优势种，说明安太堡露天矿被子植物区系中优势科明显，其他科在平朔矿区中虽然不占主导地位，但体现了平朔矿区植物区系的复杂性与多样性。

（二）属的分析

安太堡露天矿植物归属于 149 属，含 10 种以上的属仅有 1 个，为蒿属（15 种），含

6～9 种的属有黄耆属（7 种）、藜属（6 种）和堇菜属（6 种），寡种属（含 2～5 种）有 45 属，单种属有 100 属，两者占总属数的 97.3%和总种数的 86.4%（表 5-3）。由此可见，平朔矿区植物属的组成较为分散，以寡种属和单种属为主，植物成分较为复杂。

表 5-3　安太堡露天矿植物属的组成

属内含种数	属数	占总属数比例（%）	种数	占总种数比例（%）
≥10	1	0.7	15	6.0
6～9	3	2.0	19	7.6
2～5	45	30.2	116	46.4
1	100	67.1	100	40.0
合计	149	100	250	100

二、植物生活型分析

植物生活型是指植物对综合生境条件长期适应而在外貌上表现出来的生长类型。由于平朔矿区植物有些是人工栽植的，较天然植被的生物多样性低，且环境单一，生长类型容易辨认。因此，本研究采用乔木、灌木、草本、草质藤本的分类单元对安太堡露天矿植物进行生活型分析。

从图 5-4 可以看出，平朔矿区植物生活型类型草本最多，为 204 种，占本区植物种类的 81.6%；其次为乔木，为 19 种，隶属于 7 科 14 属，占 7.6%；灌木次之，为 17 种，隶属于 9 科 15 属，占 6.8%；草质藤本植物最少，仅有 10 种，隶属于 4 科 6 属，占 4%。

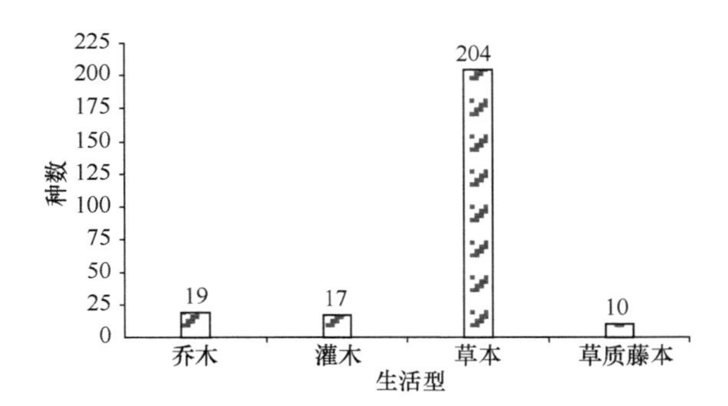

图 5-4　安太堡露天矿植物不同生活型种数

乔木：油松、青扦、白扦、辽杨、小叶杨、长叶杨、乌柳、北沙柳、榆、杏、毛樱桃、山里红、华中山楂、山荆子、紫穗槐、刺槐、槐、臭椿、沙枣。

灌木：灌木铁线莲、毛叶水栒子、金露梅、美蔷薇、三裂绣线菊、粉花绣线菊光叶变种、柠条锦鸡儿、柽柳、多枝柽柳、宽苞水柏枝、互叶醉鱼草、沙棘、连翘、紫丁香、光果莸、宁夏枸杞、青杞。

草质藤本：黄花铁线莲、半钟铁线莲、芹叶铁线莲、鹅绒藤、地梢瓜、牛皮消、打碗花、田旋花、南方菟丝子、穿龙薯蓣。

三、种子植物分布区类型及其分析

植物分布是指某一植物分类单位——种、属或科分布的区域，即它们分布于一定空间的总和。

参照吴征镒等（2011）的《中国种子植物区系地理》与王荷生（1992）和王荷生等（1995）关于华北地区植物分布区类型的分析研究，对安太堡露天矿种子植物的科、属、种进行了相关分析。

（一）科的分布区类型

科是植物分类学中的自然分类单位，植物科的分布和对于气候的忍耐力是受遗传控制的，因此具有比较稳定的分布区，并与一定的气候条件相适应。

根据各科的地理分布及吴征镒先生对中国种子植物分布区类型的划分，将安太堡露天矿种子植物区系 41 科划分为 6 个分布区类型和 1 个变型（表 5-4）。

表 5-4 安太堡露天矿种子植物科的分布区类型

分布区类型及其变型	科数	比例（%）
1. 世界分布	24	58.6
2. 泛热带分布	7	17.1
3. 东亚（热带、亚热带）及热带南美间断分布	1	2.4
5. 热带亚洲至热带大洋洲分布	1	2.4
8. 北温带分布	3	7.3
8-4. 北温带和南温带间断分布	4	9.8
10. 旧世界温带分布	1	2.4
合计	41	100

注：有一种为苔藓植物，不属于种子植物；下同

世界分布的科最多，有榆科、蓼科、藜科、苋科、石竹科、毛茛科、十字花科、蔷薇科、豆科、堇菜科、瑞香科、龙胆科、柳叶菜科、旋花科等 24 科，占种子植物总科数的 58.6%；其次为泛热带分布的科，有苦木科、大戟科、锦葵科、萝藦科、紫葳科、鸭跖草科和薯蓣科 7 科，占 17.1%；北温带和南温带间断分布的科占 9.8%，有杨柳科、牻牛儿苗科、亚麻科和胡颓子科；北温带分布的科占 7.3%，有松科、忍冬科和百合科；其他的分布区类型均只有 1 科。可见，组成安太堡露天矿种子植物科的分布区类型比较集中，主要为世界分布与泛热带分布。

（二）属的分布区类型

将安太堡露天矿种子植物区系 148 属进行对比研究，划分为 12 个分布区类型和 9 个变型，共计 21 个（表 5-5）。

从表 5-5 中可以看出，安太堡露天矿种子植物 148 属的主要分布区类型有北温带分布、世界分布、旧世界温带分布、泛热带分布与北温带和南温带间断分布，占种子植物总属数的 75.7%。其他分布区类型只有少数属，所占比例很小。

表 5-5　安太堡露天矿种子植物属的分布区类型

分布区类型及其变型	属数	比例（%）
1. 世界分布	22	14.8
2. 泛热带分布	18	12.1
3. 热带亚洲和热带美洲间断分布	3	2.0
4. 旧世界热带分布及其变型	1	0.7
5. 热带亚洲至热带大洋洲分布	1	0.7
7. 热带亚洲（印度-马来西亚）分布	2	1.4
8. 北温带分布	40	27.0
8-1. 环极分布	1	0.7
8-2. 北极-高山分布	2	1.4
8-4. 北温带和南温带间断分布	11	7.4
8-5. 欧亚和南美洲温带间断分布	2	1.4
9. 东亚和北美洲间断分布	5	3.3
10. 旧世界温带分布	21	14.2
10-1. 地中海区、西亚和东亚间断分布	3	2.0
10-2. 地中海区和喜马拉雅间断分布	1	0.7
10-3. 欧亚和南部非洲（有时也在大洋洲）间断分布	1	0.7
11. 温带亚洲分布	4	2.7
12. 地中海区、西亚至中亚分布	3	2.0
12-3. 地中海区至温带、热带亚洲、大洋洲和南美洲间断分布	2	1.4
13-1. 中亚东部分布	1	0.7
14. 东亚（东喜马拉雅-日本）分布	4	2.7
合计	148	100

北温带分布的属有 40 个，占种子植物总属数的 27.0%，有松属、云杉属、杨属、柳属、榆属、虫实属、翠雀属、芸苔属、芝麻菜属、樱属、山楂属、枸子属、苹果属、委陵菜属、金露梅属、蔷薇属、绣线菊属、岩黄耆属、扁蓿豆属、棘豆属、锦葵属、胡颓子属、月见草属等。

世界分布的属有 22 个，占种子植物总属数的 14.9%，有藜属、苋属、铁线莲属、独行菜属、黄耆属、槐属、老鹳草属、龙胆属、旋花属、黄芩属、车前属、鬼针草属、苍耳属、马唐属等。

旧世界温带分布的属有 21 个，占种子植物总属数的 14.2%，有荞麦属、石竹属、草木犀属、水柏枝属、柽柳属、丁香属、青兰属、益母草属、百里香属、沙参属、蒿属、飞廉属、蓝刺头属、旋覆花属、麻花头属、芨芨草属、隐子草属等。

泛热带分布的属有 18 个，占种子植物总属数的 12.2%，有猪毛菜属、锦鸡儿属、米口袋属、菜豆属、木槿属、醉鱼草属、鹅绒藤属、打碗花属、菟丝子属、白酒草属、虎尾草属、黍属、狼尾草属等。

北温带和南温带间断分布的属有 11 个，占种子植物总属数的 7.4%，有蚤缀属、蝇子草属、播娘蒿属、大蒜芥属、野豌豆属、亚麻属、鹤虱属、枸杞属、茜草属、雀麦属与臭草属。

安太堡露天矿种子植物属的分布区类型多样，总体上温带成分（68.1%）多于热带成分（17%），植物区系的温带特征显著。

（三）种的分布区类型

按照王荷生等（1995）关于华北种子植物种的区系地理成分的划分方法，安太堡露天矿种子植物共有 249 种，归入 12 个分布区类型和 12 个变型（表 5-6）。

表 5-6 安太堡露天矿种子植物种的分布区类型

分布区类型及其变型	种数	比例（%）
1. 世界分布	9	3.6
2. 泛热带-温带分布	1	0.4
5. 亚洲热带-温带至大洋洲分布	1	0.4
7. 亚洲热带-温带分布	4	1.6
8. 北温带分布	28	11.2
9. 东亚和北美洲间断分布	4	1.6
10. 旧大陆温带分布	25	10.0
10-1. 地中海区、西亚和东亚间断分布	1	0.4
11. 亚洲温带分布	89	35.7
11-1. 东北亚-华北分布	4	1.6
12. 地中海区、西亚至中亚分布	1	0.4
13. 中亚或中亚东部至华北分布	3	1.3
14. 东亚分布	3	1.3
14-1. 中国-喜马拉雅分布	1	0.4
14-2. 中国-日本（或朝鲜）分布	22	8.8
15. 中国特有分布	4	1.6
15-1. 东北-华北分布	4	1.6
15-2. 东北-华东分布	3	1.3
15-3. 华北分布	9	3.6
15-4. 西北-华北-东北分布	20	8.0
15-5. 西南-西北-华北分布	5	2.0
15-6. 西南-江南-华北分布	4	1.6
15-7. 西南-西北、江南-华北分布	2	0.8
15-8. 华中-华北分布	2	0.8
合计	249	100

（1）世界分布类型

本类型有萹蓄、藜、灰绿藜、反枝苋、田旋花、南方菟丝子、小蓬草、苦苣菜和芦苇 9 种，占种子植物总种数的 3.6%。

（2）热带分布类型

平朔矿区各类型热带分布种共有 6 种，占种子植物总种数的 2.4%。泛热带-温带分布类型只有龙葵 1 种，亚洲热带-温带至大洋洲分布类型只有茜草 1 种，亚洲热带-温带分布类型有打碗花、五月艾、牡蒿和马兰 4 种。

（3）温带分布类型

温带各分布类型共有 181 种，占种子植物总种数的 72.7%，在平朔矿区占绝对优势。

1）北温带分布有 28 种，占种子植物总种数的 11.2%，有皱叶酸模、蚤缀、盐芥、朝天委陵菜、金露梅、广布野豌豆、乳浆大戟、野西瓜苗、鹤虱、薄荷、大车前、黄花蒿、丝毛飞廉、苦苣菜、假苇拂子茅、芒颖大麦草、早熟禾、虱子草等。

2）东亚和北美洲间断分布仅有 4 种，占种子植物总种数的 1.6%，分别为窄叶蚓果芥、大花蚓果芥、月见草和鸭跖草。

3）旧大陆温带分布有 25 种，占种子植物总种数的 10.0%，有两栖蓼、刺藜、菊叶香藜、芝麻菜、垂果大蒜芥、黄香草木犀、沙棘、香青兰、天仙子、猪毛蒿、欧洲旋覆花、乳苣、鸦葱、芨芨草、拂子茅、止血马唐、画眉草等。地中海区、西亚和东亚间断分布只有沙枣 1 种。

4）亚洲温带分布有 89 种，占种子植物总种数的 35.7%，是温带分布类型的主要组成部分。有榆、西伯利亚蓼、沙蓬、雾冰藜、尖头叶藜、毛果绳虫实、猪毛菜、女娄菜、翠雀、独行菜、二裂委陵菜、掌叶多裂委陵菜、菊叶委陵菜、三裂绣线菊、沙打旺、草木樨状黄耆、糙叶黄耆、小叶锦鸡儿、甘草、草木犀、花苜蓿、砂珍棘豆、披针叶野决明、歪头菜、鼠掌老鹳草、野亚麻等。东北亚-华北分布有白扦、辽杨、细杆沙蒿和白缘蒲公英 4 种。

5）地中海区、西亚至中亚分布仅有宁夏枸杞 1 种。

6）中亚或中亚东部至华北分布有宽苞水柏枝、多枝柽柳和裂叶堇菜 3 种。

7）东亚分布及其变型

包含 2 个变型，共 26 种，占种子植物总种数的 10.5%。

东亚分布仅有石竹、毛樱桃、委陵菜 3 种。

中国-喜马拉雅分布只有牛皮消 1 种。

中国-日本（或朝鲜）分布占种子植物总种数的 8.8%，有无翅猪毛菜、霞草、半钟铁线莲、达乌里黄耆、兴安胡枝子、槐、臭椿、南山堇菜、紫花地丁、东北堇菜、忍冬、南牡蒿、小花鬼针草、刺儿菜、全叶马兰、风毛菊、笔管草、黍子、纤毛鹅观草、大狗尾草、长芒草和穿龙薯蓣 22 种。

（4）中国特有分布及变型

包含 8 个变型，共计 53 种，占种子植物总种数的 21.3%。

1）中国特有分布有野燕麦、虎尾草、稗和无芒稗 4 种。

2）东北-华北分布有软毛虫实、蒙古堇菜、羽茅和曲枝天门冬 4 种。

3）东北-华东分布有小叶杨、狭叶米口袋和硬质早熟禾 3 种。

4）华北分布有北沙柳、黄花铁线莲、芹叶铁线莲、米口袋、长叶铁扫帚、窄膜棘豆、粘毛黄芩、堇色早熟禾和缘毛鹅观草 9 种。

5）西北-华北-东北分布有油松、青扦、乌柳、毛叶水栒子、山荆子、美蔷薇、皱黄耆、尖叶铁扫帚、白指甲花、柽柳、互叶醉鱼草、紫丁香、狭苞斑种草、并头黄芩、百里香、青杞、角蒿、黑沙蒿、刺疙瘩和大针茅 20 种，是中国分布类型的主要组成成分。

6）西南-西北-华北分布有泡沙参、狭苞紫菀、缢苞麻花头、多变鹅观草和西北针茅 5 种。

7）西南-江南-华北分布有粉花绣线菊光叶变种、连翘、光果莸、墓头回 4 种。

8）西南-西北、江南-华北分布有华中山楂和扁茎黄耆 2 种。

9）华中-华北分布有荞麦与鹅绒藤 2 种。

从安太堡露天矿种子植物种的分布区类型来看，主要集中在温带分布，温带特征明显。其次主要为中国分布，说明很多植物还是本土植物，地域特征明显。

四、小结

依据野外调查资料，平朔矿区安太堡露天矿野生与主要栽培植物 250 种（含种下等级），隶属于 42 科 149 属。其中，苔藓植物 1 科 1 属 1 种，裸子植物 1 科 2 属 3 种，被子植物 40 科 146 属 246 种。含 10 种以上的科有 5 个，10 种以下的小科和极小科有 37 科；含 10 种以上的属仅有 1 个，含 6～9 种的属有 3 个，寡种属（含 2～5 种）有 45 个，单种属有 100 个。说明安太堡露天矿被子植物区系中优势科明显，属的组成以寡种属和单种属为主，体现了平朔矿区植物区系地理成分复杂、物种多样性较高。平朔矿区植物生活型类型少，其中草本最多，为 204 种，其次为乔木，有 19 种，灌木次之，为 17 种，草质藤本植物最少，仅有 10 种。安太堡露天矿种子植物科的分布区类型主要集中在世界分布与泛热带分布，属的分布区类型中温带成分多于热带成分，种的分布区类型也主要集中在温带分布，其次为中国特有分布，充分说明平朔矿区植物区系的温带特征显著，地域特征明显。

第五节　人工重建生态系统草本植物物种多样性

为了跟踪监测野生草本植物的侵入即动态变化，除开展矿区植被调查外，重点开展了对典型样地野生草本植物的多样性分析研究。选择矿区典型人工生态林作为长期定点观测样地（表 5-7），2010～2015 年对样地内草本植物进行逐年调查，记录物种名称、多度、高度、盖度、物候期、生活力。同时选择不同的多样性指数进行比较和相关性分析。

表 5-7　长期定点观测样地情况

样地（代码）	重建年限（年）	种植方式	地形	海拔（m）	立地条件	选择面积（hm^2）
刺槐+油松（S1）	21	隔行间种，行距为 1m，刺槐株距为 1.5m，油松株距为 5m	边坡	1360	土石混排	0.5
刺槐+榆+臭椿（S3）	21	隔行间种，株距为 1m，行距为 1m	平台	1380	土石混排	0.5

续表

样地（代码）	重建年限(年)	种植方式	地形	海拔（m）	立地条件	选择面积（hm^2）
刺槐+油松（S4）	21	隔行间种，行距为 1m，刺槐株距为 1.5m，油松株距为 5m	边坡	1450	土石混排	0.5
刺槐纯林（S5）	19	株行距均为 1m	平台	1420	土石混排	0.5
青扦＋白扦＋油松（W1）	19	隔行间种，株行距均为 5m	平台	1460	表层覆土	0.5
榆+旱柳（W2）	19	隔行间种，株距为 1m，行距为 1m	平台	1460	表层覆土	0.5

植物与环境存在着一定的相互关系，环境对植物群落的组成、结构、功能、成因、分布动态等存在影响。群落物种多样性是表征群落功能和结构的重要参数，可以表征群落的稳定性及生境差异，因此探讨植物群落物种多样性与环境因子的关系，对于了解生态系统的功能、过程具有重要的作用。在黄土高原，土壤持水和保水性能差，土壤养分含量低，因此，土壤因子是植被恢复与建设的主要环境因子。研究选择土壤因子开展典型样地植物多样性相关性分析。

一、数据分析

以相对盖度和相对高度为原始数据，依据式（5-1）～式（5-5）计算物种多样性各指标。

重要值（IV）计算

$$IV_{草}=（相对盖度+相对高度）/2 \tag{5-1}$$

Patrick 丰富度指数

$$R_0 = S \tag{5-2}$$

Simpson 多样性指数

$$\lambda = \sum_{i=1}^{S} N_i(N_i - 1)/[N(N-1)] \tag{5-3}$$

Shannon-Wiener 多样性指数

$$H' = -\sum_{i=1}^{S} \frac{N_i}{N} \ln\left(\frac{N_i}{N}\right) \tag{5-4}$$

Pielou 均匀度指数

$$E = H' / \ln S \tag{5-5}$$

式中，S 为每一样方中的物种总数；N 为 S 个物种的全部重要值之和；N_i 为第 i 个种的重要值。以上公式用来度量各个样方的物种多样性。

样地优势种根据种的重要值大小确定，重要值之和大于样方中所有种的重要值总和 50%的所有前排种为优势种（吴冬秀，2007）。

应用 Excel 和 SPSS17.0 软件进行数据处理和统计分析，采用 Duncan’s 新复极差法对样方草本植物多样性指数进行显著性分析（取显著度 0.05）。

二、结果与分析

（一）草本植物优势种

从表 5-8 可以看出，各样地草本植物优势种有无芒雀麦、鹅观草、披碱草、赖草、冰草、镰芒针茅、西北针茅、大针茅、长芒草、硬质早熟禾、糙隐子草、大籽蒿、黄花蒿、黑沙蒿、草地风毛菊、阿尔泰狗娃花、小花鬼针草、狭叶米口袋、白香草木犀、黄香草木犀、紫苜蓿、兴安胡枝子、益母草和藜共 24 种，其中禾本科植物最多，为 11 种，其次为菊科（6 种）和豆科（5 种），唇形科与藜科各 1 种。S1 样地优势种隶属于菊科、禾本科、豆科、唇形科与藜科，S3 样地与 S4 样地优势种隶属于菊科与禾本科，S5 样地优势种隶属于菊科、禾本科与唇形科，W1 样地与 W2 样地优势种隶属于禾本科、菊科与豆科。随着年代的更替，S1 样地长芒草的优势度逐渐减弱，而小花鬼针草的优势度增强，且藜、狭叶米口袋与益母草逐渐成为优势种；S3 样地大籽蒿优势度下降，而草地风毛菊与禾本科草本植物优势度上升；S4 样地黄花蒿与披碱草优势度下降，而大籽蒿、小花鬼针草与西北针茅优势度逐渐升高；S5 样地长芒草与披碱草优势度降低，而小花鬼针草、阿尔泰狗娃花与益母草优势度增强；W1 样地与 W2 样地始终为禾本科草本植物的优势度最大，其次为豆科，菊科最小。

表 5-8　各样地草本植物优势种汇总表

样地	年份	优势种
S1	2010	大籽蒿、长芒草、无芒雀麦
	2011	大籽蒿、小花鬼针草、黄花蒿
	2012	大籽蒿、狭叶米口袋、硬质早熟禾
	2013	黄花蒿、小花鬼针草、无芒雀麦
	2014	大籽蒿、长芒草、益母草
	2015	藜、大籽蒿、长芒草
S3	2010	大籽蒿、黄花蒿、披碱草
	2011	鹅观草、大籽蒿、镰芒针茅
	2012	大籽蒿、披碱草、鹅观草
	2013	草地风毛菊、镰芒针茅、披碱草
	2014	大籽蒿、草地风毛菊、披碱草
	2015	草地风毛菊、大籽蒿、披碱草
S4	2010	黄花蒿、大籽蒿、披碱草
	2011	披碱草、黄花蒿、大籽蒿
	2012	大籽蒿、黄花蒿、披碱草
	2013	西北针茅、披碱草、大籽蒿
	2014	大籽蒿、小花鬼针草、西北针茅
	2015	西北针茅、披碱草、黄花蒿
S5	2010	长芒草、阿尔泰狗娃花、益母草
	2011	长芒草、赖草、鹅观草
	2012	披碱草、益母草、长芒草

续表

样地	年份	优势种
S5	2013	小花鬼针草、披碱草、大籽蒿
	2014	益母草、披碱草、黄花蒿
	2015	长芒草、披碱草、冰草
W1	2010	大针茅、披碱草、黑沙蒿
	2011	鹅观草、硬质早熟禾、黑沙蒿
	2012	硬质早熟禾、鹅观草、白香草木犀
	2013	披碱草、硬质早熟禾、紫苜蓿
	2014	硬质早熟禾、披碱草、鹅观草
	2015	披碱草、硬质早熟禾、兴安胡枝子
W2	2010	大针茅、鹅观草、黑沙蒿
	2011	硬质早熟禾、鹅观草、糙隐子草
	2012	硬质早熟禾、糙隐子草、披碱草
	2013	糙隐子草、硬质早熟禾、紫苜蓿
	2014	硬质早熟禾、糙隐子草、黄香草木犀
	2015	硬质早熟禾、糙隐子草、兴安胡枝子

（二）草本 Patrick 丰富度指数差异及动态变化

同一样地草本 Patrick 丰富度指数随年份变化呈现出很大的波动性（表 5-9，图 5-5）。S1 样地 Patrick 丰富度指数为 38（2014 年）～57（2011 年），S3 样地为 41（2014 年）～64（2010 年、2011 年），S4 样地为 38（2014 年）～50（2011 年），S5 样地为 44（2015 年）～68（2011 年），W1 样地为 60（2014 年）～83（2011 年），W2 样地为 43（2010 年、2014 年）～61（2011 年）。S5 样地 Patrick 丰富度指数波动最大，相差 24，其次是 W1 样地（相差 23）与 S3 样地（相差 23），S1 样地（相差 19）与 W2 样地（相差 18）次之，波动最小的是 S4 样地（相差 12）。W1 样地年均 Patrick 丰富度指数最大（74），其他依次为 S3 样地（54）、S5 样地（53）、W2 样地（52）、S1 样地（47），S4 样地最小（43）。

表 5-9　不同年份不同样地间草本植物物种多样性指数及其差异

指标	年份	S1	S3	S4	S5	W1	W2
Shannon-Wiener 多样性指数	2010	0.49±0.01aA	0.56±0.01bAB	0.54±0.01bA	0.57±0.01bAB	0.81±0.01dD	0.67±0.01cB
	2011	0.62±0.01bC	0.59±0.02bBC	0.54±0.01aA	0.59±0.02bBC	0.77±0.02cC	0.78±0.01cC
	2012	0.52±0.01aAB	0.56±0.01aAB	0.59±0.01bB	0.65±0.02cD	0.68±0.02cdA	0.70±0.01dB
	2013	0.61±0.01cC	0.57±0.01bBC	0.52±0.01aA	0.65±0.01dD	0.70±0.01eA	0.71±0.01eB
	2014	0.53±0.01aB	0.53±0.01aA	0.52±0.01aA	0.63±0.02cCD	0.60±0.01bcA	0.59±0.01bA
	2015	0.59±0.01bC	0.60±0.01bC	0.54±0.01aA	0.53±0.01aA	0.67±0.01cA	0.68±0.01cB
Simpson 多样性指数	2010	0.40±0.01dC	0.32±0.01cAB	0.31±0.01cAB	0.32±0.01cB	0.19±0.01aA	0.27±0.01bBC
	2011	0.28±0.01bA	0.31±0.01cAB	0.34±0.01cB	0.33±0.01cB	0.21±0.01aA	0.20±0.01aA
	2012	0.38±0.01dC	0.33±0.01cAB	0.30±0.01bA	0.28±0.01abA	0.26±0.01aB	0.25±0.01aBC
	2013	0.29±0.01cdA	0.31±0.01dAB	0.34±0.01eB	0.27±0.01bcA	0.25±0.01abB	0.24±0.01aB
	2014	0.34±0.01bB	0.34±0.01bB	0.34±0.01bB	0.29±0.01aAB	0.30±0.01aC	0.31±0.01aD
	2015	0.30±0.01bA	0.30±0.01bA	0.32±0.01bAB	0.36±0.01cC	0.26±0.01aB	0.27±0.01aC

续表

指标	年份	S1	S3	S4	S5	W1	W2
Pielou 均匀度指数	2010	0.31±0.01aA	0.37±0.00bAB	0.39±0.00c	0.38±0.00bcD	0.39±0.00cB	0.37±0.00bBC
	2011	0.38±0.00cC	0.37±0.00bAB	0.38±0.00c	0.36±0.00aAB	0.39±0.00cB	0.38±0.00cD
	2012	0.35±0.00aB	0.37±0.00bA	0.38±0.00c	0.38±0.00bcCD	0.38±0.00bcA	0.38±0.00bcC
	2013	0.38±0.00abC	0.39±0.00bcC	0.39±0.00c	0.38±0.00abD	0.38±0.00abA	0.37±0.00aBC
	2014	0.38±0.00bcC	0.38±0.00bBC	0.39±0.00c	0.37±0.00aBC	0.38±0.00abA	0.37±0.00aAB
	2015	0.38±0.00cC	0.37±0.00cAB	0.39±0.00d	0.35±0.01aA	0.37±0.00cA	0.36±0.00bA
Patrick 丰富度指数	2010	45	64	46	53	66	43
	2011	57	64	50	68	83	61
	2012	44	46	43	57	80	54
	2013	53	57	39	48	76	60
	2014	38	41	38	46	60	43
	2015	44	52	42	44	81	52

注：表中小写字母表示同一年份不同样地间的差异，大写字母表示同一样地不同年份间的差异

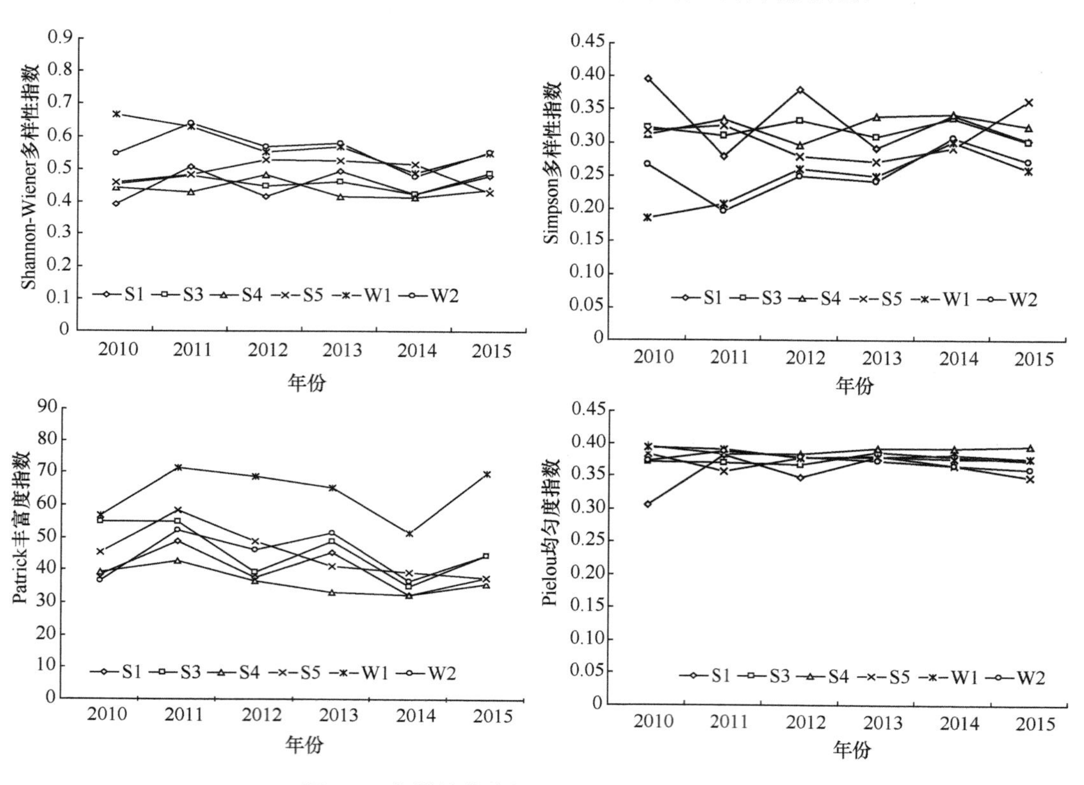

图 5-5 各样地草本物种多样性指标年际动态

同一年份不同样地间草本 Patrick 丰富度指数也存在很大差异。2010 年各样地 Patrick 丰富度指数为 43（W2）～66（W1），2011 年为 50（S4）～83（W1），2012 年为 43（S4）～80（W1），2013 年为 39（S4）～76（W1），2014 年为 38（S1，S4）～60（W1），2015 年为 42（S4）～81（W1）。2015 年各样地 Patrick 丰富度指数差异最大，相差 39，其他依次为 2012 年（相差 37）、2013 年（相差 37）、2011 年（相差 33）、2010 年（相差 23），

2014年最小（相差22）。2011年各样地Patrick丰富度指数均值最大，为64，其他依次为2013年（56）、2012年（54）、2010年（53）与2015年（53），2014年最小（44）。

（三）草本Simpson多样性指数差异及动态变化

Simpson多样性指数在同一样地不同年份间存在显著差异（表5-9，图5-5）。S1样地Simpson多样性指数为0.28（2011年）~0.40（2010年），S3样地为0.30（2015年）~0.34（2014年），S4样地为0.31（2010年）~0.34（2011年、2013年、2014年），S5样地为0.27（2013年）~0.36（2014年），W1样地为0.19（2010年）~0.30（2014年），W2样地为0.20（2011年）~0.31（2014年）。S1样地Simpson多样性指数值波动最大，相差0.12，其他依次为W1样地（相差0.11）和W2样地（相差0.11）、S5样地（相差0.09）、S3样地（相差0.04），S4样地（相差0.03）波动最小。S1样地Simpson多样性指数年均值最大，为0.332，其他依次为S4样地（0.325）、S3样地（0.318）、S5样地（0.308）、W2样地（0.258），最小的为W1样地（0.245）。

Simpson多样性指数在同一年份不同样地间存在显著差异。2010年各样地Simpson多样性指数为0.19（W1）~0.40（S1），2011年为0.20（W2）~0.34（S4），2012年为0.25（W2）~0.38（S1），2013年为0.24（W2）~0.34（S4），2014年为0.29（S5）~0.34（S1、S3、S4），2015年为0.26（W1）~0.36（S5）。2010年各样地Simpson多样性指数差异最大，相差0.21，其他依次为2011年（相差0.14）、2012年（相差0.13）、2013年（相差0.10）与2015年（相差0.10），2014年（相差0.05）最小。2014年各样地Simpson多样性指数均值最大（0.32），其他依次为2015年（0.303）、2010年（0.302）、2012年（0.300）、2013年（0.283），2011年（0.278）最小。

（四）草本Shannon-Wiener多样性指数差异及动态变化

Shannon-Wiener多样性指数在同一样地不同年份间存在显著差异（表5-9，图5-5）。S1样地Shannon-Wiener多样性指数为0.49（2010年）~0.62（2011年），S3样地为0.53（2014年）~0.60（2015年），S4样地为0.52（2013年、2014年）~0.59（2012年），S5样地为0.53（2015年）~0.65（2012年、2013年），W1样地为0.60（2014年）~0.81（2010年），W2样地为0.59（2014年）~0.78（2011年）。W1样地Shannon-Wiener多样性指数值波动最大，相差0.21，其他依次为W2样地（相差0.19）、S1样地（相差0.13）、S5样地（相差0.12），S3样地（相差0.07）与S4样地（相差0.07）波动最小。W1样地Shannon-Wiener多样性指数年均值最大，为0.705，其他依次为W2样地（0.688）、S5样地（0.603）、S3样地（0.568）、S1样地（0.56），S4样地（0.542）最小。

Shannon-Wiener多样性指数在同一年份不同样地间存在显著差异。2010年各样地Shannon-Wiener多样性指数为0.49（S1）~0.81（W1），2011年为0.54（S4）~0.78（W2），2012年为0.52（S1）~0.70（W2），2013年为0.52（S4）~0.71（W2），2014年为0.52（S4）~0.63（S5），2015年为0.53（S5）~0.68（W2）。2010年各样地Shannon-Wiener多样性指数差异最大，相差0.32，其他依次为2011年（相差0.24）、2013年（相差0.19）、2012年（相差0.18）、2015年（相差0.15），2014年（0.11）最小。2011年各样地

Shannon-Wiener 多样性指数均值最大，为 0.648，其他依次为 2013 年（0.627）、2012 年（0.617）、2010 年（0.607）、2015 年（0.602），2014 年（0.567）最小。

（五）草本 Pielou 均匀度指数差异及动态变化

Pielou 均匀度指数在同一样地不同年份间存在显著差异（表 5-9，图 5-5）。S1 样地 Pielou 均匀度指数为 0.31（2010 年）～0.38（2011 年、2013 年、2014 年、2015 年），S3 样地为 0.37（2010 年、2011 年、2012 年、2015 年）～0.39（2013 年），S4 样地为 0.38（2011 年、2012 年）～0.39（2010 年、2013 年、2014 年、2015 年），S5 样地为 0.35（2015 年）～0.38（2010 年、2012 年、2013 年），W1 样地为 0.37（2015 年）～0.39（2010 年、2011 年），W2 样地为 0.36（2015 年）～0.38（2011 年、2012 年）。S1 样地 Pielou 均匀度指数值波动最大，相差 0.07，其次为 S5 样地（相差 0.03），S3 样地（相差 0.02）、W1 样地（相差 0.02）和 W2 样地（相差 0.02）次之，S4 样地（相差 0.01）波动最小。S4 样地 Pielou 均匀度指数年均值最大，为 0.387，其他依次为 W1 样地（0.381）、S3 样地（0.375）、W2 样地（0.372）、S5 样地（0.370），最小的为 S1 样地（0.363）。

Pielou 均匀度指数在同一年份不同样地间存在显著差异。2010 年各样地 Shannon-Wiener 多样性指数为 0.31（S1）～0.39（S4、W1），2011 年为 0.36（S5）～0.39（W1），2012 年为 0.35（S1）～0.38（S4、S5、W1、W2），2013 年为 0.37（W2）～0.39（S3、S4），2014 年为 0.37（S5）～0.39（S4），2015 年为 0.35（S5）～0.39（S4）。2010 年各样地 Pielou 均匀度指数差异最大，相差 0.08，其他依次为 2015 年（相差 0.04）、2012 年（相差 0.03）与 2011 年（相差 0.03），2013 年（相差 0.02）与 2014 年（相差 0.02）最小。2013 年各样地 Pielou 均匀度指数均值最大，为 0.382，其他依次为 2014 年（0.378）、2011 年（0.377）、2012 年（0.373）与 2015 年（0.370），2010 年（0.368）最小。

（六）草本物种多样性指数与土壤因子的相关性

从表 5-10 可以看出，草本 Shannon-Wiener 多样性指数与土壤速效磷（0.497，$P<0.01$）、pH（0.097）、碱解氮（0.174）、田间持水量（0.555，$P<0.01$）正相关，与土壤有机碳（–0.537，$P<0.01$）、全磷（–0.339）、全氮（–0.248）、含水量（–0.574，$P<0.01$）、容重（–0.590，$P<0.01$）负相关；Simpson 多样性指数与土壤有机碳（0.496，$P<0.01$）、全磷（0.324）、全氮（0.277）、含水量（0.498，$P<0.01$）、容重（0.544，$P<0.01$）正相关，与土壤速效磷（–0.457，$P<0.05$）、pH（–0.140）、碱解氮（–0.081）、田间持水量（–0.486，$P<0.01$）负相关；Patrick 丰富度指数与土壤 pH（0.182）、全氮（0.095）、碱解氮（0.187）、速效磷（0.526，$P<0.01$）、田间持水量（0.442，$P<0.05$）正相关，与土壤有机碳（–0.216）、全磷（–0.080）、含水量（–0.246）、容重（–0.519，$P<0.01$）负相关；Pielou 均匀度指数与土壤有机碳（0.153）、pH（0.128）、含水量（0.345）、容重（0.169）正相关，与土壤全磷（–0.052）、速效磷（–0.072）、全氮（–0.096）、碱解氮（–0.327）、田间持水量（–0.256）负相关。Shannon-Wiener 多样性指数与 Simpson 多样性指数呈显著负相关（–0.982，$P<0.01$），与 Patrick 丰富度指数呈显著正相关（0.623，$P<0.01$），Simpson 多样性指数与 Patrick 丰富度指数呈显著负相关（–0.591，$P<0.01$）。Pielou 均匀度指数

与 Shannon-Wiener 多样性指数正相关(0.093)，与 Simpson 多样性指数负相关(–0.259)，与 Patrick 丰富度指数负相关（–0.015）。

表 5-10　草本植物物种多样性指数与土壤因子的 Pearson 相关性

指标	SOC	pH	TP	AP	TN	AN	SWC	FMC	BD	Shannon-Wiener 多样性指数	Simpson 多样性指数	Patrick 丰富度指数
pH	0.202											
TP	0.732**	0.317										
AP	–0.654**	–0.279	–0.443*									
TN	0.705**	0.214	0.617**	–0.307								
AN	–0.063	–0.536**	–0.230	0.253	0.227							
SWC	0.811**	0.334	0.670**	–0.644**	0.434*	–0.467**						
FMC	–0.628**	–0.355	–0.486**	0.618**	–0.217	0.573**	–0.756**					
BD	0.555**	0.327	0.453*	–0.754**	0.235	–0.457*	0.707**	–0.610**				
Shannon-Wiener 多样性指数	–0.537**	0.097	–0.339	0.497**	–0.248	0.174	–0.574**	0.555**	–0.590**			
Simpson 多样性指数	0.496**	–0.140	0.324	–0.457*	0.277	–0.081	0.498**	–0.486**	0.544**	–0.982**		
Patrick 丰富度指数	–0.216	0.182	–0.080	0.526**	0.095	0.187	–0.246	0.442*	–0.519**	0.623**	–0.591**	
Pielou 均匀度指数	0.153	0.128	–0.052	–0.072	–0.096	–0.327	0.345	–0.256	0.169	0.093	–0259	–0.015

注：SOC，有机碳；TP，全磷；AP，速效磷；TN，全氮；AN，碱解氮；SWC，含水量；FMC，田间持水量；BD，容重。**表示在 0.01 水平（双侧）上显著相关；*表示在 0.05 水平（双侧）上显著相关

三、结论与讨论

（一）草本植物优势种及多样性指数

同一样地 Patrick 丰富度指数、Shannon-Wiener 多样性指数与 Pielou 均匀度指数年均值为 W1 样地最大，S4 样地最小，而 Simpson 多样性指数正好相反。S1 样地 Simpson 多样性指数与 Pielou 均匀度指数在不同年份间波动最大，S4 样地 Simpson 多样性指数、Pielou 均匀度指数、Patrick 丰富度指数与 Shannon-Wiener 多样性指数波动均最小。这与林地的郁闭度及树种本身的生理特征、样地环境因子密切相关（岳建英，2016）。W1 样地没有幼苗更新，树冠较小，林地郁闭度低，林下光照充足，且土壤为黄壤土，有利于野生草本植物生根发芽；S4 样地林分郁闭度高，草本接收到的阳光很少，限制了喜光植物的生长。S1 样地虽然与 S4 样地复垦植被相同，但由于其受人为干扰严重，林分郁闭度低，植物物种较少且优势种的优势度较高，林分生态系统抗逆性不强，受气候因子的影响较大，因此，S1 样地草本植物物种多样性指标会出现很大的年际波动。

各样地 Patrick 丰富度指数与 Shannon-Wiener 多样性指数变化趋势基本一致，而 Simpson 多样性指数变化趋势与其相反。2010 年各样地 Simpson 多样性指数、Shannon-Wiener 多样性指数与 Pielou 均匀度指数差异最大；2014 年各样地 Simpson 多样性指数、Shannon-Wiener 多样性指数、Pielou 均匀度指数与 Patrick 丰富度指数差异均最小。说明当地气候因子的波动对各样地草本植物的生长有很大的影响，致使草本多样性

也呈现出相应的波动。

草本植物物种多样性各指标在年际与样地间表现出不同的变化规律，这是因为它们所表征的生态学意义有所不同（John and James，1990）。Shannon-Wiener 与 Simpson 多样性指数均能表征优势种在群落中作用的大小，但 Simpson-Wiener 多样性指数又称为生态优势度，其值越高，优势种的生态优势度越高，而 Shannon 多样性指数表征的意义正好相反，其值越高，优势种的生态优势度越小。多样性指标间相关关系的分析也很好地证明了这一点。Shannon-Wiener 多样性指数、Patrick 丰富度指数和 Pielou 均匀度指数均与 Simpson 多样性指数负相关，Shannon-Wiener 多样性指数与 Patrick 丰富度指数、Pielou 均匀度指数正相关，Pielou 均匀度指数与 Patrick 丰富度指数负相关。

（二）草本物种多样性指数与土壤因子的相关性

物种多样性是植物群落演替的动态指标和主要驱动力。植物群落的演替是群落对其初始重建阶段异化的过程，不仅体现在植物物种竞争上，也体现在对环境条件的改变上，使生境更适合于演替接续种。土壤作为植物群落生长的主要环境因子，其土壤肥力具有重要作用，对群落演替的影响不容忽视。众多的研究表明，在植被群落演替的前期阶段，土壤性质影响着植被的变化，同时也因植被的变化而发生改变。植物群落与土壤间的这种彼此影响、相互促进的作用，是植被恢复演替的动力；某一演替类型不仅改变了土壤肥力的状况，也反映了群落与土壤相互作用的结果，同时也决定了后续演替过程中土壤肥力的初始状态。而不同植物群落对土壤条件的适应性及在不同土壤肥力下的植物种群繁殖能力也不同。这种作用达到一定程度时，土壤与植物群落都受气候的限制，即达到顶极群落阶段，而顶极群落为生态平衡的标志。

平朔矿区排土场植被重建工程很好地验证了植被演替与土壤的关系。正常条件下，土壤是植物生活的基质，它是多种自然和生物因素长期作用下发展起来的。土壤为植物生长发育提供了必要的条件，如固定和支撑作用，供应水分、养分和空气等，是生态系统中最不易更新、改良的部分。而平朔矿区因土壤为深层黄土，不具备土壤的基本功能，需要依靠种植植物来改善土壤的基本性状。通过植物生长、群落的形成和演替来熟化土壤，属于先有植物后改良土壤的关系。土壤的改良是植物与土壤相互影响和相互作用的结果，同时植物群落的演替过程也是植物与土壤相互影响和相互作用的过程。但植物群落演替的研究，以往多侧重于植物种类组成及结构特征变化。

本研究 Pearson 相关性分析表明，植被群落的地上生物量和物种多样性与土壤养分及水分是相互联系、相互制约的，影响 Shannon-Wiener 多样性指数的主要因子是土壤有机碳、速效磷、土壤含水量、田间持水量和土壤容重；影响 Simpson 多样性指数的主要因子有土壤有机碳、速效磷、土壤含水量、田间持水量和土壤容重；影响 Patrick 丰富度指数的主要因子是速效磷、田间持水量和土壤容重；Pielou 均匀度指数没有主要的土壤影响因子。由此可见，草本物种多样性与土壤物理、化学性质密切相关，土壤速效磷、田间持水量和土壤容重是草本物种多样性的限制因子。

第六章　平朔矿区人工重建生态系统土壤质量演变及养分累积效应

植被恢复是生态修复的必要途径，也是改善土壤质量、重构土壤生态系统和减少水土流失的重要措施。平朔矿区因其开采工艺，使得早期形成的排土场土壤主要来自深层黄土或为土石混排结构，土壤结构无定形且混乱，理化性状极差，很难为植物生长提供必要的养分和支撑条件。然而，在如此脆弱的土壤上开展植被重建实践，可为研究植被与土壤的相互关系、植被重建对土壤质量的影响提供难得的研究模式和基础条件。本章重点从植被恢复重建的时间和植被重建模式上研究土壤质量的演变过程和规律，并结合土壤肥力的评价方法，研究矿区人工重建生态系统的土壤养分累积效应。

第一节　试验区选择与分析方法

已有的植被恢复对土壤的影响研究多集中在天然林地、人工次生林、农田、草地和园林土地上，研究的内容多以植被恢复对土壤理化性质的影响、对土壤酶活性的影响、对土壤微生物的影响和对土壤微生物多样性的影响等为重点。有关矿区植被恢复对土壤质量的影响研究，较其他土壤利用类型的研究相对偏少，且主要集中在土壤理化性状的部分指标上。为了能够较全面地跟踪矿区植被恢复对土壤质量的影响，本研究主要借鉴其他研究技术、方法和研究结果，针对矿区土壤生态系统，丰富研究内容，拓展监测指标。为了能够客观了解平朔矿区植被恢复过程中土壤质量的演变状况，研究主要选取三类土壤指标作为土壤质量演变的监测指标，分别为反映土壤物理性状的指标（土壤容重、田间持水量和土壤含水量）、反映土壤养分特征的指标（土壤 pH、有机质含量、全氮含量、碱解氮含量、全磷含量和速效磷含量）和反映土壤生物学性状的指标（土壤蔗糖酶、脲酶、过氧化氢酶、多酚氧化酶、碱性磷酸酶活性，细菌、真菌、放线菌、自生固氮菌、反硝化细菌数量，以及细菌和真菌群落多样性）。

一、研究区概况

依据植被的不同、地理位置的差异及恢复年限的不同设置样地，样地概况见表 6-1 和表 6-2。

二、土样采集及相关指标的测定方法

分别对每个研究样地的 0～5cm、5～10cm、10～15cm 和 15～20cm 土层进行五点混合法采样，采样时间为 2014 年 7 月。将采集的新鲜土样分别进行风干和冷冻处理。

表 6-1 不同种植模式样地概况

样地类型	植被模式（样地代码）	复垦年份	地理位置
林地	自然恢复样地（DZ）	1992	39°29.474′N，112°18.367′E
	小叶杨林地（XYY）	1960	39°30.842′N，112°20.040′E
	柳树+榆混交林（XPK）	1994	39°29.225′N，112°18.361′E
	白扦+青扦混交林（XPZ）	1994	39°29.289′N，112°18.468′E
	臭椿+油松+刺槐混交林（CYC）	1992	39°27.709′N，112°20.044′E
	油松+刺槐混交林（YC）	1992	39°27.598′N，112°19.918′E
	刺槐林（CH）	1992	39°27.367′N，112°19.400′E
	刺槐+柠条锦鸡儿+沙棘混交林（SQG）	1992	39°27.844′N，112°19.940′E
草地	紫苜蓿 1（TMX）	1994	39°30.179′N，112°18.424′E
	紫苜蓿 2（SMX）	2010	39°31.018′N，112°19.231′E
	自然草地（YCD）	—	39°31.379′N，112°18.508′E
农田	矿区农田（KNT）	1996	39°30.364′N，112°18.534′E
	自然农田（YNT）	—	39°31.364′N，112°18.507′E

表 6-2 样地种植年限概况

种植年份	植被模式（样地代码）	已复垦年限（年）	地理位置
1992	自然恢复样地（DZ）	21	39°29.474′N，112°18.367′E
1992	沙棘+刺槐+柠条锦鸡儿混交林（SQG）	21	39°27.844′N，112°19.940′E
1996	沙棘+刺槐混交林 1（OPT）	17	39°29.552′N，112°18.324′E
2004	沙棘+刺槐混交林 2（WPT）	9	39°29.405′N，112°18.533′E

土样风干后除去其中的根和作物残茬，过 40 目筛备用；新鲜土样则在采回后除去可见的根与作物残茬。土壤酸碱度的测定采用电位法，含水量的测定使用烘干法，田间持水量和容重的测定采用环刀法，土壤有机质的测定采用外热-重铬酸钾容量法，全氮的测定采用凯氏定氮法，碱解氮的测定采用碱解扩散法，全磷和速效磷的测定采用钼锑抗比色法（鲁如坤，2000）。土壤蔗糖酶采用 3,5-二硝基水杨酸比色法测定，脲酶采用苯酚钠比色法测定，过氧化氢酶采用高锰酸钾滴定法测定，多酚氧化酶采用焦性没食子酸比色法测定，碱性磷酸酶采用磷酸苯二钠比色法测定（关松荫，1986）。土壤微生物主要类群数量的测定采用稀释涂布平板法（许光辉，1986）。微生物培养：细菌采用牛肉膏蛋白胨培养基，真菌采用马丁氏培养基，放线菌采用高氏一号培养基，自生固氮菌采用阿须贝无氮培养基，反硝化细菌采用反硝化细菌培养基。土壤微生物多样性使用变性梯度凝胶电泳（DGGE）测定（邵俊，2007；Lisa et al.，2001）。DGGE 被广泛用于土壤样品细菌 16S rDNA V3 区、真菌 18S rDNA 扩增产物的分析。使用 8%聚丙烯酰胺凝胶电泳缓冲液为 1×TAE，利用垂直胶分析确定样本的最佳浓度梯度范围，点样量为 300ng，具体操作步骤按仪器操作说明。根据垂直胶分析结果设置最佳变性浓度梯度，进行样品的 DGGE 平行胶分析，最适浓度梯度为 30%～60%，电泳电压为 120V，时间为 8h，点样量为 300ng。电泳完毕后，采用银染对 DGGE 胶进行染色，30min 后拍照。

使用 Quantity One 4.6.2 软件对所得图片进行分析，使用 Shannon-Wiener 多样性指数表示土壤微生物群落多样性。

第二节 生态修复过程中的土壤质量变化

土壤是生态系统的载体，土壤健康状况的优劣程度不仅对其上的植被及依附土壤生存的动物和微生物有影响，也在一定程度上反映了人工重建生态系统恢复的过程和阶段。

一、人工重建生态系统修复过程中土壤理化性状的变化

（一）土壤物理性状的变化

植被恢复对土壤的影响最直观的表现是对土壤物理性状的影响，主要包括土壤的容重、孔隙度、持水量等方面。土壤的体积质量、通气度，以及非毛管孔隙度、总孔隙度等土壤物理性质决定了土壤的通气性、透水性和植物根系的穿透性，是土体构造的重要指标（徐风兰等，2000）。植被对土壤物理结构性能的影响主要是通过增加土壤团聚体的含量来体现的。植被每年形成的枯枝落叶及植物根系死亡分解后形成的有机质进入土体，使得土体质地松软、容重变轻、植物根系及其分泌物以及植被形成的有机质能固结团聚土粒，形成稳定的团粒结构（Whaney et al.，1995），土壤的团聚体含量及团粒结构对土壤容重、孔隙度和持水量有显著的影响。

选择植被恢复 9 年、17 年、21 年的沙棘和刺槐混交林作为研究对象，以自然恢复 21 年的野生植被为对照。分析 0～10cm 和 10～20cm 土层的土壤容重、田间持水量和土壤含水量。

土壤含水量随恢复年限的增加差异不显著，两层土壤基本维持在同一水平（图 6-1），同时田间持水量也呈相似状况（图 6-2）。由图 6-3 可知，随着时间增加，在 0～10cm 土

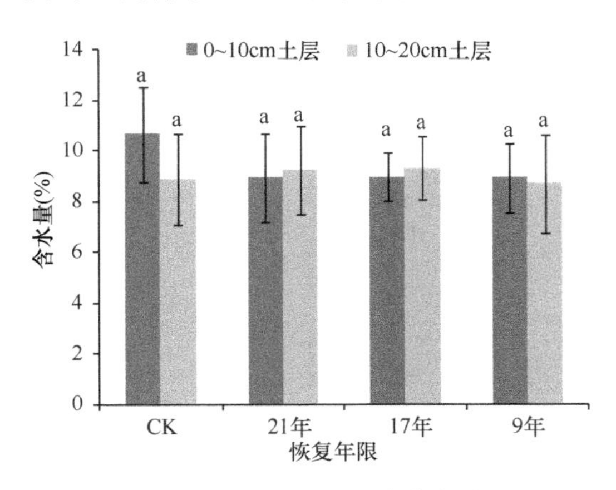

图 6-1 不同恢复年限土壤含水量

CK：自然恢复样地。同一土层不同小写字母表示在 0.05 水平上差异显著，本章下同

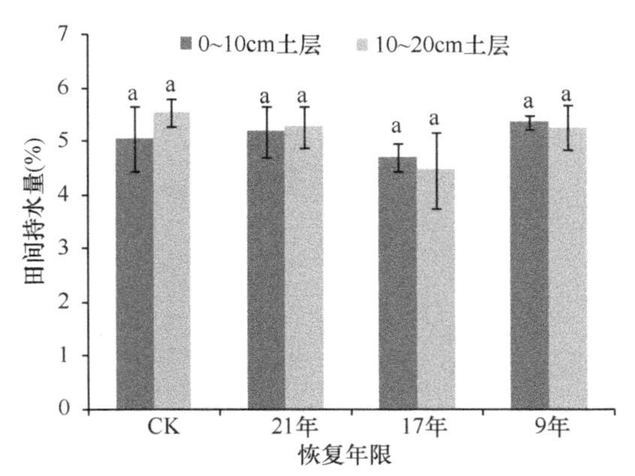

图 6-2 不同恢复年限田间持水量

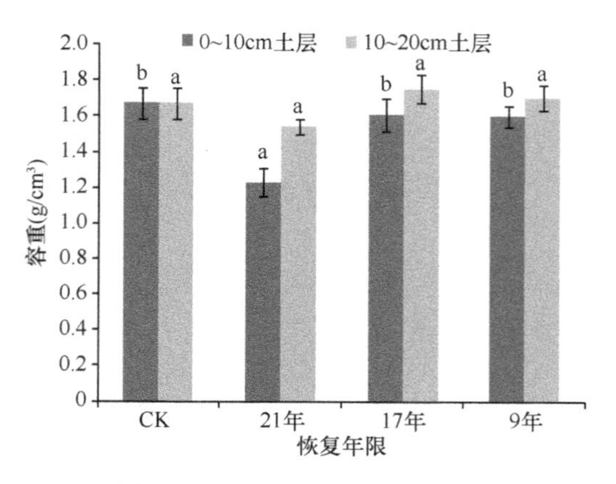

图 6-3　不同恢复年限土壤容重

层，土壤容重呈下降趋势，且复垦 21 年的土壤容重显著低于自然恢复样地；在 10～20cm 土层，土壤容重没有显著变化。

土壤含水量在干旱、半干旱地区主要受自然降水影响，只有当人工林腐殖质层达到较厚程度时，对水分涵养的作用才能显现。不同的植被模式土壤含水量不同，说明植被对土壤的含水量有影响，植被恢复的过程也是土壤理化性质改善的过程，因植被下的地被物和凋落物作用使得土壤性质及结构发生改变，促进土壤持水能力的增强，此外，植被本身也具有持水能力。

（二）土壤化学性状的变化

（1）土壤 pH

土壤酸碱度是土壤重要的基本性质之一，是土壤形成过程和熟化培肥过程的一个指标。土壤酸碱度对土壤中养分存在的形式和有效性、土壤的理化性质、微生物活动及植物生长发育有很大的影响。由图 6-4 可见，随着恢复年限的增加，土壤 pH 呈先降低后升高的趋势。其中 0～10cm 土层恢复 9 年后降至最低，随后呈升高趋势，而 10～20cm 土层人工恢复 17 年后降至最低，随后升高，并且不同的恢复年限差异显著。

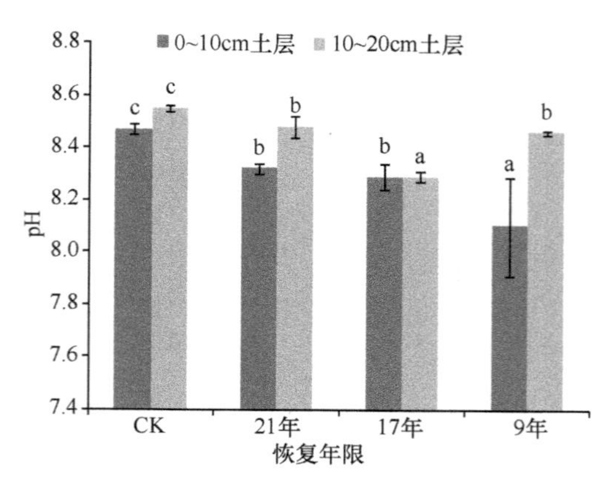

图 6-4　不同恢复年限土壤 pH

（2）土壤有机质

土壤有机质包括各种动植物残体，以及微生物及其生命活动的各种有机产物。土壤有机质不仅能为植物提供所需的各种营养元素，同时对土壤结构的形成、土壤物理性状的改善有决定性的作用。土壤有机质的积累主要由植被结构、枯枝落叶量和根系生物学特性决定。植被恢复能显著提高土壤的有机质含量。不同植被类型的土壤有机质含量不同，分解速度也不同。在不同气候带的不同类型植被，甚至是同一植被在不同的地形条件下，枯枝落叶的积累量差异都很大（Bmbaker et al.，1993）。同时，植物根系和土壤中的其他生物对土壤有机质增加的作用也不可忽视，如栎树人工林中，直径小于0.3mm的根系每年约更新 0.82t/hm^2；在针阔混交林中，每年死亡的土壤动物为 400t/hm^2（Fruncioso et al.，2000）。另外，植物还能通过自身的生长活动来影响岩石的风化，而岩石风化是土壤养分的主要来源之一。植被根系及土壤有机质对矿质元素有螯合作用，可以促进岩石风化，植物的蒸腾作用也可以通过影响土壤水分来影响岩石风化（Jenkinson，1988）。

土壤有机碳是土壤有机质的化学度量，其含量高低是土壤肥力的重要标志之一，一定范围内，土壤肥力随着有机碳含量的升高而升高。有机质不仅能增强土壤储备有机碳及其养分的能力，也可以促进团粒结构的形成，改善土壤的透水性、蓄水能力及通气性等。

随着恢复时间的增加，土壤有机质的含量表现为先增加后下降的趋势，且差异不显著。由图 6-5 可知，复垦至 17 年时，两层土壤的有机质含量均达到最高，随后有所下降。

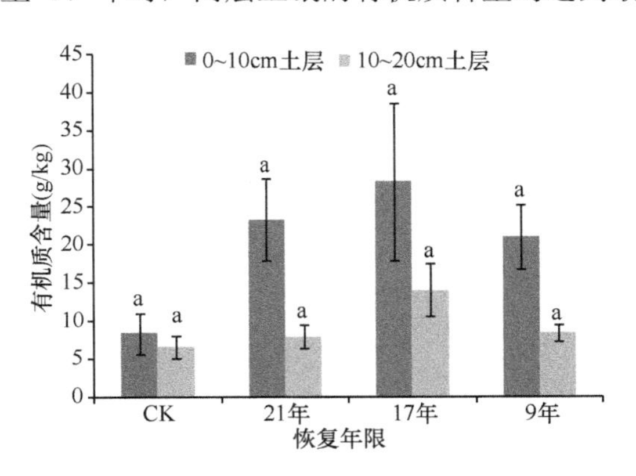

图 6-5　不同恢复年限土壤有机质含量

（3）土壤氮、磷养分含量

平朔矿区待复垦土壤多是氮、磷匮乏土壤，复垦初期快速提高土壤氮、磷水平至关重要。土壤氮素是植物生长的必备元素之一，它受植被群落多样性、覆盖度等影响，不同的植被恢复对土壤的全氮、碱解氮等含量的影响不同。一些林木通过根瘤或叶面生存的细菌也可以起到固氮作用，如豆科植物刺槐、柠条锦鸡儿、紫苜蓿和沙打旺等，非豆科植物沙棘、沙枣等都具有很强的固氮作用，它们是很好的先锋植物，对土壤氮素的积累影响较大。

研究表明，土壤中氮素总量及各种存在形态与作物生长有着密切关系。土壤全氮及各种形态氮的含量是评价土壤肥力的主要依据。而磷是植物必需的三大营养元素之一。

由图 6-6 可见，复垦土壤全氮的含量变化有所不同，恢复 9 年时，在 0～10cm 土层中，全氮含量达到最高，且显著高于自然恢复 21 年的样地，随着时间增加，该层土壤全氮含量降低，但仍高于自然恢复样地，而在 10～20cm 土层中，全氮含量下降后又呈现上升趋势，且恢复 21 年时的全氮含量显著高于自然恢复样地。随着恢复时间的增加，土壤碱解氮含量也逐渐增加。由图 6-7 可见，恢复 21 年两层土壤中碱解氮含量均达到最高，且显著高于自然恢复样地。全磷含量变化呈现出先上升后降低的趋势。由图 6-8 可知，恢复 17 年时，土壤全磷含量达到最高，且在 0～10cm 土层中显著高于自然恢复样地，而至恢复 21 年时有所下降，但仍高于自然恢复样地。土壤速效磷的含量随着人工植被恢复年限的增加明显提高，在恢复 21 年时，两层土壤的速效磷含量均显著高于自然恢复样地（图 6-9）。

从植被恢复年限来看，土壤有机质、碱解氮有所增加，这与贾晓红等（2007）植被恢复下土壤元素含量随恢复时间的增加而逐渐增加的结果一致。植被群落结构较好，其凋落物量也较多，对营养元素的累积有重要作用。植被恢复增加了土壤 C、N、P 的储量，提高了土壤肥力，促进了土壤元素循环，从而改善了土壤质量。但部分指标有随时间增加呈现下降的趋势，这可能与植被模式有关。由于本研究采用空间代替时间的方法，不是一个模式的持续跟踪监测，难免会有一些误差，包括取样的误差；另外所选植被模

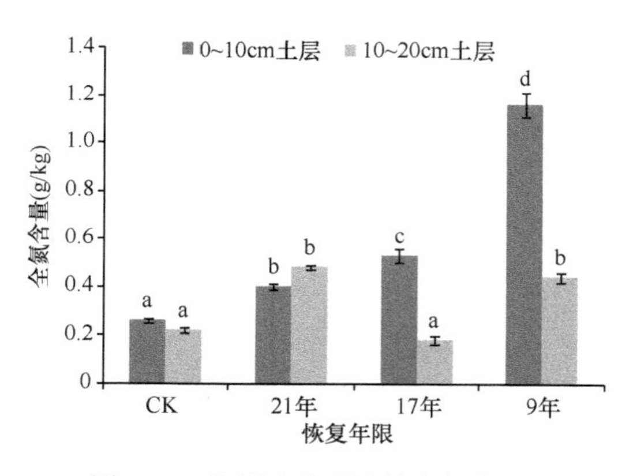

图 6-6　不同恢复年限土壤全氮含量

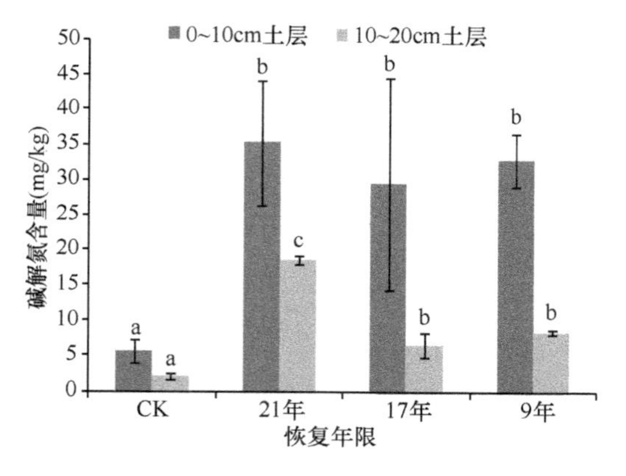

图 6-7　不同恢复年限土壤碱解氮含量

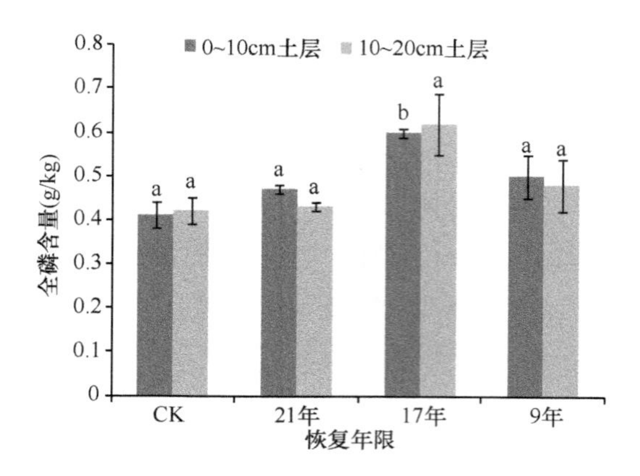

图 6-8　不同恢复年限土壤全磷含量

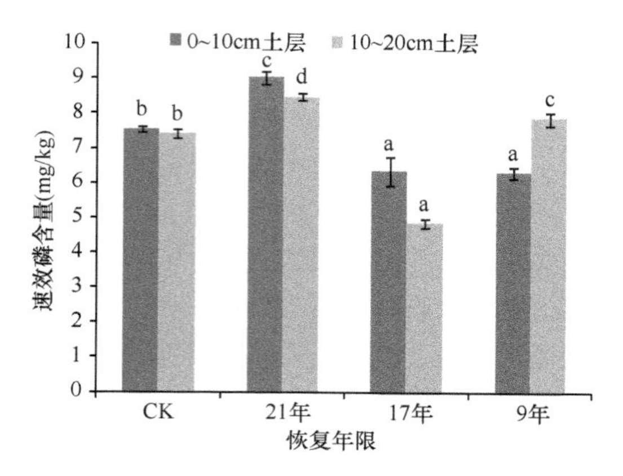

图 6-9　不同恢复年限土壤速效磷含量

式为刺槐与沙棘和柠条锦鸡儿的混交配置模式，该模式前期生长优于后期，刺槐和沙棘在后期均有退化问题，这两种植物主要是用作先锋固氮植物种植，20 年后其生长状况明显呈现衰退趋势，这可能是导致土壤有机质和全氮指标下降的原因。但理化指标的总体趋势还是随着时间的推移逐渐转好。

二、修复过程中土壤酶活性的变化

土壤酶是土壤新陈代谢的重要因素，主要来自于微生物细胞及动植物残体，包括游离酶和束缚在细胞上的酶。土壤酶是土壤中具有生物活性的蛋白质，它与土壤微生物一起推动着土壤的生物化学过程，土壤酶在有机残体分解和某些无机化合物转化的初始阶段起着不可忽视的作用，对土壤肥力的演化具有重要的影响。相对于受外界条件影响较大的微生物来说，土壤酶是一个比较稳定的生物因素，受外界干扰较小，在不利的条件下仍能保持一定的稳定性。当土壤微生物活性及数量下降时，土壤酶使土壤代谢维持在比较稳定的水平。土壤微生物活性与土壤酶活性密切相关（Frostegard et al.，1993）。土壤酶作为土壤的组成部分，其活性的大小较敏感地反映了土壤中生化反应的方向和强度，是探讨植被恢复生态效应的有效途径之一。土壤酶与土壤微生物共同推动土壤的物质代谢和营养物质的转化，土壤酶活性是反映土壤质量的生物学指标（张萍等，2000；史衍玺和唐克丽，1998；柳云龙等，2001）。土壤酶在土壤物质循环和能量转化过程中起着重要作用，对土壤酶活性的研究有助于了解土壤的肥力状况和演变（杨玉盛等，1998）。

蔗糖酶是研究最多的一种土壤酶，该酶活性可以反映土壤中有机碳的转化和呼吸强度。脲酶存在于大多数细菌、真菌和高等植物中，它是一种酰胺酶，能促进有机物质分子中肽键的水解，可以表征土壤的氮素状况（薛立等，2003）。土壤的过氧化氢酶活性与土壤呼吸强度和土壤微生物活动有关，在一定程度上反映了土壤微生物代谢过程的强度，生物学活性强度的土壤，过氧化氢酶活性较强，因此过氧化氢酶活性可以表征土壤总生物学活性强度和肥力状况（中国科学院南京土壤研究所微生物室，1985）。多酚氧化酶氧化土壤中的酚类物质生成醌，醌又与氨基酸作用合成最初的胡敏酸分子，在土壤中芳香族有机化合物转化为腐殖质组分的过程中，氧化酶特别是多酚氧化酶起着重要作用。因此，多酚氧化酶的活性可用来表征土壤腐殖化程度（中国科学院南京土壤研究所微生物室，1985）。磷酸酶能促进有机磷化合物的水解，土壤的磷酸酶活性可以表征土壤的肥力状况，特别是磷素状况（中国科学院南京土壤研究所微生物室，1985）。

植被恢复显著提高了土壤的蔗糖酶活性，由图 6-10 可见，随着恢复时间的增加，土壤蔗糖酶活性总体呈上升趋势，且 0～5cm、5～10cm 和 15～20cm 土层中恢复 21 年样地酶活性显著高于自然恢复样地，而 10～15cm 土层则差异不显著。

植被恢复也显著提高了土壤脲酶活性，从图 6-11 可以看到，从恢复 17 年至恢复 21 年，脲酶活性得到了明显提升，并且恢复 21 年时的样地脲酶活性显著高于自然恢复样地，同时可以看到，从恢复 9 年后开始，脲酶活性即开始上升。土壤过氧化氢酶则表现出先升后降的趋势，恢复 17 年时酶活性达到最高，且显著高于其他时期，恢复至 21 年时酶活性有所下降（图 6-12）。同时，多酚氧化酶活性则表现出升高—降低—升高

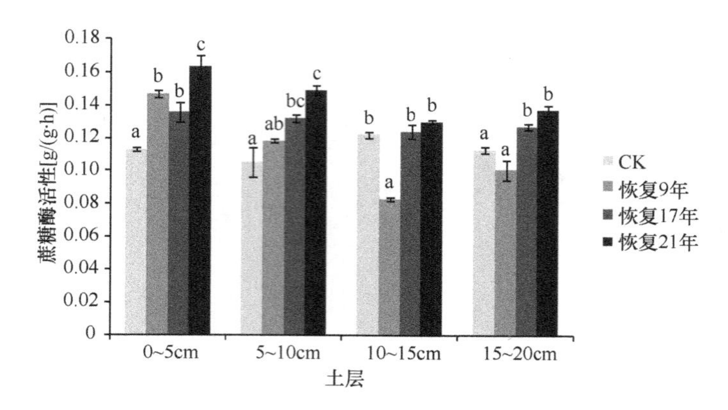

图 6-10　不同恢复年限土壤蔗糖酶活性

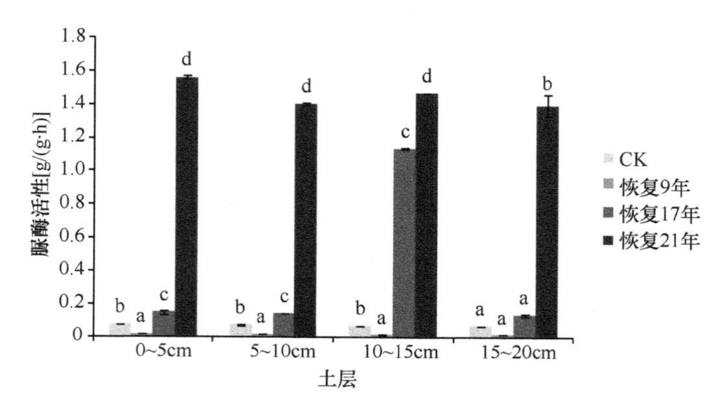

图 6-11　不同恢复年限土壤脲酶活性

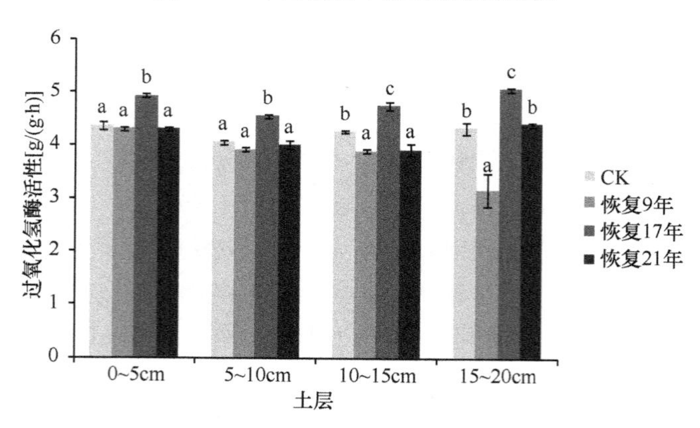

图 6-12　不同恢复年限土壤过氧化氢酶活性

的趋势。由图 6-13 可以看出，恢复 9 年后酶活性明显提高，至恢复 17 年时下降至最低点，至恢复 21 年时上升至最高点。碱性磷酸酶的变化趋势与上述酶类不同，在 0～5cm 和 5～10cm 土层，酶活性表现出先上升后下降的趋势，恢复 9 年时酶活性达到最高，且高于自然恢复样地，无显著差异，后直至恢复 21 年时呈下降趋势。而在 10～15cm 和 15～20cm 土层，酶活性表现出下降—升高—下降的趋势，恢复 9 年时下降至最低值，随后持续上升至恢复 17 年，之后再次下降（图 6-14）。

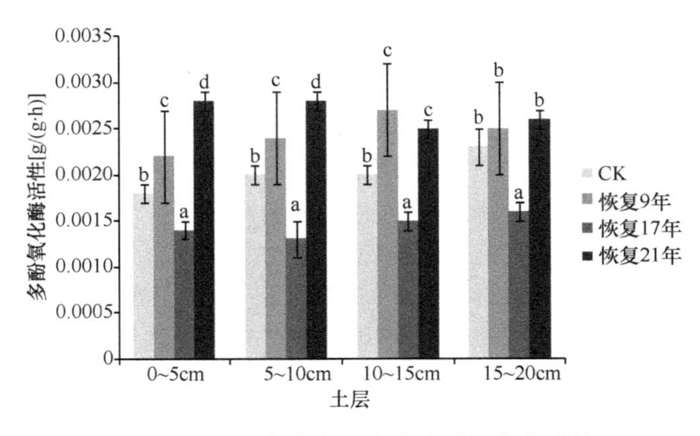

图 6-13　不同恢复年限土壤多酚氧化酶活性

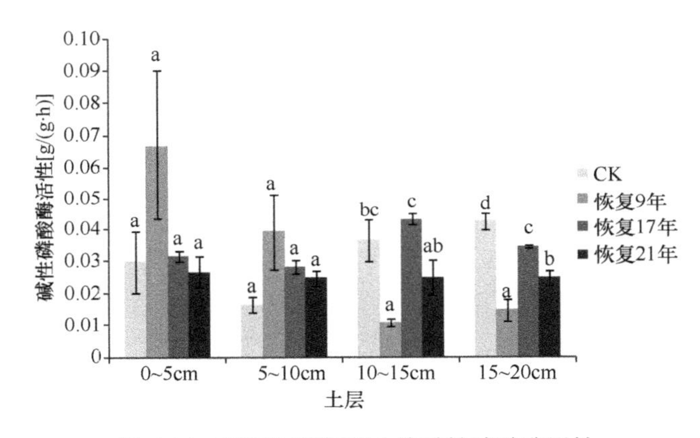

图 6-14　不同恢复年限土壤碱性磷酸酶活性

植被恢复与土壤酶活性的关系主要是通过植物的根系分泌物为根际生物提供氨基酸、糖类及维生素等养料，改善了土壤生态环境，间接提高了土壤酶活性；植物还能分泌胞外酶，刺激土壤微生物分泌一些酶；植被也可通过对土壤动物和微生物区系的作用而间接影响到土壤酶活性（Deng and Tabatabai，1994）。不同植被恢复措施、自然恢复不同演替阶段条件下土壤酶的类型和活性存在差异。有学者研究表明，不同植被的土壤脲酶、蔗糖酶、碱性磷酸酶活性不同，而且变异较大，各种酶活性均表现为表层大于下层（安韶山等，2005a；胡斌等，2002）。本研究所处试验区气候干燥、水分缺乏、土壤矿质元素转化较慢，随着植被恢复的进行，土壤生物学条件得以改善，从而使得土壤酶活性也显著增强。此外，影响土壤酶活性的因素较多，土壤质地、水热条件、植被组成及土壤物质代谢途径多样化等均对土壤酶活性造成了影响，并且不同的研究由于试验设计不同也会造成结果差异。

三、修复过程中土壤微生物多态性的变化

土壤中生活着丰富的微生物类群，它们是一个重要的地下生物宝库。土壤微生物作为整个陆地生态系统的组成部分，在一定程度上调节着土壤及整个生态系统的功能，

包括调节土壤物质循环和参与有机物分解转化等。作为生态系统中的主要分解者，土壤微生物对环境起着天然的“过滤”和“净化”作用，在土壤肥力和土壤生物量、植被生产力和生态系统功能等方面发挥着不可替代的作用（Copley，2000；张洪勋等，2003）。

土壤微生物是土壤环境条件变化的敏感指标，土壤微生物群落结构与多样性及其变化在一定程度上可以反映土壤的质量。在露天煤炭开采矿区，其生产过程是一个破坏生态环境的过程，并随之产生地表土壤结构改变、土壤侵蚀和土壤质量下降等一系列问题。而在土地复垦过程中，不可避免地采用许多养分贫瘠、土壤结构性差、微生物数量低的自然生土进行地貌重塑和土壤重构，严重地破坏了原有土壤微生物生存和繁衍的条件，使其数量和种类受到很大影响，对植被的重建工作极其不利（董红利，2010）。因此，土壤微生物的数量与特性，以及在建立植被恢复体系中的作用等与矿区生态修复过程密切相关。

植被恢复显著提高了土壤细菌的数量。由图 6-15 可见，在 0～5cm 和 5～10cm 土层中，恢复 21 年后细菌数量显著高于自然恢复样地，而在 10～15cm 和 15～20cm 土层中，呈现出先升高后下降再升高的趋势，恢复 9 年后细菌数量显著高于自然恢复样地，至恢复 17 年期间持续下降，后至恢复 21 年期间细菌数量一直上升。真菌数量的变化规律与细菌不同（图 6-16），在 0～5cm 土层，恢复 9 年时数量有所下降，随后至恢复 21 年期间数量有所回升，而在 5～10cm、10～15cm 和 15～20cm 土层，恢复 21 年后真菌数量显著高于自然恢复样地。随着恢复时间的增加，放线菌数量得到了显著增加（图 6-17），至恢复 21 年时，放线菌数量显著高于自然恢复样地。同时，自生固氮菌数量的变化趋势与放线菌相似（图 6-18），至恢复 21 年时数量显著高于自然恢复样地。随着人工恢复的进行，在 0～5cm 和 5～10cm 土层中，土壤反硝化细菌数量表现出下降—上升—下降的趋势（图 6-19）。至恢复 9 年期间数量持续下降，至恢复 17 年期间持续上升，随之至恢复 21 年期间下降；而在 10～15cm 和 15～20cm 土层中，则表现出先上升后下降的趋势，至恢复 17 年期间上升至最高点，而后持续下降。

图 6-20 是不同恢复年限土壤细菌群落 DGGE 图谱，可见经过变性梯度凝胶电泳分离到不同的条带。可以看出，各样地间既具有共有条带又具有特异性条带，其中 OPT、SQG 样地的条带较多。

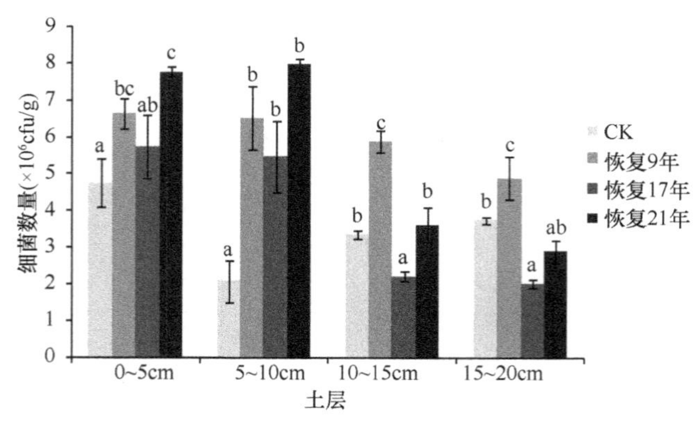

图 6-15　不同恢复年限土壤细菌数量

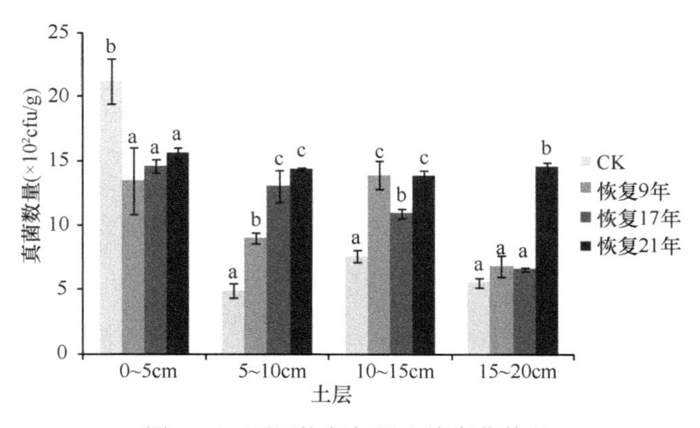

图 6-16　不同恢复年限土壤真菌数量

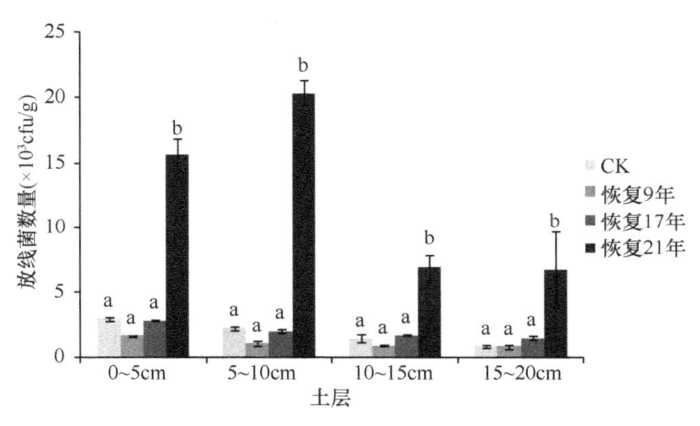

图 6-17　不同恢复年限土壤放线菌数量

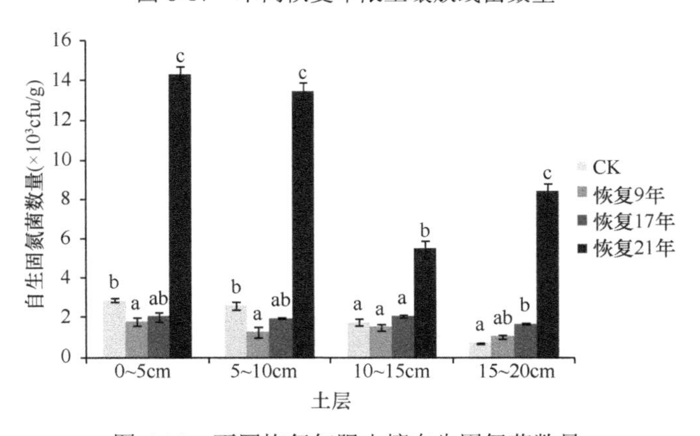

图 6-18　不同恢复年限土壤自生固氮菌数量

从非加权组平均法（UPGMA）分析结果（图 6-21）可以看出，4 种样地间细菌群落的差异性不同，其中 SQG 与 DZ、WPT 和 OPT 的群落差异较明显，结合相似性分析可知（表 6-3），WPT、SQG 的细菌群落相似性最高，同时在不同的样地间细菌群落具有一定的共同性，为 43.4%。

图 6-22 是不同样地土壤细菌多样性结果，可见不同样地细菌多样性明显不同，其

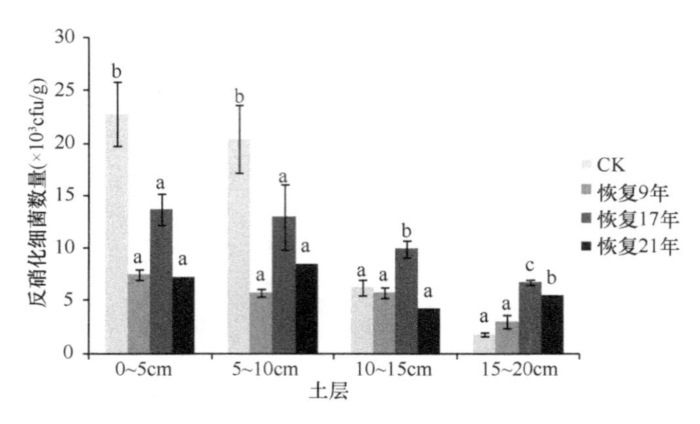

图 6-19　不同恢复年限土壤反硝化细菌数量

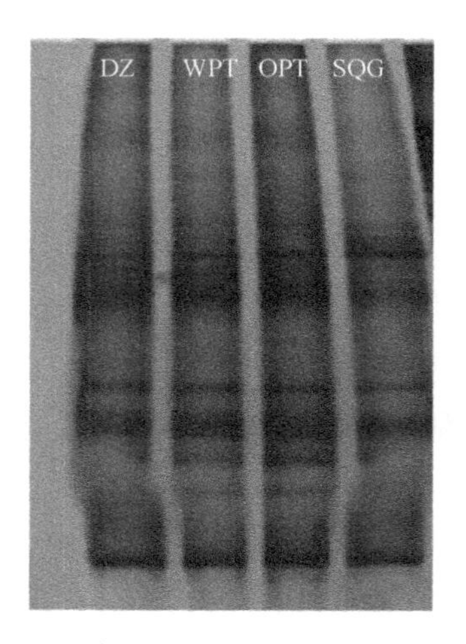

图 6-20　不同恢复年限土壤细菌的 DGGE 图谱（彩图请扫封底二维码）

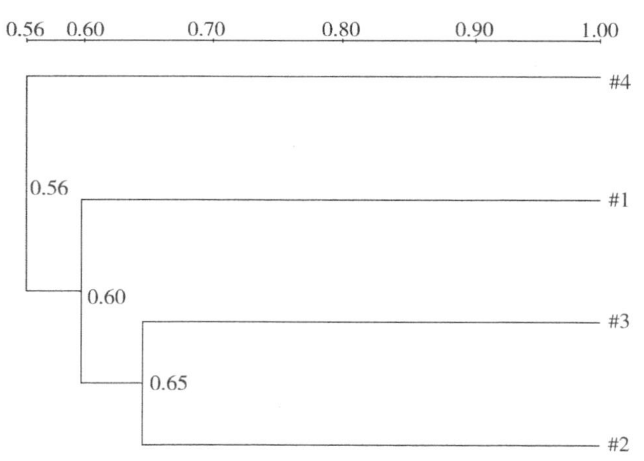

图 6-21　不同恢复年限细菌的 UPGMA 结果

编号 1～4 依次为 DZ、WPT、OPT、SQG

中 OPT 的 Shannon-Wiener 多样性指数最高，其次是 SQG。可以看出二者的多样性指数较为接近。

表 6-3　不同恢复年限土壤细菌群落的相似性　（%）

样地	DZ	WPT	OPT	SQG
DZ	100			
WPT	49.7	100		
OPT	43.4	74.3	100	
SQG	59.3	83.3	72.2	100

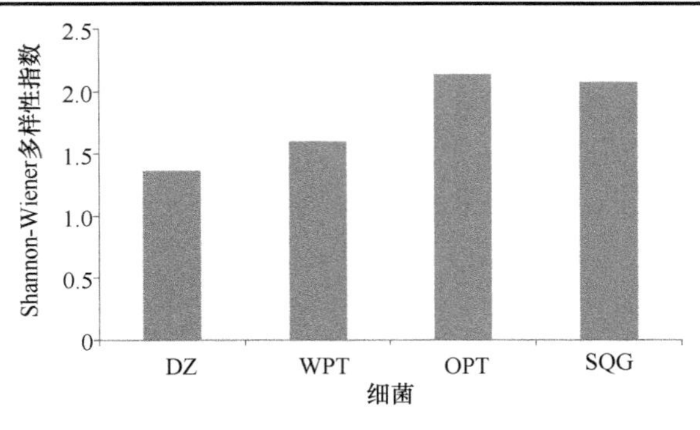

图 6-22　不同恢复年限土壤细菌的多样性

图 6-23 是不同恢复年限土壤真菌群落 DGGE 图谱，可见经过变性梯度凝胶电泳分离到不同的条带。可以看出，各样地间既具有共有条带又具有特异性条带，其中 OPT、SQG 样地的条带较多。

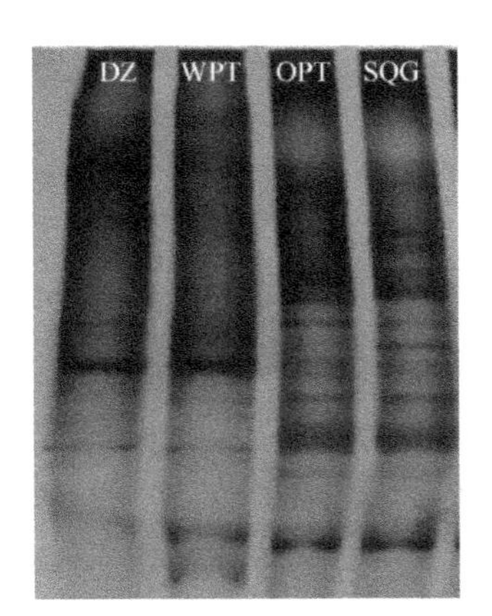

图 6-23　不同恢复年限土壤真菌的 DGGE 图谱（彩图请扫封底二维码）

从 UPGMA 分析结果可以看出（图 6-24），4 种样地间真菌群落的差异性不同，其中 DZ、WPT 与 OPT、SQG 的群落差异性很大，结合相似性分析可知（表 6-4），DZ、WPT 的真菌群落相似性最高，同时不同样地间的真菌群落具有一定的共同性，为 28.5%。

图 6-25 是不同样地土壤真菌多样性的结果，可见不同样地真菌多样性明显不同，其中 WPT 的 Shannon-Wiener 多样性指数最高，其次是 OPT。

有学者对植被恢复过程中的土壤微生物数量进行了研究，结果表明油松、刺槐能有效地改善土壤的持水性和通气状况，为微生物发育提供丰富的基质，可促进微生物的生长（刘宝勇等，2011）。以往研究认为细菌适宜在中性或微碱性的土壤环境中生长，真

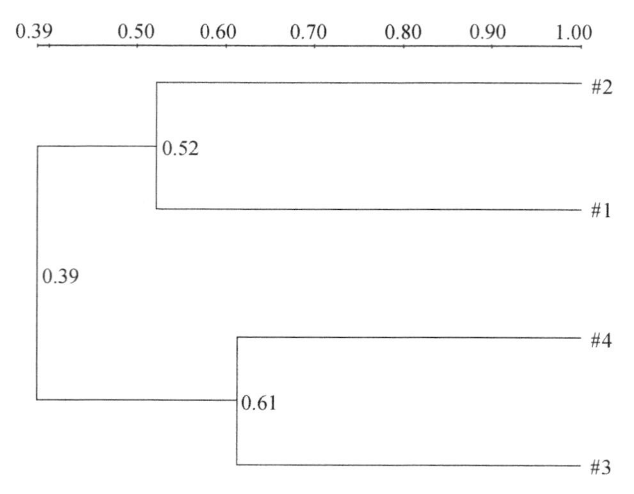

图 6-24　不同恢复年限真菌的 UPGMA 结果

编号 1～4 依次为 DZ、WPT、OPT、SQG

表 6-4　不同恢复年限土壤真菌群落的相似性　（%）

样地	DZ	WPT	OPT	SQG
DZ	100			
WPT	73.9	100		
OPT	34.1	28.5	100	
SQG	29.2	40.8	39.5	100

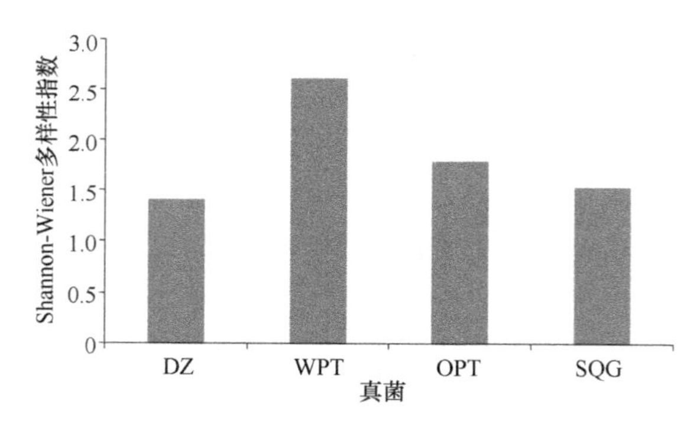

图 6-25　不同恢复年限土壤真菌的多样性

菌在微碱性环境中生长较差（薛立等，2003）。黄土高原土壤呈弱碱性，所以导致细菌数量明显高于真菌，本研究的结果也说明了这一点。土壤微生物是生态系统的重要组成部分，受到多种因素的共同影响。其中植被根系分泌物中含有氨基酸、维生素、有机酸等多种物质，不同树种或同一树种的不同发育阶段分泌物的组成和含量不同，直接影响着微生物的种群结构和数量分布；此外植物根系向土壤分泌各种胞外酶和输入各种组织脱落物，能促进微生物对土壤养分物质的吸收、利用和转化（田呈明等，1999）。土壤有机碳的含量和 C/N 值也能够显著影响土壤微生物群落结构（Petra et al.，2003）。越来越多的研究表明，土壤微生物学特性可作为土壤生态系统恢复的敏感指标之一

（Insam et al.，1989）。

第三节　不同植被模式下的土壤质量变化

土壤性质与植被组成、结构多样性有密切关系。本研究选择同一复垦时期不同植被配置模式作为研究对象，研究其与土壤养分、理化性状和生物性状的关系。另外，将单一复垦为草地和农田的也作为一种模式，比较不同植被配置模式对复垦土壤的影响，为评价植被配置模式的优劣提供科学依据。

一、不同植被模式下土壤理化性状的变化

由图 6-26 可见，在 0～10cm 土层，8 种植被种植模式间的土壤 pH 均无显著差异，最高值为 YC 和 XYY 的 8.47，最低值为 SQG 的 8.21。在 10～20cm 土层，不同种植模式间的土壤 pH 有显著差异，最高者为 DZ，其值为 8.55，最低者为 SQG，其值为 8.22。整体来看，8 种不同模式的人工林土壤大致为偏碱性。

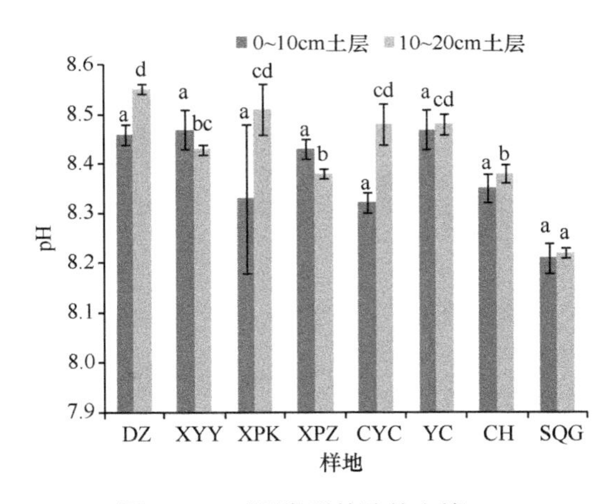

图 6-26　不同类型林地的土壤 pH

图 6-27 是不同类型林地模式下土壤含水量的比较，可见在 0～10cm 土层，不同的林地模式间无显著差异，土壤含水量为 4.920%～11.483%，最高者为 CYC，最低者为 CH。在 10～20cm 土层，不同模式间差异性不同，可以看到，XYY 的含水量最高且显著高于 XPK、CH、YC、XPZ、DZ，其次是 CYC、SQG，XPK 的含水量最低，为 4.670%。

图 6-28 反映了不同样地田间持水量的相关情况，可以看到不同样地间的田间持水量有所差异。在 0～10cm 土层，DZ 的田间持水量最高，为 10.66%，并显著高于 SQG，同时 SQG 的值最低；在 10～20cm 土层，XYY 的值显著高于 XPK、XPZ 和 SQG，同时 XPK 的值最低。

图 6-29 反映了不同类型林地土壤容重的情况，可以看到不同样地间差异性不同，在 0～10cm 土层，容重最低者为 CH（1.107g/cm^3），最高者为 DZ；而在 10～20cm 土层，容重最低者为 XPZ，并显著低于 XYY，容重最高者为 DZ，与其他样地无显著差异。

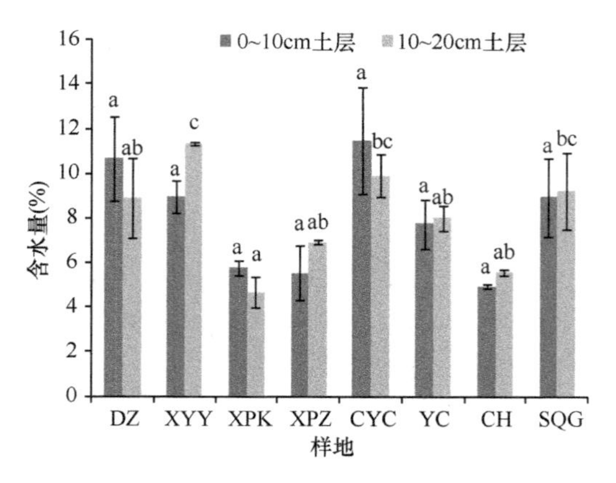

图 6-27　不同类型林地的土壤含水量

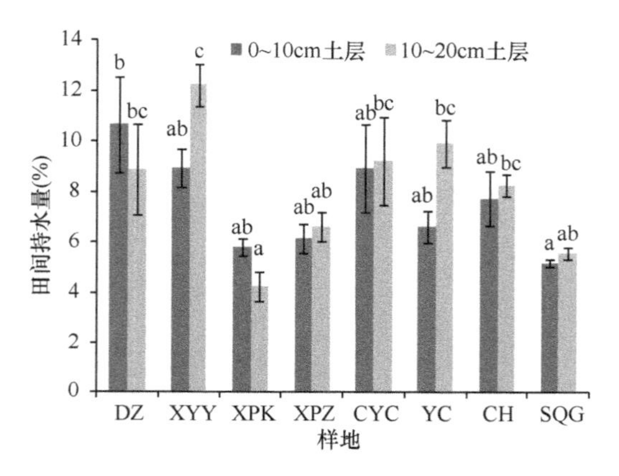

图 6-28　不同类型林地的田间持水量

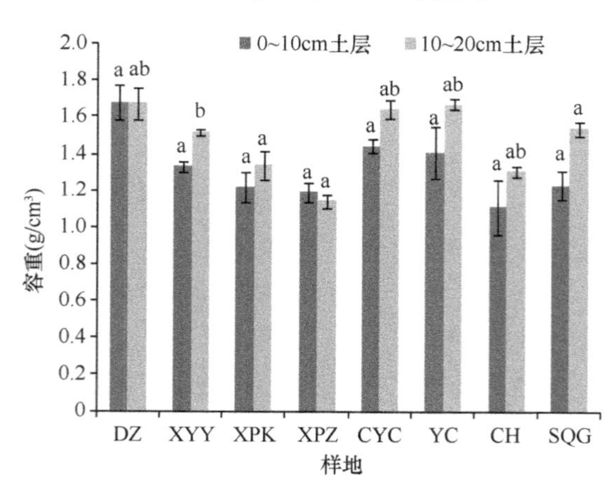

图 6-29　不同类型林地的土壤容重

不同类型林地土壤有机质的变化情况如图 6-30 所示。0～10cm 土层土壤有机质含量为 8.36～70.84g/kg，其中 YC 的含量最高，并显著高于其他样地，其次为 CH；在 10～20cm 土层，土壤有机质含量为 4.73～18.48g/kg，其中 YC 的含量最高，并显著高于 DZ、

XPK、XPZ 和 CYC，其次是 CH。

图 6-31 是不同类型林地土壤全氮的情况。可以看到，不同的植被模式间全氮含量差异性不同。在 0～10cm 土层，全氮含量为 0.19～0.84g/kg，其中 YC 最高，并显著高于其他样地；在 10～20cm 土层，全氮含量为 0.19～0.63g/kg，其中 YC 最高，并显著高于其他样地，其次是 CH。

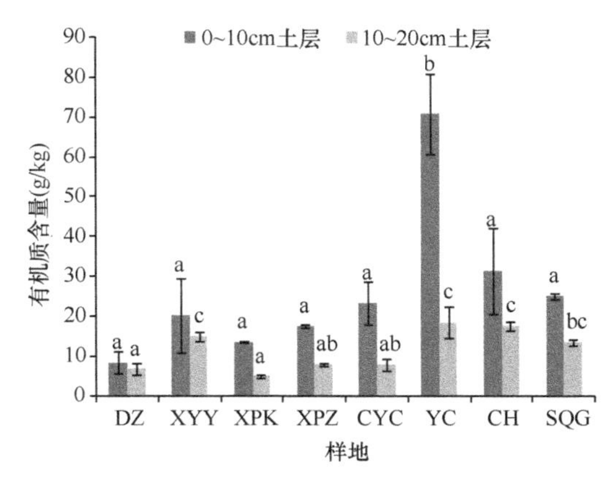

图 6-30　不同类型林地的土壤有机质含量

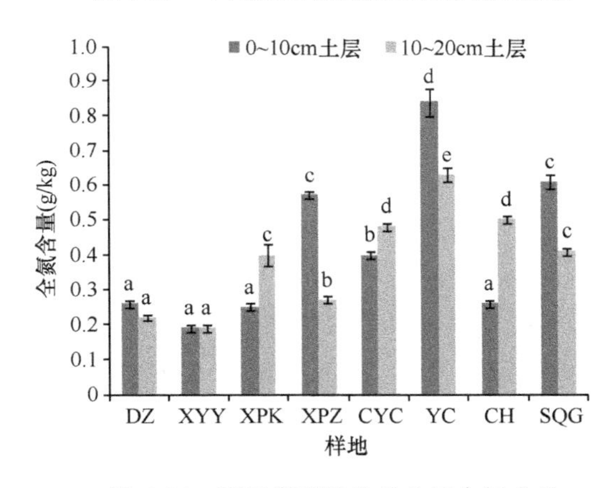

图 6-31　不同类型林地的土壤全氮含量

图 6-32 反映了不同类型林地土壤碱解氮含量的变化，可以看出各样地间土壤碱解氮含量存在差异。在 0～10cm 土层，碱解氮含量为 5.60～76.69mg/kg，其中 SQG 最高，且显著高于其他样地，其次是 XPZ；在 10～20cm 土层，碱解氮含量为 2.10～58.67mg/kg，其中 SQG 含量最高，并显著高于其他样地，其次是 XPZ。

不同样地间土壤全磷的含量不同。由图 6-33 可见，在 0～10cm 土层，全磷含量为 0.33～0.59g/kg，其中 YC 的含量最高，并显著高于其他样地，其次是 CYC；在 10～20cm 土层，全磷含量为 0.30～0.50g/kg，其中 YC 的含量最高，且显著高于 XYY，其次是 SQG。

不同样地间土壤速效磷含量差异显著。由图 6-34 可见，在 0～10cm 土层，速效磷含量为 1.07～9.02mg/kg，其中 CYC 最高，并显著高于其他样地，其次是 XPZ；在 10～

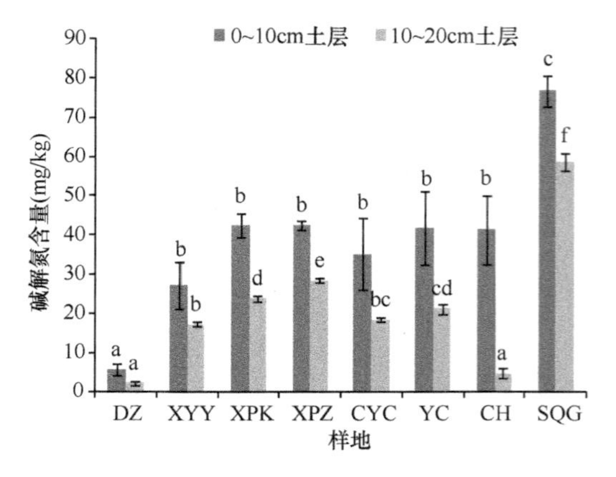

图 6-32　不同类型林地的土壤碱解氮含量

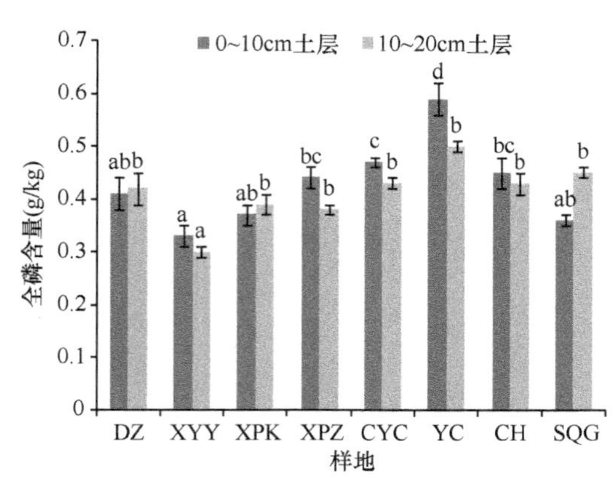

图 6-33　不同类型林地的土壤全磷含量

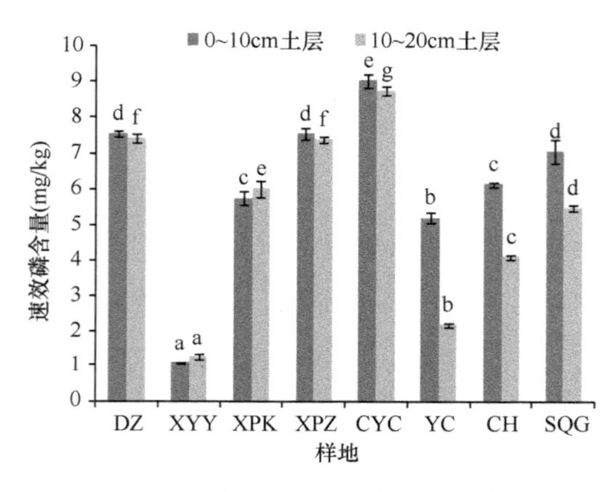

图 6-34　不同类型林地的土壤速效磷含量

20cm 土层，速效磷含量为 1.23～8.74mg/kg，其中 CYC 含量最高，且显著高于其他样地，其次是 XPZ。

由表 6-5 可知，3 种草地模式的土壤 pH 不同。在 0～10cm 土层，3 种样地间 pH 为 8.337～8.460，均无显著差异；在 10～20cm 土层，pH 为 8.330～8.547，其中 YCD 最低，且显著低于 TMX 和 SMX。

表 6-5　不同类型草地的土壤理化性状

土壤指标	土层	样地	数值
pH	0～10cm	TMX	8.393±0.177a
		SMX	8.460±0.032a
		YCD	8.337±0.038a
	10～20cm	TMX	8.527±0.048b
		SMX	8.547±0.013b
		YCD	8.330±0.026a
含水量（%）	0～10cm	TMX	7.333±0.818a
		SMX	8.343±0.619a
		YCD	6.383±0.198a
	10～20cm	TMX	9.543±1.176a

续表

土壤指标	土层	样地	数值
含水量（%）	10～20cm	SMX	9.223±0.972a
		YCD	6.283±0.628a
田间持水量（%）	0～10cm	TMX	13.972±2.170a
		SMX	13.152±2.170a
		YCD	11.047±0.757a
	10～20cm	TMX	14.102±0.701b
		SMX	14.231±2.066b
		YCD	10.174±1.789a
容重（g/cm^3）	0～10cm	TMX	1.243±0.041a
		SMX	1.241±0.011a
		YCD	1.302±0.011a
	10～20cm	TMX	1.329±0.027a
		SMX	1.241±0.021a
		YCD	1.352±0.004a
有机质（g/kg）	0～10cm	TMX	20.680±3.836a
		SMX	7.040±1.164a
		YCD	19.360±6.113a
	10～20cm	TMX	37.840±6.915b
		SMX	7.040±3.173a
		YCD	18.480±2.016a
全氮（g/kg）	0～10cm	TMX	0.547±0.024a
		SMX	0.533±0.012a
		YCD	0.980±0.055b
	10～20cm	TMX	0.343±0.009a
		SMX	0.500±0.012b
		YCD	0.463±0.012b
碱解氮（mg/kg）	0～10cm	TMX	7.000±0.808a
		SMX	11.900±0.404a
		YCD	29.633±5.749b
	10～20cm	TMX	16.800±0.808a
		SMX	16.333±2.691a
		YCD	25.667±2.034b
全磷（g/kg）	0～10cm	TMX	0.326±0.020b
		SMX	0.449±0.026c
		YCD	0.242±0.019a
	10～20cm	TMX	0.404±0.014b
		SMX	0.341±0.005a
		YCD	0.324±0.009a
速效磷（mg/kg）	0～10cm	TMX	3.716±0.208a
		SMX	4.663±0.224b
		YCD	3.041±0.056a
	10～20cm	TMX	3.683±0.106b
		SMX	4.005±0.323b
		YCD	2.745±0.040a

注：同一土壤指标同一土层内不同字母表示样地间差异显著

由表 6-5 可知，不同草地模式的土壤含水量不同，在 0～10cm 土层，3 种样地的土壤含水量为 6.383%～8.343%，各样地间无显著差异；在 10～20cm 土层，土壤含水量为 6.283%～9.543%，各样地间无显著差异。同时，不同类型草地的田间持水量不同。在 0～10cm 土层，田间持水量为 11.047%～13.972%，3 种样地间无显著差异；在 10～20cm 土层，田间持水量为 10.174%～14.231%，其中 YCD 最低，且显著低于 TMX 和 SMX。从表 6-5 中还可以看到，3 种样地间的土壤容重无显著差异，在 0～10cm 土层，容重为 1.241～1.302g/cm^3，而在 10～20cm 土层，容重为 1.241～1.352g/cm^3。

不同草地样地间土壤有机质含量见表 6-5。可以看到，在 0～10cm 土层，有机质含量为 7.040～20.680g/kg，3 种样地间无显著差异；在 10～20cm 土层，有机质含量为 7.040～37.840g/kg，其中 TMX 含量最高，且显著高于 SMX 和 YCD。同时可以看到，0～10cm 土层中全氮含量为 0.533～0.980g/kg，其中 YCD 含量最高，且显著高于 TMX 和 SMX；10～20cm 土层中全氮含量为 0.343～0.500g/kg，其中 SMX 和 YCD 含量显著高于 TMX，同时 SMX 和 YCD 之间无显著差异（表 6-5）。3 种样地的碱解氮变化规律较为一致（表 6-5）。在 0～10cm 土层，碱解氮含量为 7.000～29.633mg/kg，其中 YCD 含量最高且显著高于 TMX 和 SMX；在 10～20cm 土层，表现出相同的变化规律。由表 6-5 可见，3 种样地间的土壤全磷含量不同，在 0～10cm 土层，全磷含量为 0.242～0.449g/kg，其中 SMX 含量最高，且显著高于其他样地；在 10～20cm 土层，土壤全磷含量为 0.324～0.404g/kg，其中 TMX 含量最高且显著高于其他样地。

土壤速效磷的含量表现出了不同的变化情况（表 6-5）。在 0～10cm 土层，速效磷含量为 3.041～4.663mg/kg，其中 SMX 含量最高且显著高于其他样地；在 10～20cm 土层，速效磷含量为 2.745～4.005mg/kg，其中 SMX 含量最高，同时 SMX 和 TMX 显著高于 YCD，且 SMX 和 TMX 之间无显著差异。

表 6-6 说明了不同农田模式的土壤含水量情况。可以看到，两种样地间差别较大。在 0～10cm 土层和 10～20cm 土层，均是 KNT 的含水量高于 YNT。二者的土壤 pH 也表现为 KNT 高于 YNT。两种样地的田间持水量也表现出相同的变化规律。对于土壤容重，两种样地的 0～10cm 和 10～20cm 土层中均为 KNT 低于 YNT。

表 6-6　不同类型农田的土壤理化性质

指标	土层	样地	数值
含水量（%）	0～10cm	KNT	9.147±0.388
		YNT	4.930±0.466
	10～20cm	KNT	9.510±0.352
		YNT	6.983±0.615
pH	0～10cm	KNT	8.457±0.009
		YNT	8.383±0.069
	10～20cm	KNT	8.480±0.012
		YNT	8.223±0.012
有机质（g/kg）	0～10cm	KNT	13.200±2.017
		YNT	24.640±1.586
	10～20cm	KNT	11.000±5.407
		YNT	16.280±3.080

续表

指标	土层	样地	数值
全氮（g/kg）	0～10cm	KNT	0.327±0.003
		YNT	0.527±0.003
	10～20cm	KNT	0.343±0.019
		YNT	0.390±0.010
碱解氮（mg/kg）	0～10cm	KNT	6.300±1.069
		YNT	26.367±0.617
	10～20cm	KNT	3.500±0.404
		YNT	24.500±0.404
全磷（g/kg）	0～10cm	KNT	0.524±0.022
		YNT	0.383±0.032
	10～20cm	KNT	0.499±0.031
		YNT	0.355±0.018
速效磷（mg/kg）	0～10cm	KNT	18.041±0.143
		YNT	8.553±0.473
	10～20cm	KNT	14.842±0.408
		YNT	4.801±0.343
田间持水量（%）	0～10cm	KNT	17.039±1.259
		YNT	12.968±0.353
	10～20cm	KNT	14.883±2.501
		YNT	12.842±0.956
容重（g/cm^3）	0～10cm	KNT	1.205±0.013
		YNT	1.368±0.022
	10～20cm	KNT	1.237±0.005
		YNT	1.293±0.007

由表 6-6 也可知，两种样地间有机质含量不同。两层土壤均为 YNT 高于 KNT，而全氮、碱解氮含量也表现出相同的变化规律。从土壤全磷和速效磷的含量来看，表现出与有机质、全氮、碱解氮相反的趋势，在两层土壤中均表现为 KNT 高于 YNT 的变化规律。

土壤酸碱度是估计植物营养元素相对有效性的指标，土壤 pH 大于 7 时，磷酸盐易形成磷酸钙，植物难以吸收利用，pH 为 6～7 时有效性最高（鲁如坤，2000）。不同植被模式下表层土壤的 pH 优于下层土壤，在表层土壤中，植物的根系较多，土壤的通气性较好，各类物质积累丰富，生物种类较多；在下层土壤中植被根系较少，土壤通透性差，各类生物不易生存，可见植被对土壤酸碱度有一定的促进作用。

不同植被通过根系分泌物和残体增加了土壤的碳源、氮源及磷源，对土壤的物质循环产生影响，从而改善了土壤的质量（Rutigliano et al.，2004）。总体来看，土壤有机质指标是混交乔木林的模式最好（YC 和 CH），这与戴全厚等（2008a）的混交乔木林优于纯林结果相同。在植被恢复过程中，乔木林地和灌木林地的凋落量比较丰富，直接影响着微生物对其分解和利用的程度，从而影响着土壤有机质含量。并且植被根系生物量大，使得土壤结构较好、凋落物分解较快，有机质含量就相对丰富，能提供植物、土壤微生物生长所需的养分。植被恢复能提高土壤的氮素含量，并且改善效应（土壤的理化性状和生物学性状）随植被类型的不同而不同，这与胡江波等（2007）的乔木群落优于灌木群落和草本群落的结果一致。

二、不同植被模式下土壤酶活性的变化

由图6-35可见，不同类型林地土壤蔗糖酶的活性显著不同。0～10cm土层中蔗糖酶活性为0.113～0.346g/(g·h)，其中SQG的酶活性最高且显著高于其他样地，其次是XPK，显著高于除SQG之外的其他样地；在10～20cm土层中表现出相同的变化规律，但SQG与XPK差异不显著，变化范围为0.105～0.329g/（g·h）。

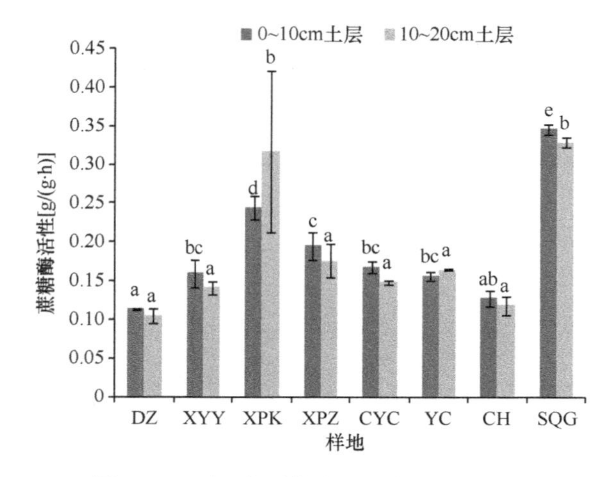

图6-35 不同类型林地的土壤蔗糖酶活性

由图6-36可知不同类型林地土壤脲酶活性具有差异。0～10cm土层中脲酶活性为0.069～1.562g/（g·h），其中CYC的酶活性最高且显著高于其他样地，其次是XYY；10～20cm土层的脲酶活性也表现出相同的变化规律。

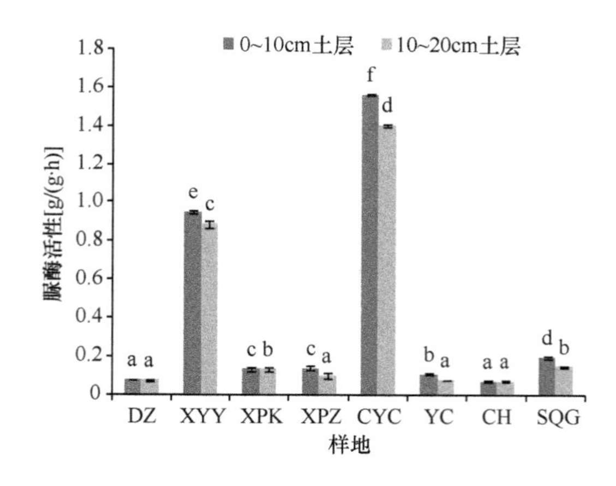

图6-36 不同类型林地的土壤脲酶活性

不同类型林地间的土壤过氧化氢酶活性显著不同。由图6-37可知，0～10cm土层中

过氧化氢酶活性为 1.480～4.685g/（g·h），其中 XPK 的酶活性最高且显著高于 XPZ，其次是 YC；10～20cm 土层中过氧化氢酶活性为 1.361～4.812g/（g·h），其中 XPK 的酶活性最高且显著高于 XPZ，其次是 DZ。

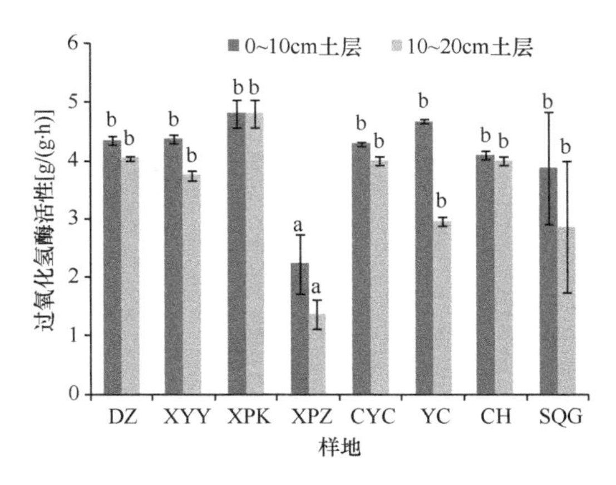

图 6-37　不同类型林地的土壤过氧化氢酶活性

由图 6-38 可知，不同林地模式间的土壤多酚氧化酶活性不同。0～10cm 土层中多酚氧化酶活性的变化范围为 0.0010～0.0039g/（g·h），其中 XPZ 的酶活性最高且显著高于 DZ、XYY、CYC、YC 和 CH，其次是 XPK；10～20cm 土层中变化范围为 0.0012～0.0041g/（g·h），其中 XPZ 的酶活性最高且显著高于 DZ、XYY、CYC、YC、CH 和 SQG，其次是 XPK。

不同类型林地土壤碱性磷酸酶活性不同。由图 6-39 可知，0～10cm 土层中碱性磷酸酶活性变化范围为 0.014～0.082g/（g·h），其中 CH 最高且显著高于其他样地，其次是 SQG；10～20cm 土层中表现出相同的变化规律。

从图 6-40 可知，3 种草地的土壤蔗糖酶活性不同。在 0～10cm 土层，酶活性变化范围为 0.092～0.149g/（g·h），其中 TMX 和 SMX 显著高于 YCD，且二者无显著差异，同时 10～20cm 土层也呈相同的变化规律。

由图 6-41 可见，3 种草地的土壤脲酶活性差异显著。0～10cm 土层脲酶活性变化范

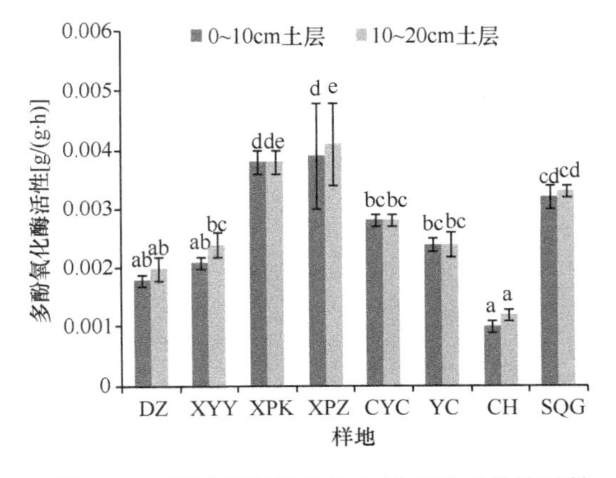

图 6-38　不同类型林地的土壤多酚氧化酶活性

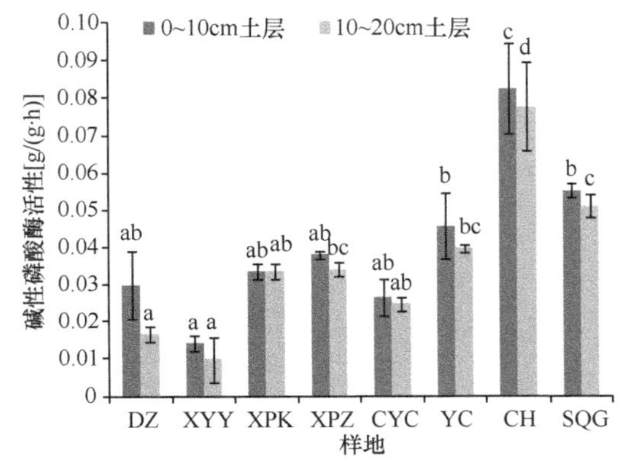

图 6-39　不同类型林地土壤碱性磷酸酶活性

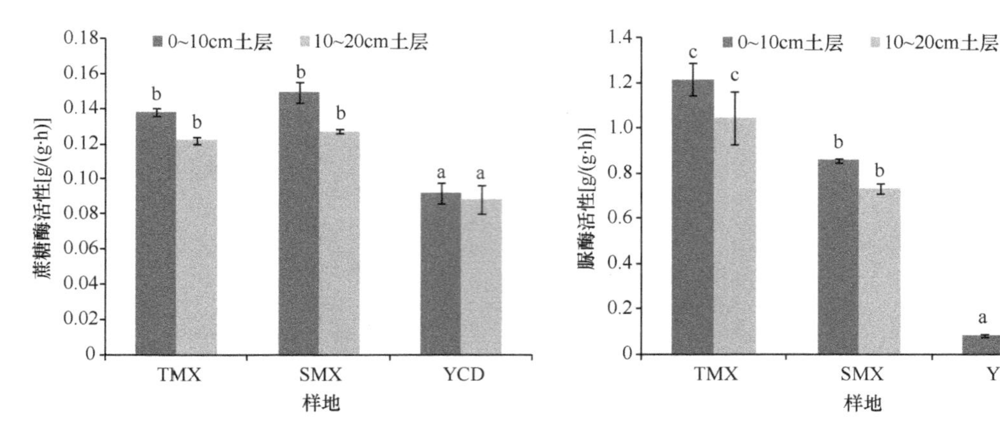

图 6-40　不同类型草地的土壤蔗糖酶活性　　图 6-41　不同类型草地的土壤脲酶活性

围为 0.082～1.214g/（g·h），其中 TMX 最高且显著高于其他样地，其次是 SMX；10～20cm 土层脲酶活性表现出相似的变化规律。

土壤过氧化氢酶的活性变化与前两种酶不同（图 6-42），在 0～10cm 和 10～20cm 土层，酶活性的变化范围分别为 4.104～5.241g/（g·h）和 3.865～5.207g/（g·h），TMX 最高且显著高于其他样地，其次是 YCD。

土壤多酚氧化酶的活性情况与过氧化氢酶不同（图 6-43）。在 0～10cm 和 10～20cm 土层，TMX 和 SMX 间无显著差异，YCD 值最高且显著高于其他样地。

由图 6-44 可知 3 种草地的土壤碱性磷酸酶活性变化情况。在 0～10cm 土层，酶活性变化范围为 0.010～0.039g/（g·h），YCD 值最高且显著高于 TMX；在 10～20cm 土层，变化范围为 0.004～0.038g/（g·h），YCD 值最高且显著高于其他样地，其次是 SMX。

由表 6-7 可见，不同类型农田的土壤蔗糖酶活性不同。从 0～10cm 和 10～20cm 土层来看，酶活性均表现为 YNT 高于 KNT，脲酶的活性在两层土壤中表现出不同的规律，即 KNT 高于 YNT。

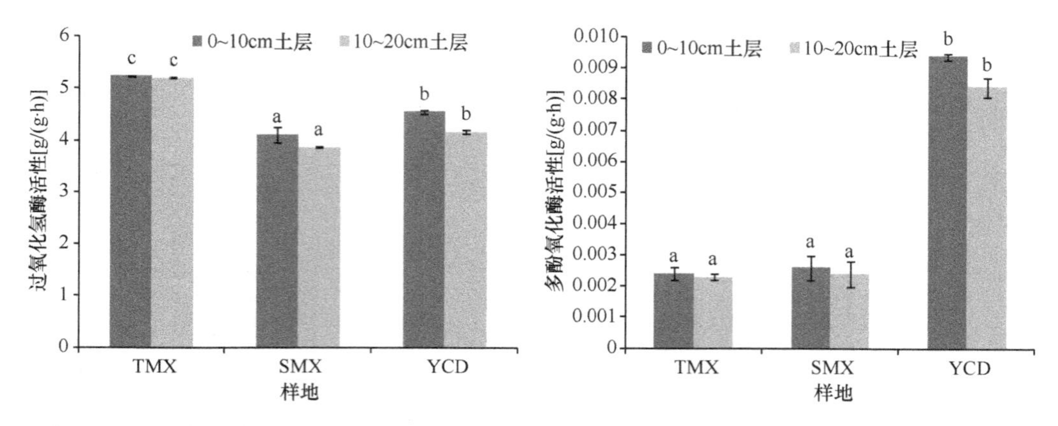

图 6-42　不同类型草地的土壤过氧化氢酶活性　图 6-43　不同类型草地的土壤多酚氧化酶活性

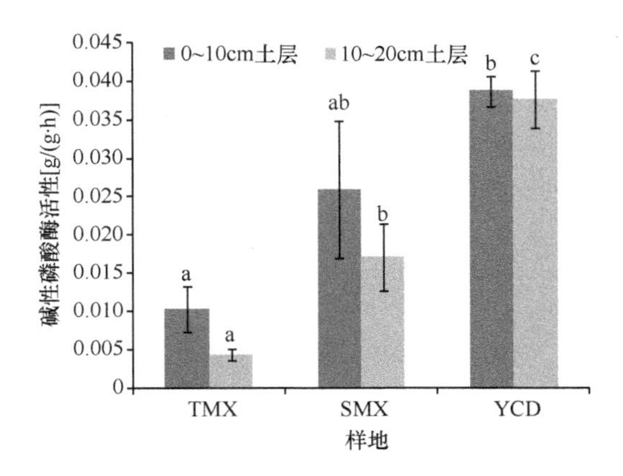

图 6-44 不同类型草地的土壤碱性磷酸酶活性

表 6-7 不同类型农田的土壤酶活性 [单位：g/（g·h）]

指标	土层	样地	数值
蔗糖酶	0～10cm	KNT	0.187±0.0027
		YNT	0.225±0.0042
	10～20cm	KNT	0.125±0.0050
		YNT	0.241±0.0021
脲酶	0～10cm	KNT	1.417±0.0375
		YNT	0.757±0.0641
	10～20cm	KNT	1.289±0.0717
		YNT	0.882±0.0772
过氧化氢酶	0～10cm	KNT	4.805±0.0375
		YNT	5.250±0.0083
	10～20cm	KNT	4.934±0.0372
		YNT	5.139±0.0087
多酚氧化酶	0～10cm	KNT	0.0021±0.0002
		YNT	0.0083±0.0001
	10～20cm	KNT	0.0021±0.0002
		YNT	0.0060±0.0002
碱性磷酸酶	0～10cm	KNT	0.0284±0.0003
		YNT	0.0508±0.0009
	10～20cm	KNT	0.0324±0.0027
		YNT	0.0631±0.0070

不同的植被恢复模式下土壤酶活性差异较大。从土壤剖面来看，总的趋势都表现出上层土壤酶活性高于下层土壤，也体现了“多数情况下基质上、中层酶活性较高”的层次性分布特点（吴振斌等，2002）。不同的植被模式下土壤酶活性不同，各林型的酶活性变化规律不明显，大体为乔木混交林或针叶混交林较高，这与李媛媛等（2007）的研究结果即不同植被类型下脲酶活性为混交林＞针叶林的结果类似。也有研究表明，不同的植被恢复模式对酶活性的改善作用不同（戴全厚等，2008b）。安韶山等（2005b）

认为大多数植被恢复模式对土壤的脲酶活性有着促进作用，从而提高了氮素循环效率，也对土壤质量有着积极的改善作用。植被恢复后，土壤蔗糖酶、脲酶、碱性磷酸酶活性的增强，表明土壤中碳素、氮素和磷素营养循环强度有较大程度的提高（杨玉盛等，1998）。但有人研究得出过氧化氢酶受植被影响的变化规律不明显（王海英等，2006），本研究的结果也从侧面说明了这一点。不同植被恢复模式的土壤酶活性较对照模式有提高，说明土壤酶活性与土壤肥力有关并且可以作为衡量土壤肥力高低的指标之一（关松荫，1980）。

三、不同植被模式下微生物多态性的变化

由图 6-45 可见，8 种林地类型土壤细菌数量有显著不同，可以看到，在 0～10cm 土层，XYY 最高且显著高于其他样地；10～20cm 土层，PK 和 XYY 的数量高且显著高于其他样地。0～10cm 土层的细菌数量为 4.75×10^6～16.33×10^6cfu/g，10～20cm 土层细菌数量为 2.08×10^6～11.37×10^6cfu/g。

不同样地的真菌数量不同（图 6-46），在 0～10cm 土层，真菌数量为 9.90×10^2～21.25×10^2cfu/g，DZ 和 YC 的真菌数量较高且显著高于其他样地；在 10～20cm 土层，真菌数量为 4.92×10^2～16.07×10^2cfu/g，其中 XPK 最高且显著高于 DZ、XYY 和 SQG。

由图 6-47 可见，8 种林地的土壤放线菌数量有显著差异。可以看出两层土壤中 XPK 的放线菌数量最高且显著高于其他样地。在 0～10cm 土层，放线菌数量为 1.76×10^3～45.87×10^3cfu/g；在 10～20cm 土层，放线菌数量为 1.51×10^3～45.87×10^3cfu/g。

8 种样地的土壤自生固氮菌数量也具有显著差异（图 6-48）。在 0～10cm 土层，SQG 的数量最高且显著高于其他样地。两层土壤自生固氮菌数量分别为 2.88×10^3～28.24×10^3cfu/g 和 1.41×10^3～18.97×10^3cfu/g。

由图 6-49 可知 8 种林地的土壤反硝化细菌数量，在 0～10cm 和 10～20cm 土层，DZ 的数量最高，XYY 次之，且均显著高于其他样地。

由图 6-50 可知，3 种草地间土壤细菌的数量不同。在 0～10cm 土层，YCD 数量最高且显著高于其他样地，其次是 TMX。

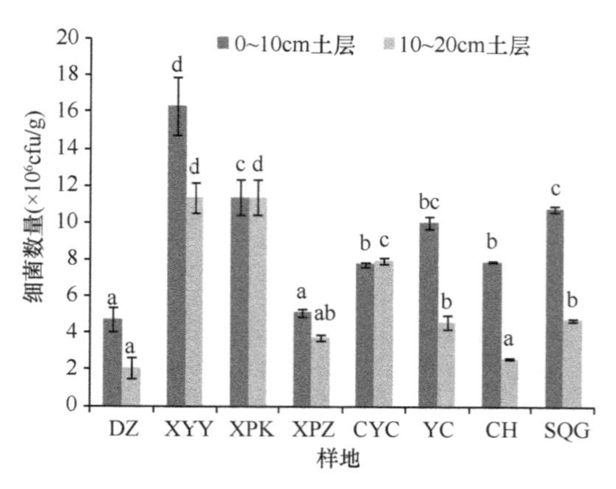

图 6-45　不同类型林地的土壤细菌数量

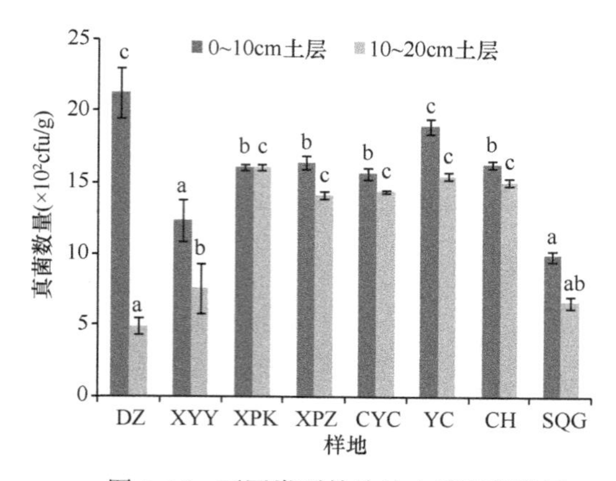

图 6-46　不同类型林地的土壤真菌数量

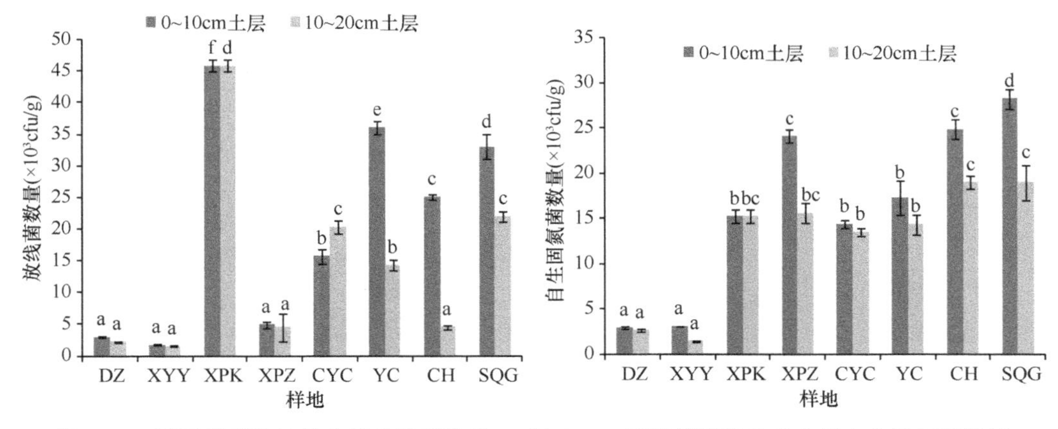

图 6-47　不同类型林地的土壤放线菌数量　　图 6-48　不同类型林地的土壤自生固氮菌数量

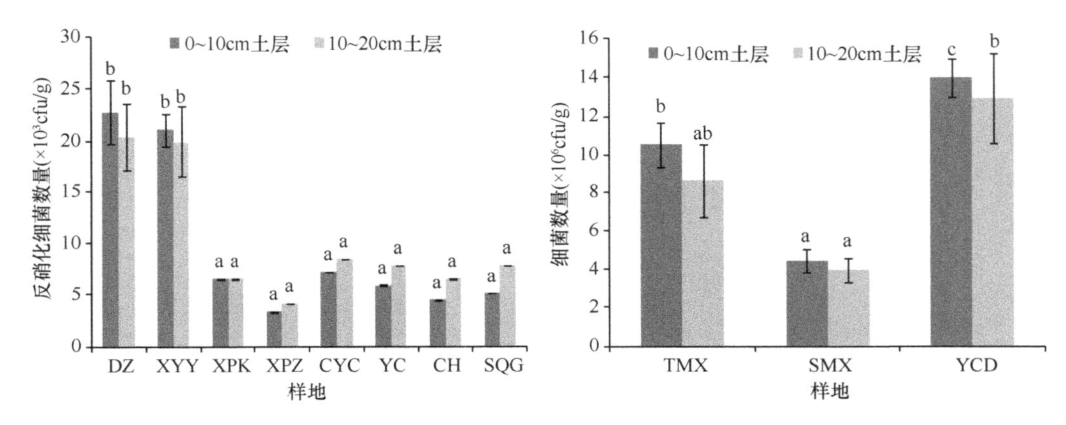

图 6-49　不同类型林地的土壤反硝化细菌数量　　图 6-50　不同类型草地的土壤细菌数量

土壤真菌数量在不同草地间也有所不同（图 6-51）。在 0～10cm 和 10～20cm 土层，SMX 的数量最高且显著高于 TMX。放线菌数量在 0～10cm 土层，TMX 数量最高且显著高于其他样地，而在 10～20cm 土层也是 TMX 数量最高（图 6-52）。

不同草地间的土壤自生固氮菌数量不同（图 6-53）。可以看到，在 0～10cm 和 10～20cm 土层，TMX 数量最高。由图 6-54 可见，反硝化细菌数量也有差异。在 10～20cm 土层，TMX 数量最高且显著高于其他样地，其次是 YCD。

由表 6-8 可知，两种农田土壤细菌、真菌、放线菌和反硝化细菌的数量均表现为两层土壤中 YNT 高于 KNT。而自生固氮菌的数量变化规律不同，表现为 KNT 高于 YNT。

图 6-55 是不同类型林地土壤细菌群落 DGGE 图谱，可见经过变性梯度凝胶电泳分离到不同的条带。可以看出，各样地间既具有共有条带又具有特异性条带。共有条带说明这些微生物为该地区土壤中细菌的常见类群，广布于该类型土壤之中。可以看到，XPK、XPZ、SQG、CYC、YC、CH 样地的条带较多。

从 UPGMA 分析结果可以看出（图 6-56），8 种样地间细菌群落的差异性不同，其中 DZ、XYY 与 CYC、YC 的群落差异性很大，结合相似性分析可知（表 6-9），CYC 和 YC 细菌群落相似性最高，同时不同林地模式间的细菌群落具有一定的共同性，为 7.3%。

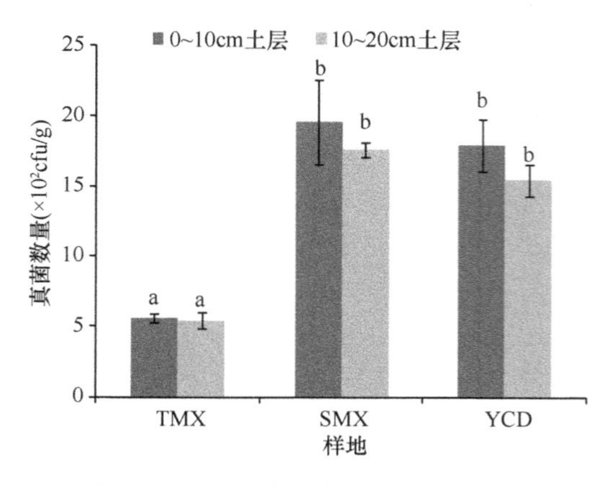

图 6-51 不同类型草地的土壤真菌数量

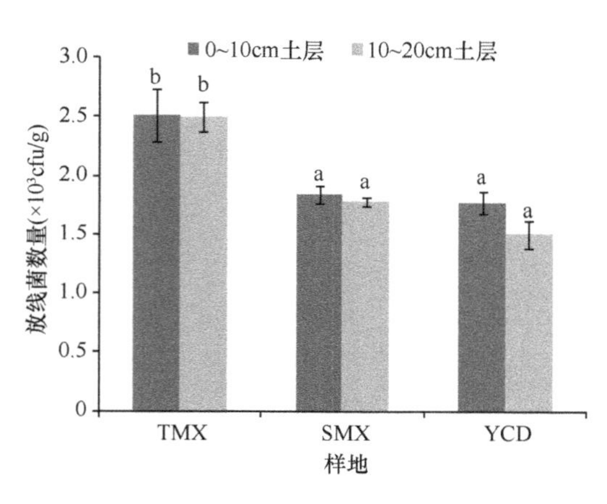

图 6-52 不同类型草地的土壤放线菌数量

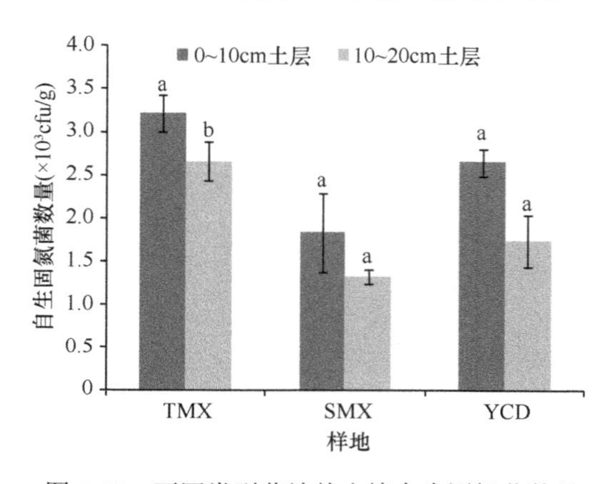

图 6-53 不同类型草地的土壤自生固氮菌数量

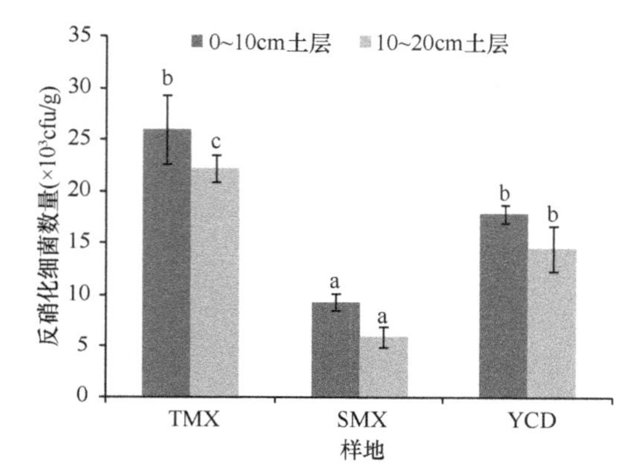

图 6-54 不同类型草地的土壤反硝化细菌数量

表 6-8 不同类型农田的土壤微生物数量

土壤指标	土层	样地	数值
细菌数量（$\times10^6$cfu/g）	0～10cm	KNT	3.578±0.2247
		YNT	14.750±1.2583
	10～20cm	KNT	3.333±0.1202
		YNT	12.583±0.5069
真菌数量（$\times10^2$cfu/g）	0～10cm	KNT	10.111±0.5800
		YNT	18.167±2.1032
	10～20cm	KNT	8.057±0.2940
		YNT	15.667±2.2189
放线菌数量（$\times10^3$cfu/g）	0～10cm	KNT	1.467±0.1019
		YNT	1.492±0.1064
	10～20cm	KNT	0.589±0.0401
		YNT	1.458±0.8207
自生固氮菌数量（$\times10^3$cfu/g）	0～10cm	KNT	2.256±0.3117
		YNT	2.225±0.0866

续表

土壤指标	土层	样地	数值
自生固氮菌数量（$\times10^3$cfu/g）	10～20cm	KNT	1.344±0.1060
		YNT	1.283±0.0547
反硝化细菌数量（$\times10^3$cfu/g）	0～10cm	KNT	6.667±1.3472
		YNT	21.250±2.0052
	10～20cm	KNT	4.333±0.3333
		YNT	11.250±1.2829

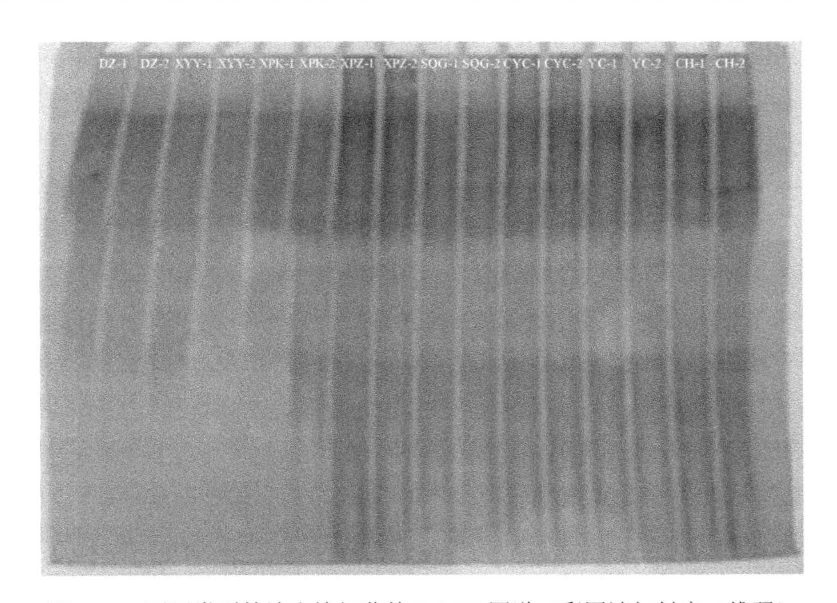

图 6-55　不同类型林地土壤细菌的 DGGE 图谱（彩图请扫封底二维码）

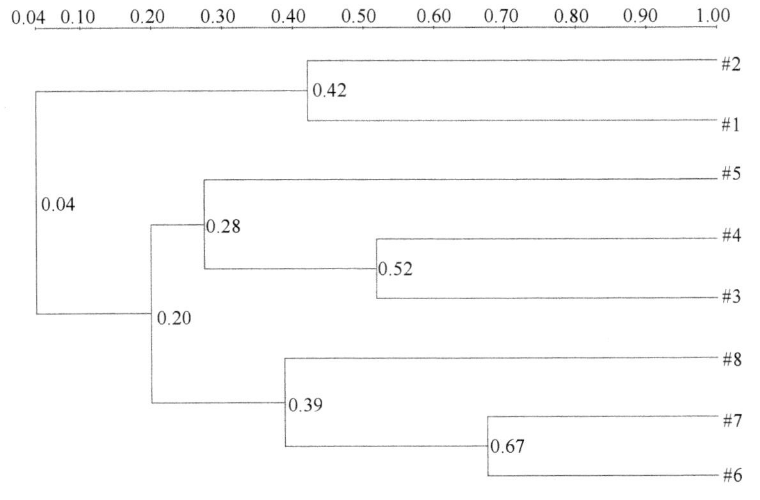

图 6-56　不同类型林地细菌的 UPGMA 结果

编号 1～8 依次为 DZ、XYY、XPK、XPZ、SQG、CYC、YC、CH

表 6-9　不同类型林地土壤细菌群落的相似性　（%）

样地	DZ	XYY	XPK	XPZ	SQG	CYC	YC	CH
DZ	100							
XYY	42.1	100						
XPK	0.0	7.3	100					
XPZ	0.0	0.0	51.8	100				
SQG	0.0	0.0	14.3	37.7	100			
CYC	0.0	12.9	25.7	11.7	9.6	100		
YC	0.0	24.6	28.6	9.1	9.8	67.4	100	
CH	0.0	0.0	28.0	32.5	24.8	31.7	45.9	100

图 6-57 是不同类型林地土壤细菌多样性的结果，不同类型的样地细菌多样性明显不同，其中 CH 的 Shannon-Wiener 多样性指数最高，其次是 CYC。可以看出，CYC、YC、CH 样地的 Shannon-Wiener 多样性指数较为接近。

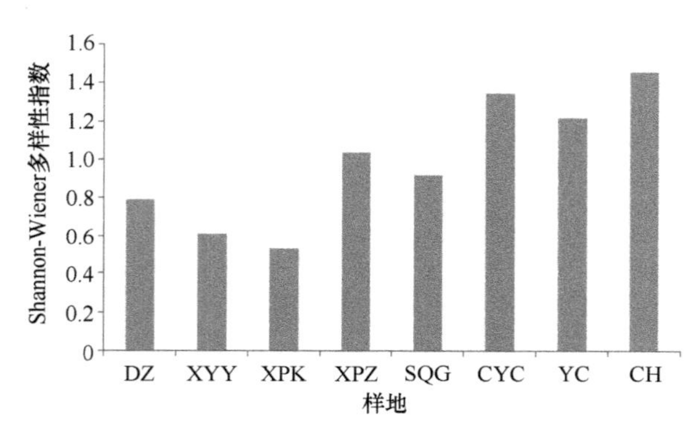

图 6-57　不同类型林地土壤细菌的多样性

图 6-58 是不同类型林地土壤真菌群落 DGGE 图谱，可见经过变性梯度凝胶电泳分离到不同的条带。可以看出 XYY、CYC、YC、CH 的条带较多，说明该类样地真菌群落较为丰富。

从 UPGMA 分析结果可以看出（图 6-59），8 种样地间真菌群落的差异性不同，其中 DZ、XPK 与 SQG、CYC 的差异性较大，结合相似性分析可知（表 6-10），DZ 和 XPK 的真菌群落相似性最高。

图 6-60 是不同类型林地土壤真菌多样性结果，不同类型的样地土壤真菌多样性明显不同，其中 CH 的 Shannon-Wiener 多样性指数最高，其次是 YC。图 6-61 是不同类型草地土壤细菌群落 DGGE 图谱，可见经过变性梯度凝胶电泳分离到不同的条带。SMX、YCD 的条带较多，说明该类样地细菌群落较为丰富。

从 UPGMA 分析结果可以看出（图 6-62），3 种样地间细菌群落的差异性不同，其中 SMX 与 TMX、YCD 的差异性较大，结合相似性分析可知（表 6-11），TMX 与 YCD 的细菌群落相似性最高。

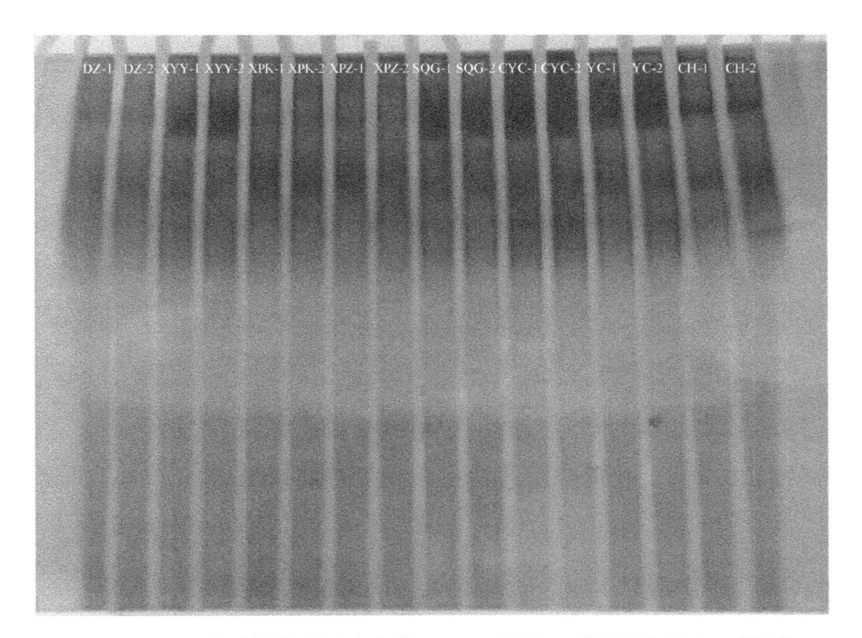

图 6-58　不同类型林地土壤真菌的 DGGE 图谱（彩图请扫封底二维码）

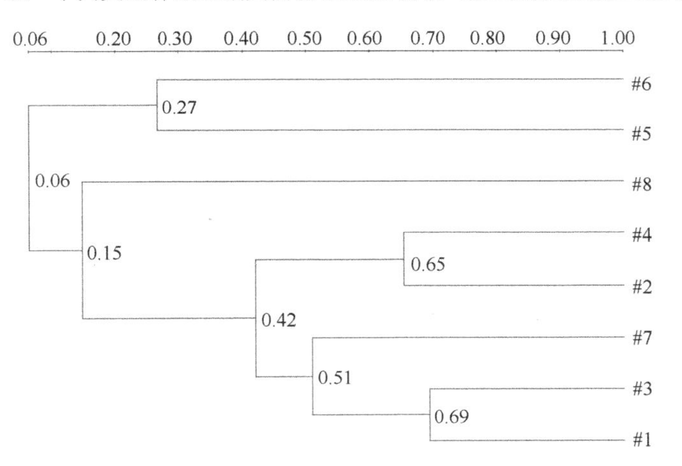

图 6-59　不同类型林地真菌的 UPGMA 结果

编号 1～8 依次为 DZ、XYY、XPK、XPZ、SQG、CYC、YC、CH

表 6-10　不同类型林地土壤真菌群落的相似性　　（%）

样地	DZ	XYY	XPK	XPZ	SQG	CYC	YC	CH
DZ	100							
XYY	55.4	100						
XPK	69.4	26.2	100					
XPZ	58.3	65.4	36.0	100				
SQG	0.0	17.2	0.0	0.0	100			
CYC	0.0	6.8	0.0	0.0	26.6	100		
YC	56.7	42.7	45.1	33.5	10.9	15.7	100	
CH	0.0	11.3	6.6	21.9	11.6	15.5	33.9	100

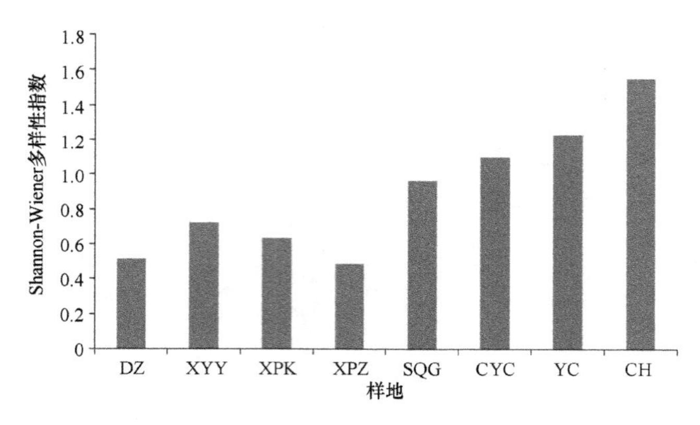

图 6-60 不同类型林地土壤真菌的多样性

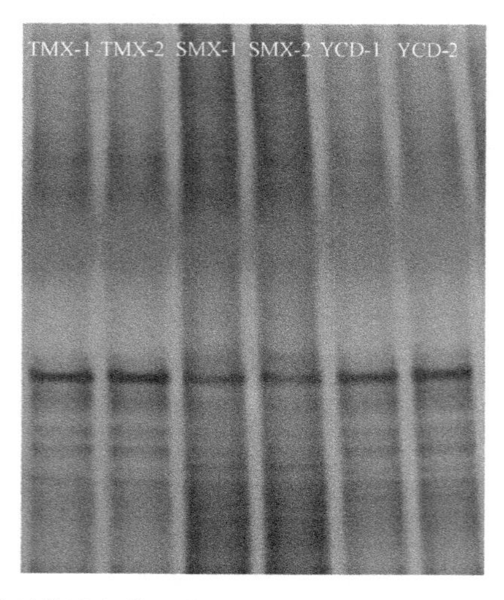

图 6-61 不同类型草地土壤细菌的 DGGE 图谱（彩图请扫封底二维码）

图 6-62 不同类型草地细菌的 UPGMA 结果

编号 1～3 依次为 TMX、SMX、YCD

表 6-11　不同类型草地土壤细菌群落的相似性　　（%）

样地	TMX	SMX	YCD
TMX	100		
SMX	42.7	100	
YCD	51.4	47.6	100

图 6-63 是不同类型草地土壤真菌多样性结果，可知 SMX 的 Shannon-Wiener 多样性指数高于其他样地，而 TMX 较低。

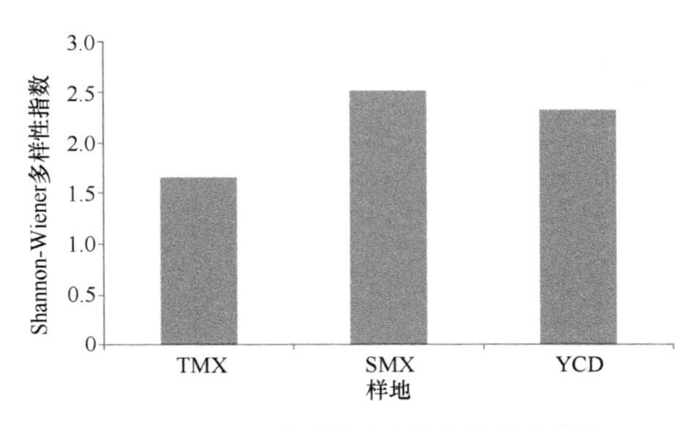

图 6-63　不同类型草地土壤真菌的多样性

图 6-64 是不同类型草地土壤真菌群落 DGGE 图谱，可见经过变性梯度凝胶电泳分离到不同的条带。SMX、TMX 的条带较多，说明该类样地真菌群落较为丰富。

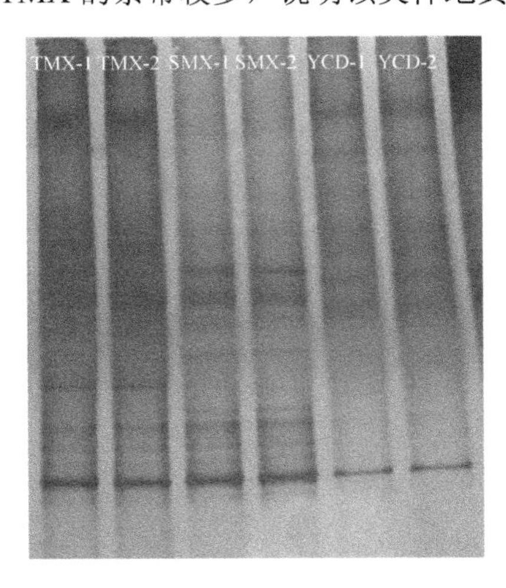

图 6-64　不同类型草地土壤真菌的 DGGE 图谱（彩图请扫封底二维码）

从 UPGMA 分析结果可以看出（图 6-65），3 种样地间真菌群落的差异性不同，其中 YCD 与 TMX、SMX 的差异性较大，结合相似性分析可知（表 6-12），TMX 与 SMX 的真菌群落相似性最高。

图 6-66 是不同类型草地土壤真菌多样性结果，可知 TMX 的 Shannon-Wiener 多样性

指数高于其他样地，而 SMX 最低。

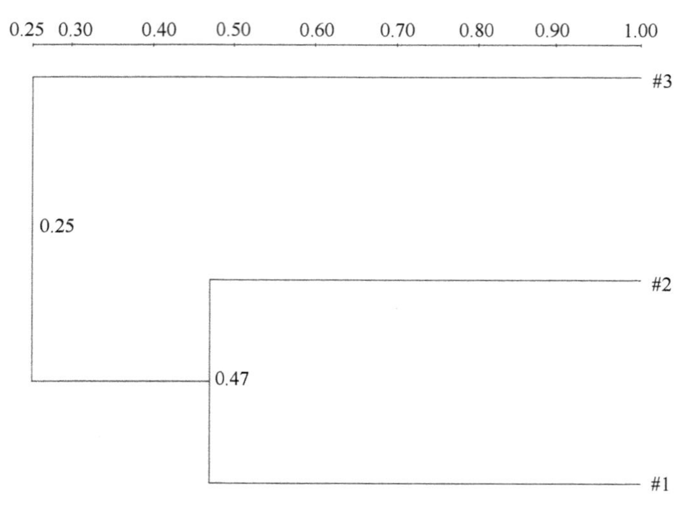

图 6-65 不同类型草地真菌的 UPGMA 结果

编号 1～3 依次为 TMX、SMX、YCD

表 6-12 不同类型草地土壤真菌群落的相似性 （%）

样地	TMX	SMX	YCD
TMX	100		
SMX	47.0	100	
YCD	18.2	32.3	100

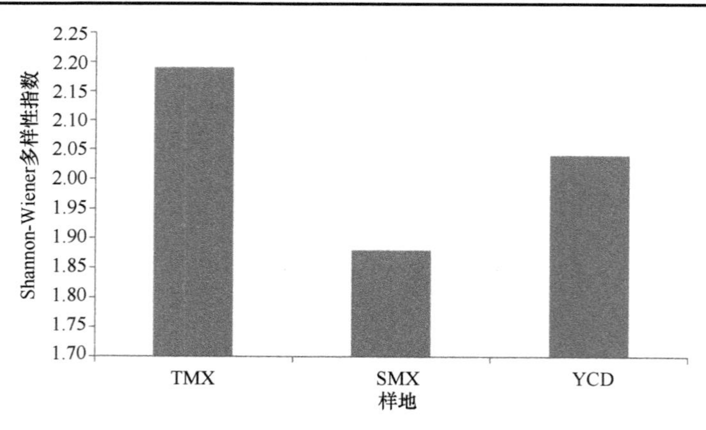

图 6-66 不同类型草地土壤真菌的多样性

图 6-67 是不同类型农田土壤细菌群落 DGGE 图谱，可见经过变性梯度凝胶电泳分离到不同的条带。其中 YNT 的条带较多，说明该类样地细菌群落较为丰富。由相似性分析可知（表 6-13），两种样地细菌群落相似性为 80.9%。

图 6-68 是不同类型农田土壤细菌多样性结果，可知 YNT 的 Shannon-Wiener 多样性指数高于 KNT，说明该样地的细菌多样性较高。

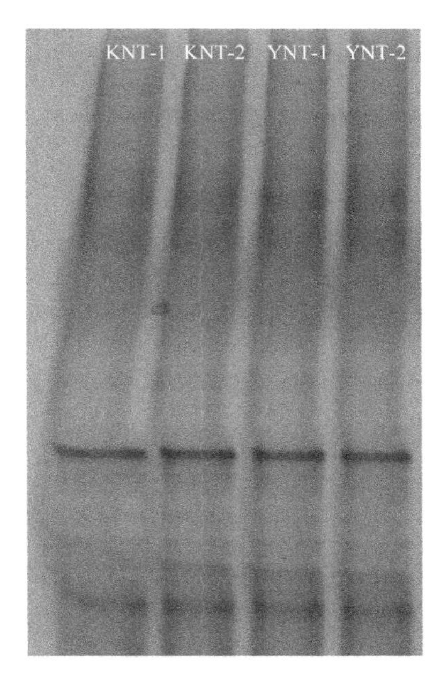

图 6-67　不同类型农田土壤细菌的 DGGE 图谱（彩图请扫封底二维码）

表 6-13　不同类型农田土壤细菌群落的相似性　　（%）

样地	KNT	YNT
KNT	100	
YNT	80.9	100

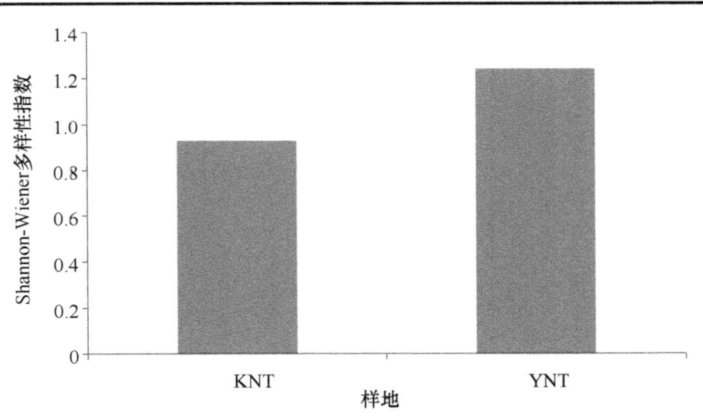

图 6-68　不同类型农田土壤细菌的多样性

图 6-69 是不同类型农田土壤真菌群落 DGGE 图谱，可见经过变性梯度凝胶电泳分离到不同的条带。其中 YNT 的条带较多，说明该类样地真菌群落较为丰富。由相似性分析可见（表 6-14），两种样地真菌群落相似性为 48.1%。

图 6-70 是不同类型农田土壤真菌多样性结果，可知 YNT 的 Shannon-Wiener 多样性指数高于 KNT，说明该样地的真菌多样性较高。

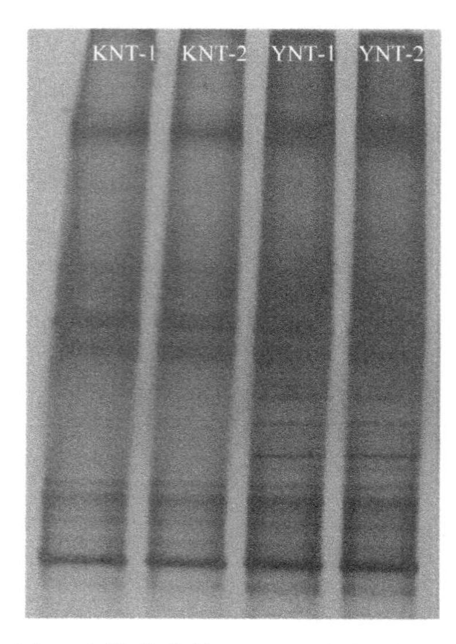

图 6-69　不同类型农田土壤真菌的 DGGE 图谱（彩图请扫封底二维码）

表 6-14　不同类型农田土壤真菌群落的相似性　（%）

样地	KNT	YNT
KNT	100	
YNT	48.1	100

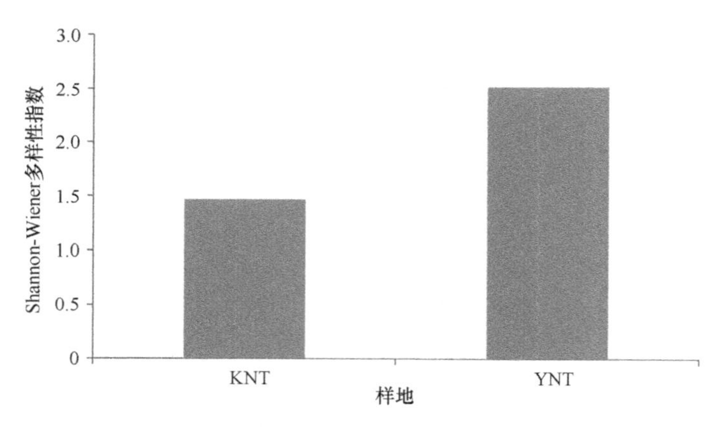

图 6-70　不同类型农田土壤真菌的多样性

不同植被恢复模式形成不同的生态环境，为土壤微生物生长提供不同的食物来源和生长条件，导致微生物种群结构多样化。Bosalo 等（2005）根据扩增的 16S rDNA 的 DGGE 指纹图谱分析，发现微生物群落结构的不同与植被模式的不同有关。从植被模式与土壤微生物群落多样性来看，植被使土壤中的微生物种类更丰富，群落多样性更高（夏北成等，2001）。Gelsomino 等（1999）比较了来自不同地理位置的 16 种土壤微生物 DGGE 图谱后指出，土壤类型是决定土壤微生物群落结构的主要因素，相同的土壤类型，土壤微生物群落结构也大体相似。有学者认为得到此类结果的原因可能是表层土壤环境因植物根系的存在而导致的空间异质性可以满足各种微生物的生存需求，使各种群都处在相对均一的水平（Mccaig et al.，2001）。从本研究结果来看，各样地均存在不同数量的共有微生物类群，可见不同的植被模式下土壤细菌、真菌群落具有一定的相似性，一方面是植被影响所致；另一方面是由于复垦地有着相同的土壤类型。

第四节　人工重建生态系统的土壤质量综合评价

土壤质量是在生态系统的范围内，土壤具有能够保持生物的生产力、维护环境质量，以及促进动植物和人类健康的能力，它是具有不同等级并且与土壤的形成原因及人为活动引起的动态变化紧密相关的一种固有属性（孙波和赵其国，1999）。土壤质量评价是根据已有的或者可以测定的土壤外部性质，对土壤的内在属性进行量化表达（黄宇等，2004）。影响土壤质量的因素众多，土壤质量不仅依赖于土壤的主要功能、类型和所处的地域，也依赖于外界因素，如土地利用和土壤管理措施、生态系统和环境的相互作用等（刘晓冰等，2002）。因此，在选择土壤质量评价指标体系时，应从土壤系统组分、土壤状态、土壤结构、土壤物理化学和生物学特性、土壤功能及时空等方面加以综合考虑（孙向阳，2005）。然而，土壤质量的优劣是相对的而不是绝对的（郑昭佩和刘作新，2003）。由于土壤质量受各种因素的影响较多，特定时空条件下的土壤质量可能是动态变化的。

土壤质量是多个土壤理化和生物特性的综合体现，土壤质量指标则是土壤属性的外在量度（熊东红等，2005）。有关土壤质量指标的选取，过去常用理化指标来指征，存在一定的局限性，现在随着分析技术和分子生物学技术的发展，生物学性状指标的监测已逐渐成为常态，为提高土壤质量评价的科学性和可靠性创造了条件。土壤生物学性质能敏感地反映土壤质量和健康的变化（孙波等，1997），因此，近几年来应用微生物生物量、微生物群落组成及土壤微生物生物多样性、土壤酶活性等土壤生物特性参数来表征土壤质量变化及动态已日益受到人们的重视（孙波和赵其国，1999；Kennedy，1995）。与土壤理化指标相比，土壤生物学指标对土壤质量的变化能做出更加灵敏迅速的响应，因而被广泛地用于评价土壤质量（唐玉姝等，2007）。

张晓薇和马云东（2008）认为土壤质量评价是土壤矿区质量研究的基础和重要内容之一。目前，针对矿区废弃地土壤质量评价，多数研究者侧重于土壤理化性质的评价，缺乏完善的生物学评价指标。因此，本研究重点结合生物性状指标，开展矿区土壤质量评价相关研究。本节选取安太堡露天矿复垦地不同植被恢复年限的土壤，从土壤物理、化学、生物性质出发，研究复垦地植被恢复土壤质量各评价指标之间的关系，选择并建立合理的土壤质量评价指标体系，对土壤恢复做出定量的全面评价，为本矿区生态修复及其生态过程监测与评价提供理论依据和合理的恢复措施。

本研究选取 19 项土壤属性作为评价指标（综合指标），其中土壤物理指标有容重、含水量、田间持水量；土壤化学指标有 pH、有机质、全氮、碱解氮、全磷、速效磷；土壤生物学指标有蔗糖酶活性、脲酶活性、过氧化氢酶活性、多酚氧化酶活性、碱性磷酸酶活性、细菌数量、真菌数量、放线菌数量、自生固氮菌数量、反硝化细菌数量。根据各单项土壤质量指标的代表性和对植被影响的主导性，研究建立了安太堡露天矿植被恢复地土壤质量评价指标体系（表 6-15），并应用综合指数法来评价植被自然恢复过程中的土壤质量状况。

表 6-15　土壤质量评价指标系统

项目	指标
土壤物理指标	容重、含水量、田间持水量
土壤化学指标	pH、有机质、全氮、碱解氮、全磷、速效磷
土壤生物学指标	蔗糖酶活性、脲酶活性、过氧化氢酶活性、多酚氧化酶活性、碱性磷酸酶活性、细菌数量、真菌数量、放线菌数量、自生固氮菌数量、反硝化细菌数量

借助 SPSS 计算机统计分析软件，运用主成分分析法和因子分析法，结合相关性分析，对上述几项综合评价指标进行了筛选，建立了矿区植被恢复土壤质量的评价指标体系（简单指标）。

土壤水分是影响植被成活、生存和生长的最关键因子，其在土壤物质转化过程中起着重要的作用，也是植物生长的基础物质，土壤水分直接影响着土壤养分向根际迁移的距离和速度，进而影响土壤养分的有效性（王琼，2009）。综上所述，本研究选取土壤容重、含水量等作为反映土壤物理性状的指标。

土壤 pH 是土壤重要的化学性质，因为它综合反映了土壤的各种化学性质，它与土壤微生物的活动、有机质的合成与分解、各种营养元素的转化与释放及有效性、土壤保持养分的能力都有关系（宋娟丽，2010）。各种植物都有适宜的酸碱度范围，超出这个范围时，植物生长受阻，土壤养分的生物有效性也会受到影响（陈立新等，1998）。

土壤中的有机质是形成水稳性团聚体的基础，不仅能改善土壤结构、保持土壤水分、改变微量元素的吸附特征，而且强烈地影响土壤的其他性质，如土壤渗透性、可蚀性、持水性和养分循环（张勇等，2005）。氮素是植物需要最多的营养元素之一，土壤全氮含量不仅可以作为施肥的参考，也是判断土壤肥力的指标之一。土壤中氮素的总储量及其存在状态与植物的生产力在某种条件下存在一定的正相关（张金波和宋长春，2004）。而速效氮是土壤中能被植物吸收利用的氮元素，其有效含量对植物的生长具有重要意义。磷是植物必需的三大营养元素之一，是植物体内生理代谢活动必不可少的一种元素，全磷是土壤中潜在磷元素的度量。速效磷含量高低决定了土壤当前的供磷能力。因此，土壤速效磷含量是判断土壤磷丰缺的主要指标及施肥的重要依据之一（陈立新，2004）。

土壤微生物在土壤养分转化与循环、维持生态平衡和保护环境等方面具有非常重要的意义。其种类和数量是评价土壤质量的重要指标之一。目前用生物学参数来表征土壤质量日益受到人们的重视（Kennedy，1995；孙波等，1997；孙波和赵其国，1999；任天志，2000）。大量的研究表明，土壤微生物、酶活性和呼吸强度等可以作为表征土壤生物学特性的重要指标，也是对环境反映较为敏感的指标，目前已被广泛用来监测土壤环境变化和评价土壤肥力，反映植被恢复中土壤质量改善的效果（曹志洪，2001；潘剑君，2004)。研究土壤酶活性的变化，将有助于了解土壤肥力状况及其演变（沈慧等，2000)。

评价土壤质量的指标不仅要与土壤功能关系密切，而且要对土壤变化反应敏感（吕春花，2009)。同时，不同地区不同种类的土壤也应该采用不同的指标体系。因而采用土壤质量指标的变异系数作为指标敏感性的判断依据，变异系数越大，表明该指标对植被恢复方式的变化及植被恢复年限的差异反应越敏感（许明祥等，2005)。表 6-16 是安太堡露天矿植被恢复过程中土壤质量评价指标的敏感性分析结果。

表 6-16　安太堡露天矿植被恢复过程中土壤质量综合指标敏感度

土壤指标	最小值	最大值	平均值	标准差	变异系数	排序
含水量	0.62	17.82	8.27	3.34	40.39	14
田间持水量	3.30	31.79	10.06	5.33	52.98	11
容重	0.82	1.91	1.39	0.19	20.86	17
pH	8.03	8.67	8.43	0.13	1.54	19
有机质	1.30	170.28	19.00	23.18	122	3
全氮	0.16	1.24	0.47	0.22	46.81	12
碱解氮	0.70	824.60	36.30	102.56	282.53	1
全磷	0.19	0.75	0.40	0.10	25.00	16
速效磷	0.14	18.33	5.53	3.55	64.20	8
蔗糖酶活性	0.077	0.524	0.16	0.01	6.25	18
脲酶活性	0.011	1.595	0.43	0.49	113.95	4
过氧化氢酶活性	0.446	7.846	3.98	1.12	28.14	15
多酚氧化酶活性	0.000 86	0.009 45	0.003 1	0.001 9	61.30	9
碱性磷酸酶活性	0.001 59	0.132 81	0.031	0.019	61.29	10
细菌数量	0.0833	19.00	6.16	3.99	64.77	7
真菌数量	0.33	25.50	11.00	4.95	45.00	13
放线菌数量	0.116 7	57.75	7.62	11.54	151.44	2
自生固氮菌数量	0.087 5	30.345 6	6.80	7.22	106.18	5
反硝化细菌数量	0.833 3	28.666 7	8.49	5.73	67.49	6

为了区分各指标的敏感性差异，许明祥等（2005）根据变异系数的大小将各指标划分为极敏感指标（CV≥100%)、高度敏感指标（CV：40%～100%)、中度敏感指标（CV：10%～40%）和低度敏感指标（CV≤10%)。据此对本研究所选的各项综合评价指标的敏感性分级结果见表 6-17。其中土壤质量评价极敏感指标为有机质、碱解氮、脲酶活性、放线菌数量和自生固氮菌数量，是矿区废弃地植被恢复土壤质量评价的主要指标和进行土壤恢复的主要目标。土壤含水量、田间持水量、全氮、速效磷、多酚氧化酶活性、碱性磷酸酶活性、细菌数量、真菌数量、反硝化细菌数量指标为高度敏感指标，从中可以看出，土壤化学和生物学指标占大多数，说明对土壤质量进行恢复、调控的主要目标是以土壤化学和生物学指标作为土壤质量评价的敏感性指标。土壤生物学指标均属于高度敏感、中度敏感指标，反映出土壤质量以生物学指标作为评价指标具有巨大的潜力。揭示了土壤化学和生物学指标对安太堡露天矿植被恢复过程中土壤质量演变的响应更为敏感。

在定量评价安太堡露天矿植被恢复地区土壤质量时，可以选择以上高度和中度敏感指标作为评价的主要指标。

表 6-17 安太堡露天矿植被恢复过程中土壤质量综合指标敏感度分级

指标敏感度	变异系数	土壤指标
极敏感	≥100%	有机质、碱解氮、脲酶活性、放线菌数量、自生固氮菌数量
高度敏感	40%～100%	含水量、田间持水量、全氮、速效磷、多酚氧化酶活性、碱性磷酸酶活性、细菌数量、真菌数量、反硝化细菌数量
中度敏感	10%～40%	容重、全磷、过氧化氢酶活性
低度敏感	≤10%	pH、蔗糖酶活性

由于指标过多，并且彼此之间存在着一定的联系，利用主成分分析法对各项土壤物理、化学及生物属性质量指标进行筛选，选出具有代表性的主要土壤指标从而作进一步的分析（表 6-18）。考虑到土壤质量的影响因子众多，采用主成分分析法是一种较为可行的评价方法（Thomas and Douglas，2000）。由于主成分分析是基于标准化变量进行的，每一个指标对总变异都有贡献，特征值大于 1 的主成分能够解释较多的总变异性，因此，只有特征值大于 1 的主成分才被保留下来（吕春花，2009）。

对 19 项土壤质量指标进行因子分析，从表 6-18 中我们可以看出每个主成分所包含的整体矩阵（因子）信息的数量，如第 1 主成分包含了原始矩阵信息中 18.262%的信息量，第 2 主成分包含原始矩阵信息中 14.712%的信息量，第 3 主成分包含了原始矩阵信息中 10.694%的信息量，第 4 主成分包含了原始矩阵信息中 7.905%的信息量，第 5 主成分包含了原始矩阵信息中 7.775%的信息量，第 6 主成分包含了原始矩阵信息中 7.332%的信息量，第 7 主成分包含了原始矩阵信息中 5.782%的信息量，这 7 个主成分的特征值都大于 1，可以认为已经基本反映了全部因子的信息。所以这 19 个变量中只需提取出前 7 个主成分即可。在这 7 个主成分中（表 6-19），第 1 主成分的代表为有机质、全磷、多酚氧化酶活性、细菌数量、真菌数量、放线菌数量、自生固氮菌数量、反硝化细菌数量，它们的权重系数分别为 0.434、0.463、0.688、0.659、0.574、0.553、0.474 和 0.592；第 2 主成分的代表为田间持水量、蔗糖酶活性、脲酶活性、放线菌数量、固氮菌数量和反硝化细菌数量，它们的权重系数分别为 0.652、0.422、0.534、0.414、0.540 和 0.502；第 3 主成分的代表为全磷、速效磷、脲酶活性和过氧化氢酶活性，它们的权重系数分别为 0.561、0.527、0.511、0.559；第 4 主成分的代表为田间持水量、速效氮、蔗糖酶活性、过氧化氢酶活性和多酚氧化酶活性，它们的权重系数分别为 0.386、0.415、0.348、0.310 和 0.369；第 5 主成分的代表为蔗糖酶活性和碱性磷酸酶活性，它们的权重系数分别为 0.612 和 0.392；第 6 主成分的代表为 pH 和有机质，它们的权重系数分别为 0.556 和 0.431；第 7 主成分的代表为全氮和速效氮，它们的权重系数分别为 0.345 和 0.423。

根据以上主成分分析结果，综合土壤属性各指标的敏感性和指标间的相关关系分析，选取出土壤有机质、全磷、蔗糖酶活性、脲酶活性、多酚氧化酶活性、放线菌数量、自生固氮菌数量和反硝化细菌数量 8 个指标作为评价安太堡露天矿废弃地植被恢复土壤质量的主要指标。

表 6-18　安太堡露天矿土壤质量指标主成分因子提取分析表

主成分	特征值	贡献率（%）	累积贡献率（%）
1	3.470	18.262	18.262
2	2.795	14.712	32.974
3	2.032	10.694	43.668
4	1.502	7.905	51.573
5	1.477	7.775	59.348
6	1.393	7.332	66.680
7	1.099	5.782	72.462
8	0.872	4.587	77.049
9	0.713	3.754	80.803
10	0.651	3.428	84.231
11	0.576	3.029	87.260
12	0.510	2.685	89.945
13	0.409	2.153	92.098
14	0.380	1.999	94.097
15	0.305	1.604	95.701
16	0.272	1.434	97.135
17	0.243	1.280	98.415
18	0.198	1.045	99.460
19	0.102	0.540	100.000

表 6-19　各土壤指标的特征向量

土壤指标	主成分						
	1	2	3	4	5	6	7
含水量	−0.604	0.186	−0.125	−0.118	0.290	0.363	0.251
田间持水量	−0.242	0.652	−0.070	0.386	−0.136	−0.036	0.129
容重	0.431	−0.617	0.035	−0.296	0.235	−0.015	0.048
pH	−0.219	−0.172	−0.207	−0.152	−0.328	0.556	−0.504
有机质	0.434	0.288	0.241	0.236	−0.119	0.431	0.169
全磷	0.463	−0.058	0.561	−0.435	−0.106	−0.032	0.166
速效磷	0.010	0.386	0.527	−0.428	−0.144	0.212	0.165
全氮	0.227	−0.208	0.027	0.223	−0.564	−0.424	0.345
速效氮	0.166	−0.215	−0.137	0.415	0.207	0.519	0.423
蔗糖酶活性	−0.083	0.422	0.262	0.348	0.612	−0.290	−0.161
脲酶活性	−0.241	0.534	0.511	−0.180	0.120	−0.164	−0.119
过氧化氢酶活性	0.067	0.347	0.559	0.310	−0.276	0.304	−0.220
多酚氧化酶活性	0.688	−0.242	0.258	0.369	−0.144	−0.094	−0.258
碱性磷酸酶活性	0.377	−0.438	0.387	0.232	0.392	0.127	0.121
细菌数量	0.659	0.221	−0.072	−0.303	0.255	0.162	0.011
真菌数量	0.574	0.039	−0.176	0.119	0.155	0.061	−0.435

续表

土壤指标	主成分						
	1	2	3	4	5	6	7
放线菌数量	0.553	0.414	−0.315	−0.019	−0.243	0.062	0.131
自生固氮菌数量	0.474	0.540	−0.456	−0.096	0.034	−0.072	0.069
反硝化细菌数量	0.592	0.502	−0.309	−0.152	0.128	−0.058	−0.013

用 SPSS 分析软件对所选取的各个土壤质量评价指标（土壤有机质、全磷、蔗糖酶活性、脲酶活性、多酚氧化酶活性、放线菌数量、自生固氮菌数量和反硝化细菌数量）进行主成分分析（表 6-20）。计算得出其因子载荷量、特征值、权重、贡献率和累积贡献率。

表 6-20　安太堡露天矿植被恢复土壤质量因子的载荷量和权重

项目		因子载荷量			权重		
		因子 1	因子 2	因子 3	权重 1	权重 2	权重 3
土壤指标	有机质	0.326	−0.415	0.084	0.123	0.332	0.052
	全磷	0.073	−0.227	0.798	0.028	0.181	0.498
	蔗糖酶活性	−0.205	0.658	−0.290	0.077	0.526	0.181
	脲酶活性	−0.374	0.726	0.129	0.141	0.580	0.081
	多酚氧化酶活性	0.385	−0.323	−0.679	0.146	0.258	0.424
	放线菌数量	0.778	0.147	−0.054	0.294	0.117	0.034
	自生固氮菌数量	0.807	0.394	0.261	0.192	0.315	0.163
	反硝化细菌数量	0.856	0.292	−0.005	0.324	0.233	0.003
特征值		2.431	1.552	1.277			
贡献率		30.390	19.400	15.960			
累积贡献率		30.390	49.790	65.750			

通过对安太堡露天矿植被恢复过程中土壤质量评价指标进行主成分分析，结果见表 6-20。由于各土壤质量评价指标的重要性不同，故可用权重系数来表示各指标的重要程度。本研究利用主成分的因子载荷量来确定各指标的权重，以此避免人为因素对评价因子权重的影响，计算公式如下（和丽萍，2014）

$$\boldsymbol{W_i} = \text{Component Capacity}_i \,/\, \text{Component Capacity} \quad (6\text{-}1)$$

式中，$\boldsymbol{W_i}$ 为各土壤指标权重向量；Component Capacity$_i$ 为第 i 个土壤指标负荷量；Component Capacity 为土壤指标负荷量。

土壤质量综合指数的计算首先必须对原始数据矩阵进行归一化处理，目的是使各土壤质量指标之间可以进行运算和比较。各指数经过归一化处理后，所得的数据均为相对数值，这样可以使各指标之间的差异更加明显，且可以避免计算结果受变量量纲的影响，以此保证结果的科学性和客观性，故可采用连续的隶属度函数计算（郭曼，2009）。

计算公式如下（张庆费等，1999）

$$Q(X_i)=(X_{ij}-X_{imin})/(X_{imax}-X_{imin}) \quad (6\text{-}2)$$

式中，$Q(X_i)$为各土壤质量指标的隶属度值。隶属度无单位，取值为 0～1，在同等情况下隶属度值越大，表示土壤指标值越大（表 6-21～表 6-23），其中，“0”不代表没有测定值，而是表示该指标的隶属度是评价体系中的最小值（郭曼，2009）。X_{ij}为各因子值；X_{imax}和X_{imin}分别为第 i 项因子中的最大值和最小值。

表 6-21　不同类型林地土壤质量指标隶属度值

土壤质量指标	DZ	XYY	XPK	XPZ	CYC	YC	CH	SQG
有机质	0.042	0.112	0.072	0.095	0.130	0.412	0.177	0.141
全磷	0.393	0.250	0.321	0.446	0.500	0.714	0.464	0.304
蔗糖酶活性	0.081	0.186	0.375	0.264	0.204	0.179	0.114	0.602
脲酶活性	0.041	0.592	0.076	0.080	0.979	0.061	0.037	0.116
多酚氧化酶活性	0.109	0.144	0.342	0.354	0.226	0.179	0.016	0.272
放线菌数量	0.049	0.029	0.794	0.083	0.270	0.623	0.433	0.571
自生固氮菌数量	0.092	0.098	0.498	0.791	0.471	0.568	0.819	0.930
反硝化细菌数量	0.789	0.727	0.206	0.090	0.230	0.182	0.130	0.153

表 6-22　不同类型草地土壤质量指标隶属度值

土壤质量指标	TMX	SMX	YCD
有机质	0.115	0.034	0.107
全磷	0.243	0.463	0.093
蔗糖酶活性	0.101	0.112	0.034
脲酶活性	0.759	0.535	0.045
多酚氧化酶活性	0.179	0.203	0.994
放线菌数量	0.042	0.030	0.029
自生固氮菌数量	0.085	0.058	0.085
反硝化细菌数量	0.768	0.305	0.611

表 6-23　不同类型农田土壤质量指标隶属度值

土壤质量指标	KNT	YNT
有机质	0.070	0.138
全磷	0.596	0.345
蔗糖酶活性	0.246	0.331
脲酶活性	0.888	0.471
多酚氧化酶活性	0.144	0.866
放线菌数量	0.023	0.024
自生固氮菌数量	0.072	0.071
反硝化细菌数量	0.210	0.734

通过以上主成分分析和隶属度计算，再对各土壤质量指标采用加权法，计算不同植

被恢复样地土壤质量综合指数（SQI），公式如下（和丽萍，2014）

$$SQI = \sum_{i}^{m} k_i \left(\sum_{i=1}^{n} \boldsymbol{W}_i \times Q(X_i) \right) \qquad (6\text{-}3)$$

式中，n 为土壤质量评价指标的个数，这里选取 n 为 8；m 为所选取的主成分个数，这里为 3；k_i 为第 i 个主成分的方差贡献率。

表 6-24～表 6-26 为土壤各评价因子的权重与其隶属度分别加权求和得出的不同类型样地土壤综合质量指数。

表 6-24　不同类型林地土壤综合质量指数表

项目	DZ	XYY	XPK	XPZ	CYC	YC	CH	SQG
第 1 主成分	0.041 99	0.122 31	0.293 68	0.095 08	0.140 11	0.142 94	0.114 79	0.159 32
第 2 主成分	0.077 28	0.224 71	0.137 58	0.129 70	0.197 03	0.142 74	0.110 81	0.184 51
第 3 主成分	0.044 86	0.046 62	0.078 42	0.089 91	0.088 48	0.096 47	0.066 91	0.089 98
SQI	0.164 13	0.393 64	0.509 68	0.314 69	0.425 62	0.382 15	0.292 51	0.433 81

表 6-25　不同类型草地土壤综合质量指数表

项目	TMX	SMX	YCD
第 1 主成分	0.133 52	0.075 85	0.119 32
第 2 主成分	0.165 48	0.118 22	0.101 89
第 3 主成分	0.047 91	0.062 78	0.079 76
SQI	0.346 91	0.256 85	0.300 88

表 6-26　不同类型农田土壤综合质量指数表

项目	KNT	YNT
第 1 主成分	0.084 81	0.153 00
第 2 主成分	0.176 73	0.189 13
第 3 主成分	0.078 37	0.105 13
SQI	0.339 91	0.447 26

可以看出，不同类型林地土壤质量综合指数为 0.164 31～0.509 68。在植被恢复过程中，土壤质量综合指数随着植被类型的不同呈现出相应的变化。XPK 样地的指数最高，可能是因为该样地的土壤基质较好，复垦整地排土时未采用土石混排方式，经植被恢复后土壤质量得到明显改善；其次是 SQG 样地，该样地与 CYC、YC 和 CH 样地在进行复垦时均采用土石混排方式，土壤结构被彻底破坏，经植被恢复后可以看到不同模式下的土壤质量综合指数不同，表现为 SQG＞CYC＞YC＞CH，可见不同植被模式对土壤修复的效果不同，乔灌混交林模式（油松+刺槐+柠条锦鸡儿混交林）优于乔木混交林模式（臭椿+油松+刺槐混交林和油松+刺槐混交林）且优于乔木纯林模式（刺槐林），这也与实地调查中所看到的植被生长状况及土壤熟化程度基本相符。说明植被模式的选择和植被种类的搭配对于矿区复垦地植被恢复具有重要意义。另外，各植被恢复样地的土壤质量综合指数均大于对照样地 DZ（自然恢复草地），说明在安太堡露天矿复垦地进行植被

恢复对于土壤生态及质量具有极显著的改善效果。

矿区复垦地不同类型草地的土壤质量综合指数也不同，表现为 TMX＞YCD＞SMX。TMX 样地的土壤质量综合指数比对照样地 YCD 增加了 15.30%，说明紫苜蓿作为先锋植物，对土壤质量进行了正向的修复作用，使得综合指数优于对照。同时 SMX 样地的土壤质量综合指数低于 YCD 样地，原因可能是紫苜蓿的种植时间较短，土壤修复作用还没有完全体现出来。农田的土壤质量综合指数表现为 KNT＜YNT，这可能是因为矿区农田作为复垦地时间尚短，同时在田间管理水平上与对照地农田尚有差距，因此，综合指数低于对照地农田。从纵向比较来看，无论是乔木纯林、乔木混交林、乔灌混交林、草本植被还是农田，其土壤质量综合指标值均高于矿区复垦地的对照样地（DZ），说明植被恢复对复垦区样地的土壤生态系统和生物多样性有明显的改善作用，植被恢复有利于土壤生态结构的重塑和土壤生态肥力的恢复。

为了更加直观地评价植被恢复过程中的土壤质量状况，根据土壤质量指数大小，对安太堡露天矿复垦地植被恢复土壤质量进行分级，将复垦地植被恢复土壤质量分为 5 级，即低、较低、中、较高和高。依据土壤质量指数的计算结果，对不同植被恢复样地的土壤质量进行评价。同时以土壤质量综合指数对不同植被恢复年限土壤质量进行分级。

由表 6-27 可知，在安太堡露天矿植被恢复过程中，对照样地（自然恢复样地）的土壤质量水平属于低水平状态（Ⅴ级）；刺槐纯林和种植 3 年的油松+紫苜蓿复垦地土壤质量有所改善，达到较低水平（Ⅳ级）；青扦+白扦混交林、油松+刺槐混交林、种植 20 余年苜蓿地和复垦区农田样地的土壤质量指数得到明显提高，达到中等水平(Ⅲ级)；臭椿+油松+刺槐混交林和乔灌混交林样地的土壤质量在经过 20 余年的植被恢复过程中，林下草本组成种类及数量增加，土壤结构初步重构，土壤质量指数相对较高，进入较高水平（Ⅱ级）；柳树+榆混交林样地的土壤指数较大，达到高等水平（Ⅰ级），说明随着植被恢复的进行，土壤质量得到明显提高，即植被的恢复与土壤质量提升明显相关。

表 6-27 安太堡露天矿复垦区植被恢复土壤质量分级

	SQI				
	≤0.2	0.2～0.3	0.3～0.4	0.4～0.5	≥0.5
土壤质量分级	低（Ⅴ级）	较低（Ⅳ级）	中（Ⅲ级）	较高（Ⅱ级）	高（Ⅰ级）
SQI	DZ	CH、SMX	XYY、XPZ、YC、TMX、YCD、KNT	CYC、SQG、YNT	XPK

复垦土壤质量综合评价方法主要包括：确定土壤质量中需要评价的关键功能，识别定量评价的指标体系，确定评价标准；对评价指标进行物理性质、化学性质和生物性质测定，即针对各项指标，建立相应的评分函数（将数字或主观的评级转变为变幅在 0～1 的无量纲数值），确定其阈值；利用经验模型（层次分析、多元回归分析、逐步回归分析、主成分分析、因子分析等）确定各项评价指标和土壤功能的权重，将各指标的评分值与权重系数相乘，得到土壤质量评分的矩阵，其总和为土壤质量的等级值。

通过对影响矿区复垦土壤质量特征的土壤物理、化学及生物学性质等各因子进行相关性、敏感性及主成分分析，揭示了土壤化学和生物学指标对安太堡露天矿地区植被恢复过程中土壤质量演变的响应更为敏感。在定量评价植被恢复地区土壤质量时，可以选择高度和中度敏感指标作为评价的主要指标，构建复垦地植被恢复过程中土壤质量评价的指标体系和评价模型。

第五节　人工重建生态系统的土壤呼吸及其变化特征

土壤呼吸是指土壤向大气排放 CO_2 的过程，是土壤有机碳输出的主要形式。从严格意义上讲，土壤呼吸是指未受扰动的土壤中产生 CO_2 的所有代谢作用（曹裕松，2004）。土壤呼吸包括 3 个生物学过程（植物根系呼吸、土壤微生物呼吸和土壤无脊椎动物呼吸）和 1 个非生物学过程（土壤中含碳物质化学氧化过程）（唐凯等，2008）。土壤呼吸是表征土壤质量和肥力及土壤通气性的重要生物学指标，它反映了土壤生物活性和土壤物质代谢的强度，土壤呼吸的高低可以反映土壤养分循环的供应水平，对所在地生态系统的初级生产力产生较大影响。土壤呼吸作为土壤生物活性指标，在一定程度上反映了土壤养分转化和供应能力，尤其是基础土壤呼吸部分，反映了土壤的生物学特性和土壤物质的代谢强度，它与土壤的理化性质及植被类型关系非常密切（Jakub et al.，2004；Nael et al.，2004）。土壤呼吸释放 CO_2 的过程是在土壤物理、化学和生物等多种因素作用下完成的，因此，土壤呼吸率与土壤质量密切相关（崔玉亭等，1997），也是表征土壤质量的重要指标之一。

国内外对土壤呼吸的研究主要集中在林地、草地、湿地等碳通量对大气中温室气体浓度增加的影响方面，本研究尝试将土壤呼吸研究引入矿区复垦土壤的监测，旨在为矿区复垦土地质量评价、复垦模式的筛选提供数据支撑，为下一步研究土壤碳在复垦区生态系统物质循环和能量流动中的功能提供基础数据，并为复垦区生态系统重建实践提供理论参考。研究以平朔安太堡露天矿针对不同复垦模式下已建立的 5 块永久性样地为研究对象，通过对各样地土壤呼吸及其相关组分的日变化及季节动态进行跟踪测定，分析各样地土壤呼吸强度及其变化特征。

一、样地概况与研究方法

（一）样地概况

研究选择 2010 年在平朔矿区安太堡露天矿建立的 5 块永久性监测样地，分别为南排一号样地（S1）、南排三号样地（S3）、南排四号样地（S4）、南排五号样地（S5）、西排一号样地（W1），每块样地面积为 $1hm^2$，在样地内又划分为 100 个 $10m \times 10m$ 的小样方。对每个小样方内的乔木进行挂牌，同时测定其高度、胸径、冠幅和枝下高，对草本进行高度、多度、盖度和生活力调查。样地基本情况见表 6-28。

（二）研究方法

2010 年 10 月在每块人工林永久性观测样地内按“S”形或“W”形确定 10 个土壤

表 6-28　永久性样地基本情况

样地	海拔（m）	立地条件	植被	林龄（年）	地貌	树高（m）	胸径（cm）	优势种
S1	1360	土石混排	刺槐+油松	19	斜坡	6.61	8.43	阿尔泰狗娃花、大籽蒿、无芒雀麦
S3	1380	土石混排	刺槐+榆+臭椿	19	平台	5.10	5.47	大籽蒿、硬质早熟禾、披碱草
S4	1450	土石混排	刺槐+油松	19	斜坡	6.96	8.01	大籽蒿、黄花蒿、披碱草
S5	1420	土石混排	刺槐纯林	17	平台	5.55	6.43	黄花蒿、披碱草、益母草
W1	1460	土石分排，表层黄壤土	榆+沙柳+青扦+白扦+油松	17	平台	5.53	7.43	硬质早熟禾、阿尔泰狗娃花、糙隐子草

呼吸测定小样方（10m×10m），每个小样方内分别用 PVC 管（直径 30cm，高 10cm）确定 2 个测量位点，将 PVC 管埋于土中，露出地面 3cm，在其中 1 个测量位点旁进行去根处理。去根处理的具体做法为：挖一个长、宽、高分别为 30cm 的土柱，放入隔离圈（PVC 管，直径 30cm，高 30cm），将挖出的土柱按从表层到底层的顺序放于塑料布上，拣除土中根系，并按原土壤层次回填入隔离圈内。

2011 年，选择植物生长季 5～10 月，每月中旬选择天气状况比较稳定日，采用美国 LI-COR 公司生产的 Li-6400 便携式光合作用测量系统连接 Li-6400-09 土壤呼吸室对各测量位点进行土壤呼吸测定。S3、S4、W1 永久性样地进行土壤呼吸日变化测定。8：00～18：00，每 2 小时测定 1 次，重复 3 次，每一个月测定 5 天。在每次测量的前 1 天，将土壤圈（PVC 管，直径 10cm，高 5cm）插入测量点，同时将土壤圈内的植物齐地表剪下，尽量不扰动土壤。前期安太堡露天矿复垦区土壤呼吸试验证明，5cm 较 10cm 深度的土壤温度、水分与土壤呼吸的相关性高，因此，本试验中只测定了土壤 5cm 深处的水分与温度。土壤呼吸与 5cm 深度的土壤温度用 Li-6400 便携式光合作用测量系统的土壤温度探针测定，空气温度由 Li-6400 便携式光合作用测量系统测出，5cm 深度的土壤含水量由 EM50 水分仪测定。

采用 SPSS 统计分析软件包（SPSS 17.0 for Windows，Chicago，USA）分析不同月份、不同样地间土壤呼吸的显著性，对土壤呼吸与土壤水分、温度的关系进行回归分析。用线性和非线性方程分析土壤呼吸和土壤温度及水分的单因子关系。根呼吸贡献率计算公式：

$$\text{贡献率（\%）} = \frac{\text{土壤总呼吸速率} - \text{去根系土壤呼吸速率}}{\text{土壤总吸收速率}} \times 100\%$$

二、平朔矿区人工重建生态系统土壤呼吸速率日变化规律

不同月份各样地土壤呼吸速率日变化规律不同。从图 6-71 可以看出，各样地土壤异养呼吸速率低于总呼吸速率，同一样地土壤总呼吸速率与异养呼吸速率日变化趋势基本一致。S3、S4、W1 样地不同月份日变化幅度均为 6 月、7 月、8 月较大。表明在 1 天中，土壤呼吸速率主要受土壤温度的影响，同时受植被生理特征的限制，不同样地最高值、最低值出现时间会提前或推后。在降雨较少的月份，土壤水分成为限制土壤呼吸速率的主要因子之一。在相对干旱的 5 月表现尤为明显，干旱胁迫在一定程度上降低了土壤呼

吸速率对土壤温度的响应。

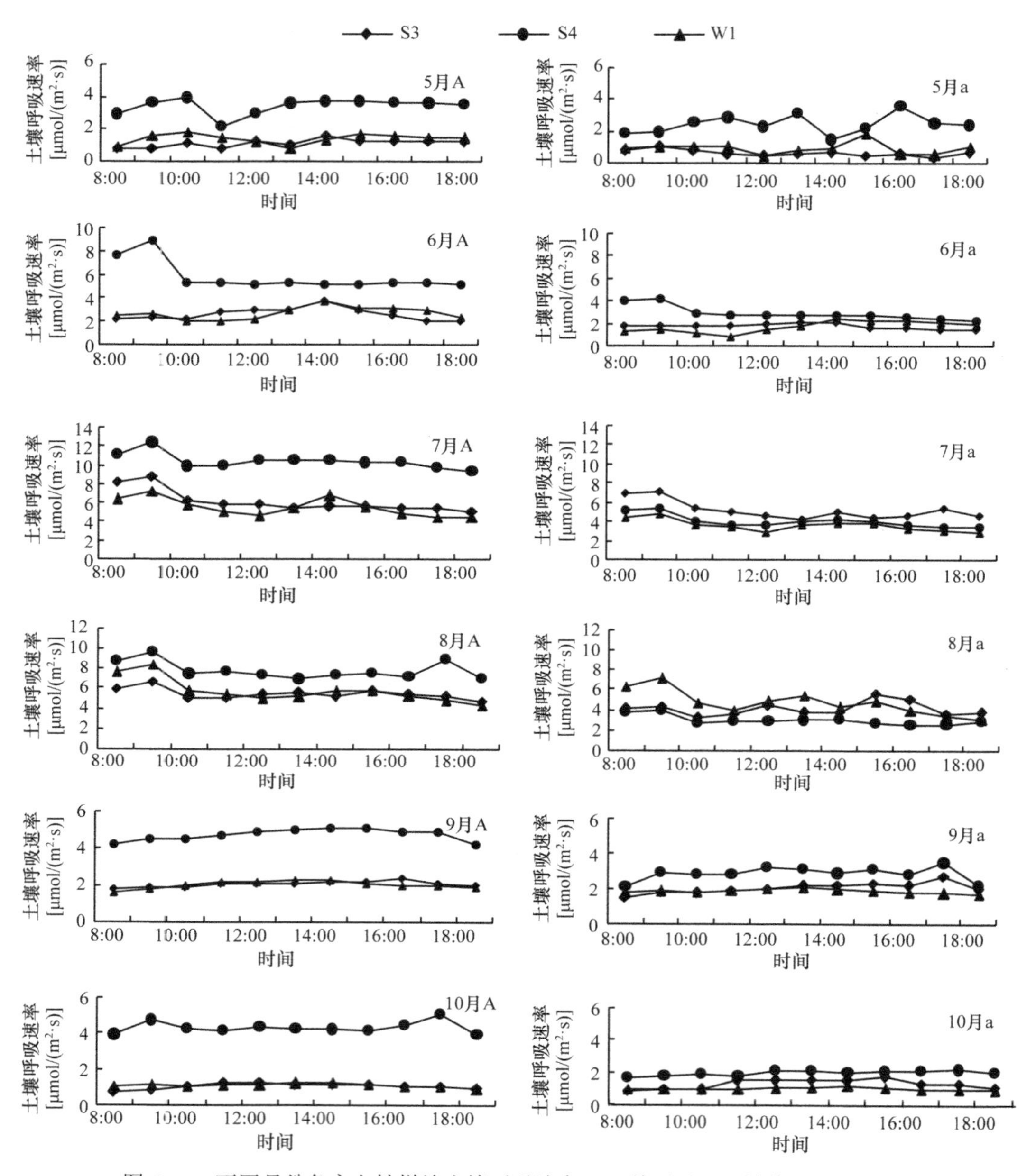

图 6-71 不同月份各永久性样地土壤呼吸速率（A. 总呼吸；a. 异养呼吸）日变化

三、平朔矿区人工重建生态系统土壤水分与温度月变化规律

各永久性样地去根系与未处理的土壤水分呈现极显著的季节性变化（$P<0.01$）。从图 6-72 中可看出，除 S3（P=0.04）、S5（P=0.03）样地外，其他样地去根系与未处理土壤水分之间差异不显著。在整个植物生长期，各样地土壤水分月均值基本相同（11%～13%），且均为去根系大于未处理，土壤水分最高值出现在 7 月 W1 样地（20%、19%），

最低值为 5 月 S1 样地（6%、5%）。

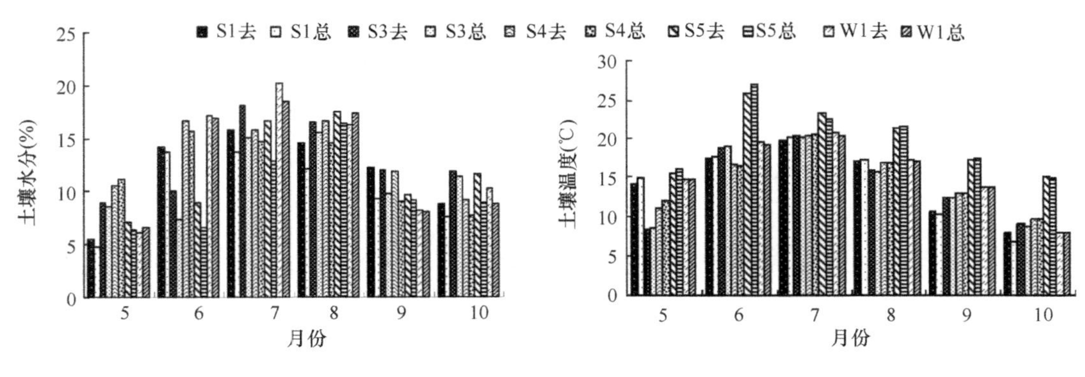

图 6-72　各永久性样地土壤水分与温度月变化

图例中“去”表示去根系土壤，“总”表示未处理土壤

各永久性样地去根系与未处理的土壤温度也呈现出极显著的季节变化（$P<0.01$），但两者之间差异不显著（$0.66<P<0.99$）。在整个植物生长期，各样地土壤温度均为 10 月最低，7 月最高（S5 样地除外），且 S5 样地土壤温度月均值最大（19.53℃、19.72℃），其次是 S4 样地（15.57℃、15.37℃）；土壤温度最高值出现在 6 月 S5 样地（25.48℃、26.62℃），最低值出现在 10 月 S1 样地（7.85℃、6.76℃）。

四、平朔矿区人工重建生态系统土壤呼吸速率月变化规律

各样地土壤呼吸速率均表现出明显的月变化，且变化规律相似（表 6-29），即从 5 月逐渐升高，到 7 月、8 月达到最大值，随后逐渐降低，除 S5 样地外，10 月为最低值。土壤呼吸速率在不同样地、不同月份间均存在差异，各月份均为 S5 样地土壤呼吸速

表 6-29　不同样地不同月份间土壤呼吸速率的比较

样地		5 月	6 月	7 月	8 月	9 月	10 月
S1	1	1.79±0.16Aa	5.33±0.98Bb	7.17±0.69Ac	5.25±0.52Ab	1.80±0.18Aa	1.79±0.78ABa
	2	1.08±0.22ABa	4.31±0.53Cb	6.29±0.73ABc	4.95±0.46Ab	1.71±0.15Aa	1.02±0.10Aa
S3	1	1.61±0.21Aab	2.31±0.19Aab	9.29±0.73Ad	6.40±0.60Ac	2.70±0.28Ab	1.40±0.12Aa
	2	1.24±0.10Aa	1.72±0.09Aab	7.93±0.51Bd	4.66±0.53Ac	2.18±0.16ABb	1.15±0.06Aa
S4	1	4.35±1.17Bab	6.26±0.50Bab	7.67±0.70Abc	10.40±2.07Bc	5.28±1.52Bab	3.35±0.61Ba
	2	2.57±0.65BCab	3.73±0.61BCab	4.74±0.59Ab	4.16±1.16Ab	2.62±0.48Bab	1.89±0.37Ba
S5	1	4.89±0.71Ba	7.12±0.62Cab	13.40±0.79Bc	14.03±0.64Cc	8.17±0.85Cb	5.92±1.00Cab
	2	3.39±0.52Ca	6.25±0.39Dbc	11.21±0.43Cd	10.77±1.09Bd	6.90±0.39Cc	5.01±0.21Cab
W1	1	2.82±0.32Aa	2.93±0.18Ab	9.11±0.52Ad	6.41±0.51Ac	1.64±0.15Aa	0.81±0.07Aa
	2	1.23±0.08Aa	2.57±0.29ABb	7.91±0.50Bd	6.23±0.73Ac	1.32±0.12Aa	0.75±0.05Aa

注：1 为样地土壤总呼吸速率；2 为样地异养呼吸速率。不同大写字母表示在同一月份内不同样地的土壤呼吸速率存在极显著性差异（$P<0.01$）；不同小写字母表示同一样地在不同月份内的土壤呼吸速率存在极显著性差异（$P<0.01$）

率值最高。植物生长季各样地土壤总呼吸均值从大到小依次为S5、S4、W1、S3、S1，异养呼吸均值大小依次为 S5、W1、S4、S1、S3；总呼吸变化幅度为 S4＞S1＞S3＞W1＞S5；异养呼吸变化幅度为S5＞S4＞W1＞S1＞S3。除S4样地外，各样地自养呼吸贡献率存在明显的季节变化，均为春季（5月）、秋季（9月、10月）较大，夏季（6～8月）较小。在植物生长季，S4样地月均自养呼吸贡献率最大，为46%；S1，S3样地次之，为20%；S5、W1样地最小，仅为19%。

五、平朔矿区人工重建生态系统土壤呼吸组成成分分析

从图6-73中可以看出，土壤异养呼吸（RH）变幅较自养呼吸（RA）大，异养呼吸为1.02～11.21μmol/（m^2·s），自养呼吸为0.06～6.24μmol/（m^2·s）。各样地土壤异养呼吸与自养呼吸月变化明显，均为7月、8月最大，6月、9月次之，5月、10月最小。随着温度的升高、水分的增加，土壤异养呼吸在土壤总呼吸中所占比例迅速增大，这可能是异养呼吸与自养呼吸对环境变量的响应不同所致。异养呼吸主要由土壤温度与水分驱动，而自养呼吸由根生物量和单位根呼吸速率决定，随着植物的种类、年龄及生长环境的改变而变化。因此，自养呼吸受到许多生物和非生物因子的调控，这些因子与植物的状况、生活史和环境有关。各样地异养呼吸月均值大小依次为S5、W1、S4、S1、S3；自养呼吸月均值大小依次为S4、S5、S3、S1、W1。

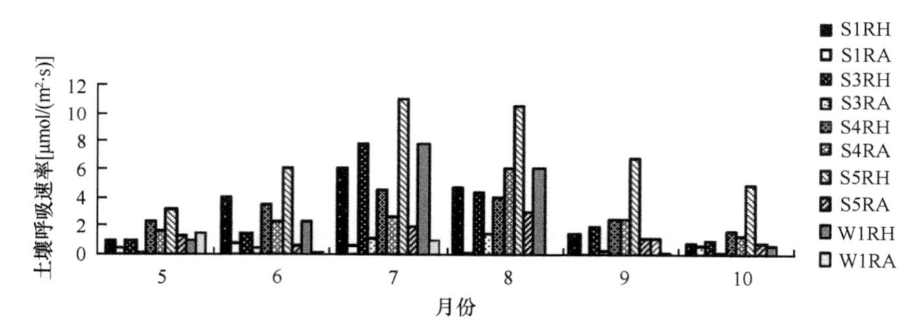

图6-73 各永久样地不同月份土壤异养呼吸与自养呼吸比较

六、平朔矿区人工重建生态系统土壤呼吸与温度及水分的相关性分析

通过对各样地土壤呼吸（R）与土壤温度（T）、水分（W）的线性和非线性回归方程的分析，最终筛选出相关指数最高的拟合方程（表6-30）。去除根系并没有改变土壤呼吸速率与5cm土层温度及水分之间的关系，各样地土壤总呼吸、异养呼吸与土壤温度、水分单因子均分别呈幂函数、指数函数关系，且除S4、S5样地外，均为极显著相关。总体来说，土壤异养呼吸与水分的相关性较总呼吸高，与温度的相关性则较总呼吸低。土壤总呼吸、异养呼吸与土壤温度、水分双因子呈指数相关，相关指数较单因子方程有不同程度的提高。除S4、S5样地外，均为极显著相关。

表 6-30　各永久样地土壤呼吸与土壤温度及水分的回归方程

样地		水分			土壤温度			双因子		
		回归方程	R^2	P	回归方程	R^2	P	回归方程	R^2	P
S1	1	R=0.95$e^{0.11W}$	0.30	0.00	R=0.34$T^{0.77}$	0.33	0.00	R=1.22$e^{0.45T}W^{0.68}$	0.46	0.00
	2	R=0.64$e^{11.96W}$	0.34	0.00	R=0.24$T^{0.86}$	0.31	0.00	R=1.01$e^{0.45T}W^{0.63}$	0.40	0.00
S3	1	R=0.93$e^{10.52W}$	0.35	0.00	R=0.52$T^{0.59}$	0.06	0.01	R=0.88$e^{0.53T}W^{0.67}$	0.45	0.00
	2	R=0.66$e^{11.63W}$	0.45	0.00	R=0.27$T^{0.81}$	0.08	0.02	R=0.87$e^{0.48T}W^{0.73}$	0.53	0.00
S4	1	R=2.47$e^{5.87W}$	0.11	0.00	R=0.36$T^{0.90}$	0.09	0.00	R=2.78$e^{0.24T}W^{0.36}$	0.13	0.00
	2	R=2.14$e^{2.79W}$	0.02	0.35	R=0.23$T^{0.89}$	0.06	0.08	R=1.94$e^{0.17T}W^{0.22}$	0.05	0.12
S5	1	R=3.72$e^{7.28W}$	0.25	0.00	R=1.14$T^{0.64}$	0.09	0.00	R=4.89$e^{0.22T}W^{0.48}$	0.23	0.00
	2	R=4.57$e^{6.63W}$	0.26	0.00	R=1.63$T^{0.60}$	0.09	0.16	R=6.01$e^{0.18T}W^{0.47}$	0.23	0.00
W1	1	R=0.44$e^{13.65W}$	0.61	0.00	R=0.03$T^{1.51}$	0.35	0.00	R=0.62$e^{0.50T}W^{0.86}$	0.74	0.00
	2	R=0.63$e^{10.43W}$	0.44	0.00	R=0.03$T^{1.47}$	0.35	0.00	R=0.79$e^{0.42T}W^{0.78}$	0.61	0.00

注：表中 1 为土壤总呼吸与土壤温度及水分的回归方程；2 为土壤异养呼吸与土壤温度及水分的回归方程

七、小结

（1）土壤呼吸动态特征

各样地土壤呼吸均呈现出明显的季节性变化规律，但日变化趋势各不相同，这与其他相关研究（Sánchez，2002；杨晶等，2004）结果一致。南排三号、南排四号及西排一号样地土壤呼吸日动态一致性较差，规律不明显，主要是因为土壤呼吸除受土壤温度的驱动外，受植被类型、立地条件、地形的影响也较大。南排五号样地较其他样地土壤总呼吸、异养呼吸月均值高，这主要是因为刺槐纯林年际凋落物量要高于针阔混交林，且平台有利于腐殖质的形成，腐殖质层厚，土壤有机质就相对较丰富，有利于土壤微生物的生长；另外，该样地为阳坡样地，相比其他样地，地温较高，有利于微生物生长。各样地土壤呼吸在去根系后明显下降，平均下降 19%～46%，这一结果与其他温带地区的研究很相近（Bowden et al.，1993，Striegl and Wickland，1998）。自养呼吸贡献率受植被类型、物种组成、植被碳分配、植被根系特征、土壤水热状况等因子的综合影响（Gower et al.，2001；Högberg et al.，2002）。西排一号样地自养呼吸较其他样地低，这可能与该生态系统主要以针叶林为主、林分密度低、根系生物量和生产力较低有关，这与 Burton 等（2002）对不同北美森林生态系统的根呼吸研究结果相同。

（2）土壤呼吸与环境因子的相关性

本研究中，土壤呼吸和土壤温度及水分的双因子拟合方程相关指数较单因子均有一定程度的提高，表明把土壤水分因子增加到土壤呼吸与土壤温度的函数关系中可以提高土壤呼吸的预测准确性，这与大多数研究结果一致（Janssens and Pilegaard，2003；Gaumont et al.，2006）。无论是土壤总呼吸还是异养呼吸均与土壤温度、土壤水分双因子呈幂函数或指数函数关系，与一些人工重建生态系统（李红生等，2008；朱凡等，2010）土壤呼吸与土壤温度、水分的相关关系有所差异。这可能与研究区域自然条件有关，不同的生态系统中水分对土壤呼吸的影响方向和程度有很大的差别，在土壤水分不是限制因子的条件下，土壤呼吸与土壤温度呈正相关，而在水分成为限制因子的干旱、半干旱地区，土壤呼吸受土壤水分和温度的共同影响，且土壤呼吸与温度和水分之间的关系变得较为复杂（李凌浩等，2000；Ma et al.，2005）。

（3）土壤呼吸是一个复杂的过程，需要长期动态监测

土壤呼吸受多种因素的共同影响，包括土壤温度、土壤水分、植被类型、土壤有机质、净生态系统生产力（NEP）、地上和地下生物量的分配、种群和群落的相互作用及人类干扰等（Rustad et al.，2000）。本研究只开展了土壤温度与水分对土壤呼吸的影响，未能全面反映出各样地土壤呼吸的动态特征，有关土壤呼吸与其他影响因子的分析研究有待今后进一步分析。

第七章 平朔矿区重建人工林凋落物研究

凋落物作为植物生命过程和生态过程的重要组成部分，在植物生态系统中扮演着养分和能量转化与传递、植物与土壤动物和微生物联系、植物与土壤生态功能耦合的重要角色。开展矿区生态修复过程中植物凋落物的研究，对认识极度退化生态系统恢复与重建过程中植被结构与生态功能的关系、土壤结构形成与养分累积效应有重要的科学意义。

凋落物研究内容主要包括凋落物产量及动态变化（年变化、季节变化等）、凋落物积累量（或称凋落物现存量）、凋落物分解及养分归还量、凋落物生物量的影响因子（温度、降水、海拔、风力、坡向、树种、树龄、土壤养分、立地条件等）和凋落物的相关生态功能等。

第一节 凋落物的主要生态功能

凋落物的早期研究多集中在其生物量的动态变化上，随着生态学研究的深入，人们逐渐认识到凋落物在生态系统中所起的作用越来越重要，其承担着多项生态功能，具有不可替代的作用，主要表现在植物生态系统中物质和能量交换与循环、土壤养分的累积、土壤生态系统形成、林地水源涵养等方面（图 7-1）。

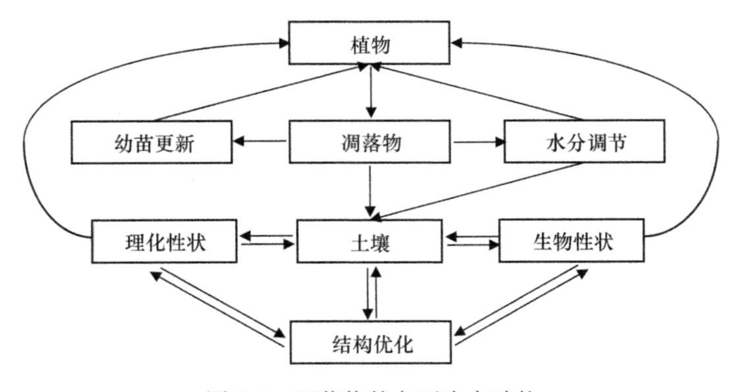

图 7-1 凋落物的主要生态功能

（一）凋落物在物质循环中的重要地位

凋落物在地表主要是通过土壤动物和微生物将其分解和利用，其养分被分解者转移到活有机体中或排泄到土壤中，活有机体死亡后，所有养分最终通过淋溶和分解归还到土壤无机养分库中，可被植物根系吸收利用，实现生态系统内部化学元素的交换，即生物地球化学循环。Chapin 等（2002）的研究表明，大多数生态系统中植物所吸收的养分，90%以上的 N 和 P、60%以上的矿质元素都来自植被归还给土壤的养分再循环。凋落物分解速率决定着生态系统中养分循环的速率，在一定程度上决定着土壤养分有效性的高低（Berg and McClaugherty，2003）。部分凋落物被外力因素（如风、水流等）移出原生态系统，参与不同生态系统之间化学元素的交换，即地球化学循环。

凋落物中的主要成分是纤维素，这些纤维素的降解是自然界中维持碳素平衡不可缺少的过程，该降解过程每年以 CO_2 形式归还到大气中的碳大约为 850 亿 t，一旦纤维素分解过程停止，并且光合作用仍以目前的状态继续，则地球上的所有生命将在 20 年内由于缺乏 CO_2 而终止（Hulson，1980）。另外，凋落物中的营养元素是森林植物生长发育所需养分的一个重要来源，已有报道表明，森林每年通过凋落物分解归还土壤的总氮量占森林生长所需总氮量的 70%～80%，通过凋落物分解归还到土壤的总磷量占森林生长所需总磷量的 65%～80%，通过凋落物分解归还到土壤的总钾量占森林生长所需总钾量的 30%～40%（Gholz and Fisher，1985）。由此可见，凋落物及其分解在物质循环中占有极为重要的地位，是森林生态系统得以维持的重要因素。

（二）凋落物对土壤肥力的影响

土壤肥力是土壤物理、化学、生物学等性质的综合反映，凋落物对土壤肥力的这 3 个方面均有影响。

1. 对土壤物理性质的影响

土壤结构和土壤温度是土壤物理性质的两个重要方面。土壤结构影响其供应植物生长所需的水分与养分的能力、通气性和热量交换等环境条件，以及根系在土体中的穿透情况。土壤结构的形成过程主要是土壤中团聚体的形成过程，团聚体的大小、形状和特性直接影响土体的松板和孔隙状况，以及水、气、热和根系活动。在团聚体形成过程中，作为胶结剂的 3 种重要胶体物质是黏粒、铁锰氧化物胶体和有机胶体，其中以有机胶体最重要（朱显谟等，1978）。而有机胶体是在有植物残体的情况下微生物活动的产物，由此可以看出，凋落物是土壤结构改善的重要基础。

土壤温度与植物生长密切相关，土壤温度过高或过低都不利于土壤生物的活动和土壤中各种生化反应的进行。一定厚度的凋落物层可使土壤温度常年保持稳定，起到一定的绝热作用（周存宇，2003）。

2. 对土壤化学性质的影响

土壤有机质是土壤化学性质的一个重要方面，也是衡量土壤肥力的重要指标之一。广义上讲，凋落物是土壤有机质的一个重要组成部分，而狭义的土壤有机质主要指土壤腐殖质，而它的主要来源是植物的凋落物。凋落物的质和量，加上温度、降水等外界环境因素和土壤微生物的共同作用，决定了土壤中有机质的含量和质量。

在森林演替过程中，从先锋植物群落到顶极群落，土壤性质也在逐渐变化（张全发等，1990；朱志诚和贾东林，1993）。从总的趋势看，土壤有机质和全氮含量是不断增加的，这主要是植被演替过程中，凋落物不断积累和分解而对土壤养分长期作用的结果。

3. 对土壤生物学特性的影响

土壤的生物学特性是凋落物彻底分解的重要方面，对凋落物的分解起着关键的作用；但同时，凋落物的数量、成分、质地、养分等也会影响土壤的生物学特性，包括土壤生物的种类、数量、活力，以及土壤酶的种类、数量和活性（郭伟等，2009）。

蚁伟民等（1984）的调查表明，有植被覆盖的土壤，其中微生物数量比植被长期遭到破坏形成的裸露地的土壤微生物数量要大得多，且种类也多得多。这一方面是因为植被的建立改善了环境条件；另一方面是植物凋落物为微生物提供了丰富的养分。同一类型人工林，凋落物移去与保留的对比试验表明，保留凋落物的林下土壤微生物生物量比对照林（移去凋落物）下的高出 1.65 倍（Ding，1992），由此可更加直接地看出凋落物的土壤微生物生态效应。

绝大部分土壤动物生活在有落叶覆盖的表土层，这里为各种土壤动物提供了大小不同的生存空间；另外，从新鲜的枯枝落叶到腐殖质，处于不同腐烂阶段的有机物及其上生存的大量微生物为土壤动物提供了丰富的食物，可以满足不同土壤动物的生存需求，随着森林凋落物的不断丰富，相应地土壤动物的数量和种类也会逐步丰富起来。

（三）调水保土的生态作用

凋落物是土壤界面水文过程研究的重要内容。凋落物层结构疏松，具有良好的透水性和持水能力，在降水过程中起着缓冲器的作用。凋落物覆盖于地表，增大了地表的粗糙率，具有枯落物的地面粗糙率为农地的 5.1～5.7 倍，可起到阻缓径流的作用，从而增加了径流入渗时间和入渗量（郭伟等，2009）。赵鸿雁等（1994）在对山杨枯枝落叶的水文水保作用研究时发现，枯枝落叶阻缓径流流出时间与其厚度呈正比。朱金兆等（2002）研究发现，林地去除凋落物后，油松林地径流量比原林分增加了 1.96 倍，山杨林地径流量比原林分增加了 1.67 倍，这表明凋落物越厚，其阻缓径流流出的时间就越长。同时，凋落物还能抑制土壤水分的蒸发，故能起到很好的蓄水保水作用（罗雷和何丙辉，2005；陈光升等，2008）。凋落物越厚，抑制土壤水分蒸发的能力也就越强。

（四）凋落物对幼苗更新生长的影响

凋落物作为覆盖物可以提高幼苗成活率，增加幼苗高度，增加植物总的生物量，而且单一和混合的覆盖物效果也不尽相同。凋落物增大了对土壤水分的利用率，通过限制杂草的入侵和隔离土壤来保持土壤水分。土壤酸碱度也是幼苗更新生长的关键因素，凋落物作为覆盖物可通过浸提液 pH 的变化改变土壤的酸碱度。在幼苗生长的初期，N、P 等养分对植物生长相当重要，凋落物作为覆盖物可提高幼苗及土壤对养分的获取，而且根据幼苗对养分需要的程度不同，可以选择含相应养分的单一或混合的凋落物作为覆盖物，从而更好地发挥凋落物作为覆盖物的作用（高志红等，2004）。

（五）凋落物对菌物生长的影响

凋落物作为地表生态过程的重要载体，不仅维持着养分循环的生态功能，还为真菌提供生存和繁殖的场所。作为生态系统健康的感官指标，蘑菇在林地里的生长状况及其表现是衡量该生态系统健康与否的重要指标，而蘑菇的生长离不开凋落物，只有当凋落物积累到一定厚度，其营造的生存环境适宜时，蘑菇才能够得以生存。菌物的生长对环境和养分的要求极其苛刻，凡是适合菌物生长的林地，其林下凋落物的数量和质量也是优良的。

（六）凋落物作为蚯蚓生物反应器的一种物质原料

在蚯蚓生物反应器的生产过程中，废弃物经过高温或发酵预处理后，再通过蚯蚓的处理及工艺控制，可以调节生产产品中的有机质含量及有益微生物菌株数量和纯天然生长调节剂的生理活性（孙振钧和孙永明，2004）。Manna 等（2003）报道，以凋落物为原料的蚯蚓生物反应器生产出来的肥料可以增加可吸收的氮、磷、钾养分含量，还可以改变土壤生物活力，如增强土壤呼吸、提高脱氢酶的活力、增加土壤微生物生物量。

第二节　凋落物的生物量研究

一、研究方法

（一）样地概况

在平朔矿区安太堡露天矿南排土场、西排土场，根据植被类型、种植年限、立地条件等因素选择 9 块典型样地，另选原地貌小叶杨纯林进行对比，进行凋落物生物量收集实验（表 7-1）。

表 7-1　平朔矿区典型人工林样地概况

植被类型（样地代码）	植被	种植时间	海拔（m）	地形	立地条件	凋落物层厚度（cm）	样地大小
刺槐+油松+榆混交林（CYY1）	刺槐+油松+榆	1991 年	1360	斜坡	土石混排	5	100m×80m
刺槐+油松+榆混交林（CYY2）	刺槐+油松+榆	1992～1994 年	1370	斜坡	土石混排	8	100m×100m
刺槐+榆+臭椿混交林（CYC）	刺槐+榆+臭椿	1992 年	1380	平台	土石混排	6	100m×100m
刺槐+油松+榆混交林（CYY4）	刺槐+油松+榆	1992 年	1450	斜坡	土石混排	5	100m×80m
刺槐纯林（CH）	刺槐	1994 年	1420	平台	纯土	6	100m×100m
旱柳纯林（HL）	旱柳	1994 年	1460	平台	土石分排，表层黄壤土	4	100m×20m
榆纯林（YuS）	榆	1994 年	1460	平台	土石分排，表层黄壤土	5	100m×30m
油松纯林（YS）	油松	1994 年	1460	平台	土石分排，表层黄壤土	3	50m×50m
落叶松纯林（LYS）	华北落叶松	1994 年	1460	平台	土石分排，表层黄壤土	2	50m×50m
小叶杨纯林（XYY）	小叶杨	1960 年	1300	平台	黄壤土	4	100m×100m

（二）凋落物收集器的布置

2013 年 4 月底，在选定的 10 个样地内，分别布置 5 个凋落物收集器（规格为 40cm

×40cm×30cm，底部距地面 20cm）。

（三）凋落物的收集

于 2013 年 5 月至 2014 年 12 月每月月底收集 1 次凋落物；2014 年的 1～4 月收集 1 次（由于天气、森林防火等原因），1 年内共收集 9 次凋落物，在实验室内按枝、叶、花、果、皮、芽、杂物进行分类，在 80℃恒温条件下烘干至恒重，用精度 0.001g 的电子天平称重。

（四）凋落物积累量的收集

在样地，随机设置 10 个 1m×1m 的样点，收集地表凋落物。在 80℃恒温条件下烘干至恒重，用精度 0.001g 的电子天平称重。

（五）养分元素的测定

从各个时间段收集的凋落物中选取一定质量比例的凋落物（去除杂物）混合后作为化学分析样品，进行养分元素测定（表 7-2）。

表 7-2 养分测定项目及方法

测定项目	测定方法
全氮	凯氏定氮法
全磷	钒钼黄比色法
全钾	原子吸收分光光度法
Ca	原子吸收分光光度法
Mg	原子吸收分光光度法

二、凋落物产量

凋落物产量是指单位时间内单位面积土地上植物产生的凋落量，反映植物凋落物的生产力水平，一般以年为单位时间，以公顷为单位面积（图 7-2）。

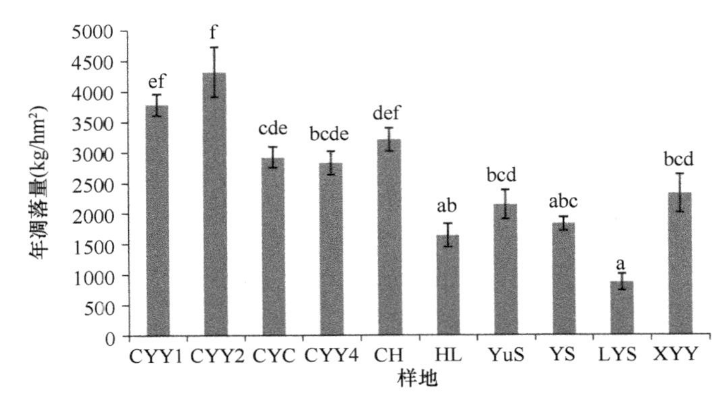

图 7-2 平朔矿区复垦地 10 种人工林年凋落量

图中不同小写字母表示差异显著（$P<0.05$）

从图 7-2 可以看出，10 种样地的年凋落量在 $P<0.05$ 水平上差异显著。总体上混交林年凋落量大于纯林。大小依次为 CYY2（4319.96kg/hm^2）>CYY1 样地（3787.29kg/hm^2）>CH（3204.74kg/hm^2）>CYC（2921.02kg/hm^2）>CYY4（2825.02kg/hm^2）>XYY（2323.35kg/hm^2）>YuS（2153.12kg/hm^2）>YS（1828.91kg/hm^2）>HL（1644.71kg/hm^2）>LYS（869.84kg/hm^2）。经过近 30 年的生态修复，固定监测样地凋落物年凋落量已超过原地貌（表 7-3）。

表 7-3　平朔矿区复垦地 10 种人工林年凋落物组分产量　（单位：kg/hm^2）

样地	枝	叶	花	果	皮	芽	杂物
CYY1	422.34±64.44a（11.15%）	2933.85±79.99ef（77.47%）	100.60±15.35bc（2.66%）	258.02±41.15c（6.81%）	57.69±38.35a（1.52%）	7.58±3.20abc（0.20%）	7.20±1.78a（0.19%）
CYY2	238.98±157.41a（5.53%）	3810.60±367.12f（88.21%）	99.30±19.82bc（2.30%）	112.83±45.38ab（2.61%）	7.86±3.02a（0.18%）	43.85±17.66c（1.02%）	6.54±0.91a（0.15%）
CYC	389.68±111.18a（13.34%）	2315.72±176.13cde（79.28%）	29.51±9.13a（1.01%）	167.18±19.79bc（5.72%）	1.03±0.72a（0.03%）	8.37±6.24abc（0.29%）	9.53±5.23a（0.33%）
CYY4	300.69±24.11a（10.64%）	2174.06±181.69bcde（76.96%）	104.91±12.93c（3.71%）	233.08±26.83bc（8.25%）	4.23±1.39a（0.15%）	0.17±0.17a（0.01%）	7.90±1.94a（0.28%）
CH	287.87±88.72a（8.98%）	2840.32±163.64de（88.63%）	34.52±1.59ab（1.08%）	31.93±3.87a（0.99%）	0.88±0.39a（0.03%）	1.60±0.70a（0.05%）	7.61±1.18a（0.24%）
HL	274.93±32.25a（16.72%）	1309.71±209.84ab（79.63%）	19.83±12.13a（1.20%）	7.37±3.07a（0.45%）	18.79±11.36a（1.14%）	2.42±0.47ab（0.15%）	11.66±3.17a（0.71%）
YuS	203.08±28.45a（9.43%）	1842.25±217.43bcd（85.56%）	0.42±0.18a（0.02%）	36.74±5.27a（1.71%）	19.29±12.52a（0.90%）	38.36±4.83bc（1.78%）	12.99±3.25a（0.60%）
YS	19.85±16.18a（1.09%）	1677.85±57.57abc（91.74%）	103.56±41.07c（5.66%）	15.87±2.94a（0.87%）	0.12±0.12a（0.01%）	2.61±0.97ab（0.14%）	9.05±1.29a（0.49%）
LYS	56.58±25.82a（6.50%）	779.86±117.03a（89.66%）	4.13±1.47a（0.48%）	12.63±11.32a（1.45%）	0.04±0.02a（0.00%）	12.37±6.54abc（1.42%）	4.24±0.56a（0.49%）
XYY	424.30±274.08a（18.26%）	1579.02±123.23abc（67.96%）	0.08±0.08a（0.00%）	0.35±0.19a（0.02%）	221.45±38.65b（9.53%）	91.67±4.18d（3.95%）	6.49±1.50a（0.28%）

注：括号中的数字表示该成分占总量的百分比。不同小写字母表示各样地内凋落物相同组分之间差异显著（$P<0.05$）

由表 7-3 可知，10 种人工林凋落物中，枝凋落物和杂物无显著差异，叶凋落物、花凋落物、果凋落物、芽凋落物均有一定差异，XYY 的皮凋落物与其他样地差异显著。凋落物各组分的年凋落量差异悬殊，但叶凋落物所占比例均为最大，为 67.96%～91.74%。除 YS 外，其他样地的枝凋落量仅次于叶凋落物，占比为 1.09%～18.26%。花凋落物占比为 0.00%～5.66%，果凋落物占比为 0.02%～8.25%，皮凋落物占比为 0.00%～9.53%，芽凋落物占比为 0.01%～3.95%，杂物占比为 0.15%～0.71%。

自 20 世纪 60 年代以来，Bray 和 Gorham（1964）、Rodin 和 Bazilevich（1967）、彭少麟和刘强（2002）等中外学者对世界范围内森林凋落量的研究作了综述性报道，他们指出森林年凋落量随地理气候区和森林类型的不同有很大差异，就不同气候区而言，森林凋落量具有一定的变化幅度，但平均来说，全球森林年凋落物总量为 1.6×10^3～9.2×10^3kg/hm^2，枯叶年凋落量为 1.4×10^3～5.8×10^3kg/hm^2，其他组分（包括枝、皮、繁殖器官、叶鞘、动物残骸等）为 0.6×10^3～3.8×10^3kg/hm^2。CYY2 凋落物年凋落量最高

（4319.96kg/hm^2），LYS 年凋落量最低（869.84kg/hm^2），这说明同一区域不同类型森林年凋落量差异很大。王凤友（1989）等学者的研究表明，叶凋落物在森林生态系统的凋落物归还中占主导地位，一般占凋落物总量的60%～80%，小枝占10%～15%，落皮占10%～20%，其他组分占10%。本研究中叶凋落物占总凋落量的比例为67.96%～91.74%，可见落叶量在一定程度上主导着该地区人工林的凋落物总量。平朔矿区复垦地人工林凋落物总量除受地理条件、森林类型的影响外，还受群落类型、林龄、树种生物学特性、群落结构组成的影响。经过多年的土地复垦与生态修复，平朔矿区人工林生长状况良好，无须进行人工管护，地表积累的大量凋落物在防止水土流失、保水保肥方面发挥了巨大作用，人工林生态效益日益显现。

三、凋落物积累量

凋落物积累量是在一定面积的地面上堆积的凋落物量，由凋落物年凋落量与凋落物分解量的动态关系决定。在凋落物年凋落量相对稳定的前提下，凋落物积累量反映的是凋落物的分解（或周转）速率，可以用凋落物年凋落量与现存量的比值来表示周转系数 *k* 值（Anderson and Swift，1983）。

从图 7-3 可以看出，各样地凋落物积累量在 $P<0.05$ 水平上有一定差异。CYC 凋落物积累量最大，达 37.3217t/hm^2；HL 样地最小，达 9.0008t/hm^2；原地貌 XYY 凋落物积累量为 18.2208t/hm^2；混交林凋落物积累量大于纯林，经过近 30 年的生态修复，部分样地的凋落物积累量已经超过了原地貌小叶杨林。刘士玲等（2017）综合 247 篇文献得出我国森林凋落物现存量为 0.27～246.94t/hm^2，且有随纬度升高而增加的趋势；其中温带森林凋落物积累量为 0.35～246.00t/hm^2，平均为 17.62t/hm^2。凋落物现存量取决于枯落物量、分解速率及积累年限，除受气候影响外，还受林分起源、群落发育阶段、群落组成和结构、地形条件、土壤及干扰等因素影响。另外，取样时间及分层、样方空间布设方法、样方大小及其数量等都对结果有一定的影响。表 7-4 为我国温带地区不同类型森林凋落物现存量。

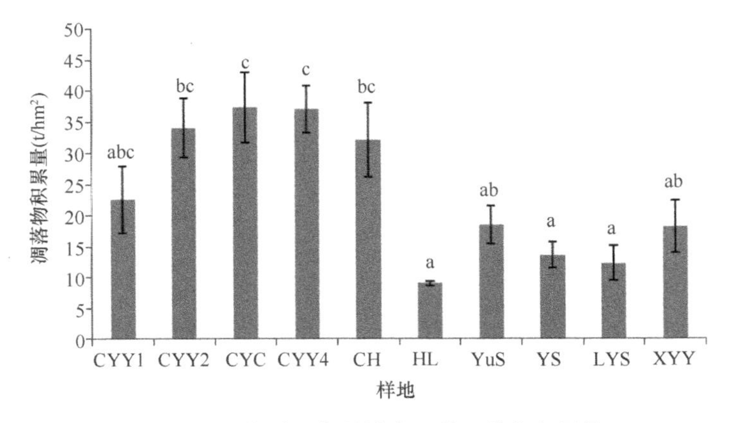

图 7-3　平朔矿区复垦地人工林凋落物积累量

图中不同小写字母表示差异显著（$P<0.05$）

表 7-4　我国温带地区不同类型森林凋落物现存量

地点	森林类型	林龄	凋落物现存量（t/hm²）	资料来源
陕北黄土丘陵区	山杨天然次生林	中龄	8.34	吴钦孝等（1992）
	油松人工林	28 年	17.95	吴钦孝等（1993）
燕山东段	油松林	10～20 年	3.74	郑均宝等（1993）
		30～40 年	8.19～14.63	
天山	新疆落叶松+天山云杉天然林	80～120 年	135.7	李叙勇等（1997）
	天山云杉天然林	60～100 年	124.1	
	天山云杉天然林	120～160 年	222.6	
山西西南部	刺槐人工林	19 年	12.875	魏天兴等（1998）
	油松人工林	17 年	16.450	
东北东部山区帽儿山实验林场	落叶松人工林	21 年	23.1900	陈立新等（1998）
		28 年	25.6128	
北京西部百花山区	油松人工林	36～48 年	18.5	刘尚华等（2007）
	刺槐人工林	26 年	15.1	
	青杨人工林	26 年	16.0	
辽西地区	油松+蒙古栎混交林	30 年	11.125	崔建国和镡娟（2008）
	油松纯林	30 年	8.264	
燕山西部山地	白桦林	20 年	11.0～18.16	李倩茹等（2009）
	落叶松人工林	20 年	10.30～15.84	
北京西山	刺槐人工林	25 年	8.96	张峰等（2010）
	油松人工林	45 年	26.01	
关帝山文峪河上游支流河岸	落叶松林	50～80 年	9.5127	卢景龙（2011）
	云杉林	50～80 年	7.895	
	云杉落叶松林	50～80 年	10.7742	
甘肃兴隆山	油松人工纯林	25 年	46.32	魏强等（2011）
	落叶松人工纯林	23 年	25.91	

四、凋落物动态变化

森林凋落物月动态具有明显的季节变化规律，其季节动态模式主要分为单峰型、双峰型和不规则类型 3 种。吴承祯等（2000）认为某一种模式的出现，主要依赖于森林组成树种的生物学特性。

如图 7-4 所示，平朔矿区 10 种人工林总凋落量月动态均呈单峰型曲线波动。其中，CYY1 最大值出现在 10 月，占年凋落量的 42.84%，最小值出现在 12 月，占 0.49%；CYY2 最大值出现在 10 月，占 36.19%，11 月次之，占 21.30%，最小值出现在 7 月，占 2.02%；CYC 最大值出现在 10 月，占 39.96%，11 月次之，占 21.37%，最小值出现在 12 月，占 0.91%；CYY4 最大值出现在 10 月，占 41.63%，最小值出现在 12 月，占 0.56%；CH 最大值出现在 10 月，占 40.88%，最小值出现在 12 月，仅收集到 0.12kg/hm^2；HL 最大值出现在 11 月，占 61.22%，最小值出现在 12 月，占 0.11%；YuS 最大值出现在 11 月，占 37.02%，10 月次之，占 31.31%，最小值出现在 12 月，占 0.08%；YS 最大值出现在 10 月，占 33.40%，1～4 月次之，占 32.13%，最小值出现在 12 月，占 0.40%；LYS 最大值出现在 10 月，占 37.20%，11 月次之，占 33.20%，最小值出现在 7 月，占 0.81%；XYY 最大值出现在 9 月，占 38.01%，10 月次之，占 33.19%，最小值出现在 12 月，占 0.64%。

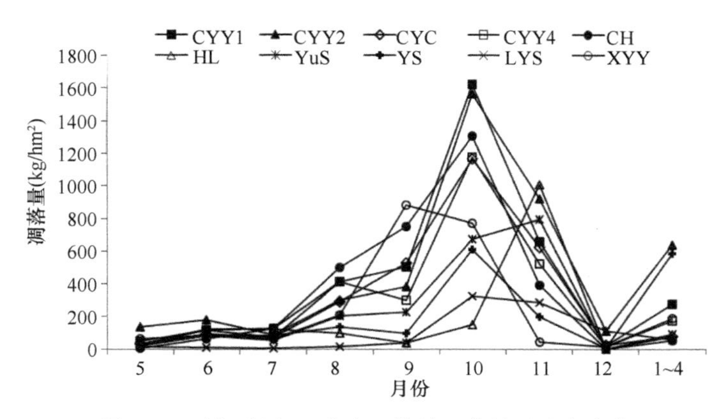

图 7-4　平朔矿区 10 种人工林总凋落量月动态变化

如图 7-5 所示，平朔矿区 10 种人工林枝凋落量月动态，除 HL 呈现不规则波动外，其他人工林总体均呈单峰型曲线。CYY1 最大值出现在 8 月，占年凋落量的 30.85%，最小值出现在 12 月，占 0.57%；CYY2 最大值出现在 9 月，占 60.11%，最小值出现在 12 月，占 0.48%；CYC 最大值出现在 8 月，占 30.54%，最小值出现在 12 月，占 0.89%；CYY4 最大值出现在 8 月，占 43.33%，最小值出现在 12 月，占 1.71%；CH 最大值出现在 8 月，占 48.61%，11 月未收集到；HL 最大值出现在 11 月，占 20.69%，最小值出现在 12 月，占 0.24%；YuS 最大值出现在 8 月，占 41.86%，12 月未收集到；YS 最大值出现在 7 月，占 72.80%，5 月、8～12 月均未收集到；LYS 最大值出现在 1～4 月，占 54.70%，最小值出现在 7 月，占 2.38%；XYY 最大值出现在 9 月，占 64.01%，12 月未收集到。

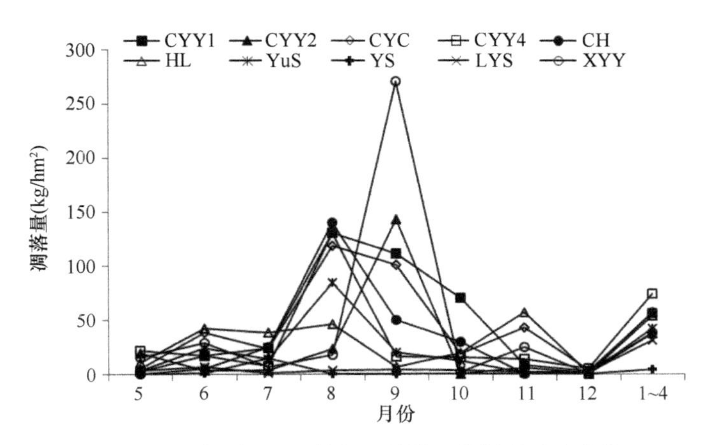

图 7-5　平朔矿区 10 种人工林枝凋落量月动态变化

如图 7-6 所示，平朔矿区 10 种人工林叶凋落量月动态均呈单峰型曲线。CYY1 最大值出现在 10 月，占年凋落量的 51.90%，最小值出现在 6 月，占 0.23%；CYY2 最大值出现在 10 月，占 40.81%，最小值出现在 7 月，占 1.39%；CYC 最大值出现在 10 月，占 49.06%，最小值出现在 5 月，占 0.19%；CYY4 最大值出现在 10 月，占 52.02%，最小值出现在 12 月，占 0.15%；CH 最大值出现在 10 月，占 44.75%，12 月未收集到；HL 最大值出现在 11 月，占 72.43%，最小值出现在 12 月，占 0.08%；YuS 最大值出现在 11 月，占 43.14%，最小值出现在 12 月，占 0.05%；YS 最大值出现在 10 月，占 35.77%，最小值出现在 12 月，占 0.44%；LYS 最大值出现在 10 月，占 40.96%，最小值出现在 5 月，占 0.20%；XYY 最大值出现在 10 月，占 48.23%，最小值出现在 12 月，占 0.11%。

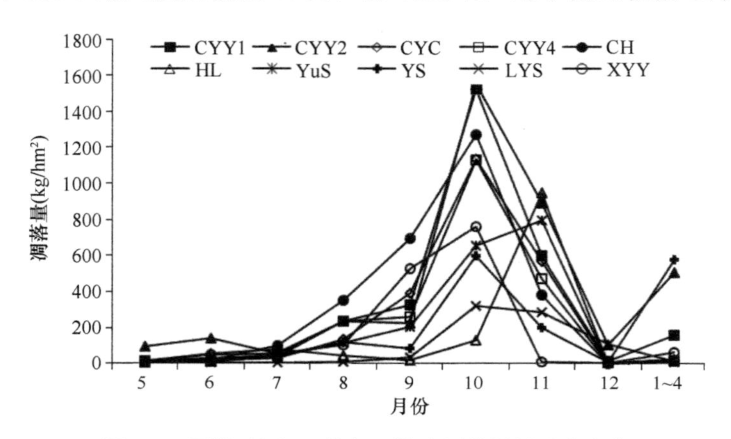

图 7-6　平朔矿区 10 种人工林叶凋落量月动态变化

如图 7-7 所示，平朔矿区 10 种人工林花凋落月动态均呈单峰型曲线。CYY1 最大值出现在 6 月，占年凋落量的 80.14%，最小值出现在 11 月、12 月，均占 0.08%；CYY2 最大值出现在 7 月，占 30.10%，6 月次之，占 28.53%，最小值出现在 5 月，占 0.04%；CYC 最大值出现在 6 月，占 76.18%，1～4 月、8～12 月均未收集到；CYY4 最大值出现在 6 月，占 76.85%，10 月、12 月、1～4 月均未收集到；CH 最大值出现在 6 月，占 98.49%，1～5 月、9～12 月均未收集到；HL 最大值出现在 6 月，占 99.82%，1～5 月、8～12 月均未收集到；YuS 最大值出现在 5 月，占 83.57%，6～12 月均未收集到；YS 最大值出现在 6 月，占 50.38%，5 月、12 月未收集到；LYS 最大值出现在 5 月，占 41.30%，8～12 月未收集到；XYY 花凋落量全部集中在 7 月。

如图 7-8 所示，平朔矿区 10 种人工林果凋落量月动态变化中，HL、YuS、XYY 呈单峰型曲线，CYC、YS、LYS 呈双峰型曲线，CYY1、CYY2、CYY4、CH 呈不规则类型。CYY1 最大值出现在 9 月，占总凋落量的 26.10%，最小值出现在 12 月，占 0.46%；CYY2 最大值出现在 1～4 月，占 43.81%，最小值出现在 7 月，占 0.16%；CYC 第一个峰值出现在 5 月，占 13.93%，第二个峰值出现在 8 月，占 24.48%，最小值出现在 11 月，占 5.41%；CYY4 最大值出现在 1～4 月，占 35.86%，最小值出现在 5 月，占 1.03%；CH 最大值出现在 11 月，占 26.26%，最小值出现在 5 月，占 1.01%；HL 最大值出现在 6 月，占 49.04%，8～10 月、12 月未收集到；YuS 最大值出现在 6 月，占

51.88%，7～12 月未收集到；YS 第一个峰值出现在 8 月，占 21.07%，第二个峰值出现在 10 月，占 51.98%，9 月、12 月未收集到；LYS 第一个峰值出现在 8 月，占 8.67%，第二个峰值出现在 1～4 月，占 76.81%，10 月、12 月未收集到；XYY 凋落量全部集中在 6 月。

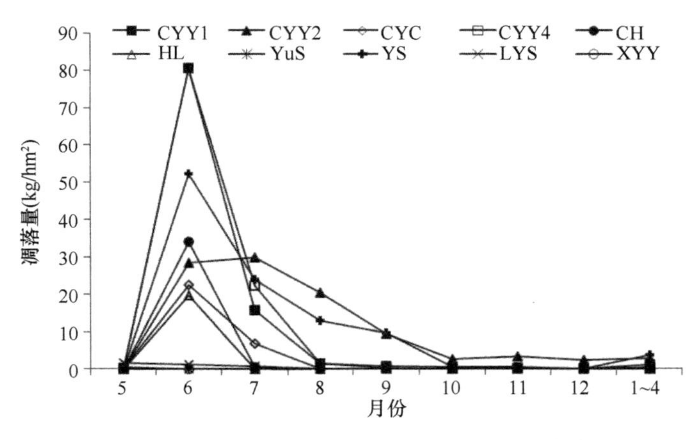

图 7-7　平朔矿区 10 种人工林花凋落量月动态变化

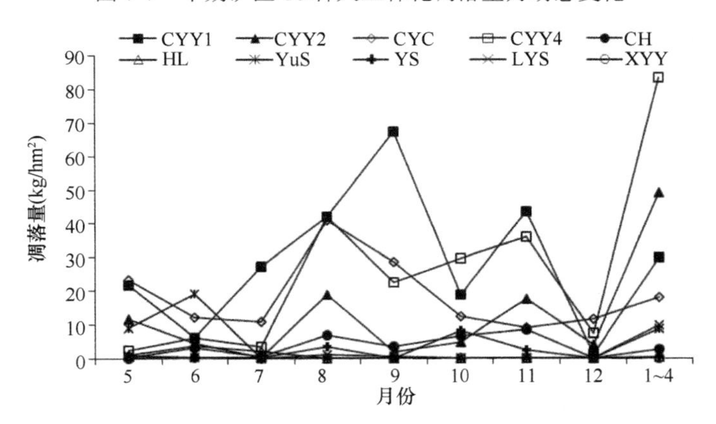

图 7-8　平朔矿区 10 种人工林果凋落量月动态变化

如图 7-9 所示，平朔矿区 10 种人工林皮凋落量月动态变化中，CYY1、CYY2、CYC、CYY4 呈双峰型曲线，HL、YuS、XYY 呈单峰型曲线，CH、YS、LYS 无明显规律。CYY1 最大值出现在 1～4 月，占 53.36%，12 月未收集到；CYY2 最大值出现在 1～4 月，占 78.92%，7 月、10～11 月未收集到；CYC 最大值出现在 9 月，占 75.66%，2013 年 5 月、10～12 月和 2014 年 1～4 月未收集到；CYY4 第一个峰值出现在 8 月，占 61.27%，第二个峰值出现在 11 月，占 12.60%，10 月、12 月未收集到；CH 8 月收集量占 62.53%，7 月收集量占 37.47%，其余时间均未收集到；HL 最大值出现在 9 月，占 69.08%，12 月未收集到；YuS 最大值出现在 1～4 月，占 75.57%，最小值出现在 5 月，占 0.46%；YS 的凋落量全部集中在 7 月，其余时间均未收集到；LYS 的凋落量集中在 7 月、11 月，分别占 66.67%、33.33%；XYY 最大值出现在 8 月，占 38.89%，5 月未收集到。

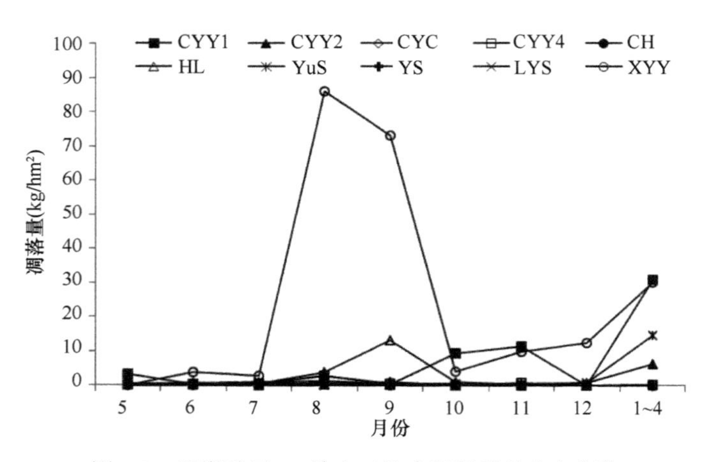

图 7-9　平朔矿区 10 种人工林皮凋落量月动态变化

如图 7-10 所示，平朔矿区 10 种人工林芽凋落量月动态均呈不规则曲线波动，凋落过程主要集中在 5 月、6 月。CYY1 最大值出现在 5 月，占 75.94%，8～12 月未收集到；CYY2 全部集中在 1～4 月、5 月，分别占 86.77%、13.23%；CYC 最大值出现在 12 月，占 75.16%，7～11 月未收集到；CYY4 主要集中在 5 月、6 月，分别占 78.01%、21.99%；CH 全部集中在 5 月、6 月，分别占 91.96%、8.04%；HL 最大值出现在 5 月，占 56.28%，6 月、8～12 月未收集到；YuS 最大值出现在 6 月，占 41.04%，7～12 月未收集到；YS 的凋落量全部集中在 5 月、6 月，分别占 99.68%、0.32%；LYS 最大值出现在 5 月，占 64.80%，9～10 月、12 月未收集到；XYY 最大值出现在 5 月，占 41.76%，11 月未收集到。

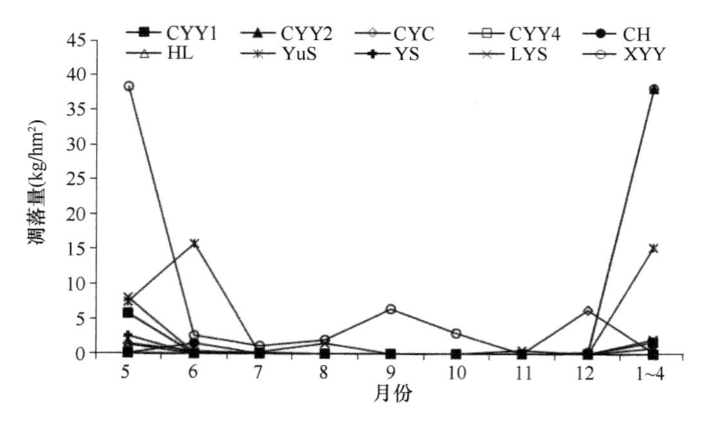

图 7-10　平朔矿区 10 种人工林芽凋落量月动态变化

如图 7-11 所示，平朔矿区 10 种人工林杂物凋落量月动态变化中，CYC、YuS、LYS 呈单峰型曲线，CYY1、CYY4、HL、YS 呈双峰型曲线，CYY2、CH、XYY 呈不规则类型。CYY1 第一个峰值出现在 6 月，占 61.91%，第二个峰值出现在 8 月，占 17.58%，1～4 月、12 月未收集到；CYY2 最大值出现在 5 月，占 19.58%，最小值出现在 1～4 月，占 2.47%；CYC 最大值出现在 9 月，占 62.58%，最小值出现在 12 月，占 0.13%；CYY4 第一个峰值出现在 6 月，占 56.46%，第二个峰值出现在 8 月，占 16.03%，12 月未收集到；CH 最大值出现在 10 月，占 34.79%，12 月未收集到；HL 第一个峰值出现在 8 月，占 37.94%，第二个峰值出现在 10 月，占 26.99%，12 月未收集到；YuS 最大值出现在 10 月，占 34.52%，12 月未收集到；YS 的第一个峰值出现在 7 月，占 20.87%，第二个峰值出现在 9 月，占 33.44%，1～4 月、6 月、12 月未收集到；LYS 最大值出现在 9 月，占 44.02%，12 月未收集到；XYY 最大值出现在 9 月，占 25.76%，最小值出现在 5 月，占 0.23%。

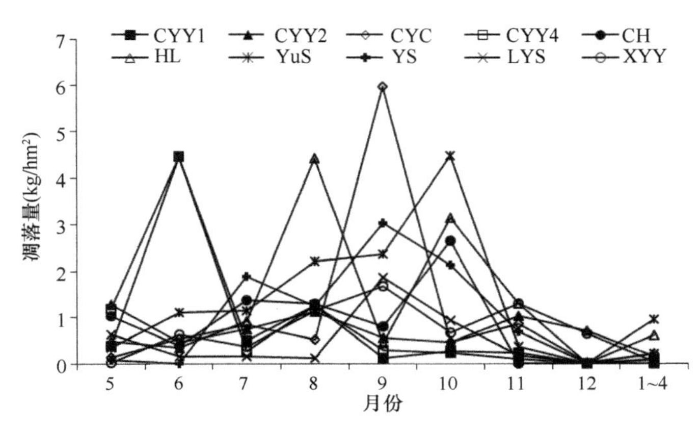

图 7-11 平朔矿区 10 种人工林杂物凋落量月动态变化

平朔矿区 10 种人工林叶凋落量月动态与总凋落量月动态变化规律一致，均呈单峰型曲线，凋落过程主要集中在 9～11 月。枝的凋落主要集中在 8～10 月，范春楠等（2014）学者认为，与叶片凋落不同，枝的凋落量常存在一定的不确定性，通常树枝在枯死后往往宿存于树干，自然脱落需要一段时间且较为均匀，但在外界干扰（如风、雨、持续干旱等）的物理作用下会使其凋落量增加。Cosz 等（1972）认为森林中的木质凋落物（如树枝）凋落的随机性比较大，枝的凋落通常与物候没有直接的关系，每月收集到的凋落枝很可能是以前枯死于树上的死枝。花凋落物呈单峰型曲线，主要集中在 6 月、7 月；芽凋落物呈单峰型曲线，主要集中在 4 月、5 月，这主要是由树种的生物学特性决定的；果、皮、杂物呈不规则曲线。凋落物的季节动态，不仅依赖于森林组成树种的生物学和生态学特性，还同气候条件、地理因素等密切相关。另外，收集器的数量及布点位置、收集频率等都对凋落量的收集有一定影响。

五、凋落物养分归还量

森林凋落物养分总量是凋落量与养分含量的乘积。林波和刘庆（2001）认为不同物种种间养分含量的差异及凋落量的差异对其均有影响。由于种间凋落量差别很大，它往往反映了凋落物养分总量的差异（表 7-5）。

从表 7-5 可以看出，CH 样地凋落物养分年归还量最大，达 252.98kg/hm^2，LYS 样地最小，仅为 44.51kg/hm^2，占 CH 样地的 17.59%。各样地养分年归还总量大小关系为 CH＞CYY2＞CYY1＞CYC＞CYY4＞YuS＞HL＞YS＞LYS。各样地养分含量所占比例，CYY1、CYY2 样地表现为 Ca＞N＞K＞P＞Mg，CYC、CYY4、CH、HL、YuS 样地表

现为Ca>N>K>Mg>P，YS、LYS样地表现为Ca>N>Mg>P>K。各样地养分归还量中最多的是Ca，占59.55%～73.52%，其次是N，占9.99%～28.11%，P占2.57%～5.36%，K占2.20%～10.42%，Mg占3.04%～7.92%。

表7-5　平朔矿区人工林凋落物养分年归还量　（单位：kg/hm^2）

样地	N	P	K	Ca	Mg	合计
CYY1	49.83（22.70%）	10.06（4.58%）	15.84（7.22%）	136.63（62.23%）	7.19（3.27%）	219.55（100.00%）
CYY2	41.89（17.97%）	10.11（4.34%）	20.98（9.00%）	150.24（64.45%）	9.87（4.24%）	233.09（100.00%）
CYC	29.40（13.60%）	6.96（3.22%）	22.52（10.42%）	146.96（67.97%）	10.36（4.79%）	216.20（100.00%）
CYY4	36.76（19.27%）	5.43（2.85%）	10.37（5.44%）	130.77（68.58%）	7.37（3.86%）	190.70（100.00%）
CH	58.98（23.32%）	7.48（2.96%）	17.67（6.98%）	161.15（63.70%）	7.70（3.04%）	252.98（100.00%）
HL	15.79（11.24%）	3.61（2.57%）	9.65（6.87%）	103.27（73.52%）	8.15（5.80%）	140.47（100.00%）
YuS	17.24（9.99%）	5.90（3.42%）	16.74（9.70%）	122.28（70.89%）	10.35（6.00%）	172.51（100.00%）
YS	22.58（28.11%）	3.26（4.06%）	3.04（3.79%）	47.84（59.55%）	3.61（4.49%）	80.33（100.00%）
LYS	9.96（22.37%）	2.39（5.36%）	0.98（2.20%）	27.66（62.15%）	3.52（7.92%）	44.51（100.00%）

注：括号内数据为该养分占所在样地养分总量的比例

凋落物归还是林地获得养分的重要途径之一。养分归还量主要受凋落物生物量和凋落物各组分营养元素浓度的影响，凋落物营养元素浓度主要受森林类型、立地条件、林龄、组成树种、人为干扰等因素影响。平朔矿区复垦区人工林养分归还量主要受植被类型和立地条件的影响。

第三节　凋落物的分解速率

凋落物的分解包括淋溶作用、机械破碎、土壤动物饲食和消化、土壤微生物对有机物的酶解等过程，凋落物的彻底降解是在凋落物和土壤中酶系统的综合作用下完成的。

一、研究方法

（一）凋落叶分解野外埋置试验

我们于2012年10月底在选取样地内的地面上收集当年凋落叶，在80℃下烘干至恒重，用精度为0.001g的电子天平分别称取待分解的实验样品18份，每份15g，分别装入尼龙网分解袋内，分解袋孔径0.5mm，规格为20cm×20cm，装入样品后的厚度不超过1cm。按照随机布设法，分别在3块样地内埋置分解袋，分解袋位于土层下5cm。对于2012年10月埋置好的样品分解袋，在2013年5～10月按月先后分6次进行取样，每次从每个样地内各取出3个样品分解袋。将取出的凋落物分解袋放在装有冰块的临时保温箱中带回实验室，在80℃下烘干至恒重并称重。

（二）分解速率和模型

凋落物分解速率：

$$D_{WT}=(\Delta W/W_0)\times 100\% \quad (7\text{-}1)$$

式中，D_{WT}为分解速率；ΔW为每次所取样品的质量损失量（g）；W_0为最初埋置时分解袋内的样品质量（g）。

分解模式　采用 Olson 模型（Olson，1963），凋落物分解指数模型为

$$y=ae^{-kt} \quad (7\text{-}2)$$

式中，y为凋落物的残留率（%）；a为拟合参数；t为分解时间（年）；k为凋落物的分解系数。

分解时间　由分解模型可以计算凋落物分解 50%的时间：$t_{0.5}=\ln 0.5/-k$；计算分解95%的时间：$t_{0.95}=\ln 0.05/-k$。

二、研究结果

（一）分解速率

从表 7-6 可见，从 2012 年 10 月样品埋置开始，到 2013 年 5 月（分解 209 天）第一次取样，由于林地气候干燥，降水量小，土壤微生物活动弱，凋落叶少量分解；其后（分解 209～303 天）由于气温逐渐升高，降水增加，微生物活动加剧，凋落叶分解过程逐渐加快；分解 303～367 天，气温降低，降水减少，环境条件不利于微生物活动，凋落叶分解速率放缓。在整个埋置期，各样地凋落叶分解均呈逐步加速趋势，经过 367 天的分解，分解速率大小顺序为 CYY2-混合（58.04%）＞CYC-榆（56.07%）＞CYC-混合（55.09%）＞CYY1-刺槐（51.27%）＞CYY4-刺槐（42.99%）＞CYY1-混合（39.48%）＞CYC-刺槐（37.89%）＞CH-刺槐（35.95%）＞CYY4-混合（33.41%）＞CYY1-油松（29.05%）＞CYY4-油松（26.09%）。

表 7-6　平朔矿区典型人工林样地凋落叶分解速率动态　（%）

样地	凋落叶类型	分解时间					
		209 天	237 天	276 天	303 天	341 天	367 天
CYY1	刺槐	21.23	36.95	38.88	41.93	46.64	51.27
CYY1	油松	6.61	13.01	17.44	22.12	24.22	29.05
CYY1	混合	8.96	19.07	21.58	26.74	31.87	39.48
CYY2	混合	27.24	30.63	35.15	39.74	45.74	58.04
CYC	刺槐	3.82	15.40	26.45	32.31	33.74	37.89
CYC	榆	24.60	37.81	42.56	45.63	50.72	56.07
CYC	混合	27.74	30.76	37.47	39.82	50.29	55.09
CYY4	刺槐	21.49	23.09	28.55	31.12	36.15	42.99
CYY4	油松	3.27	5.00	10.87	15.15	20.29	26.09
CYY4	混合	12.99	14.85	18.61	23.81	26.90	33.41
CH	刺槐	7.31	18.05	21.61	26.00	30.64	35.95

刺槐、榆的分解速率大于油松。CYY1 样地各类型凋落叶分解速率为刺槐＞混合＞油松，CYC 表现为榆＞混合＞刺槐，CYY4 表现为刺槐＞混合＞油松，同一样地内混合凋落叶的分解速率较单一，凋落叶未表现出明显的促进作用。有学者认为凋落叶混合

分解导致分解速率下降（Nilsson et al.，1998；Robinson et al.，1999；Hector et al.，2000），对杉木（*Cunninghamia lanceolata*）与主要阔叶造林树种落叶进行混合分解研究，得出混合分解的作用无规律可循的结论（廖利平等，2000）。不同凋落物混合分解所表现出来的相互作用不是一成不变的（Gartner and Cardon，2004），促进作用或抑制作用甚至无明显作用都可能随时间的推移而表现出来（Hansen and Coleman，1998）。

北京西郊刺槐凋落叶年分解速率为 54%（胡肆慧等，1986），太行山刺槐年分解速率超过 20%（赵勇等，2009），黄河三角洲刺槐+榆混交林凋落物的年分解速率为 58.55%（丁新景等，2016），北京延庆区 21 年生、29 年生、36 年生油松林年分解速率分别为 26.97%、26.10%、23.96%（刘勇和李国雷，2008），沈阳城市和城郊油松凋落叶年分解速率为 18.4%～35%（郭芳琴等，2012），秦岭火地塘林区油松年分解速率为 25.2%（何帆等，2011），小陇山林区油松年分解速率为 18.4%（孟玉珂等，2012），以上研究结果说明，同一树种的凋落叶分解速率受气候条件、立地条件、林龄、林分结构、生长状况、土壤类型等因素的影响。

（二）分解模型

由表 7-7 可见，各样地凋落叶分解模型的相关系数均很高，与实验数据拟合效果很好（R^2＞0.7）。凋落叶年分解系数（k）为 0.27～0.80，分解 50%和 95%所需时间分别为 0.93～2.79 年和 3.81～11.31 年，分解 95%所需时间为分解 50%时的 3.97～4.18 倍，这充分体现了凋落叶前期分解速率快而后期慢的特点。

表 7-7　平朔矿区典型人工林样地凋落叶分解模型

样地	凋落叶类型	回归方程	年分解系数	相关系数（R^2）	$t_{0.5}$（年）	$t_{0.95}$（年）
CYY1	刺槐	$y = 104.2e^{-0.71x}$	0.71	0.940	1.03	4.28
CYY1	油松	$y = 104.6e^{-0.33x}$	0.33	0.856	2.24	9.21
CYY1	混合	$y = 106.7e^{-0.46x}$	0.46	0.835	1.65	6.65
CYY2	混合	$y = 106.9e^{-0.75x}$	0.75	0.884	1.01	4.08
CYC	刺槐	$y = 108.5e^{-0.49x}$	0.49	0.780	1.58	6.28
CYC	榆	$y = 105.4e^{-0.80x}$	0.80	0.949	0.93	3.81
CYC	混合	$y = 106.2e^{-0.75x}$	0.75	0.932	1.00	4.07
CYY4	刺槐	$y = 103.3e^{-0.51x}$	0.51	0.948	1.42	5.94
CYY4	油松	$y = 106.1e^{-0.27x}$	0.27	0.703	2.79	11.31
CYY4	混合	$y = 103.9e^{-0.37x}$	0.37	0.895	1.98	8.20
CH	刺槐	$y = 106.1e^{-0.43x}$	0.43	0.847	1.75	7.10

用 Olson 模型来拟合凋落物分解过程并获得其分解系数（k），通过 k 值的大小来反映凋落物分解过程的基本特征，有部分研究采用了 k 值这个指标。对于一个完整的凋落物分解过程来说，失重率随分解阶段的不同而变化，而基于 Olson 模型的分解速率指标是稳定的，因而可比性更强（郭晋平等，2009）。华北地区 k 值的经验值一般为 0.209～0.99（胡肆慧等，1986；王瑾和黄建辉，2001）。本研究结论总体上符合凋落物分解速率的气候地带性规律。

（三）分解过程中的养分动态

森林凋落物在分解过程中养分释放主要有 3 种模式（许晓静等，2007）：①淋溶—富集—释放；②富集—释放；③直接释放。

由表 7-8 可知，在一年的分解过程中，各样地内各类型凋落叶的 C 含量持续降低，表现为直接释放模式。对于各类型凋落叶 N 含量，CYY1-刺槐、CYY1-混合、CYY2-混合、CYC-刺槐、CYC-榆、CYC-混合呈波动变化，整体表现为富集模式；CYY1-油松呈波动变化，表现为淋溶—富集—释放模式；CYY4-刺槐、CYC4-混合、CH-刺槐表现为淋溶—富集模式；CYC4-油松表现为直接释放模式。对于各类型凋落叶 P 含量，CYY1-刺槐、CYC-刺槐、CH-刺槐、CYY4-混合呈波动变化，整体表现为富集模式；CYY1-油松、CYY2-混合、CYY4-油松呈波动变化，整体表现为释放模式；CYY1-混合、CYC-榆、CYC-混合、CYY4-刺槐表现为淋溶—富集模式。K 含量持续降低，表现为直接释放模式。由于分解过程中 C 含量持续降低，C/N 值没有较明显的变化规律。

表 7-8　平朔矿区典型人工林凋落叶分解过程中养分含量动态变化

样地	凋落叶类型	分解时间（天）	养分含量（g/kg）				C/N 值
			C	N	P	K	
CYY1	刺槐	0	440.04	16.55	1.82	9.54	26.59
		209	410.33	20.23	1.78	3.11	20.28
		237	396.87	26.23	2.44	1.81	15.13
		276	387.74	28.38	2.04	1.54	13.66
		303	367.28	21.34	2.02	1.33	17.21
		341	337.68	25.08	1.81	1.29	13.47
		367	316.84	25.52	1.89	1.18	12.42
CYY1	油松	0	524.73	12.51	1.86	2.52	41.94
		209	491.54	7.65	1.32	2.14	64.25
		237	469.78	8.65	1.10	1.58	54.31
		276	438.90	13.10	1.77	1.56	33.50
		303	408.08	8.42	2.22	1.44	48.47
		341	364.74	10.50	2.10	1.29	34.74
		367	342.07	8.31	1.46	1.18	41.16
CYY1	混合	0	490.04	13.16	2.12	4.80	37.24
		209	454.75	12.51	1.28	2.84	36.35
		237	417.55	18.33	1.67	2.72	22.78
		276	392.52	19.36	1.92	1.68	20.27
		303	365.36	15.54	2.02	1.46	23.51
		341	332.44	14.75	2.10	1.44	22.54
		367	309.81	16.01	2.17	1.29	19.35
CYY2	混合	0	539.99	9.70	2.76	6.32	55.67
		209	498.70	11.66	1.75	5.18	42.77
		237	454.73	15.95	1.48	2.99	28.51

续表

样地	凋落叶类型	分解时间（天）	养分含量（g/kg）				C/N 值
			C	N	P	K	
CYY2	混合	276	417.76	13.48	1.65	1.45	30.99
		303	386.00	18.38	1.58	1.34	21.00
		341	356.48	13.22	1.88	1.21	26.97
		367	323.92	12.80	2.64	1.09	25.31
CYC	刺槐	0	448.54	15.56	2.29	6.81	28.83
		209	419.78	15.97	2.94	3.80	26.29
		237	391.04	23.39	2.55	3.70	16.72
		276	365.39	22.78	3.43	2.23	16.04
		303	339.87	21.92	4.02	2.22	15.51
		341	321.17	22.96	3.37	1.71	13.99
		367	301.36	24.99	4.36	1.68	12.06
CYC	榆	0	498.80	8.06	2.62	13.29	61.89
		209	449.40	16.44	1.70	7.81	27.34
		237	403.67	20.17	4.11	4.44	20.01
		276	361.65	25.75	2.99	2.23	14.04
		303	322.25	19.21	2.37	1.99	16.78
		341	287.57	17.53	3.33	1.79	16.40
		367	259.37	20.41	3.76	1.66	12.71
CYC	混合	0	478.92	10.07	4.35	10.71	47.56
		209	433.82	18.07	2.35	6.21	24.01
		237	391.16	24.25	3.13	4.16	16.13
		276	347.28	24.78	3.57	1.99	14.01
		303	309.49	23.62	3.88	1.67	13.10
		341	285.52	18.70	5.29	1.65	15.27
		367	264.70	19.92	4.01	1.16	13.29
CYY4	刺槐	0	450.47	16.13	1.92	5.11	27.93
		209	425.62	10.62	0.66	3.65	40.08
		237	402.99	19.60	2.15	2.91	20.56
		276	385.74	18.13	3.35	2.61	21.28
		303	367.98	21.06	2.59	1.51	17.47
		341	348.52	20.46	3.81	1.32	17.03
		367	331.63	22.42	2.06	1.20	14.79
CYY4	油松	0	533.44	12.82	2.37	2.26	41.61
		209	499.20	12.64	2.12	1.70	39.49
		237	468.48	9.85	2.01	1.74	47.56
		276	439.24	8.01	2.64	1.15	54.84
		303	407.44	7.71	2.67	1.08	52.85
		341	378.26	6.38	1.86	0.94	59.29
		367	349.05	5.89	2.33	0.73	59.26

续表

样地	凋落叶类型	分解时间（天）	养分含量（g/kg）				C/N 值
			C	N	P	K	
CYY4	混合	0	480.50	13.01	2.19	3.84	36.93
		209	447.34	8.81	0.86	1.96	50.78
		237	418.14	13.11	1.40	1.65	31.89
		276	389.49	12.37	2.50	1.38	31.49
		303	364.26	12.25	1.90	1.12	29.74
		341	337.70	12.43	2.18	1.10	27.17
		367	314.53	12.29	3.13	1.19	25.59
CH	刺槐	0	460.96	18.40	2.07	5.87	25.05
		209	426.14	7.34	2.27	5.16	58.06
		237	393.32	22.97	2.11	3.69	17.12
		276	361.57	23.80	1.65	2.37	15.19
		303	338.06	21.23	2.52	2.07	15.92
		341	309.97	22.54	2.49	1.91	13.75
		367	285.67	24.28	2.96	1.70	11.77

赵勇等（2009）研究发现太行山刺槐在一年分解过程中，N、P 均呈现富集—释放模式。贾黎明等（1998）发现北京大兴刺槐纯林凋落叶在一年分解过程中，N、P 呈现富集—释放模式，K 呈现释放模式。何帆等（2011）发现，秦岭火地塘林区油松凋落叶 C 在两年分解过程中呈逐步下降趋势，N、P 在分解第一年均表现出富集现象。邵玉琴等（2004）发现内蒙古黄甫川流域油松针叶在 441 天的分解过程中，N、P 小幅度地缓慢释放。郭芳琴等（2012）发现沈阳城郊油松凋落叶在分解过程中，N、P 含量保持总体上升的富集趋势。相同树种的凋落叶在不同样地分解过程中养分含量的动态变化不一致，除受气候条件影响外，还与该树种的林龄、生长状况、立地条件、土壤肥力状况等因素密切相关。

第四节　凋落物与土壤养分的相关性分析

林地土壤表层直接接纳凋落物的物质输送，凋落物的分解主要受表层土壤的影响，因此这里主要以表层土壤（0～10cm 土层）来讨论凋落物分解速率与土壤理化性质的相互关系。

表 7-9 为 4 块样地的土壤理化性状及微生物指标。从表中可以看出，各样地的土壤含水量、过氧化氢酶活性无显著差异；碱解氮、多酚氧化酶活性、反硝化细菌数量各样地间差异显著；其他指标有一定的差异性（表 7-9）。

对凋落叶分解速率与土壤理化性质的相关性分析结果（表 7-10）表明，凋落叶分解速率与土壤的有机碳、pH、全磷、全氮、含水量、田间持水量、过氧化氢酶活性、多酚氧化酶活性、细菌数量、真菌数量、放线菌数量、反硝化细菌数量呈正相关，其中与 pH、全磷、含水量、田间持水量、细菌数量、真菌数量、放线菌数量呈显著正相关（$P<0.05$），

与有机碳、全氮、反硝化细菌数量呈极显著正相关（P<0.01）。凋落叶分解速率与土壤的速效磷、碱解氮、容重、蔗糖酶活性、脲酶活性、碱性磷酸酶活性、自生固氮菌数量呈负相关，其中与碱性磷酸酶活性、自生固氮菌数量呈极显著负相关（P<0.01）。

表 7-9　不同样地土壤物理化学性质及微生物指标

土壤指标	CYY2	CYC	CYY4	CH
有机质（g/kg）	81.84±11.53c	89.32±6.35c	52.36±2.33b	25.06±0.70a
pH	8.39±0.08ab	8.47±0.04b	8.35±0.03ab	8.21±0.03a
全磷（g/kg）	0.48±0.01b	0.59±0.03c	0.45±0.03b	0.36±0.01a
速效磷（mg/kg）	6.19±0.12b	5.20±0.15a	6.12±0.07b	7.05±0.33c
全氮（g/kg）	0.88±0.05c	0.84±0.04c	0.26±0.01a	0.61±0.02b
碱解氮（mg/kg）	40.83±0.62a	66.03±4.21c	52.97±2.98b	76.69±3.88d
土壤含水量（%）	10.33±1.59a	11.48±2.39a	7.74±1.09a	4.92±0.10a
田间持水量（%）	10.91±1.42b	5.59±0.42a	5.92±0.85a	5.91±0.13a
容重（g/cm^3）	1.09±0.03a	1.44±0.04ab	1.41±0.14ab	1.60±0.03b
蔗糖酶活性［g/（g·h）］	0.116±0.004a	0.157±0.005b	0.128±0.010a	0.346±0.006c
脲酶活性［g/（g·h）］	0.075±0.005a	0.107±0.003b	0.069±0.003a	0.195±0.009c
过氧化氢酶活性［g/（g·h）］	5.045±0.023a	4.685±0.037a	4.095±0.074a	3.880±0.967a
多酚氧化酶活性［g/（g·h）］	0.0021±0.0001b	0.0024±0.0001c	0.0010±0.0001a	0.0032±0.0001d
碱性磷酸酶活性［g/（g·h）］	0.0111±0.0022a	0.0458±0.0091b	0.0777±0.0122c	0.0553±0.0018bc
细菌数量（$\times10^6$cfu/g）	9.53±0.47b	10.03±0.33bc	7.90±0.06a	10.80±0.15c
真菌数量（$\times10^2$cfu/g）	18.62±0.24c	18.96±0.48c	16.29±0.24b	9.90±0.39a
放线菌数量（$\times10^3$cfu/g）	30.25±1.21b	36.03±1.02c	25.08±0.50a	33.00±1.95bc
自生固氮菌数量（$\times10^3$cfu/g）	17.28±1.12a	17.28±1.84a	24.87±1.12b	28.24±1.12b
反硝化细菌数量（$\times10^3$cfu/g）	7.56±0.14d	5.90±0.04c	4.46±0.04a	5.09±0.032b

注：表中不同小写字母表示 4 个样地的同一土壤指标间差异显著（P<0.05）

表 7-10　不同样地凋落叶分解速率与土壤物理化学性质的相关性分析

项目	有机质	pH	全磷	速效磷	全氮	碱解氮	含水量
分解速率	0.603**	0.452*	0.421*	−0.366	0.683**	−0.085	0.462*
项目	田间持水量	容重	蔗糖酶活性	脲酶活性	过氧化氢酶活性	多酚氧化酶活性	碱性磷酸酶活性
分解速率	0.448*	−0.357	−0.170	−0.036	0.370	0.382	−0.648**
项目	细菌数量	真菌数量	放线菌数量	自生固氮菌数量	反硝化细菌数量		
分解速率	0.442*	0.473*	0.493*	−0.659**	0.726**		

*表示在 0.05 水平上显著相关，**表示在 0.01 水平上显著相关

第八章　平朔矿区人工重建生态系统动物多样性调查与评价

动物是生态系统的重要组成部分，是生态食物链的高级阶元，动物多样性及丰富程度能够反映生态重建过程中的修复进程和生态系统的健康状况与稳定程度，动物对生态系统的作用和维持功能具有不可替代性。研究矿区重建生态系统动物多样性及其生态作用，对于科学了解重建生态系统修复过程、认知动物在生态修复进程中发挥的作用、明确动物对生态系统修复的贡献有极其重要的科学意义。目前，国外开展的类似研究工作主要集中在天然林地和草地生态系统的相关研究，有关矿区生态修复治理涉及动物生态功能的研究尚未见报道。为此，本研究主要借鉴动物生态学和多样性研究技术及方法，通过对平朔矿区野生动物种类多样性进行调查，研究矿区昆虫等动物种类的分布规律、关键物种种群数量的变化，以及土壤动物多样性与植被重建模式的关系，从而对动物在重建生态系统演替过程中发挥的作用做出科学评价。

第一节　调 查 方 法

一、脊椎动物调查

根据平朔矿区地形地貌特征及植被类型，选择重建人工林带、灌丛和草地、农田、水域及人类活动区 5 种生境类型，采用网捕法、样方法、路线统计法、访问调查法对本区栖息的陆栖脊椎动物进行调查，同时根据不同动物类群的习性在调查研究方法上又有所不同。其中两栖类、爬行类采用线路统计法进行调查，样线长度 1000m，左右视区 5m；鸟类采用直接计数法、路线统计法进行调查，样线长度 2000m，左右视区 50m；哺乳动物采用路线统计法进行调查，样线长度 2000m，左右视区 50m。调查过程同期走访当地群众，了解平朔矿区野生动物种类、数量及分布动态。

二、昆虫调查

昆虫调查以网捕、灯诱和寄主解剖相结合的方法进行采集，将采集的昆虫标本做好采集记录，然后集中带回实验室进行整理鉴定，并统计各个调查点每次采集标本的种类和个体数量，对仅鉴定到科、属的物种，在数据分析中加以应用，但不列入名录。标本鉴定工作中，以参考权威著作和山西省及邻近省的地方志等文献为主，遇到疑难种类则请有关权威专家审核鉴定。根据调查记录与采集的标本，分别统计不同生境、不同复垦时间采集的蛾类昆虫数量，运用相关公式进行多样性分析。运用的多样性指数公式如下。

1）物种丰富度指数（Margalef 指数，R）

$$R=(S-1)/\ln N \tag{8-1}$$

式中，S 是群落中的总种数；N 是样地中所有物种的总个体数。

2）Shannon-Wiener 多样性指数（H'）

$$H' = -\sum P_i \ln P_i \tag{8-2}$$

式中，$P_i=N_i/N$，N_i 是第 i 种的个体数；P_i 是物种 i 的个体数占群落中总个体数的比例。

3）Pielou 均匀度指数（E）

$$E=H'/H'_{max} \tag{8-3}$$

式中，$H'_{max}=\ln S$，H'_{max} 是物种多样性指数最大值。

三、土壤动物调查

（一）样地选择

平朔矿区南排土场、西排土场与内排土场自然地理条件相同，而复垦时间与复垦模式各不相同，可以反映矿区土壤动物的横向与纵向演变规律。根据这 3 个排土场的土地复垦时间及复垦初期的主要植被配置模式选择 9 个生境，另外选择南排土场附近未破坏的原地貌（苗圃）作为对照。各样地概况见表 8-1。

表 8-1　平朔矿区土壤动物调查样地概况

样地号	样地名称	复垦年份	复垦植被
1	南排 1380 平台	1992	刺槐+油松+榆
2	西排 1520 平台	1996	沙棘
3	西排 1460 平台	1994	油松+云杉+落叶松
4	内排上 1435 平台	1997	沙棘+刺槐+柠条锦鸡儿
5	内排下 1435 平台	1998	沙棘
6	南排 1450 斜坡	1993	刺槐+油松
7	南排 1450 平台	1993	冰草+刺槐+柠条锦鸡儿
8	南排 1420 退化平台	1993	刺槐+柠条锦鸡儿
9	南排 1420 正常平台	1993	刺槐+柠条锦鸡儿
10	原地貌	—	小叶杨

注：各样地的植被指的是复垦初期的植被配置。南排 1420 退化平台由于煤矸石出露地表而发生大规模的自燃现象，现在植被只留下呈斑块状分布的虎尾草

（二）采样方法及分离鉴定

在各样地随机确定 5 个采样点，在各样点利用自制的大型土壤动物采集器（20cm×20cm×5cm）取表层土壤，就地分离大型土壤动物，保存在装有 75%乙醇的试管中，带回室内进行鉴定。土壤动物的鉴定参照《中国土壤动物检索图鉴》，鉴定到科，某些种类鉴定到目或纲，幼虫与成虫分别计算个体数。

（三）土壤动物群落结构分析

本研究重点讨论物种水平的多样性。物种多样性的含义包括两部分：群落中种数的

多寡，即丰富性；群落中各个种的相对密度，即群落的异质性。

1）Shannon-Wiener 多样性指数（$\bar{H}$）

$$\bar{H} = -\sum_{i=1}^{S} P_i \ln P_i \tag{8-4}$$

式中，S 指群落中的类群数；P_i 指属于种 i 的个体数比例，即 n_i 在全部个体 N 中的比例，$P_i = n_i/N$。

Shannon-Wiener 多样性指数来源于信息论范畴的 Shannon-Wiener 函数，是被证明较有效的物种多样性指数。它的计算公式表明，群落中生物种类增多代表了群落的复杂程度增加，即 $\bar{H}$ 值愈大，群落所含的信息量愈大。

2）Pielou 均匀性指数（E）

$$E = \bar{H}/\ln S \tag{8-5}$$

式中，$\bar{H}$ 指 Shannon-Wiener 多样性指数；S 指群落中的类群数。

3）Simpson 优势度指数（C）

$$C = \sum (n_i / N)^2 \tag{8-6}$$

式中，n_i 为类群 i 的个体数；N 为所有群落的总个体数。C 越大，表示群落多样性和均匀性越差。

4）多群落间多样性指数（DIC）

$$\text{DIC} = \frac{g}{G}\sum_{i=1}^{n}\left[1 - \frac{|x_{i\max} - x_i|}{x_{i\max} + x_i}\right]\frac{C_i}{C} \tag{8-7}$$

式中，x_i 为第 i 类群个体数；$x_{i\max}$ 为各群落中第 i 类群的最大个体数；g 为群落中的类群数；G 为各群落包含的总类群数；C_i/C 为 C 个群落中第 i 个类群出现的比率。

5）密度-类群指数

$$\text{DG} = \frac{g}{G}\sum_{i=1}^{g}\left(\frac{D_i}{D_{i\max}} \times \frac{C_i}{C}\right) \tag{8-8}$$

式中，G 为参考比较的所有群落中的类群数；g 为要测量的某个群落的类群数；D_i 为要测量的群落第 i 个类群的数量；$D_{i\max}$ 为 D_i 在各个群落中的最大值；C_i/C 为第 i 个类群在各群落中出现的频率。

此指数是经过多次实践探索而提出的适用于表达土壤动物群落的密度-类群指数。公式的意义是：当每个群落中有一个类群的个体数高于其他群落的同类数，在其他各群落都出现时，这个类群的群落便获得最高的 DG“1”，那么这个群落的类群数就是它的 DG。

6）Jaccard 相似性指数（q）

$$q = \frac{c}{a + b - c} \tag{8-9}$$

式中，a、b 为 A、B 群落类群数；c 为 A、B 两群落共有的类群数。

其中 q 值在 0.75～1.0 表示两群落极相似；0.5～0.75 表示中等相似；0.25～0.5 表示

中等不相似；0～0.25 表示极不相似。

7）Gower 相似性指数（sg）

$$sg = \frac{1}{n}\sum_{i=1}^{n}\left[1-\left(\left|x_{ij}-x_{ik}\right|/R_i\right)\right] \tag{8-10}$$

式中，x_{ij}、x_{ik} 分别为群落 j 和群落 k 中类群 i 的个体数；R_i 为所有群落中类群 i 的最大个体数和最小个体数的差；n 为所有群落的总类群数。

8）Piank α指数（$\alpha_{1,2}$）

$$\alpha_{1,2} = \left(\sum_{i=1}^{S}P_{1i}P_{2i}\right)\bigg/\sqrt{\sum P_{1i}^2\sum P_{2i}^2} \tag{8-11}$$

式中，P_{1i}、P_{2i} 分别为类群 i 在群落 1 和群落 2 总个体数中的比例；S 为两群落的总类群数。

第二节　脊椎动物多样性调查与区系特征

一、脊椎动物区系特征及栖息地现状

（一）区系特征

经现场调查并参考《中煤公司平朔煤矿生物多样性调查研究报告》等研究资料，平朔矿区分布的陆栖脊椎动物有 21 目 46 科，共计 128 种，占山西省陆栖脊椎动物总数（439 种）的 29.2%。其中两栖动物 1 目 2 科 3 种，占山西省两栖动物总数（13 种）的 23.1%；爬行动物 2 目 3 科 4 种，占山西省爬行动物总数（27 种）的 14.8%；鸟类 13 目 31 科 103 种，占山西省鸟类总数（328 种）的 31.4%；哺乳动物 5 目 10 科 18 种，占山西省哺乳动物总数（71 种）的 25.4%。

平朔矿区及人类活动区 128 种陆栖脊椎动物中，属于古北界的有 79 种，占本区陆栖脊椎动物总数的 61.7%；东洋界有 10 种，占 7.8%；广布种有 39 种，占 30.5%。由此可见，本区域古北界种类占明显优势，仅有少量东洋界种类侵入，动物区系明显表现出古北界特征。

（二）栖息地现状

野生动物属于生态系统的消费者，需要依赖植物方能存活，不同的野生动物必须以其特有的生活方式生存于特定的生境中，因此野生动物对于生境的选择和适应，以及对生境中自然资源的利用，在很大程度上受到生境条件的制约，不同野生动物类群对于不同的生境类型有着不同的选择方式。

平朔矿区多种生境类型对野生动物的分布、活动规律、种群数量等方面产生了直接或间接的影响，导致野生动物和生境之间的关系十分密切，而植被类型也对野生动物适宜生境的构成有着至关重要的作用，尤其是本区珍稀濒危的野生动物类群，人类生产、干扰及植被类型的分布特征直接影响到本区珍稀濒危野生动物的数量及分布状况。

根据平朔矿区地形地貌特点、植被类型及海拔，大致将本区划分为人工林带、灌丛和草地、农田、水域及人类活动区5种生境类型。

1）人工林带　平朔矿区及人类活动区主要为人工阔叶林，树种较多，特别是排土场的人工林植被具有明显的垂直结构，自下向上可分为地被层、草本层、灌木层、树冠层。人工重建生态系统的垂直结构为野生动物提供了更多的生态位，使这些动物能够更好地利用空间资源，这对于本区生物多样性组成、维持本区生态系统的平衡具有重要的意义。该生境栖息的陆栖脊椎动物有2种两栖动物、3种爬行动物、18种哺乳动物和82种鸟类，共计105种，占本区陆栖脊椎动物总数（128种）的82.0%。常见的两栖动物有花背蟾蜍（*Bufo raddei*）；常见的爬行动物有白条锦蛇（*Elaphe dione*）；常见的鸟类有红尾伯劳（*Lanius cristatus*）、灰喜鹊（*Cyanopica cyanus*）、喜鹊（*Pica pica*）、北红尾鸲（*Phoenicurus auroreus*）、山斑鸠（*Streptopelia orientalis*）、黑枕绿啄木鸟（*Picus canus*）、大斑啄木鸟（*Dendrocopos major*）、赤颈鸫（*Turdus ruficollis*）、斑鸫（*Turdus naumanni*）、黄眉柳莺（*Phylloscopus inornatus*）、大山雀（*Parus major*）、小鹀（*Emberiza pusilla*）等；常见的哺乳动物有花鼠（*Eutamias sibiricus*）、大林姬鼠（*Apodemus peninsulae*）、草兔（*Lepus capensis*）、猪獾（*Arctonyx collaris*）等。

2）灌丛和草地　平朔矿区草地类型主要为人工草坪、排土场灌木草丛、草地和农田间隙灌木草地。植被类型主要为铁杆蒿草丛、茭蒿草丛。灌木类型主要为落叶阔叶灌丛，包括荆条灌丛、绣线菊灌丛等。该生境多处于草地、灌木、乔木林交错地带，具有“群落边缘效应”，植被类型多样，为野生动物的生存及繁衍提供了多样的生态位，是平朔矿区野生动物多样性较为丰富的生境。栖息的陆栖脊椎动物有3种两栖动物、3种爬行动物、18种哺乳动物和86种鸟类，共计110种，占本区陆栖脊椎动物总数（128种）的85.9%。常见的两栖动物有花背蟾蜍；常见的爬行动物有丽斑麻蜥（*Eremias argus*）、虎斑颈槽蛇（*Rhabdophis tigrinus*）；常见的鸟类有环颈雉（*Phasianus colchicus*）、云雀（*Alauda arvensis*）、黑喉石䳭（*Saxicola torquata*）、山鹛（*Rhopophilus pekinensis*）、山噪鹛（*Garrulax davidi*）、斑鸫、寒鸦（*Corvus monedula*）、喜鹊、树麻雀（*Passer montanus*）、三道眉草鹀（*Emberiza cioides*）、小鹀等；常见的哺乳动物有黄鼬（*Mustela sibirica*）、黑线姬鼠（*Apodemus agrarius*）、草兔等。

3）农田　农田生态系统是人工建立的生态系统，该系统的主要特点是人的作用非常关键，存在大量的物质和能量输入及产出。平朔矿区农田生境主要分布在矿区较为平缓区，经济作物主要是玉米、土豆等。该生境植物群落结构单一，食物丰富，人为活动干扰较少。栖息的陆栖脊椎动物有2种两栖动物、3种爬行动物、16种哺乳动物和76种鸟类，共计97种，占本区陆栖脊椎动物总数（128种）的75.8%。常见的两栖动物有花背蟾蜍；常见的爬行动物有丽斑麻蜥、虎斑颈槽蛇、白条锦蛇；常见的鸟类有环颈雉、珠颈斑鸠（*Streptopelia chinensis*）、凤头百灵（*Galerida cristata*）、白鹡鸰（*Motacilla alba*）、黑喉石䳭、白顶䳭（*Oenanthe pleschanka*）、灰椋鸟（*Sturnus cineraceus*）、喜鹊、树麻雀、小鹀等；常见的哺乳动物有普通刺猬（*Erinaceus europaeus*）、大仓鼠（*Cricetulus triton*）、黑线姬鼠、草兔等。

4）水域　平朔矿区有人工鱼塘、小型人工湖，虽然水域面积不大，但水源充沛，水质条件良好。在平朔矿区人工鱼塘两岸分布有杂草、人工灌丛及人工乔木林，为多种野生动物提供了良好的生存及繁衍条件。本区栖息的陆栖脊椎动物包括3种两栖动物、2种爬行动物、2种哺乳动物和35种鸟类，共计42种，占本区陆栖脊椎动物总数（128种）的32.8%。常见的两栖动物有黑斑蛙（*Rana nigromaculata*）、花背蟾蜍（*Bufo raddei*）；常见的爬行动物有虎斑颈槽蛇、白条锦蛇；常见的鸟类有绿翅鸭（*Anas crecca*）、斑嘴鸭（*Anas poecilorhyncha*）、矶鹬（*Tringa hypoleucos*）、白腰草鹬（*Tringa ochropus*）、黄鹡鸰（*Motacilla flava*）、白鹡鸰等；常见的哺乳动物有小麝鼩（*Crocidura suaveolens*）、猪獾等。

5）人类活动区　主要指平朔矿区生产区和人类活动区，该生境是以人群为核心，并且同周围其他生物及周围的自然环境和人工环境相互作用的生态系统。由于平朔矿区人类活动区人工种植大量的乔木林、灌木及草地，为野生动物营造了良好的栖息环境。本区人为干扰活动严重，对于一些生性警觉的野生动物而言是一种条件较差、难以适应的生境类型。该生境分布的野生动物有2种两栖动物、2种爬行动物、43种鸟类和5种哺乳动物，共计52种，占平朔矿区陆栖脊椎动物总数（128种）的40.6%。常见的两栖类有花背蟾蜍、中华蟾蜍（*Bufo gargarizans*），常见的爬行动物有无蹼壁虎（*Gekko swinhonis*）；常见的鸟类有珠颈斑鸠、家燕（*Hirundo rustica*）、白鹡鸰、喜鹊、树麻雀、灰斑鸠（*Streptopelia decaocto*）、金翅雀（*Carduelis sinica*）等；常见的哺乳动物有褐家鼠（*Rattus norvegicus*）、小家鼠（*Mus musculus*）等。

二、两栖纲

（一）两栖动物的区系组成及地理型

通过实地调查，平朔矿区分布的两栖动物有花背蟾蜍、中华蟾蜍、黑斑蛙，共计1目2科3种，占山西省两栖动物总数（13种）的23.1%。平朔矿区这3种两栖动物均为三有保护动物，并且主要分布于我国境内。

根据《中国动物地理》（张荣祖，1999）中的动物区系划分，平朔矿区分布的3种两栖动物中，属于古北界的有1种，占平朔矿区两栖类总数的33.3%；广布种2种，占66.7%；平朔矿区两栖动物没有东洋界种类分布，这在动物区系上体现了该地区地处古北界的特点。

根据《中国动物地理》中的动物分布型划分，平朔矿区两栖动物分属于3个地理分布型：东北-华北型1种，季风型2种，这在两栖类物种种类上也体现了平朔矿区地处古北界华北区的气候特点。

（二）两栖动物的数量

根据调查遇见率及生境范围，大致将平朔矿区两栖动物划分为常见种、偶见种、稀有种3个数量级别。

常见种：花背蟾蜍1种，占平朔矿区两栖动物总数的33.3%。

偶见种：黑斑蛙 1 种，占平朔矿区两栖动物总数的 33.3%。

稀有种：中华蟾蜍 1 种，占平朔矿区两栖动物总数的 33.3%。

（三）两栖动物的分布

依据平朔矿区地形、地貌特征及植被类型，划分为水域、农田、草地灌丛、人工林带、人类活动区 5 种生境类型，概略分述如下。

1）人工林带　该生境分布的两栖动物共有 2 种，即中华蟾蜍和花背蟾蜍，数量较少。

2）草地灌丛　该生境分布的两栖动物共有 3 种，常见种有花背蟾蜍，偶见种有黑斑蛙、中华蟾蜍。

3）农田　该生境分布的两栖动物共有 2 种，以花背蟾蜍较为常见，偶见种有中华蟾蜍。

4）水域　是两栖动物最为适宜的生境类型，平朔矿区 3 种两栖动物在该生境均有分布。该生境两栖动物以黑斑蛙、花背蟾蜍为主；偶见中华蟾蜍。

5）人类活动区　该生境分布的两栖动物有花背蟾蜍、中华蟾蜍，数量均较少。

三、爬行纲

（一）爬行动物的区系组成及地理型

通过实地调查，平朔矿区分布的爬行动物有无蹼壁虎、丽斑麻蜥、虎斑颈槽蛇、白条锦蛇，共计 2 目 3 科 4 种，占山西省爬行动物总数（27 种）的 14.8%。

平朔矿区 4 种爬行动物均为三有保护动物，其中无蹼壁虎为我国特有种。丽斑麻蜥、虎斑颈槽蛇主要分布在我国境内。

根据《中国动物地理》（张荣祖，1999）中的动物区系划分，平朔矿区分布的 4 种爬行动物中，属于古北界的有 3 种，占平朔矿区爬行动物总数的 75%；广布种 1 种，占 25%；平朔矿区内没有东洋界种类分布，在动物区系上体现出该区地处古北界的特征。

根据《中国动物地理》中的动物分布型划分，平朔矿区爬行动物分属于 4 个地理分布型：东北-华北型 1 种、东北型 1 种、古北型 1 种、季风型 1 种，在爬行动物种类上体现了平朔矿区地处古北界华北区黄土高原亚区的特点。

（二）爬行动物的数量

依据调查遇见率及生境范围，大致将平朔矿区爬行动物划分为常见种、偶见种、稀有种 3 个数量级别。

常见种：丽斑麻蜥 1 种，占平朔矿区爬行动物总数的 25%。

偶见种：虎斑颈槽蛇、无蹼壁虎 2 种，占平朔矿区爬行动物总数的 50%。

稀有种：白条锦蛇 1 种，占平朔矿区爬行动物总数的 25%。

（三）爬行动物的分布

依据平朔矿区地形、地貌特征及植被类型，划分为人工林带、草地灌丛、农田、水域、人类活动区 5 种生境类型，概略分述如下。

1）人工林带　该生境分布的爬行动物共有 3 种，常见种有虎斑颈槽蛇、白条锦蛇，偶见种有丽斑麻蜥。

2）草地灌丛　该生境分布的爬行动物共有 3 种，常见种有丽斑麻蜥、虎斑颈槽蛇，偶见种有白条锦蛇。

3）农田　该生境分布的爬行动物共有 3 种，以丽斑麻蜥为优势种，常见种有虎斑颈槽蛇、白条锦蛇。

4）水域　栖息于该生境的爬行动物共 1 种，即虎斑颈槽蛇。

5）人类活动区　该生境分布的爬行动物共有 3 种，以无蹼壁虎、丽斑麻蜥较为常见，偶见虎斑颈槽蛇。

四、鸟纲

（一）平朔矿区鸟类的区系组成

通过实地调查，平朔矿区分布的鸟类共 13 目 31 科 103 种，占山西省鸟类总数（328 种）的 31.4%。其中以雀形目鸟类最多，共计 15 科 61 种，占平朔矿区鸟类总种数的 59.2%。雀形目鸟类中以鹟科鸟类最为丰富，有 14 种；雀科鸟类次之，有 13 种。

平朔矿区 103 种鸟类中，被列为国家Ⅱ级重点保护野生鸟类的有大鵟（*Buteo hemilasius*）、普通鵟（*Buteo buteo*）、苍鹰（*Accipiter gentilis*）、红隼（*Falco tinnunculus*）、雀鹰（*Accipiter nisus*）、阿穆尔隼（*Falco amurebsis*）、纵纹腹小鸮（*Athene noctua*）、长耳鸮（*Asio otus*）、短耳鸮（*Asio flammeus*）9 种。

《濒危野生动植物种国际贸易公约》中收录的保护对象有阿穆尔隼、雀鹰、红隼、苍鹰、普通鵟、大鵟、短耳鸮、长耳鸮、纵纹腹小鸮、绿翅鸭 10 种。

山西省重点保护野生动物有苍鹭（*Ardea cinerea*）、池鹭（*Ardeola bacchus*）、金眶鸻（*Charadrius dubius*）、星头啄木鸟（*Dendrocopos canicapillus*）、楔尾伯劳（*Lanius sphenocercus*）、黑枕黄鹂（*Oriolus chinensis*）6 种。

《中华人民共和国政府和澳大利亚政府保护候鸟及其栖息环境的协定》中的保护对象有苍鹭、金眶鸻、矶鹬、孤沙锥（*Capella solitaria*）、白额燕鸥（*Sterna albifrons*）、普通燕鸥（*Sterna hirundo*）、白腰雨燕（*Apus pacificus*）、家燕（*Hirundo rustica*）、黄鹡鸰、灰鹡鸰（*Motacilla cinerea*）、白鹡鸰 11 种。

《中华人民共和国政府和日本国政府保护候鸟及其栖息环境协定》中的保护对象有绿翅鸭、黑枕黄鹂、金腰燕（*Hirundo daurica*）、寒鸦（*Corvus monedula*）等 40 种。

从居留类型分析，平朔矿区及人类活动区 103 种鸟类中有留鸟 33 种，占 32.0%；夏候鸟 25 种，占 24.3%；冬候鸟 16 种，占 15.5%；旅鸟 29 种，占 28.2%。

（二）鸟类的区系成分及地理型分析

从鸟类区系组成分析，平朔矿区 103 种鸟类中属于古北界的种类有 67 种，占平朔矿区鸟类总数的 65.0%；东洋界鸟类有 7 种，占平朔矿区鸟类总数的 6.8%；广布于两界的种类有 29 种，占平朔矿区鸟类总数的 28.2%。表明本区域鸟类古北界成分占绝对优势，仅有少量东洋界的种类侵入，动物区系明显属于古北界。

根据《中国动物地理》中的动物分布型划分，本区域的鸟类可以划分为如下类型：①古北型 31 种；②东北型 14 种；③全北型 11 种；④东北-华北型 4 种；⑤中亚型 5 种；⑥南中国型 3 种；⑦华北型 1 种；⑧东洋型 10 种；⑨特殊型（包括地中海-中亚型，环球温带-热带型，旧大陆温带、热带型，不易归类型等）22 种；⑩季风型 2 种。

（三）鸟类的数量

依据调查遇见率及生境范围，将平朔矿区鸟类大致分为优势种、常见种、偶见种、稀有种 4 个数量级别。

优势种：树麻雀、家燕、喜鹊、白腰雨燕 4 种。

常见种：灰喜鹊、灰斑鸠、戴胜、红尾伯劳、灰椋鸟、大山雀、金翅雀、大斑啄木鸟等 28 种。

偶见种：金眶鸻、灰头绿啄木鸟、环颈雉、斑翅山鹑、乌鶇等 36 种。

稀有种：短耳鸮、普通翠鸟、黑枕黄鹂等 35 种。

（四）鸟类的分布

1）人工林带　该生境分布的鸟类共有 69 种。优势种为树麻雀、喜鹊、黄眉柳莺、大山雀。常见种有大斑啄木鸟、星头啄木鸟、赤颈鸠、斑鸠、黄腹山雀、银喉长尾山雀、金翅雀、灰斑鸠、珠颈斑鸠。偶见种有灰喜鹊、黄腰柳莺、大杜鹃、灰头绿啄木鸟、楔尾伯劳。稀有种有雀鹰、纵纹腹小鸮、普通朱雀等。

2）草地灌丛　该生境分布的鸟类共有 76 种。优势种为树麻雀、喜鹊。常见种有珠颈斑鸠、灰椋鸟、灰喜鹊、斑鸠、山噪鹛。偶见种有鹌鹑、楔尾伯劳。稀有种有大鵟、短耳鸮等。

3）农田　该生境分布的鸟类共有 68 种。优势种为树麻雀、喜鹊、灰椋鸟。常见种有环颈雉、珠颈斑鸠、灰斑鸠、阿穆尔隼、戴胜、凤头百灵、云雀等。偶见种有红隼、岩鸽、石鸡、斑翅山鹑、红嘴山鸦、楔尾伯劳等。稀有种有大鵟、鹌鹑等。

4）水域　栖息于该生境的鸟类共计 23 种。优势种为家燕、白鹡鸰。常见种有黄鹡鸰、灰鹡鸰、喜鹊等。偶见种有绿翅鸭、斑嘴鸭、普通燕鸥。稀有种有金眶鸻、普通翠鸟、大杜鹃等。

5）人类活动区　该生境分布的鸟类共有 39 种。优势种为树麻雀、家燕。常见种有喜鹊、灰喜鹊、珠颈斑鸠。偶见种有阿穆尔隼、灰头绿啄木鸟、星头啄木鸟。稀有种有长耳鸮等。

五、哺乳纲

（一）哺乳动物的区系组成

据初步调查并参考以往相关研究结果，平朔矿区及人类活动区共有哺乳动物 18 种，隶属于 5 目 10 科，占山西省哺乳动物总数（71 种）的 25.4%。

平朔矿区 18 种哺乳动物中，属于山西省重点保护动物的有普通刺猬（*Erinaceus europaeus*）、小麝鼩（*Crocidura suaveolens*）。属于三有保护动物的有赤狐（*Vulpes vulpes*）、黄鼬（*Mustela sibirica*）、艾虎（*Mustela eversmanni* ）、狗獾（*Meles meles*）、猪獾（*Arctonyx collaris*）、豹猫（*Prionailurus bengalensis*）、草兔（*Lepus capensis*）、花鼠（*Eutamias sibiricus*）、岩松鼠（*Sciurotamias davidianus*）。

（二）哺乳动物的区系成分及地理型

从动物区系组成成分分析，平朔矿区 18 种哺乳动物中属于古北界的共有 8 种，占本区哺乳动物总数量的 44.4%；东洋界有 3 种，占本区哺乳动物总数量的 16.7%；广布于两界的种类有 7 种，占本区哺乳动物总数量的 38.9%。哺乳动物区系明显表现出古北界华北区黄土高原亚区的特征。

根据《中国动物地理》中的动物分布型划分，本区域的哺乳动物属于如下几个地理分布型：①全北型 1 种；②古北型 7 种；③东洋型 2 种；④季风型 2 种；⑤中亚型 1 种；⑥东北-华北型 1 种；⑦特殊型（包括旧大陆温带、热带型）4 种。

（三）哺乳动物的数量

优势种为大仓鼠。常见种有普通伏翼（*Pipistrellus abramus*）、黄鼬、花鼠、黑线姬鼠（*Apodemus agrarius*）、褐家鼠。偶见种有猪獾、岩松鼠等。稀有种有赤狐、豹猫、艾虎等。

（四）哺乳动物的分布

1）人工林带　该生境分布的哺乳动物有 16 种。优势种为黑线姬鼠；常见种有草兔、花鼠；偶见种有黄鼬、艾虎等；稀有种有赤狐、豹猫。

2）草地灌丛　平朔矿区 18 种哺乳动物在该生境均有分布。优势种为大仓鼠、草兔；常见种有花鼠、黑线姬鼠；偶见种有艾虎、黄鼬等；稀有种有赤狐、豹猫等。

3）农田　该生境分布的哺乳动物有 16 种。优势种为大仓鼠；常见种有草兔、褐家鼠、小家鼠等；偶见种有豹猫、黄鼬、艾虎等；稀有种有赤狐。

4）水域　该生境分布的哺乳动物主要有小麝鼩。

5）人类活动区　该生境分布的哺乳动物有 9 种。优势种为褐家鼠；常见种有普通伏翼、蝙蝠、小家鼠；偶见种有黄鼬；稀有种有艾虎、豹猫。

第三节　人工重建林地昆虫多样性调查与分析

一、昆虫物种组成

昆虫种群结构和数量是指征生态系统稳定性的指标之一，天敌昆虫对害虫的种群数量起着重要的调控作用。2016 年，对平朔矿区排土场人工重建林地的昆虫种类进行了调查，经过初步的整理和统计，共采集标本 10 557 号，隶属于 11 目 137 科 737 种（其中包括仅鉴定到科、属的物种 95 种），形成一定的优势群落，并有一定数量的天敌昆虫。

（一）主要类群

经过对材料的初步整理，共采集到昆虫纲 11 个目的种类。它们分别是螳螂目（Mantodea）、直翅目（Orthoptera）、革翅目（Dermaptera）、蜻蜓目（Odonata）、半翅目（Hemiptera）、同翅目（Homoptera）、脉翅目（Neuroptera）、鳞翅目（Lepidoptera）、鞘翅目（Coleoptera）、膜翅目（Hymenoptera）、双翅目（Diptera），这些目都是古北区的常见类群，由于环境的特殊性，还有一些古北区常见的类群没有采集到（表 8-2）。

表 8-2 平朔矿区人工重建林地昆虫科、种数量统计

类群（目）	科数	种数
螳螂目 Mantodea	1	2
直翅目 Orthoptera	11	50
革翅目 Dermaptera	1	2
蜻蜓目 Odonata	2	5
半翅目 Hemiptera	16	50
同翅目 Homoptera	17	69
脉翅目 Neuroptera	3	10
鳞翅目 Lepidoptera	28	293
鞘翅目 Coleoptera	31	166
膜翅目 Hymenoptera	16	47
双翅目 Diptera	11	43
合计	137	737

注：表中数据包括仅鉴定到科、属的 95 种，这 95 种未能列入平朔矿区复垦林地已知昆虫名录

（二）优势类群

每个目下采集到的科的数量和种的数量差异较大。最少的目下仅 1 科 2 种，如螳螂目、革翅目；最多的目下有 31 科，如鞘翅目；目下种最多有 293 种（含鉴定到科、属的 39 种），如鳞翅目。按照目下科的数量和种的数量进行排序来确定优势类群，鳞翅目和鞘翅目是最多的，见表 8-2。

二、优势种类

优势种类是根据调查结果来确定的。所谓的优势种是指那些在一定环境条件下适宜生存而种群庞大的种类。因为它们的种群数量大，调查中采集的个体数量相对就多。我们把单种个体单次网捕采集量在 101 只以上或单日次灯诱量 101 只以上或

调查样地虫株率 40%以上的种类定为优势种，经初步整理和统计共有 18 个优势种，见表 8-3。

表 8-3　平朔矿区人工重建林地昆虫优势种

物种	分类地位	捕食或寄生对象	多度或危害程度
横纹菜蝽 *Eurydema gebleri*	半翅目 Hemiptera 蝽科 Pentatomidae	十字花科的植物	单次网捕多度+++
大青叶蝉 *Cicadella viridis*	同翅目 Homoptera 叶蝉科 Cicadellidae	多种植物，以草本为主	单次网捕多度+++
3 种蚜虫 Aphididae sp.1～sp.3	同翅目 Homoptera 蚜虫科 Aphididae	多种植物	单次网捕多度+++
丽草蛉 *Chrysopa formosa*	脉翅目 Neuroptera 草蛉科 Chrysopidae	捕食蚜虫等	单日次灯诱多度++++
榆绿天蛾 *Callambulyx tatarinovi*	鳞翅目 Lepidoptera 天蛾科 Sphingidae	榆等阔叶树	单日次灯诱多度+++
沙棘木蠹蛾 *Holcocerus hippophaecolus*	鳞翅目 Lepidoptera 木蠹蛾科 Cossidae	沙棘的主干和主根的基部	调查样地虫株率++++
槐尺蛾 *Semiothisa cinerearia*	鳞翅目 Lepidoptera 尺蛾科 Geometridae	槐的叶子	单日次灯诱多度+++
沙灰尺蛾 *Tephrina arenaceria*	鳞翅目 Lepidoptera 尺蛾科 Geometridae	苜蓿等豆科植物	单日次灯诱多度+++
新灰蝶 *Neolycaena rhymnus*	鳞翅目 Lepidoptera 灰蝶科 Lycaenidae	柠条锦鸡儿等豆科植物	单次网捕多度+++
红缘天牛 *Asias halodendri*	鞘翅目 Coleoptera 天牛科 Cerambycidae	沙棘的枝干	调查样地虫株率++++
青杨天牛 *Saperda populnea*	鞘翅目 Coleoptera 天牛科 Cerambycidae	杨树枝条	调查样地虫株率++++
七星瓢虫 *Coccinella septempunctata*	鞘翅目 Coleoptera 瓢虫科 Coccinellidea	成虫和幼虫都捕食蚜虫、介虫、粉虱等	单次网捕多度+++
异色瓢虫 *Harmonia axyridis*	鞘翅目 Coleoptera 瓢虫科 Coccinellidea	成虫和幼虫都捕食蚜虫、介虫、粉虱等	单次网捕多度+++
苹斑芫菁 *Mylabris calida*	鞘翅目 Coleoptera， 芫菁科 Meloidae	幼虫取食蝗虫的卵，成虫取食柠条锦鸡儿等豆科植物	单次网捕多度+++
一种姬蜂 Ichneumonidae sp.1	膜翅目 Hymenoptera 姬蜂科 Ichneumonidae	鳞翅目、鞘翅目的幼虫和蛹	单日次灯诱多度+++
一种大蚊 Tipulidae sp.1	双翅目 Diptera 大蚊科 Tipulidae	幼虫在土中取食腐殖质	单日次灯诱多度++++

注：表中多度“+++”、“++++”代表昆虫个体数量达到百位、千位数级，或危害程度达到虫株率 40%、80%以上

三、天敌昆虫的组成

自然界中，天敌昆虫对许多害虫的种群数量起着重要的调控作用，在平朔矿区排土场复垦林地已采集到的天敌昆虫有 8 目 24 科 85 种（表 8-4）。天敌昆虫优势种有 5 种。

表 8-4　平朔矿区人工重建林地主要天敌昆虫科、种数量统计

类群（目）	科数	种数	捕食或寄生对象
螳螂目 Mantodea	1	2	捕食多种昆虫
革翅目 Dermaptera	1	2	捕食多种小昆虫
蜻蜓目 Odonata	2	4	捕食多种昆虫
半翅目 Hemiptera	2	9	捕食多种昆虫
脉翅目 Neuroptera	3	6	捕食多种小昆虫
鞘翅目 Coleoptera	4	19	捕食蚜虫、地面和地下昆虫
膜翅目 Hymenoptera	8	27	捕食或寄生多种昆虫
双翅目 Diptera	3	16	捕食或寄生多种昆虫
合计	24	85	

四、昆虫多样性分析

生态恢复中的一个关键成分是生物体，因而生物多样性研究在生态重建设计、项目实施和评价过程中具有重要的作用。平朔矿区土地复垦与生态重建工作始于 20 世纪 90 年代初，人工重建的森林生态系统已初具规模。2009 年 6 月至 2016 年 9 月对山西省平朔矿区复垦林地的昆虫资源进行了系统的调查，并进行了区系组成和多样性分析，以期为平朔矿区复垦林地的管理、生态系统的恢复过程和虫害控制提供科学依据。蛾类是昆虫纲的重要类群和代表，为此，项目选择蛾类作为典型昆虫类别，通过数据分析来说明矿区昆虫多样性的特点与生态修复的进程。

矿区复垦地主要有南排土场、西排土场和内排土场。各排土场的地貌分为平台和边坡两类。根据复垦时间和植被类型的不同，调查组筛选出 4 个具有代表性的样地作为调查点：①南排土场 1380 平台（S2）；②南排土场 1420 平台（S12）；③西排土场 1520 平台（W5）；④内排土场 18 号平台（N18），调查样地的植被情况见表 8-5。

表 8-5　调查样地及植被情况表

序号	调查样地（样地代号）	复垦年份	植被情况	覆盖度（%）	厚度（枯枝落叶+腐殖质）（cm）	地理位置
1	南排土场 1380 平台（S2）	1992	以刺槐为主，局部有榆、臭椿、火炬树、山杏、槭，野生侵入大籽蒿为优势群，杂草种类较少，上斜坡边坡刺槐、沙棘混栽长势良好	95	3	39°27.726′N，112°20.007′E
2	南排土场 1420 平台（S12）	1993	柠条锦鸡儿为优势种，刺槐零星分布，平台路边有油松、榆分布	93	3	39°27.618′N，112°19.830′E
3	西排土场 1520 平台（W5）	1996	沙棘、枸杞、刺槐混栽，枸杞退化，刺槐为优势种，杂草入侵严重，种类多，长势好	95	4	39°29.919′N，112°18.541′E
4	内排土场 18 号平台（N18）	2001	柠条锦鸡儿、沙棘、刺槐、榆、沙枣混栽	80	2～3	39°28.955′N，112°19.591′E

（一）蛾类昆虫区系组成

通过整理2007年调查采集的蛾类1359号标本，经过鉴定，确定155种，隶属于12科。其中天蛾科 Sphingidae 3种，枯叶蛾科 Lasiocampidae 3种，舟蛾科 Notodontidae 1种，毒蛾科 Lymantriidae 2种，木蠹蛾科 Cossidae 4种，夜蛾科 Noctuidae 99种，尺蛾科 Geometridae 31种，螟蛾科 Pyralidae 8种，苔蛾科 Lithosiidae 1种，波纹蛾科 Thyatiridae 1种，鞘蛾科 Coleophoridae 1种，卷蛾科 Tortricidae 1种。调查结果表明夜蛾科为优势类群，个体数占蛾类采集数量的63.94%，种数占总种数的63.87%。尺蛾科、螟蛾科、天蛾科、枯叶蛾科、木蠹蛾科、毒蛾科等6个科为常见类群。舟蛾科、苔蛾科、波纹蛾科、鞘蛾科、卷蛾科等分布狭窄而且个体数量少，为稀有类群。

蛾类昆虫群落（2013年以前）在不同样地间个体数变化幅度较小，优势类群和常见类群（如夜蛾科、尺蛾科、螟蛾科等）在各样地间分布比较均匀，未见有集中分布于个别样地的现象。其中夜蛾科在各样地所捕获的蛾类昆虫中无论是种类还是数量上都占很大比例（表8-6）。

表8-6　平朔矿区人工重建林地蛾类区系组成统计

类群（科）	S12		S2		W5		N18		合计	
	种数	个体数	种数	个体数	种数	个体数	种数	个体数	种数	个体数
1 天蛾科	1	32	1	20	2	33	3	21	3	106
2 枯叶蛾科	1	13	1	13	0	0	3	43	3	69
3 舟蛾科	0	0	0	0	0	0	1	1	1	1
4 毒蛾科	2	11	1	1	0	0	1	6	2	18
5 木蠹蛾科	2	3	3	4	4	11	1	3	4	21
6 夜蛾科	48	290	44	215	46	113	36	251	99	869
7 尺蛾科	16	64	13	28	17	70	14	54	31	216
8 螟蛾科	5	24	2	5	7	17	2	7	8	53
9 苔蛾科	0	0	0	0	0	0	1	1	1	1
10 波纹蛾科	0	0	0	0	1	2	0	0	1	2
11 鞘蛾科	1	1	0	0	0	0	0	0	1	1
12 卷蛾科	0	0	0	0	0	0	1	2	1	2
合计	76	438	65	286	77	246	63	389	155	1359

（二）多样性特点

生物群落多样性是群落可测特性之一，是研究群落水平的重要指标。依据调查统计数据，各样地蛾类昆虫群落的多样性指数见表8-7。

根据 Shannon-Wiener 多样性指数，西排土场1520平台（W5）蛾类昆虫多样性>南排土场1420平台（S12）蛾类昆虫多样性>南排土场1380平台（S2）蛾类昆虫多样性>内排土场18号平台（N18）蛾类昆虫多样性，这与 Pielou 均匀度指数、最大的物种多样性指数、物种丰富度指数的顺序一致。

表 8-7　不同样地蛾类昆虫多样性指数分析

样地	S	N	R	H'	H'_{max}	E
S12	76	438	12.3310	3.4630	4.3307	0.7996
S2	65	286	11.3154	3.0392	4.1744	0.7281
W5	77	246	13.8048	3.8999	4.3438	0.8978
N18	63	389	10.3964	2.9925	4.1431	0.7223

注：S 为物种数，N 为样地中物种的个体数，R 为 Margalef 物种丰富度指数，H'为 Shannon-Wiener 多样性指数，H'_{max} 为最大的物种多样性指数；E 为 Pielou 均匀度指数

平朔矿区复垦地蛾类群落的多样性受季节、复垦时间、复垦模式等多种因素的综合影响。受季节影响，该区蛾类发生比较集中，物种数和个体数均在 8 月达到最高，9 月中旬有明显下降。为了研究不同复垦时期植物多样性变化状况，将复垦时期划分为复垦初期（1～5 年）、复垦中期（6～10 年）、复垦后期（10 年以上）。4 个样地的复垦时间分别为：样地 W5 的复垦时间为 11 年、样地 S12 的复垦时间为 14 年、样地 S2 的复垦时间为 15 年、样地 N18 的复垦时间为 6 年。其中样地 W5、S12、S2 均进入复垦后期，只有样地 N18 刚进入复垦中期，本研究运用相关多样性指数公式所测得的蛾类群落多样性的顺序中样地 N18 排在最后，可见复垦时间对蛾类群落丰富度和多样性有一定的影响。进入复垦后期的 3 个样地中，样地 W5 的种植模式为沙棘、枸杞、刺槐混栽，枸杞种植失败，沙棘（乔）长势较弱，刺槐（灌）为优势种，同时由于平台的复垦较好，群落内草本植物的多样性较高，样地内草本、乔木、灌木分布均匀；样地 S12 的种植模式为刺槐林，局部有榆、臭椿、山杏、槭，同时边坡刺槐、沙棘混栽长势良好，野生侵入大籽蒿为优势群，杂草种类较少；样地 S2 的原始种植模式为柠条锦鸡儿、冰草、沙打旺、草木犀、沙棘、刺槐，之后沙打旺、草木犀、沙棘、刺槐、冰草相继退化，柠条锦鸡儿成为单一的优势群落，只有刺槐零星分布，平台路边有油松、榆分布。根据样地内现有植物种类的不同配置模式，进入复垦后期的 3 个样地中，植物群落的丰富度和多样性由高到低依次为 W5、S12 和 S2，与本研究运用相关多样性指数公式测得蛾类群落多样性 W5＞S12＞S2 的顺序一致。可见，植被组成的复杂性、不同植被配置模式对蛾类群落多样性的影响不同，其中草本、灌木和乔木多层次配置的蛾类群落多样性最高。

第四节　人工重建林地土壤动物多样性调查与分析

一、土壤动物的组成及数量

在 10 个样地 50 个样点中，共获取土壤动物 460 头，隶属于 4 纲 10 目 34 科，4 纲为昆虫纲、蛛形纲、腹足纲、多足纲，10 目为鞘翅目、半翅目、膜翅目、鳞翅目、同翅目、双翅目、直翅目、蜘蛛目、革翅目、双尾目（表 8-8，表 8-9）。依据个体数占总捕获量的比例，优势类群为膜翅目蚁科和同翅目的介壳虫，二者占总捕获量的 44.4%。常见类群依次为步甲、蜘蛛、隐翅虫、金龟科、蝽、象甲、蛾类幼虫、腹足纲、大灰象科、大蚊幼虫、叶蝉、蝇类幼虫、双翅目幼虫，占总捕获量的 46.0%。其余全部为稀有类群。

表 8-8　平朔矿区大型土壤动物的种类和数量组成

序号	土壤动物	多度	序号	土壤动物	多度
1	蚁科昆虫	+++	18	蝉科若虫	+
2	介壳虫	+++	19	天牛科昆虫	+
3	步甲	++	20	伪步甲	+
4	蜘蛛	++	21	缘椿	+
5	隐翅虫	++	22	鞘翅目幼虫	+
6	金龟科昆虫	++	23	小蜂科昆虫	+
7	蝽	++	24	蠹虫幼虫	+
8	象甲	++	25	多足纲动物	+
9	蛾类幼虫	++	26	蝗虫	+
10	腹足纲动物	++	27	叩头甲	+
11	大灰象科昆虫	++	28	猎蝽	+
12	大蚊幼虫	++	29	蜣螂	+
13	叶蝉	++	30	双尾目动物	+
14	蝇类幼虫	++	31	夜蛾幼虫	+
15	双翅目幼虫	++	32	蚜虫科昆虫	+
16	瓢虫幼虫	+	33	叶甲	+
17	黄褐蠼螋	+	34	萤科幼虫	+

注：+++为优势类群，个体数占总捕获量的10%以上；++为常见类群，个体数占总捕获量的1%～10%；+为稀有类群，个体数占总捕获量的1%以下

表 8-9　平朔矿区不同样地大型土壤动物种类与数量组成

土壤动物	样地									
	1	2	3	4	5	6	7	8	9	10
蚁科昆虫	10	35	50	2	6	4	18	7	6	12
介壳虫	—	—	—	—	—	—	—	—	52	—
步甲	9	8	—	—	—	20	2	1	1	—
蜘蛛	3	2	—	3	1	12	3	—	3	—
隐翅虫	3	5	8	2	1	5	—	—	—	—
金龟科昆虫	—	—	14	—	—	4	1	—	2	3
蝽	4	6	—	—	—	8	—	—	2	2
象甲	4	—	1	8	4	—	2	—	3	—
蛾类幼虫	2	—	1	—	—	6	—	—	8	—
腹足纲动物	—	—	—	—	—	9	—	—	—	—
大灰象科昆虫	—	—	—	9	—	—	—	—	—	—
大蚊幼虫	2	—	—	—	—	4	—	—	1	—
叶蝉	1	—	1	—	—	3	—	—	—	—
蝉科若虫	4	—	—	—	—	—	—	—	—	—
蝇类幼虫	—	3	1	—	1	—	—	—	—	—
瓢虫幼虫	2	—	—	—	—	1	—	—	—	—
黄褐蠼螋	3	—	—	—	—	—	—	—	—	—
双翅目幼虫	—	—	—	—	—	—	—	—	—	8
天牛科昆虫	2	—	—	—	—	—	—	—	—	2
伪步甲	—	—	1	—	1	—	—	—	1	—

续表

土壤动物	样地									
	1	2	3	4	5	6	7	8	9	10
缘蝽	—	—	—	—	—	1	1	—	—	—
鞘翅目幼虫	—	—	—	1	—	—	—	—	1	—
小蜂科昆虫	—	1	—	—	1	—	—	—	—	—
蠹虫幼虫	—	—	—	—	—	1	—	—	—	—
多足纲动物	—	—	—	—	—	1	—	—	—	—
蝗虫	—	—	—	—	—	—	—	1	—	—
叩头甲	—	—	—	—	—	—	1	—	—	—
猎蝽	1	—	—	—	—	—	—	—	—	—
蜣螂	—	—	—	—	—	—	—	—	—	3
双尾目动物	1	—	—	—	—	—	—	—	—	—
夜蛾幼虫	—	—	—	2	—	—	—	—	—	—
蚜虫科昆虫	—	—	—	—	—	—	—	—	1	—
叶甲	—	—	—	—	2	—	—	—	—	—
萤科幼虫	—	1	—	—	—	—	—	—	—	—
合计	51	61	77	27	17	79	28	9	81	30
类群数	15	8	8	7	8	14	7	3	12	6

注："—"表示该样地未发现此类土壤动物

二、不同样地之间土壤动物类群数与密度变化比较

不同样地之间土壤动物类群数变化与密度变化趋势并不完全相同（图 8-1），类群数差异显著的样地之间密度差异均显著，但密度差异显著的样地之间土壤动物类群数差异不一定显著。这是因为各种环境因素对土壤动物类群数变化的影响与对密度变化的影响不尽相同。环境因素对土壤动物数量的影响大于对类群数的影响。恢复生态系统中土壤动物类群数的变化主要由新类群的迁入引起，而新类群的迁入只有在较大的生态环境变化之下才有可能发生。所以生态系统在恢复过程中，土壤动物的密度变化速度远大于类群数的变化速度。

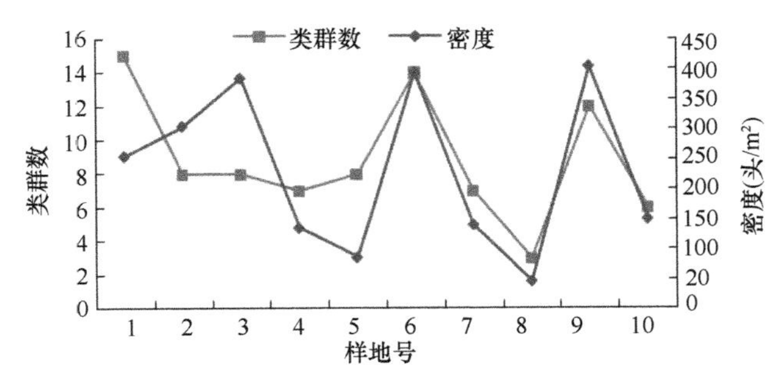

图 8-1　大型土壤动物密度与类群数变化比较

三、土壤动物多样性分析

目前国内外表征土壤动物物种水平多样性经常用到的指标包括 Shannon-Wiener 多样性指数（$\bar{H}$）、多群落间多样性指数（DIC）、密度-类群指数（DG）。本研究分别采用 3 种指数进行计算（图 8-2，表 8-10），可以很明显地看出，3 种不同的表征土壤动物多样性的指数对动物群落进行分析的结果并不完全相同。其中 DIC 与 DG 在不同生境之间的变化趋势较吻合，二者的相关系数为 0.95，大于 $r_{0.01}$（0.765），为极显著相关。$\bar{H}$ 与 DIC 和 DG 在不同生境之间的变化趋势存在一定差异。$\bar{H}$ 与 DIC 和 DG 的相关系数分别为 0.93、0.88，大于 $r_{0.01}$（0.765），均为极显著相关。

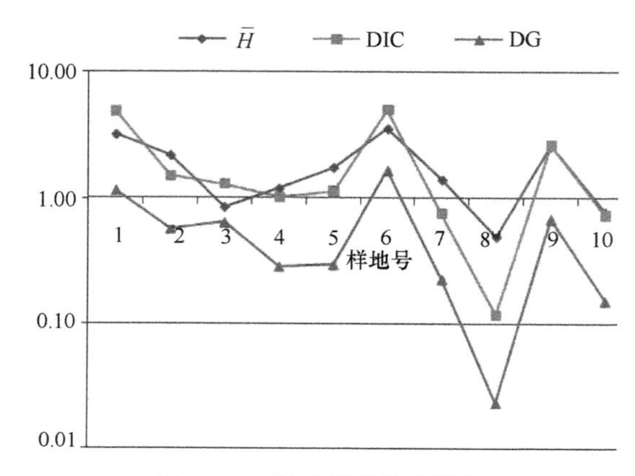

图 8-2　3 种多样性指数比较

表 8-10　土壤动物群落重要指数值

指数	样地号									
	1	2	3	4	5	6	7	8	9	10
$\bar{H}$	3.17	2.16	0.84	1.18	1.73	3.52	1.39	0.50	2.57	0.78
DIC	4.76	1.48	1.28	1.00	1.12	4.89	0.75	0.12	2.58	0.73
DG	1.14	0.57	0.64	0.29	0.30	1.65	0.23	0.02	0.69	0.15
E	1.17	1.04	0.41	0.61	0.83	1.33	0.72	0.45	1.03	0.43
优势度指数	0.11	0.37	0.47	0.23	0.21	0.13	0.44	0.63	0.43	0.26

根据 Shannon-Wiener 多样性指数，3 号样地土壤动物多样性<4 号样地土壤动物多样性。但根据调查结果，3 号样地为复垦 13 年的油松+云杉+落叶松混交林，林内地表湿润，并且云杉树下长有大量苔藓，林中空地长有大量杂草，且杂草无优势种群。而 4 号样地为复垦 3 年的沙棘+刺槐+柠条锦鸡儿混交林，植物生长茂密且均匀，侵入杂草种类很少。客观地分析，3 号样地的土壤动物多样性>4 号样地的土壤动物多样性，与 DIC、DG 结果一致。可能的原因是 Shannon-Wiener 多样性指数较多地考虑了物种均匀性，如果一个群落的均匀性较高，即使物种丰富性较低，即种类较少，依据 Shannon-Wiener 多样性指数仍然有可能获得较高的多样性结果。可见 Shannon-Wiener 多样性指数应用于土壤动物群落存在一定的局限性。

对 Shannon-Wiener 多样性指数与 Pielou 均匀度指数 E 作相关性分析，相关系数为 0.98，大于 $r_{0.01}$（0.765），呈极显著相关。对 Shannon-Wiener 多样性指数与优势度指数（C）作相关性分析，相关系数为–0.63，其绝对值大于 $r_{0.01}$（0.602），呈显著负相关。对 DIC、DG 与 Pielou 均匀度指数作相关性分析，相关系数分别为 0.85、0.81，均为极显著相关。对 DIC、DG 与优势度指数作相关性分析，相关系数分别为–0.66、–0.58，前者为显著负相关，后者为不显著负相关。

总之，多群落间 DIC 与 DG 比 Shannon-Wiener 多样性指数在反映土壤动物群落多样性时有更高的吻合性，并且同时体现了多样性概念中的丰富性与异质性含义。因此，本节后续部分在分析土壤动物群落结构时，采用 DG 与 DIC 表示其多样性。

四、土壤动物群落相似性分析

由表 8-11～表 8-13 可以看出，3 种相似性指数对恢复生态系统中土壤动物群落进行测度的结果各不相同。依据 Jaccard 相似性指数，即使是相似性最高的样地，其相似性程度也只为中等不相似，其余的样地之间都为极不相似。且依据 Jaccard 相似性指数，相似性相对较高的值出现在类群数较为接近的样地之间。依据 Gower 相似性指数与 Pink α 相似性指数，相似性相对较高的值多出现在类群数都较少的样地之间。并且依据 Pink α 相似性指数，样地之间尤其是相似性值本身很小的样地之间，其相似性差异很小。

表 8-11　土壤动物 Jaccard 相似性指数

序号	2	3	4	5	6	7	8	9	10
1	0.28	0.21	0.10	0.21	0.26	0.22	0.13	0.35	0.17
2		0.23	0.25	0.45	0.29	0.25	0.22	0.25	0.27
3			0.25	0.33	0.29	0.36	0.10	0.25	0.17
4				0.36	0.17	0.27	0.11	0.27	0.08
5					0.16	0.15	0.10	0.18	0.08
6						0.31	0.13	0.30	0.18
7							0.25	0.58	0.30
8								0.15	0.13
9									0.20

表 8-12　土壤动物 Gower 相似性指数

序号	2	3	4	5	6	7	8	9	10
1	0.65	0.64	0.65	0.65	0.58	0.68	0.70	0.62	0.70
2		0.78	0.72	0.80	0.62	0.78	0.81	0.67	0.75
3			0.74	0.83	0.61	0.79	0.82	0.75	0.77
4				0.79	0.56	0.80	0.83	0.77	0.75
5					0.56	0.81	0.85	0.78	0.77
6						0.66	0.64	0.58	0.59
7							0.89	0.76	0.82
8								0.78	0.86
9									0.70

表 8-13 土壤动物 Pink α 相似性指数

序号	2	3	4	5	6	7	8	9	10
1	0.05	0.03	0.01	0.02	0.01	0.03	0.04	0.01	0.09
2		0.24	0.04	0.13	0.02	0.24	0.34	0.03	0.71
3			0.03	0.11	0.01	0.19	0.27	0.02	0.60
4				0.06	0.01	0.04	0.04	0.01	0.07
5					0.00	0.07	0.18	0.02	0.36
6						0.01	0.14	0.01	0.02
7							0.27	0.02	0.66
8								0.03	0.79
9									0.07

总之，不论哪种相似性指数都表明目前安太堡露天矿人工重建生态系统中土壤动物群落在不同生境之间的相似性还较低。原因是安太堡露天矿人工重建生态系统中，立地条件差异本身较大，加之土壤动物群落发展还远未达到稳定状态。值得注意的是相似性常与土壤动物的鉴定级别有关，鉴定到种属水平的相似性要低于纲、目、科。

五、土壤动物与重建植被的关系

植物群落的不同直接影响到凋落物的组成、数量和质量，以及根系的数量、分布与质量。而植物根系、凋落物是多数土壤动物的主要食物来源。所以植物群落的不同必然会影响其中生活的土壤动物。

近年来，关于土壤动物群落与地上植被之间关系的研究已日益引起国际上的广泛关注。合理的植被重建模式可以缩短植被演替的进程，加快矿山废弃地的生态重建，进而影响土壤动物群落的演替进程。与新排土区未复垦或复垦时间较短的生境相比，基本稳定期的复垦区土壤养分含量高，土壤动物种类组成复杂，但不同配置模式对土壤动物的影响又有所不同。研究选择矿区重建生态系统主要的植被配置模式进行比较，为了增强可比性，选取的 5 个配置模式复垦时间相近，且都为平台地。由于重建生态系统土壤动物的恢复主要是依靠周边原生态系统中土壤动物的回迁，即重建生态系统与原生态系统的相对位置影响土壤动物群落，因此本研究将南排土场与西排土场各自的主要植被配置模式分别进行比较，结果见表 8-14 和表 8-15。

表 8-14 南排土场不同植被配置模式下的土壤动物指数

项目	植被配置类型		
	草、灌、乔	针阔混交林	乔、灌
植被	冰草+刺槐+柠条锦鸡儿	刺槐+油松+榆	刺槐+柠条锦鸡儿
动物密度（头/m²）	140	255	405
动物类群数	8	15	12
DIC	1.20	4.78	3.11
DG	1.08	4.83	2.93
优势度指数	0.44	0.11	0.43

表 8-15　西排土场不同植被配置模式下的土壤动物指数

项目	植被配置类型	
	灌木纯林	针叶混交林
植被	沙棘	油松+云杉+落叶松
动物密度（头/m²）	305	385
动物类群数	8	8
DIC	1.92	2
DG	1.92	2.41
优势度指数	0.47	0.37

根据植物群落学原理，物种多样性是稳定性的基础。使用一个混合种，特别是草、灌、乔多层配置结合起来进行恢复的效果肯定比单一种或少数几个种的效果好，因为前者能为适应环境变化提供比后者大得多的生存机会，并能产生更加稳定的生态系统。

由表 8-14 可以看出，南排土场土壤动物类群数、DG、DIC 在不同复垦植被之间的排序均为针阔混交林＞乔、灌＞草、灌、乔；优势度指数为草、灌、乔＞乔、灌＞针阔混交林，与多样性指数排序正好相反。针阔混交林植被郁闭度较高，植物的多样性与均匀度明显高于其他二者，从而为动物的生长繁殖提供充足和多样的食物源及栖息环境。草、灌、乔这种植被配置模式从理论上讲应该比乔、灌配置模式更加有利于土壤动物的生存，但由于安太堡露天矿在复垦初期选择的草种为冰草，冰草+刺槐+柠条锦鸡儿这种植被配置模式在复垦初期长势较好，利于土壤动物生存，但由于冰草为典型草原广幅旱生植物，适应性强，越冬性强，分蘖性强，与其他植物配置在一起，会在生态位竞争中具优势，使其他植物逐步退化。冰草+刺槐+柠条锦鸡儿这种植被配置模式随着时间的推移，刺槐基本退化，柠条锦鸡儿初期长势很弱。所以结果并没有达到草、灌、乔合理配置且植物多样的目的，相应地，土壤动物的恢复也因此受到影响。如果选择草、灌、乔配置合理的植物种植模式，那么土壤动物群落必将丰富。

从表 8-15 可以看出，西排土场土壤动物密度、DIC 与 DG 都为针叶混交林＞灌木纯林。沙棘属于中生浅根系植物，根蘖性强，串根速度快，如果植株生长过密，各植株间对养分尤其是水分的竞争增强。目前沙棘纯林已经郁闭，生长缓慢，沙棘林下冰草簇生，且冰草根部发达，沙棘与冰草的适应性与竞争力都较强。所以一方面是外来植物种类少，土壤动物的食物源种类较少，影响到土壤动物物种数；另一方面是沙棘生长过密，使当地的土壤水分与养分都处于匮乏状态，而土壤水分与养分尤其是水分又是多数土壤动物不可或缺的生存条件，直接影响到土壤动物总数。

总之，在不同的植被配置模式中，混交林中土壤动物群落最复杂。原因包括以下几个方面。

1）混交林植物群落稳定多样，可以为土壤动物的生存与生活提供稳定的小生境和充足的食物。

2）与其他几种植被配置模式相比，混交林植物群落的垂直结构复杂多样，从而为土壤动物之外的生物（如鸟类、小型兽类）的种群恢复提供了适宜的环境，而这些生物的很多代谢物又是土壤动物的食物来源。

六、土壤动物与植被重建时间的关系

矿区人工重建生态系统的演替过程可以根据不同划分方法分为不同的时期，最常用的分期方法是依据复垦基底的稳定性分为复垦初期、复垦中期及复垦基本安定期，分别为 1～3 年、4～6 年、7 年及以上。研究植被重建及发展过程中不同时期土壤动物群落的演替过程最常用的方法就是“空间替代法”，但该方法的弊端是容易受到空间异质性的影响，在小范围内讲就是容易受到微生境的影响，如植被类型、土壤类型、土壤 pH、土壤含水量等。但如果所研究的时间跨度较大，微环境的影响可以忽略不计。所以本研究选取的复垦初期与复垦中期的样地，地理位置相同，都为内排土场；复垦 10 年的样地为西排土场；复垦 13 年的样地均为南排土场（表 8-16，表 8-17）。

表 8-16　不同复垦时期土壤动物重要指数

项目	复垦时间						
	0 年	3 年	5 年	10 年	13 年	13 年	13 年
动物类群数	0	7	8	8	14	15	12
动物密度（头/m^2）	0	135	85	255	395	255	405
DIC	—	0.54	0.57	1.04	2.73	2.31	1.74
DG	—	0.45	0.46	0.96	2.64	1.82	1.32
优势度指数	—	0.23	0.21	0.37	0.13	0.11	0.43

注：复垦 0 年的样地为新形成的排土场，还未种植植物；表内出现的 13 年是同一年种植的不同植被模式，下同

表 8-17　不同复垦时期土壤动物 Jaccard 相似性指数

复垦时间	5 年	10 年	13 年	13 年	13 年
3 年	0.40	0.23	0.10	0.14	0.27
5 年		0.33	0.21	0.14	0.19
10 年			0.28	0.37	0.17
13 年				0.26	0.33
13 年					0.26

由表 8-16 可以看出，土壤动物类群数、DIC、DG 基本都为复垦基本安定期＞复垦中期＞复垦初期，唯一特例是复垦 5 年土壤动物类群数等于复垦 10 年土壤动物类群数；在复垦基本安定期，土壤动物类群数、DIC、DG 都为复垦 13 年＞复垦 10 年。土壤动物密度为复垦基本安定期＞复垦初期＞复垦中期；复垦基本安定期无明显规律。

对重建生态系统中土壤动物群落的演替进行分析：土壤动物群落 DIC 与 DG 变化为新排土场形成到复垦 3 年变幅较大；复垦 3～5 年变幅较小；复垦 5～10 年变幅增大，大于复垦 3～5 年的变化量；复垦 10～13 年变幅明显增大。而土壤动物密度的变化与多样性变化趋势不同，土壤动物密度在 3～5 年、10～13 年较短的时间跨度内无明显变化，甚至在 3～5 年密度减少。只有在 3～10 年、5～10 年、5～13 年较大的时间跨度内才可以看出差异。

由表 8-17 可以看出，土壤动物群落在复垦 3 年与复垦 5 年之间最相似，复垦 13 年的人工重建生态系统之间土壤动物群落较相似，复垦 10 年与复垦 13 年之间的相似性有大有小，但平均值小于复垦 3 年与复垦 5 年之间的相似性。可见在土壤动物群落发展速度缓慢的较短时间跨度内相似的可能性最大，即在较短的时间跨度内土壤动物群落演替的结果差异不显著。

一般情况下，人工重建生态系统土壤动物群落的演替同植被群落的演替类似，划分为增长期、过渡期、稳定期，本研究依照复垦地基底稳定性划分的复垦初期、复垦中期及复垦基本安定期并不适合土壤动物群落的演替阶段。在过去的 13 年间，土壤动物群落整体属于增长期。但增长期内其增长速度保持快—慢—快的变化规律。至于矿区重建生态系统土壤动物群落的具体增长期与过渡期需要多久，即经过多长时间重建生态系统中的土壤动物群落可以发展到稳定的动态演替阶段还要经过时间的验证。

七、人工重建生态系统与原生态系统土壤动物群落的比较

原地貌即 10 号样地土壤动物的个体数、类群数、$\bar{H}$、DIC、DG 低于除自然退化平台之外的任何人工重建生态系统，Pielou 均匀性指数大于西排土场 1460 平台，小于其他所有样地。可见，在如此脆弱的原生态系统中，尽管进行极大的人为干扰活动，如果生态重建合理，那么人工重建生态系统比原脆弱生态系统更适合土壤动物的生存，随着时间的推移，人工重建生态系统中土壤动物群落的各项指数必将高于原脆弱生态系统。

第五节　人工重建生态系统中动物的生态作用与评估分析

野生动物是自然生态系统和生态服务功能的重要组成部分，可通过食物链促进能量交换，还可参与养分分解从而促进养分循环，辅助植物物种的繁衍和传播，对维持自然生态动态平衡起着重要作用。直白地说，动物在生态环境中通过取食食物来转换能量、分解养分、清除过剩生物、控制物种数量等，实现生态动态平衡。其生态功能主要表现在以下几个方面。①通过取食与被取食维持生态动态平衡。野生动物分为草食动物、腐食动物、肉食动物和杂食动物，其中草食动物以绿色植物为食物来源，腐食动物以死去的动植物为食物来源，肉食性动物又以草食动物和腐食动物为食物来源。不同食性动物构成生态食物链，起到调节、维持和稳定生态系统的作用。②通过变化繁殖维持生态平衡，天敌昆虫的消长略滞后于寄主昆虫的消长。③土壤动物通过分解食物，促进植物吸收和养分循环。④通过动物行为活动帮助许多植物完成传播、下种、受粉等繁殖过程。综上，动物对生态系统的影响和响应是多方面的、错综复杂和动态的，无法用简单的物种间关系、食性和栖息特征来表述其生态功能和作用。为此，本研究仅对野生动物与栖息地的关系、矿区关键动物物种和野生动物对矿区人工重建生态系统的部分生态作用进行分析讨论。

一、野生动物与栖息地的关系与作用

野生动物与生态环境之间有着十分密切的关系，这种关系是长期以来动物和环境之间协同进化和相互作用的结果。矿区内丰富的动物种类是栖息地环境对动物的友好性和包容性的反映，更是生态系统改善和环境系统修复的直接体现及充分展示。通过分析野生动物与栖息地的关系，可以从侧面反映矿区生态环境改善与生态功能恢复的状况。

两栖动物是由水生向陆地过渡的一个类群，虽然其成体出现了四肢，能够在陆地运动，但由于其肺部结构简单，依靠肺呼吸还无法满足其自身需求，还需要依靠皮肤辅助呼吸。而裸露通透的皮肤在陆地上无法防止水分的蒸发，此外，两栖类的繁殖必须要在水中受精，在水中完成变态、发育，因此两栖类只能在近水的湿地才能生存。就平朔矿区排土场栖息的花背蟾蜍、中华蟾蜍、黑斑蛙 3 种两栖动物而言，稳定的湿地、湿生植物是其生存的基础。

爬行类发育了结构复杂的囊状肺，体被鳞甲，四肢骨骼及脊椎明显进化，且在繁殖方式上产羊膜卵，完全脱离了水的束缚，成为真正的陆栖脊椎动物。爬行纲分为龟鳖目、蜥蜴目、蛇目、鳄目等，在进化上也适应辐射与多种环境，如龟鳖目、鳄目生活在水域环境。蜥蜴目多生活在荒漠、杂草丛生的山地、多岩石河漫滩等。蛇目由于长期适应于穴居生活，失去了四肢，但获得了攀树、钻入洞穴捕食的能力。就平朔矿区排土场分布的无蹼壁虎、丽斑麻蜥、虎斑颈槽蛇、白条锦蛇 4 种爬行动物而言，无蹼壁虎多生活于人类活动区，已成为人类活动的伴生种，常栖息于墙壁缝隙，夜晚在灯下捕食昆虫。丽斑麻蜥多栖息于岩石地带、草地荒滩。虎斑颈槽蛇、白条锦蛇多栖息于灌丛、草地等生境。

鸟类是体被羽毛、前肢特化成翼、恒温、卵生的高等脊椎动物，在长期进化过程中适应于多种生境类型。例如，企鹅总目适应于海洋生活，平胸总目适应在开阔的草原地带奔跑，而鸟类进化的主流是飞向天空。就平朔矿区排土场分布的 103 种鸟类而言，可分为以下几种生态类型，不同生态类型的鸟类对于栖息地的选择和利用也有所不同。

1）攀禽类　主要为啄木鸟、戴胜、杜鹃等，多栖息于森林环境，尤其喜爱高大的古树，常以昆虫为食。

2）游禽类　如雁形目鸭科的赤麻鸭、绿翅鸭、斑嘴鸭；鸥形目鸥科的白额燕鸥、普通燕鸥。这类鸟类善于游泳，适应于水生环境，必须依赖水域生境才能生存。

3）涉禽类　如鹳形目鹭科的苍鹭、池鹭、夜鹭；鸻形目鸻科的灰头麦鸡、金眶鸻；鸻形目鹬科的白腰草鹬、矶鹬、孤沙锥、扇尾沙锥、丘鹬。这类鸟类具有喙长、颈长、腿长的特点，适应在湿地环境中捕捉鱼虾及水生昆虫。

4）走禽类　如鸡形目雉科的石鸡、斑翅山鹑、鹌鹑、环颈雉；鸽形目鸠鸽科的岩鸽、灰斑鸠、山斑鸠、珠颈斑鸠等多栖息于草地灌丛、农田、人工林带，善于在地面奔走，觅食杂草种子。

5）猛禽类　如隼形目鹰科的苍鹰、雀鹰、大鵟、普通鵟，隼科的阿穆尔隼、红隼；鸮形目鸱鸮科的纵纹腹小鸮、长耳鸮、短耳鸮等。这类鸟类喙和爪锋利钩曲，性情凶猛，以捕杀昆虫、蛇类、小鸟及小型哺乳动物为食，尤其喜爱捕食鼠类，是维护本区生态系统平衡的关键物种。这类鸟类由于处于食物链顶端，数量稀少，均是国家Ⅱ级重点保护野生动物。

猛禽类栖息生境多样，其中雀鹰、大鵟、普通鵟、阿穆尔隼、红隼、纵纹腹小鸮、长耳鸮多栖息于高大茂密的森林环境，短耳鸮则多栖息于杂草灌丛。它们主要在农田、杂草灌丛等地捕食昆虫、蛇、蜥蜴、小鸟及鼠类。

6）鸣禽类　主要为雀形目鸟类，这类鸟类鸣肌发达，善于鸣叫，很多种类已被人工驯养为笼养鸟类。鸣禽类种类繁多，栖息生境多样，如百灵科鸟类多栖息于农田草地及荒漠地带，鹡鸰科鸟类主要栖息于近水湿地、农田、弃耕荒草地和人工林带；黄鹂科、卷尾科、绣眼鸟科、鹀科、多数燕雀科鸟类多栖息于人工林带；鸦科鸟类的栖息环境更为多样。

二、动物关键物种分析

关键物种：①对当地生存环境有特殊自然生态要求的物种，并对环境的优劣有选择性和指示性，如本土水域生活的物种、本土森林生活的物种、本土草地生活的物种等；②在当地生态食物链中处于顶端的物种，即本土捕食性物种等；③在当地生态食物链中具有特殊角色的物种，即本土腐食性物种等。关键物种从无到有再到丰富和稳定是生态系统趋于健康的基本规律，即关键物种越丰富，说明生态系统越趋于健康。

（一）脊椎动物关键种

平朔矿区分布的关键动物物种　两栖动物有花背蟾蜍、中华蟾蜍、黑斑蛙。爬行动物有无蹼壁虎、丽斑麻蜥、虎斑颈槽蛇、白条锦蛇。鸟纲有87种，其中主要的有大鵟、普通鵟、苍鹰、红隼、雀鹰、阿穆尔隼、纵纹腹小鸮、长耳鸮、短耳鸮、绿翅鸭、苍鹭、池鹭、金眶鸻、星头啄木鸟、楔尾伯劳、黑枕黄鹂、矶鹬、孤沙锥、白额燕鸥、普通燕鸥、白腰雨燕、家燕、金腰燕、黄鹡鸰、灰鹡鸰、白鹡鸰、寒鸦 27 种。重要的农林业益鸟也是重点关注的关键物种，如大杜鹃（*Cuculus canorus*）、楼燕（*Apus apus*）、戴胜（*Upupa epops*）、灰头绿啄木鸟（*Picus canus*）、大斑啄木鸟（*Dendrocopos major*）、黑卷尾（*Dicrurus macrocercus*）、灰椋鸟（*Sturnus cineraceus*）、灰喜鹊（*Cyanopica cyanus*）、大山雀（*Parus major*）、沼泽山雀（*Parus palustris*）、褐头山雀（*Parus montanus*）11种，它们都是森林卫士、害虫的天敌。另外还有其他重要的留鸟和候鸟 49 种。哺乳纲有 11 种，有普通刺猬、小麝鼩、赤狐、黄鼬、艾虎、狗獾、猪獾、豹猫、草兔、花鼠、岩松鼠。

（二）昆虫关键类群与物种

2016 年调查平朔矿区水域昆虫已经发现蜻蜓目昆虫 5 种、浮游目昆虫 2 种，暂时还没有发现襀翅目和毛翅目昆虫等。2014～2016 年已发现天敌昆虫几十种，包括半翅目的猎蝽科 3 种、螳蝽科 1 种、花蝽科 1 种，脉翅目的草蛉科 3 种、蚁蛉科 2 种、蝶角蛉科 1 种，螳螂目的螳科 3 种，鞘翅目的虎甲科 2 种、步甲科 5 种、芫菁科 3 种、郭公虫科

1种、瓢虫科4种，双翅目的食虫虻科3种、食蚜蝇科5种、寄蝇科多种，膜翅目的小蜂科、茧蜂科、姬蜂科、肿腿蜂科、胡蜂科等多种；发现尸食性、腐蚀性或菌食性昆虫有双翅目的大蚊科、毛蚊科、虻类、蝇类等种类，鞘翅目的蜣螂、埋葬虫等，膜翅目的蚂蚁多种，革翅目的蠼螋数种等；授粉昆虫有膜翅目的蜜蜂、熊蜂，鞘翅目的花金龟、芫菁等，鳞翅目的蝶类、仿花的蛾类等，双翅目的食蚜蝇、仿花的蝇类等。这些关键类群与物种的多样性要比10年前的调查结果丰富许多，表明平朔矿区人工重建生态系统演替依然向好的趋势发展，仍然维持健康的状况。

三、动物生态作用的分析

野生动物对人工重建生态系统的影响主要体现在多样性的结构与功能上，也就是动物物种多样性与生态系统稳定性的关系上。具体来说，该生态系统动物多样性可通过食物链的等级和优势种与关键种的结构来反映生态系统健康状况和演替的程度，因此，研究特定生态系统动物多样性的优劣，是客观分析评价该生态系统是否健康的最直接的指标和依据，也是该生态系统进入良性阶段的监测指标。

（一）脊椎动物的生态和指示作用

脊椎动物对生态系统的影响主要表现在食物链的层级和鸟类物种的结构上。平朔矿区野生动物调查发现有狐狸活动，说明肉食性动物已出现，在人为活动仍然频繁且较为剧烈的情况下，肉食性野生动物的出现，表明该生态系统具有较好的草食动物数量和分布，有较好的生态承载力。平朔矿区复垦林地的陆栖脊椎动物种类已有128种，与1998年大调查时相比，动物物种数量上有了较大的增加。其中离不开湿地的两栖动物（有3种），说明该生态系统正在逐步趋于完整。爬行动物有4种，说明该生态系统环境的多样性增加。鸟类和哺乳动物分别达到103种和18种，特别是食虫的鸟类、猛禽类和肉食兽类的种类增加，说明该生态系统正趋于稳定。另外，迁徙鸟类对环境的选择更为苛刻，多种沙锥和燕子的分布已经说明该生态系统已得到改善。2014～2016年在南排土场和西排土场样地调查中，我们多次发现软体动物蛞蝓和蜗牛的活动，这也是生态环境不断改善的充分证据。

（二）昆虫的生态和指示作用

1）以鳞翅目为代表的昆虫多样性分析表明，Shannon-Wiener多样性指数，西排土场5号平台（W5）昆虫多样性＞南排土场12号平台（S12）昆虫多样性＞南排土场2号平台（S2）昆虫多样性＞内排土场18号平台（N18）昆虫多样性，与物种多样性、物种丰富度的顺序一致。同时与植物群落的丰富度和多样性由高到低依次为W5、S12和S2的顺序一致。可见，植被组成的复杂性、不同植被配置模式对昆虫群落多样性的影响不同，其中草本、灌木和乔木多层次配置的蛾类群落多样性最高。这些数据是对生态修复措施和成果的肯定与验证，也是生态重建与修复技术回顾性评价的依据之一。

2）2014～2016 年样地林木病虫害风险性调查分析数据表明，复垦林地的生态风险小于矿外对比林地（50 多年树龄的小叶杨林地）。

3）2014～2016 年样地调查发现一些天敌昆虫种类增加，如螳蝽、花蝽、猎蝽、蜻蜓、姬蜂、螳螂、瓢虫等天敌昆虫种类的增加，说明了生态系统的稳定和风险的降低。

4）2014～2016 年样地调查发现传粉昆虫和腐食性昆虫种类增加，如蝶类、蛾类、花金龟、蜣螂、埋葬虫等，这些现象都有利于林地生态系统的稳定和风险的降低。

5）平朔矿区排土场复垦林地昆虫类群的组成仅仅有 11 个目，在自然生态区很容易采集到的石蛾和石蝇等部分目级单元的昆虫还未能采集到，这是由环境的特殊性所决定的。同时说明目前的林地环境还没有形成一个完善的生态体系，起码在水源和水系方面是欠缺的。但大蚊作为优势种的表现，说明该林地已经向好的方向转化，腐殖质的积累已达到一定水平。

6）平朔矿区排土场复垦林地昆虫类群完全是古北区成分，这是由其地理位置所决定的。鳞翅目（Lepidoptera）和鞘翅目（Coleoptera）是优势类群，这个结果与用灯诱调查自然生态系统中昆虫的多样性特征相吻合，说明复垦林地在周边自然环境的影响下向自然生态体系发展。这也从一个侧面说明了复垦林地规划和建设的重要性及合理性。

第六节　人工重建生态系统中动物资源的利用与保护对策

平朔矿区栖息的野生动物的数量变动主要与人为干扰、生存环境的改变有着十分密切的关系，我们通过改善其生存环境，丰富了本区野生动物种群数量和多样性组成。同时可以利用野生动物作为环境标识进行长期的观察研究，也可以利用它们不断作用于矿区环境，控制害虫的发生和加速物种基因的流动，使修复的生态系统逐步趋于平衡和稳定。

1）加强野生动物保护工作，尽可能减少人类生产、生活活动对野生动物所造成的干扰，杜绝捕杀野生动物。人们的日常活动及矿区的生产活动，不可避免地会对本区野生动物造成干扰，对本区野生动物造成一定的不利影响，因此需要采取一定的保护措施，对本区野生动物实施有效保护。建议平朔公司根据实际情况，参照我国野生动物保护法规，制定《中煤平朔公司野生动植物保护纪律及规范》，并面向公司职员，加强野生动物保护法规的宣传教育工作，普及野生动物保护知识，提高人们对野生动物保护的意识。对于公司在岗人员，应开设野生动物识别、保护、救护的岗前培训，持证上岗。在平朔公司人类活动区和矿区的路口、路段设立禁鸣标志、警示牌、宣传栏。所有进入平朔公司矿区、人类活动区的车辆禁止鸣笛，所有进入平朔公司的人员必须严格遵守相关规定，严禁惊扰、捕杀野生动物。对于违反野生动物保护法规、违反《中煤平朔公司野生动植物保护纪律及规范》者按照相应的法律、法规、纪律进行教育、处罚甚至追究刑事责任。

2）保护矿区及人类活动区现有野生动物栖息地及其生存环境。野生动物栖息地为野生动物个体、种群提供生活所需的空间场所，其环境变化直接影响野生动物的命运。在学术上，野生动物栖息地也称为野生动物生境，是为特定野生动物提供生活所需的空间单位。保护野生动物栖息地，不仅能有效促进野生动物种群的生存和扩大，还能使其中的其他自然资源得到保护，并进一步维护该区域的自然生态平衡，从而发挥不可替代的生态效益。

3）优势种类中，沙棘木蠹蛾（*Holcocerus hippophaecolus*）、红缘天牛（*Asias halodendri*）和青杨天牛（*Saperda populnea*）的危害程度达到虫株率80%以上，它们应是今后开展预防和治理工作的重点。但从复垦林地的生态效益来考虑，青杨天牛危害杨树的枝梢部位，只会影响长势而不会直接造成林木死亡，它正好又可作为红缘天牛天然的天敌载体，故不必针对它进行防治。红缘天牛是沙棘的干部害虫，用药只能在成虫期，也只是杀死部分成虫，看似起到缓解作用，但对环境的污染和对天敌的杀害所造成的生态损失是十分巨大的。好在沙棘的根蘖性很强，红缘天牛仅危害沙棘的地表以上干部，它的存在有利于沙棘的更新和腐殖质的积累。如果我们不考虑或容忍生长量的损失也完全不必针对它进行防治。目前的情况下只有沙棘木蠹蛾是沙棘的大敌，由于它危害的部位十分关键，对沙棘林常造成毁灭性的灾害，因此我们应根据其行为特点等生物学特性，集中力量控制沙棘木蠹蛾的危害。由于沙棘木蠹蛾是多年一代，幼虫蛀干生活，在防治上有相当的难度，但它有趋光性和趋化性，为我们有效控制其种群数量留下了突破口。目前，我们采用特制的诱集灯和性外激素诱捕器对它进行了连续5年的防治，已有效压低其虫口密度。

4）横纹菜蝽（*Eurydema gebleri*）、大青叶蝉（*Cicadella viridis*）等以刺吸式口器危害多种草本植物，对平朔矿区排土场复垦林地来说，只要适当监测即可。对蚜虫来说，因为有庞大的草蛉和瓢虫资源，不必再采取化学防治的方法。对榆绿天蛾（*Callambulyx tatarinovi*）害虫，可以将其作为药材资源，成虫干制品每千克售价达1000多元，以利代防。对槐尺蛾（*Semiothisa cinerearia*）、沙灰尺蛾（*Tephrina arenaceria*）、新灰蝶（*Neolycaena rhymnus*）、苹斑芫菁（*Mylabris calida*）等要做好监测工作，它们以食叶的方式危害，不要轻易进行防治，即使防治也要优先考虑使用生物制剂，尤其是斑芫菁对蝗虫的种群控制有决定性的作用，防治时要慎重。

5）从平朔矿区排土场复垦林地昆虫类群的组成中可以看出，该生态系统已初步建立起了天敌控制体系，这是难能可贵的，我们应该保护这个体系，不轻易使用化学农药，并设法改善林地生态环境，使这个体系不断完善，在林地逐步形成自然生态体系的进程中发挥有效的作用。

6）平朔矿区排土场复垦林地的林龄有的已近30年，由于土层厚度和水分的影响，许多林木的长势会提早发生变化，在这个演替的过程中，病虫害的发生会越来越严重，优势种会不断增加，如不加以重视，灾害性的病虫害就会在局部范围内暴发。所以做好病虫害（尤其是优势种）的监测，人为地影响甚至必要时科学地控制害虫的种群数量应是今后必须做的工作。

7）大力保护及发展天敌昆虫，以生物防治逐步代替化学防治，减少杀虫剂、除草剂的使用，避免其污染土壤和水源，使平朔矿区生态系统稳定并朝着良性循环方向发展。

第九章　平朔矿区人工重建生态系统健康评价

森林生态系统健康评价是森林生态学研究中一个新兴的领域，是对由于人类活动和自然因素引起森林生态系统的破坏和退化所造成的森林生态系统的结构紊乱及功能失调，使森林生态系统丧失服务功能和价值的一种评估。而平朔矿区不同，它是在极度退化的矿区废弃地上重建人工重建生态系统，为了能够跟踪监测人工重建生态系统的健康状况，需要结合矿区人工重建生态系统的实际，研究针对人工重建生态系统健康状况的评价方法，旨在揭示该区域植被恢复重建后的健康状况，为矿区将来的生态修复和科学管理提供技术支撑。目前，对矿区人工重建生态系统健康评价的研究相对缺乏，为此，本研究主要是借鉴森林生态系统健康评价的技术方法，通过构建一套重建人工林生态系统健康评价指标体系，来评价人工重建生态系统健康状况，同时，回顾性评价矿区生态重建技术措施和模式的优劣，以进一步完善植被修复与重建技术方案。

第一节　研究方法与健康指标体系构建

一、研究方法

森林生态系统健康评价主要有指示物种评价法、指标评价法及宏观监测法。

指示物种评价法主要是针对自然生态系统进行健康评价。森林生态系统中指示物种主要有以下几种：指示植物、特有植物、敏感植物、特有动物、森林鸟类、森林土壤动物、森林土壤微生物等。指示物种评价法比较简单，在生产实践上具有一定的可操作性，是陆地生态系统和水生生态系统健康评价的常用方法。但是这种方法仍然存在着一些问题，如指示物种的筛选标准不明确、采用的类群不适合等。另外，一些监测参数选择的不恰当也会给生态系统健康评价带来偏差。而且该方法采用有限的几个指标，难以全面地反映生态系统的健康水平，特别是生态系统的一些亚健康状态。

指标评价法主要针对自然生态系统和自然-社会-经济复合生态系统。该方法是目前国内外最常用的方法，这一指标体系可以是纯自然的指标构成的指标体系，也可以是自然、社会、经济等多项指标构成的复合指标体系，利用该方法评价生态系统健康对于全面了解某一生态系统或区域生态系统的结构及功能的各个方面的健康程度具有优势。但该方法比较综合，反映的信息量大，需要获取的数据多且不易取得，工作量大，各指标的权重很难客观确定，各因素之间的交互影响也很大。

宏观监测法是指将遥感、地理信息系统和景观生态学原理及宏观技术手段与地面调查研究紧密配合，通过景观结构变化了解其过程。例如，景观敏感性与土地利用变化关系密切，因此，可以通过土地利用变化评估环境质量变化。

虽然各种方法都有其不足之处，但在实际操作中可根据研究目的的不同，综合各类方法的优点对研究区域的森林生态系统健康进行评价。

针对平朔矿区人工林地的生长状况和评价目的，本研究选择指标评价法作为平朔矿区人工重建生态系统的评价方法。

二、样地基本概况

安太堡露天矿是平朔公司煤炭开采及开展复垦及生态重建研究最早的矿区。自 20 世纪 90 年代初，矿区先后引种了 90 余种先锋植物和适生植物，进行了草地模式、草灌模式及草灌乔模式的配置研究。经过多年的自然选择，总体呈现草地退化、草灌生长缓慢、病虫害发生、草灌乔植被表现良好的态势。为此，本研究选择安太堡露天矿典型人工重建生态系统作为平朔矿区生态健康评价的对象，希望能对已有的生态修复模式做回顾性评价，并为平朔矿区未来的生态修复提供技术指导。研究选取不同复垦模式（刺槐+榆+臭椿、刺槐+油松、刺槐纯林、青扦+白扦+油松）及不同复垦年限（刺槐+柠条锦鸡儿、刺槐+沙棘、刺槐+柠条锦鸡儿+沙枣）人工林样地共 7 块，原地貌人工林（小叶杨纯林）样地 1 块，各样地基本情况见表 9-1。

表 9-1　各人工林样地基本概况

复垦模式（代码）	复垦年限（年）	种植方式	地形	海拔（m）	土壤类型	面积（hm^2）
刺槐+榆+臭椿（CYC）	21	隔行间种，株距为 1m，行距为 1m	平台	1380	土石混排	0.5
刺槐+油松（YC）	21	隔行间种，行距为 1m，刺槐株距为 1.5m，油松株距为 5m	斜坡（5°～15°）	1380～1460	土石混排	0.5
刺槐纯林（CH）	19	株行距均为 1m	平台	1420	土石混排	0.5
青扦+白扦+油松（XPZ）	19	隔行间种，株行距均为 5m	平台	1460	轻壤土	0.5
刺槐+柠条锦鸡儿（SQG）	20	隔行间种，株行距均为 1m	平台	1460	轻壤土	0.5
刺槐+沙棘（OPT）	15	隔行间种，株行距均为 1m	平台	1500	轻壤土	0.5
刺槐+柠条锦鸡儿+沙枣（WPT）	10	隔行间种，株行距均为 1m	平台	1430	轻壤土	0.5
小叶杨纯林（XYY）	50	株行距为 2m	平地	1440	轻壤土	0.5

注：种植初期，刺槐、榆、臭椿、柠条锦鸡儿、沙棘、沙枣均为一年生苗，均高为 30cm；青扦、白扦、油松为五年生苗，均高为 1m；小叶杨纯林为飞机播种

三、健康评价指标体系的构建

指标层次的构建方法主要有系统法、目标法、归类法、专家咨询法、频度分析法。①系统法，即先按研究对象的系统学方向分类，然后逐类定出指标；②目标法，又称为分层法，首先确定研究对象的目标，即目标层，然后在目标层下建立一个或多个较为具体的分目标，称为类目指标，准则层则由更为具体的项目指标组成；③归类法，就是先

把众多指标变量进行归类，再从不同类别中抽取若干指标构建指标体系；④专家咨询法，即先广泛收集指标，然后通过咨询专家的方法来选择指标，建立指标体系；⑤频度分析法，即利用现有相关指标体系中使用频率较高的指标进行分析评价。从森林生态系统的稳定性、可持续性和结构功能的完备性的评价标准出发，结合研究区森林状况与特点，初步选取能反映森林状态特征的指标，拟定指标体系。

本研究中，采用频度分析法结合目标法构建了健康评价指标层。根据人工林健康影响因子及安太堡露天矿重建人工林的实地情况，最终确定结构性指标层，即物种多样性、群落层次结构、林分更新状况、林分密度、近自然度；功能性指标层，即单位面积生物量、腐殖质层厚度、土壤微生物数量、土壤酶活性、土壤物理性质与土壤化学性质；干扰性指标层，即人工林病害、人工林虫害、人工林火险和人为干扰，即一个目标层 A、3 个约束层 B、15 个指标层 C 及 30 个分项指标 D（表 9-2）。

表 9-2　安太堡露天矿人工林生态系统健康评价指标体系

目标层 A	约束层 B	指标层 C	分项指标 D
人工林生态系统健康 A	结构性指标 B_1	物种多样性 C_1	草本物种多样性 D_1
			灌木物种多样性 D_2
		群落层次结构 C_2	
		林分更新状况 C_3	
		林分密度 C_4	
		近自然度 C_5	
	功能性指标 B_2	单位面积生物量 C_6	
		腐殖质层厚度 C_7	
		土壤微生物数量 C_8	细菌数量 D_3
			真菌数量 D_4
			放线菌数量 D_5
			自生固氮菌数量 D_6
			反硝化细菌数量 D_7
		土壤酶活性 C_9	蔗糖酶活性 D_8
			脲酶活性 D_9
			过氧化氢酶活性 D_{10}
			多酚氧化酶活性 D_{11}
			碱性磷酸酶活性 D_{12}
		土壤物理性质 C_{10}	土壤容重 D_{13}
			土壤含水量 D_{14}
			田间持水量 D_{15}
		土壤化学性质 C_{11}	土壤 pH D_{16}
			土壤有机碳含量 D_{17}
			土壤全磷含量 D_{18}
			土壤速效磷含量 D_{19}
			土壤全氮含量 D_{20}
			土壤碱解氮含量 D_{21}

续表

目标层 A	约束层 B	评价指标 C	分项指标 D
人工林生态系统健康 A	干扰性指标 B_3	人工林病害 C_{12}	发病率 D_{22}
			病情指数 D_{23}
		人工林虫害 C_{13}	虫株率 D_{24}
			危害程度 D_{25}
		人工林火险 C_{14}	乔木树种易燃等级 D_{26}
			灌木植物盖度 D_{27}
			草本植物盖度 D_{28}
			枯枝落叶层厚度 D_{29}
			火源管控力度 D_{30}
		人为干扰 C_{15}	

第二节　健康评价指标的测定

一、结构性指标的测定

（一）研究方法

1. 物种多样性

物种多样性指数反映了群落物种多样性的空间分布和变化特征，群落中生物种类（乔木、灌木和草本）增加，代表群落的复杂程度增高，即群落所含的信息量越大。由于研究对象为人工林，乔木种类单一，故只计算了灌木与草本物种多样性。

本研究采用 Shannon-Wiener 多样性指数分别计算人工林灌木和草本的多样性。

数据处理　对野外调查数据剔除频度＜10%的偶见种。以重要值（IV）为数据分析指标，灌木和草本的重要值计算方法如下

$$IV_{灌}=（相对密度+相对高度+相对盖度）/3 \tag{9-1}$$

$$IV_{草}=（相对高度+相对盖度）/2 \tag{9-2}$$

Shannon-Wiener 多样性指数

$$H' = -\sum_{i=1}^{S} \frac{N_i}{N} \lg\left(\frac{N_i}{N}\right) \tag{9-3}$$

式中，S 为每一样方中的物种总数；N 为 S 个物种的全部重要值之和；N_i 为第 i 个种的重要值。

2. 林分更新状况

林分更新状况主要根据林分中乔木树种的更新数量来确定，该指标可以通过样地调查获得。林分更新数量属于正向指标，值越大说明森林生态系统越健康。

3. 群落层次结构

林分层次结构完备、合理是森林生态系统完整性的重要体现。层次结构依据植被层

次确定，森林群落结构具体可分为完整结构、复杂结构、简单结构 3 种。

完整结构　具有乔木层、下木层、草本层和地被层 4 个植被层的森林。

复杂结构　具有乔木层和其他 1 或 2 个植被层的森林。

简单结构　只有乔木 1 个植被层的森林。

该指标值直接由样地调查数据获得。其中，完整结构赋值 3，复杂结构赋值 2，简单结构赋值 1。群落层次结构属于正向指标，值越大说明森林生态系统越健康。

4. 近自然度

近自然度是根据样地调查中对样方内不同植物群落的空间位置、物种组成、立地条件、演替阶段等因素的综合评定来确定的。近自然度属于正向指标，值越大说明森林生态系统越健康。调查时参照《北京市“十五”森林资源二类调查技术规程》将近自然度分为 5 个等级，等级分级和赋值见表 9-3。

表 9-3　近自然度等级及赋值

等级	赋值	森林群落组成
Ⅰ	5	顶极森林群落
Ⅱ	4	由顶极种和先锋种组成的过渡性森林群落
Ⅲ	3	先锋森林群落
Ⅳ	2	含有非乡土树种的先锋森林群落
Ⅴ	1	由引进树种或者乡土树种组成，但在不适合的立地上造林形成的森林群落

（二）研究结果与分析

不同复垦模式结构性指标计算结果见表 9-4，从表中可以看出，草本物种多样性指数、灌木物种多样性指数、林分更新状况及林分密度在不同复垦模式中存在显著差异。小叶杨纯林模式草本物种多样性指数最大（0.84），其次为青扦+白扦+油松模式（0.73），刺槐+柠条锦鸡儿+沙枣模式最小（0.42）；刺槐+柠条锦鸡儿模式灌木物种多样性最大（0.48），其次为刺槐+榆+臭椿模式（0.44），小叶杨纯林下没有灌木生长；刺槐+榆+臭椿模式林分更新数量最多，为 30.67 株/100m^2，其次为刺槐纯林与刺槐+油松模式，

表 9-4　不同复垦模式结构性指标的比较

复垦模式	草本物种多样性	灌木物种多样性	林分更新状况（株/100m^2）	林分密度（株/100m^2）	群落层次结构	近自然度
CYC	0.56±0.02abc	0.44±0.02b	30.67±3.38c	14.33±2.67ab	3	3
YC	0.64±0.01bc	0.30±0.003a	12.00±0.58b	19.67±3.28bc	3	3
CH	0.69±0.01bcd	0.25±0.04a	12.33±4.67b	27.67±6.17c	3	3
XPZ	0.73±0.03cd	0.28±0.01a	—	12.00±2.08ab	2	3
SQG	0.66±0.03bc	0.48±0.06b	2.67±0.88a	6.67±1.76a	2	2
OPT	0.55±0.09ab	0.31±0.05a	0.67±0.67a	17.00±4.04b	2	3
WPT	0.42±0.12a	0.28±0.01a	0.67±0.33a	4.00±0.00a	2	2
XYY	0.84±0.01d	—	—	4.33±1.20a	2	3

注：表中不同小写字母表示各指标在不同复垦模式中具有显著差异

青扦+白扦+油松与小叶杨纯林模式中无更新苗木；刺槐纯林模式林分密度最大，达27.67 株/100m^2，刺槐+油松模式次之，为 19.67 株/100m^2，刺槐+柠条锦鸡儿+沙枣模式林分密度最小，仅为 4.00 株/100m^2；刺槐+榆+臭椿、刺槐+油松与刺槐纯林模式群落层次结构完整，具有乔木层、下木层、草本层和地被层 4 个植被层，其他模式群落层次结构不完整，具有乔木层和其他 1 或 2 个植被层；刺槐+柠条锦鸡儿与刺槐+柠条锦鸡儿+沙枣模式为含有非乡土树种的先锋群落林地，近自然度低，其他模式近自然度较高。

从结构性指标来看，刺槐+榆+臭椿模式物种多样性指数较高，林分更新状况好，密度适中，群落层次结构完整，近自然度高，是目前 8 种复垦模式中综合表现相对健康的林分。

二、功能性指标的测定

（一）研究方法

1. 植被调查方法

将每块样地划分成 50 个 10m×10m 的乔木大样方，再将每个大样方划分为 4 个 5m×5m 的灌木小样方，选取每个小样方右下角 1m×1m 区域作为草本调查样方。

调查基本状况包括：样地海拔、坡度、坡向、林龄结构、林分郁闭度、灌木总盖度、乔木总盖度、草本总盖度、群落层次结构、近自然等级、火源管控力度、人为干扰情况等。对胸径≥2cm 的乔木进行每木检尺，记载其树种、胸径（1.3m 处）、树高、冠幅、数量、盖度；胸径＜2cm 的乔木为更新小乔木，记载其种类、高度、数量、盖度、基径；记录灌木样方内所有灌木的种类、数量、高度、盖度；在进行乔灌样方调查的同时，记录样方内感病株数、感病种类、虫株数及虫害危害程度。记录草本样方内所有草本植物种类、多度、高度、盖度、物候期、生活力。在样地中随机选取 10 个点，调查枯枝落叶层厚度与腐殖质层厚度。

2. 单位面积生物量计算方法

采用生物量经验（回归）模型估算法计算乔木生物量。该方法是利用某一树种野外生物量的实测数据，建立生物量与树高、胸径的统计回归关系模型，可以分树干、树枝、树叶和树根部分建立相容性生物量模型，进行分量估计，也可以建立与材积相容的单木生物量回归模型。本研究采用冯宗炜的生物量估算模型，针对不同树种分别进行乔木生物量的估算（冯宗炜等，1999）。灌木与草本生物量测定采用直接称量法，即沿地面直接收割样方内灌木与草本植株，分别称取鲜重，取 1kg 鲜样带回实验室烘干，称取干重，计算干鲜比，最后换算出灌木与草本的生物量。

3. 土壤采集方法

分别对每个研究样地的 0～5cm、5～10cm、10～15cm 和 15～20cm 土层进行五点混合法采样，采样时间为 2013 年 7 月。

4. 土样处理

将采集的新鲜土样分别进行风干和冷藏。土样风干后除去其中的根和作物残茬，过40目筛备用；新鲜土样则在采回后除去可见的根与作物残茬4℃冷藏。

5. 土壤理化指标的测定方法

土壤酸碱度的测定采用电位法，含水量的测定采用烘干法，田间持水量和容重的测定采用环刀法，土壤有机碳的测定采用外热-重铬酸钾容量法，全氮的测定采用凯氏定氮法，碱解氮的测定采用碱解扩散法，全磷和速效磷的测定采用钼锑抗比色法。

6. 土壤酶活性的测定方法

土壤蔗糖酶的测定采用3,5-二硝基水杨酸比色法，脲酶的测定采用苯酚钠比色法，过氧化氢酶的测定采用高锰酸钾滴定法，多酚氧化酶的测定采用焦性没食子酸比色法，碱性磷酸酶的测定采用磷酸苯二钠比色法。

7. 土壤微生物主要类群数量的测定

土壤微生物主要类群数量的测定采用稀释涂布平板法。细菌采用牛肉膏蛋白胨培养基；真菌采用马丁氏培养基；放线菌采用高氏一号培养基；自生固氮菌采用阿须贝无氮培养基；反硝化细菌采用反硝化细菌培养基。计数方法为：每克干土中菌数=（菌落平均数+稀释倍数）/干土重（g）。

（二）研究结果与分析

1. 单位面积生物量及腐殖质层厚度

单位面积生物量的测定可直接反映林分的初级生产力水平，腐殖质层厚度可在一定程度上表明土壤肥力情况，两者从不同方面体现出林分的健康状况。本研究对每块样地分别进行了乔木、灌木、草本生物量测定，并计算了单位面积生物量。同时，进行了腐殖质层厚度的调查与分析。

从表9-5可以看出，刺槐+油松模式单位面积乔木生物量与灌木生物量均最大，分别为3.97kg/m^2、0.55kg/m^2，相应的总生物量也最大，为4.53kg/m^2；青扦+白扦+油松模

表9-5　不同复垦模式单位面积生物量及腐殖质层厚度比较

复垦模式	乔木生物量（kg/m^2）	灌木生物量（kg/m^2）	草本生物量（kg/m^2）	总生物量（kg/m^2）	腐殖质层厚度（cm）
CYC	1.43±0.32abc	0.16±0.05a	0.06±0.01c	1.65±0.27abc	2.50±0.29d
YC	3.97±0.12e	0.55±0.26b	0.01±0.003ab	4.53±0.18d	1.83±0.17cd
CH	3.09±0.77cde	0.07±0.02a	0.12±0.01e	3.28±0.80ce	2.50±0.29d
XPZ	0.18±0.06a	0.01±0.01a	0.01±0.001a	0.19±0.06a	0.33±0.09a
SQG	2.23±0.54bcde	0.17±0.03a	0.03±0.01b	2.43±0.54bc	0.67±0.17a
OPT	3.27±1.12de	0.05±0.03a	0.06±0.004c	3.38±1.10ce	1.50±0.29bc
WPT	0.62±0.07ab	0.17±0.001a	0.01±0.001a	0.79±0.07ab	0.83±0.17ab
XYY	1.65±0.37abcd	—	0.08±0.01d	1.74±0.36abc	0.83±0.17ab

注：表中不同小写字母表示各指标在不同复垦模式中具有显著差异

式单位面积乔木生物量与灌木生物量均最小，分别为 0.18kg/m^2 与 0.01kg/m^2，单位面积总生物量也最小，为 0.19kg/m^2；单位面积草本生物量最大（0.12kg/m^2）的模式为刺槐纯林，最小（0.01kg/m^2）的为刺槐+油松+青扦+白扦+油松与刺槐+柠条锦鸡儿+沙枣模式；刺槐+榆+臭椿与刺槐纯林模式土壤腐殖质层最厚，为 2.50cm，青扦+白扦+油松模式土壤腐殖质层最薄，为 0.33cm。

2. 土壤理化性状指标

综合各层土壤物理性状指标，从表 9-6 中可以看出，刺槐+柠条锦鸡儿+沙枣、刺槐+沙棘、刺槐+榆+臭椿与刺槐+油松模式土壤容重明显高于其他模式，达 1.54～1.68g/cm^3，青扦+白扦+油松模式土壤容重最小；与其他模式相比，刺槐+柠条锦鸡儿、刺槐+沙棘、刺槐+柠条锦鸡儿+沙枣及小叶杨纯林模式土壤含水量明显增高，为 9.44%～10.45%，刺槐纯林模式土壤含水量最小；刺槐纯林与青扦+白扦+油松模式田间持水量明显高于其他模式，分别为 20.32%、18.86%，刺槐+沙棘模式田间持水量最少。

表 9-6 不同复垦模式土壤物理性状指标比较

复垦模式	土壤容重（g/cm^3）	土壤含水量（%）	田间持水量（%）
CYC	1.54±0.04bc	9.16±0.53bc	5.75±0.21a
YC	1.54±0.08bc	8.86±0.22b	5.43±0.64a
CH	1.21±0.07a	5.30±0.06a	20.32±0.82b
XPZ	1.17±0.02a	6.21±0.49a	18.86±3.55b
SQG	1.39±0.03b	9.71±0.66bc	5.23±0.32a
OPT	1.68±0.08c	9.44±0.30bc	4.58±0.37a
WPT	1.65±0.02c	9.87±0.26bc	5.31±0.23a
XYY	1.42±0.01b	10.45±0.43c	5.66±0.23a

注：表中不同小写字母表示各指标在不同复垦模式中具有显著差异

综合各层土壤化学性状指标，土壤 pH、有机碳、全磷、速效磷、全氮、碱解氮在不同复垦模式中均存在明显差异（表 9-7）。各复垦模式土壤 pH 为 8.22～8.48，刺槐+榆+臭椿与小叶杨纯林模式土壤 pH 显著高于其他模式，刺槐纯林模式土壤 pH 最低；刺槐+沙棘与刺槐+榆+臭椿模式土壤有机碳含量（分别为 53.46g/kg、49.83g/kg）显著高于其他样地，其次为刺槐+油松模式，为 28.27g/kg，青扦+白扦+油松模式土壤有机碳含量最低（12.68g/kg）；刺槐+沙棘模式土壤全磷含量最高，达 0.61g/kg，而土壤速效磷却是刺槐+柠条锦鸡儿模式含量最高，为 8.88mg/kg，小叶杨纯林模式土壤全磷、速效磷含量均为最低，分别为 0.31g/kg 与 1.15mg/kg；不同复垦模式土壤全氮与碱解氮变化幅度最大，其中刺槐+柠条锦鸡儿+沙枣模式土壤全氮与碱解氮含量均为最高，分别为 0.80g/kg 与 212.01mg/kg，小叶杨纯林模式土壤全氮含量最低，为 0.19g/kg，土壤碱解氮含量最低的为刺槐+沙棘模式，为 20.53mg/kg。

表 9-7　不同复垦模式土壤化学性状指标比较

复垦模式	土壤 pH	土壤有机碳（g/kg）	土壤全磷（g/kg）	土壤速效磷（mg/kg）	土壤全氮（g/kg）	土壤碱解氮（mg/kg）
CYC	8.48±0.01d	49.83±0.66c	0.54±0.01de	3.69±0.05b	0.74±0.02e	35.29±1.50d
YC	8.37±0.01c	28.27±1.22b	0.44±0.01bc	5.11±0.05c	0.38±0.002b	21.64±0.56ab
CH	8.22±0.01a	19.32±0.51a	0.40±0.01b	6.26±0.17e	0.51±0.02d	67.68±1.90e
XPZ	8.41±0.02c	12.68±0.12a	0.41±0.00b	7.45±0.11f	0.42±0.01c	35.46±0.50d
SQG	8.40±0.02c	15.95±3.35a	0.45±0.01bc	8.88±0.12g	0.44±0.01c	28.76±0.86c
OPT	8.29±0.02b	53.46±4.58c	0.61±0.04e	5.59±0.17d	0.36±0.004b	20.53±0.95a
WPT	8.28±0.01b	15.18±3.31a	0.49±0.05cd	7.09±0.18f	0.80±0.02f	212.01±3.60f
XYY	8.45±0.02d	19.14±0.57a	0.31±0.003a	1.15±0.05a	0.19±0.002a	25.90±1.41bc

注：表中不同小写字母表示各指标在不同复垦模式中具有显著差异

3. 人工林土壤酶活性

综合各土层土壤酶活性可见（表 9-8），不同复垦模式土壤酶活性存在显著差异。刺槐纯林模式土壤蔗糖酶活性最高，为 0.28g/（g·h）；刺槐+柠条锦鸡儿模式土壤脲酶活性最高，为 1.45g/（g·h）；刺槐+柠条锦鸡儿+沙枣模式土壤蔗糖酶与脲酶活性均最低，分别为 0.11g/（g·h）与 0.01g/（g·h）；刺槐+沙棘模式土壤过氧化氢酶活性最高，为 4.82g/（g·h），青扦+白扦+油松模式最低，为 1.80g/（g·h）；多酚氧化酶变化幅度不大，刺槐+油松模式土壤多酚氧化酶活性最低，仅为 0.0011g/（g·h），青扦+白扦+油松模式最高，为 0.0038g/（g·h）；刺槐+油松模式土壤碱性磷酸酶活性最高，为 0.06g/（g·h），小叶杨纯林模式最低，仅为 0.01g/（g·h）。

表 9-8　不同复垦模式土壤酶活性比较　　　［单位：g/（g·h）］

复垦模式	蔗糖酶	脲酶	过氧化氢酶	多酚氧化酶	碱性磷酸酶
CYC	0.16±0.001c	0.08±0.0003b	3.84±0.06c	0.0025±0.0001bc	0.03±0.002b
YC	0.12±0.003ab	0.07±0.003b	4.11±0.02cd	0.0011±0.0002a	0.06±0.007d
CH	0.28±0.01d	0.15±0.003d	2.66±0.54b	0.0031±0.0004d	0.05±0.0001c
XPZ	0.16±0.10c	0.11±0.002c	1.80±0.36a	0.0038±0.0001e	0.03±0.0001b
SQG	0.15±0.002c	1.45±0.01f	4.15±0.02cd	0.0027±0.0001c	0.03±0.003b
OPT	0.13±0.002b	0.14±0.003d	4.82±0.01d	0.0014±0.0001a	0.03±0.001b
WPT	0.11±0.002a	0.01±0.0003a	3.81±0.08c	0.0025±0.0001bc	0.03±0.002b
XYY	0.16±0.004c	0.82±0.01e	3.93±0.08c	0.0021±0.0001b	0.01±0.002a

注：表中不同小写字母表示各指标在不同复垦模式中具有显著差异（$P<0.05$）

4. 人工林土壤微生物数量

综合各层土壤微生物数量（统计见表 9-9），不同复垦模式土壤微生物数量差异显著。刺槐纯林模式土壤放线菌、自生固氮菌数量最多，分别达 19.33×10^3cfu/g 与 19.70×10^3cfu/g，真菌数量最少，为 7.72×10^2cfu/g；青扦+白扦+油松模式土壤反硝化细菌数量最少，仅为 4.08×10^3cfu/g；刺槐+柠条锦鸡儿模式土壤真菌数量最多，为 14.64

$\times 10^2$cfu/g；刺槐+沙棘模式土壤细菌数量最少，仅为 3.87×10^6cfu/g；刺槐+柠条锦鸡儿+沙枣模式土壤放线菌数量最少，为 1.08×10^3cfu/g；小叶杨纯林模式反硝化细菌数量最多，达 19.75×10^3cfu/g。

表 9-9　不同复垦模式土壤微生物数量比较

复垦模式	细菌数量（$\times 10^6$cfu/g）	真菌数量（$\times 10^2$cfu/g）	放线菌数量（$\times 10^3$cfu/g）	自生固氮菌数量（$\times 10^3$cfu/g）	反硝化细菌数量（$\times 10^3$cfu/g）
CYC	6.00±0.13b	13.59±0.32c	18.30±0.22e	13.70±0.56bc	5.79±0.03ab
YC	3.99±0.07a	13.89±0.05c	9.97±0.12c	18.65±0.63e	5.68±0.03ab
CH	6.21±0.03b	7.72±0.37a	19.33±0.85e	19.70±0.59e	6.19±0.02b
XPZ	4.16±0.09a	14.15±0.54c	5.83±0.62b	15.59±0.28d	4.08±0.03a
SQG	5.57±0.19b	14.64±0.16c	12.43±0.66d	10.43±0.32b	6.33±0.04b
OPT	3.87±0.34a	11.31±0.48b	2.01±0.06a	1.93±0.08a	10.79±0.27c
WPT	5.99±0.45b	10.81±0.61b	1.08±0.07a	1.40±0.07a	5.47±0.19ab
XYY	10.19±0.51c	9.56±1.32b	1.48±0.05a	2.33±0.08a	19.75±1.67d

注：表中不同小写字母表示各指标在不同复垦模式中具有显著差异

从土壤微生物数量来看，刺槐纯林模式土壤放线菌、自生固氮菌数量最多，有利于土壤氮素固定，可促进土壤物质循环，有利于林分营养物质的合成与运输，对维护林分健康起到了重要作用。

三、干扰性指标的测定

（一）研究方法

1. 人工林病害

人工林病害指标由发病率（D_{22}）和病情指数（D_{23}）来决定。

$$D_{22}=\text{感病株数}/\text{林木总株数} \tag{9-4}$$

病情指数是根据一定数目的植株各病级（将植株感染病害的轻重程度划分为等级）来计算其发病株数所得平均发病程度的数值。计算公式为

$$D_{23}=\sum\frac{\text{病级代表值}\times\text{株数}}{\text{总株数}\times\text{发病最重级的代表值}}\times 100\% \tag{9-5}$$

计算病情指数时，首先应该清楚林分的主要森林病害，然后根据病害的不同类型查出不同的病级分类标准，最后依据公式计算出病情指数。发病率与病情指数属于负向指标，值越大说明人工林病害程度越严重，即生态系统越不健康。人工林病害计算公式为

$$C_{12}=\omega_1 D_{22}+\omega_2 D_{23} \tag{9-6}$$

式中，ω_1、ω_2 分别为 D_{22}、D_{23} 的权重。

2. 人工林虫害

人工林虫害指标由虫株率（D_{24}）和虫害危害程度（D_{25}）来决定。

$$D_{24}=\text{虫株数}/\text{林木总株数} \tag{9-7}$$

不同的有害生物引起的灾害程度不一样。本研究将森林虫害按不同的危害程度分为

轻、中、重3个等级（表9-10）。根据样地内虫害的3个等级，轻、中、重分别赋值1、2、3，无危害赋值为0，如果样地内同时有几种虫害，以危害程度最重的一种进行分级和赋值。虫株率与虫害程度属于负向指标，值越大说明人工林虫害越严重，即生态系统越不健康。

表9-10　人工林虫害危害程度等级分级标准

虫害类型	危害程度		
	轻	中	重
松树（针叶树）叶部虫害	针叶被害率10%～20%	针叶被害率21%～50%	针叶被害率51%以上
树干、枝梢虫害	被害率10%～20%	被害率21%～40%	被害率41%
蛀干虫害	被害株率1%～5%	被害株率6%～15%	被害株率16%以上
杨树（阔叶树）叶部虫害	树叶被害率10%～30%	树叶被害率31%～60%	树叶被害率61%以上

人工林虫害计算公式为

$$C_{13}=\omega_3 D_{24}+\omega_4 D_{25} \tag{9-8}$$

式中，ω_3、ω_4分别为D_{24}、D_{25}的权重。

3. 人工林火险

构成森林火灾的主要要素是火源、可燃物、适合的气象条件，一定的地形条件加快火灾的蔓延速度。从历年我国发生森林火灾的统计资料来看，我国每年发生的森林火灾大部分都是由人为火源引发的，人为火源不仅与聚居人口多少、人口分布状况等相对稳定的人口因素有关，还与交通、旅游等动态人口因素有关，这方面数据的调查受随机概率的影响很大，直接获得数据资料比较困难，因此本研究中应用火源管控力度来反映火源对森林火险等级的影响。另外，在目前全国的森林气象条件等级中，不同的气象条件形成不同的森林火险，适用于一定区域内的森林火险气象等级。但是气象条件每天都不同，所以在本研究中不考虑气象条件。

因此，本研究主要从火源管控力度和可燃物两个方面来对人工林火险进行分级。

火源一般包括野外生产用火、生活用火、上坟烧纸等，根据上述情况以及人为旅游、砍伐等活动出现的频率来划分火源管控力度，并对其进行赋值（表9-11）。

人工林可燃物主要由枯枝落叶层、草本植物和林木可燃树种组成，因此用枯枝落叶层厚度、草本植物盖度及乔木树种的易燃等级来决定可燃物的等级。其中，草本植物盖度、枯枝落叶层厚度可由调查获得。根据李艳梅等（2005）的研究可知，中国森林主要树种的燃烧等级可以分为3类，分级情况与赋值见表9-12。

表9-11　不同火源管控力度赋值及依据

赋值	火源管控力度
0	火源管控严格，无野外生产用火、生活用火或上坟烧纸等现象，人为旅游、放牧、砍伐或采集药材等活动非常少
1	火源管控力度一般，偶见野外生产用火、生活用火或上坟烧纸等现象，人为旅游、放牧、砍伐或采集药材等活动较少
2	火源管控力度很小，常有野外生产用火、生活用火或上坟烧纸等现象，人为旅游、放牧、砍伐或采集药材等活动频繁
3	人工林无火源管控措施，野外生产用火、生活用火或上坟烧纸等现象经常发生，人为旅游、放牧、砍伐或采集药材等活动非常频繁

表 9-12　不同乔木易燃等级及赋值

分类	主要树种（组）	等级	赋值
难燃类	阔叶混交、槐、榆	一级	1
可燃类	针阔混交、杉类、桦树、杨树、柳、椴树	二级	2
易燃类	松、柏类、栎树、针叶混交、矮木	三级	3

人工林火险包括火源和可燃物，不同指标内容的权重比例不一样，也决定了森林火险最后数值的不同。人工林火险指标属于负向指标，值越大说明森林火险等级越高，即生态系统越不健康。人工林火险公式为

$$C_{14}=\omega_5 D_{26}+\omega_6 D_{27}+\omega_7 D_{28}+\omega_8 D_{29}+\omega_9 D_{30} \tag{9-9}$$

式中，ω_5、ω_6、ω_7、ω_8、ω_9 分别为 D_{26}、D_{27}、D_{28}、D_{29}、D_{30} 的权重。

4. 人为干扰

由于人为干扰方式较多，很多人为干扰无法定量表示，因此，参考艾训儒（2006）的人为干扰分级标准，本研究对不同程度的抚育采伐强度、采伐后林分郁闭度大小、灌木和草本层结构、林相结构等进行划分（表 9-13），达到其中一项即按照表 9-13 情况赋值。

表 9-13　不同人为干扰程度的分级标准和赋值

干扰级	赋值	基本特征
未干扰	0	样地内无乔木树种被伐现象；灌木层和草本层保存完好；林相完整，垂直结构分层现象比天然林明显；20 年生以上的人工林
轻度干扰	1	择伐和抚育采伐强度<20%，伐后林分郁闭度>0.7；灌木层和草本层基本保存完好，盖度>60%；林相较完整，有垂直结构分层现象；15～20 年生的人工林
中度干扰	2	择伐和抚育采伐强度为 20%～30%，伐后林分郁闭度为 0.6～0.7；灌木层和草本层有破坏现象，盖度为 40%～60%；林相基本完整，有垂直结构分层现象；10～15 年生的人工林
重度干扰	3	择伐和抚育采伐强度为 31%～50%，伐后林分郁闭度为 0.4～0.6；灌木层和草本层破坏严重，盖度为 20%～40%；林相残缺不全，垂直结构较单一；5～10 年生的人工林
严重干扰	4	择伐和抚育采伐强度>50%，伐后林分郁闭度<0.4；灌木层和草本层破坏十分严重，盖度<20%；林相破坏，垂直结构单一；5 年生以内的人工林

（二）研究结果与分析

不同复垦模式病虫害程度有显著差异（表 9-14），刺槐纯林模式发病率最高（89%），虫株率最低（1%），危害程度为 1 级；小叶杨纯林发病率为 0，相应的病情指数也为 0，但虫株率却最高（98%），且危害程度为 2 级。

表 9-14　不同复垦模式病虫害指标比较

复垦模式	发病率	病情指数	虫株率	危害程度
CYC	0.40±0.07bc	26.83±2.06b	0.27±0.09b	1
YC	0.30±0.05b	17.14±1.97ab	0.28±0.13b	1
CH	0.89±0.01e	43.85±2.33cd	0.01±0.01a	1
XPZ	0.04±0.04a	4.44±4.44a	0.06±0.03a	1
SQG	0.48±0.07cd	25.06±5.78b	0.07±0.03a	1

续表

复垦模式	发病率	病情指数	虫株率	危害程度
OPT	0.60±0.08d	53.43±5.71d	0.13±0.05ab	1
WPT	0.50±0.06cd	38.96±0.58c	0.19±0.01ab	1
XYY	0	0	0.98±0.02c	2

注：表中不同小写字母表示各指标在不同复垦模式中具有显著差异

从表 9-15 中可以看出，刺槐+柠条锦鸡儿复垦模式灌木盖度最大，达 91.67%，小叶杨纯林下没有灌木，故灌木盖度为 0；刺槐纯林模式草本盖度（80%）及枯枝落叶层厚度（3.67cm）均为最大，而青扦+白扦+油松模式草本盖度（15%）与枯枝落叶层厚度（0.67cm）为最小，且由于均为易燃树种，乔木树种易燃等级最高；小叶杨纯林模式较其他模式火源管控力度差，人为干扰多。

表 9-15　不同复垦模式火险与人为干扰比较

复垦模式	灌木盖度（%）	草本盖度（%）	枯枝落叶层厚度（cm）	乔木树种易燃等级	火源管控力度等级	人为干扰等级
CYC	41.67±1.67c	55.00±2.89c	3.33±0.33c	1	0	0
YC	65.00±2.89d	20.00±2.89a	1.67±0.33ab	2	0	0
CH	25.00±2.89b	80.00±2.89d	3.67±0.33c	1	0	0
XPZ	5.00±0.00a	15.00±2.89a	0.67±0.17a	3	0	0
SQG	91.67±1.67e	25.00±2.89a	1.00±0.00ab	1	0	0
OPT	25.00±2.89b	55.00±2.89c	2.00±0.58b	1	0	0
WPT	90.00±2.89e	40.00±5.77b	1.33±0.33ab	1	0	0
XYY	—	50.00±5.77bc	2.00±0.58b	2	1	1

注：表中不同小写字母表示各指标在不同复垦模式中具有显著差异

从干扰性指标来看，小叶杨纯林模式虫害重，火源管控力度差，人为干扰多，这些因素严重威胁其健康。刺槐+榆+臭椿模式病虫害危害小，均为不易燃树种，火源管控严格，基本无人为干扰，该模式受干扰因素影响最小。

第三节　评价指标的筛选和评价指标权重的确定

一、评价指标的筛选

（一）研究方法

1. 指标标准化

由于评价指标体系的参评因子来自不同的方面，直接用它们进行评价是困难的。因为各系数间的量纲并不统一，所以没有可对比性。即使对于同一参数，尽管可以根据它们实测数值的大小来判断它们对健康的影响程度，但也由于缺乏一个可以比较的环境标准而无法确切地反映其对健康的贡献。因此，必须对参评因子进行量化处理，用标准化方法来解决参数间不可比性的问题。本研究采用极差归一的标准化方法对指标进行无量纲处理，并将指标取值统一控制在 0～1，并统一成无量纲，换

算公式如下

$$P_i = \frac{H_i - H_{\min}}{H_{\max} - H_{\min}} \tag{9-10}$$

式中，P_i 为评价指标的标准化换算值；H_i 为评价指标的实测值；$H_{\min}$ 为评价指标的实测最小值；$H_{\max}$ 为评价指标的实测最大值。

2. 指标筛选方法

建立健康评价指标体系后，各个指标符合系统性、可测性等原则，但是指标之间的独立性有待检验。因此有必要进行指标的筛选，去重。指标筛选是在保障指标涵盖内容全面的基础上，筛掉那些重复的指标信息。指标筛选方法包括定性的筛选方法和定量的筛选方法。一般进行初选指标体系的指标筛选时，应当首先进行定性的指标筛选，去除重复指标；然后对剩余指标进行定量筛选，最后确定健康评价指标体系。

本研究中，采取定性与定量相结合的筛选方法。具体方法如下。

1）定性的筛选方法　有专家咨询法、理论分析法。

2）定量的筛选方法　有因子相关分析法、主成分分析法。因子相关分析法是计算各指标之间的相关系数，找出高度相关的指标，从而剔除与其他指标高度相关又相对不太重要的指标，可以在 SPSS 软件中的 Analyze → Correlate → Bivariat 完成相关性计算。主成分分析法是首先对选定指标进行主成分分析，去除冗余指标，生成新的不相关的几个指标。

（二）研究结果与分析

在对所列指标实测数据归一化的基础上，采用定性（理论分析法）与定量（主成分分析法）相结合的方法对指标进行筛选，去除冗余指标。首先，对所有指标进行了主成分分析，结果不理想，因此，进行了不同约束层指标的主成分分析，分析结果如下。

1. 结构性指标主成分分析

从结构性指标主成分分析结果（表 9-16）来看，解释的总方差表中共有 2 个主成分，累积百分比达 71.946%，其中第 1 主成分所占比重最大，其方差百分比为 46.922%，其足以影响相关指标的主成分分析结果。从成分矩阵表（表 9-17）中看出，第 1 主成分

表 9-16　结构性指标解释的总方差

成分	初始特征值			提取平方和载入		
	合计	方差（%）	累积（%）	合计	方差（%）	累积（%）
1	2.815	46.922	46.922	2.815	46.922	46.922
2	1.501	25.023	71.946	1.501	25.023	71.946
3	0.862	14.375	86.320			
4	0.450	7.496	93.816			
5	0.248	4.141	97.957			
6	0.123	2.043	100.000			

注：因成分 1 方差分析占比明显偏大，故只提取成分 1 和 2 的方差

表 9-17　结构性指标成分矩阵表

结构性指标	成分	
	1	2
林分更新状况	0.846	−0.121
群落层次结构	0.837	0.070
林分密度	0.729	0.313
草本物种多样性	−0.688	0.317
灌木物种多样性	0.395	−0.846
近自然度	0.488	0.753

主要由林分更新状况、群落层次结构、林分密度、草本物种多样性组成。由于各样地中灌木种类及数量很少，近自然度值几乎相等，且两者在成分 1 中贡献最小，因此，可删除灌木物种多样性及近自然度两个指标。

2. 功能性指标主成分分析

从功能性指标主成分分析结果（表 9-18）来看，解释的总方差表中共有 6 个主成分，累积百分比达 90.657%，其中第 1 主成分所占比重最大，其方差百分比为 28.816%。从成分矩阵表（表 9-19）中看出，第 1 主成分主要由土壤田间持水量、含水量、过氧化氢酶活性、放线菌数量、多酚氧化酶活性、自生固氮菌数量、蔗糖酶活性、容重、全磷、反硝化细菌数量、速效磷、有机碳、单位面积生物量、全氮组成。结合各指标生物学意义及各指标间的相关关系，可删除土壤碱性磷酸酶活性、细菌数量、腐殖质层厚度、脲酶活性、碱解氮、真菌数量及 pH 7 个指标。

表 9-18　功能性指标解释的总方差

成分	初始特征值			提取平方和载入		
	合计	方差（%）	累积（%）	合计	方差（%）	累积（%）
1	6.051	28.816	28.816	6.051	28.816	28.816
2	4.585	21.833	50.650	4.585	21.833	50.650
3	3.076	14.649	65.299	3.076	14.649	65.299
4	2.486	11.831	77.136	2.486	11.837	77.136
5	1.589	7.567	84.702	1.589	7.567	84.702
6	1.250	5.955	90.657	1.250	5.955	90.657
7	0.966	4.599	95.255			
8	0.234	1.115	96.370			
9	0.200	0.953	97.324			
10	0.146	0.695	98.019			
11	0.139	0.663	98.682			
12	0.084	0.402	99.084			
13	0.012	0.343	99.427			
14	0.044	0.209	99.636			
15	0.025	0.119	99.755			
16	0.021	0.101	99.856			

续表

成分	初始特征值			提取平方和载入		
	合计	方差（%）	累积（%）	合计	方差的（%）	累积（%）
17	0.014	0.064	99.921			
18	0.013	0.060	99.980			
19	0.003	0.012	99.993			
20	0.001	0.006	99.999			
21	0.000	0.001	100.000			

表 9-19　功能性指标成分矩阵表

功能性指标	成分					
	1	2	3	4	5	6
田间持水量	−0.918	−0.117	0.071	−0.122	−0.058	−0.231
土壤含水量	0.884	−0.145	−0.105	0.037	0.068	0.253
土壤过氧化氢酶活性	0.862	0.281	0.156	−0.005	−0.102	0.233
土壤容重	0.803	0.436	−0.141	−0.228	0.035	0.035
土壤多酚氧化酶活性	−0.771	−0.387	−0.318	0.008	0.297	0.026
土壤自生固氮菌数量	−0.741	0.348	0.338	0.372	−0.021	0.088
土壤蔗糖酶活性	−0.735	−0.114	0.487	−0.305	0.087	0.120
土壤放线菌数量	−0.560	0.392	0.423	0.188	0.322	0.434
土壤碱性磷酸酶活性	−0.165	0.798	0.209	−0.081	−0.355	0.098
土壤细菌数量	0.194	−0.719	0.346	−0.346	0.206	0.335
土壤全磷	0.316	0.701	−0.248	−0.018	0.278	−0.194
土壤腐殖质层厚度	−0.134	0.625	0.596	−0.247	0.298	0.151
土壤反硝化细菌数量	0.537	−0.621	0.478	−0.240	−0.060	−0.123
土壤单位面积生物量	0.581	0.588	0.483	0.145	−0.449	0.188
土壤有机碳	0.448	0.560	0.321	−0.002	0.409	−0.325
土壤脲酶活性	0.196	−0.537	0.084	0.436	−0.165	0.533
土壤碱解氮	−0.023	0.069	−0.652	−0.650	−0.006	0.292
土壤速效磷	−0.418	0.272	−0.646	0.250	−0.316	0.198
土壤全氮	−0.364	0.471	−0.515	−0.315	0.486	0.346
土壤真菌数量	0.134	0.220	−0.333	0.849	0.131	0.009
土壤 pH	0.281	−0.354	0.118	0.623	0.532	0.006

3. 干扰性指标主成分分析

从干扰性指标主成分分析结果（表 9-20）来看，解释的总方差表中共有 3 个主成分，累积百分比达 89.435%，其中第 1 主成分所占比重最大，其方差百分比为 48.974%。从成分矩阵表（表 9-21）中看出，第 1 主成分主要由发病率、病情指数、火源管控力度、虫株率、乔木树种易燃等级及危害程度组成。鉴于草本植物盖度、枯枝落叶层厚度及灌木植物盖度 3 个指标在主成分 1 中贡献较少，且与其他指标均为显著性相关，因此，可删除这 3 个指标。

表 9-20　干扰性指标解释的总方差

成分	初始特征值			提取平方和载入		
	合计	方差（%）	累积（%）	合计	方差（%）	累积（%）
1	4.408	48.974	48.974	4.408	48.974	48.974
2	2.438	27.091	76.066	2.438	27.091	76.066
3	1.203	13.369	89.435	1.203	13.369	89.435
4	0.448	4.974	94.409			
5	0.172	1.912	96.321			
6	0.121	1.345	97.666			
7	0.109	1.207	98.872			
8	0.062	0.685	99.557			
9	0.040	0.443	100.000			

注：因主成分 1～3 方差分析占比明显偏大，固只提取成分 1～3 的方差

表 9-21　干扰性指标成分矩阵表

指标	成分		
	1	2	3
发病率	0.929	0.229	0.033
病情指数	0.888	0.188	0.116
火源管控力度	–0.757	0.579	0.145
虫株率	–0.756	0.543	0.261
乔木树种易燃等级	–0.741	–0.388	–0.504
危害程度	–0.708	0.413	0.468
草本植物盖度	0.446	0.836	–0.143
枯枝落叶层厚度	0.414	0.711	–0.290
灌木植物盖度	0.437	–0.441	0.723

4. 健康评价指标体系

经过主成分分析，删除了冗余指标，安太堡露天矿重建人工林生态系统健康评价指标体系见表 9-22。

表 9-22　安太堡露天矿重建人工林生态系统健康评价指标体系

目标层 A	约束层 B 权重	评价指标 C 权重	分项指标 D 权重
人工林生态系统健康 A	结构性指标 B_1	物种多样性 C_1	草本物种多样性 D_1
		群落层次结构 C_2	
		林分更新状况 C_3	
		林分密度 C_4	
人工林生态系统健康 A	功能性指标 B_2	单位面积生物量 C_6	
		土壤微生物数量 C_8	放线菌数量 D_5
			自生固氮菌数量 D_6
			反硝化细菌数量 D_7
		土壤酶活性 C_9	蔗糖酶活性 D_8
			过氧化氢酶活性 D_{10}

续表

目标层 A	约束层 B 权重	评价指标 C 权重	分项指标 D 权重
人工林生态系统健康 A	功能性指标 B_2	土壤酶活性 C_9	多酚氧化酶活性 D_{11}
		土壤物理性质 C_{10}	土壤容重 D_{13}
			土壤含水量 D_{14}
			田间持水量 D_{15}
		土壤化学性质 C_{11}	土壤有机碳含量 D_{17}
			土壤全磷含量 D_{18}
			土壤速效磷含量 D_{19}
			土壤全氮含量 D_{20}
	干扰性指标 B_3	人工林病害 C_{12}	发病率 D_{22}
			病情指数 D_{23}
		人工林虫害 C_{13}	虫株率 D_{24}
			危害程度 D_{25}
		人工林火险 C_{14}	乔木树种易燃等级 D_{26}
			火源管控力度 D_{30}

二、评价指标权重的确定

（一）研究方法

在森林健康评价体系的确定中，权重的确定是一个基本步骤，权重值的确定直接影响着综合评价的结果，权重值的变动可能引起被评价对象健康水平优劣顺序的改变。因此，应在森林健康评价中科学地确定指标权重。指标权重的确定有多种方法，如层次分析法（AHP）、主成分分析法、最大熵法、Delphi-AHP法。本研究采用主客观相结合的权重赋值法，即运用层次分析法计算评价指标相对重要性的大小，用变异系数法来确定相对离散程度的大小，根据二者的算数平均数来确定最后的权重值。这样，既考虑了相对重要性的大小，又考虑了相对离散程度的大小，可以得到较为理想且实际的权重值。

各指标的变异系数（V_i）

$$V_i = \frac{\sigma_i}{\overline{x}_i} \quad (i=1,2,\cdots,n) \tag{9-11}$$

式中，σ_i 是第 i 项指标的标准差；$\overline{x}_i$ 是第 i 项指标的均值。

各指标的权重（W_i）

$$W_i = \frac{V_i}{\sum_{i=1}^{n} V_i} \quad (i=1,2,\cdots,n) \tag{9-12}$$

主客观相结合赋权法的公式为

$$\delta_i=（W_{主}+W_{客}）/2（i=1,2,\cdots,n） \quad (9\text{-}13)$$

式中，$W_{主}$表示第 i 个指标的主观权重即层次分析法求得的权重；$W_{客}$表示第 i 个指标的客观权重即变异系数法求得的权重；δ_i 表示第 i 个指标的综合指标权重；n 为指标数目。这也意味着综合指标权重是客观权重和主观权重的算数平均，即算术均数组合赋权法。

（二）研究结果与分析

运用层次分析法和变异系数法对安太堡露天矿重建人工林生态系统健康评价指标权重进行赋值。先计算分项指标的权重，再计算评价指标的权重，最后进行约束层权重的计算（表 9-23～表 9-34）。

表 9-23　物种多样性分项指标权重的确定

项目	均值	标准差	变异系数	客观权重	主观权重	总权重
草本物种多样性	0.567	0.261	0.460	1	1	1

表 9-24　结构性评价指标权重的确定

项目	均值	标准差	变异系数	客观权重	主观权重	总权重
物种多样性	0.567	0.261	0.460	0.099	0.25	0.174
群落层次结构	0.25	0.442	1.769	0.379	0.25	0.315
林分更新状况	0.188	0.305	1.621	0.317	0.25	0.299
林分密度	0.321	0.260	0.812	0.159	0.25	0.212

表 9-25　土壤化学性质分项指标权重的确定

土壤化学性质	均值	标准差	变异系数	客观权重	主观权重	总权重
有机碳	0.321	0.300	0.934	0.343	0.3	0.322
全磷	0.400	0.249	0.621	0.228	0.1	0.164
速效磷	0.570	0.286	0.502	0.184	0.3	0.242
全氮	0.447	0.297	0.665	0.244	0.3	0.272

表 9-26　土壤物理性质分项指标权重的确定

土壤物理性质	均值	标准差	变异系数	客观权重	主观权重	总权重
含水量	0.594	0.324	0.546	0.228	0.3	0.264
田间持水量	0.228	0.300	1.317	0.550	0.3	0.425
容重	0.489	0.260	0.531	0.222	0.4	0.311

表 9-27　土壤酶活性分项指标权重的确定

土壤酶活性	均值	标准差	变异系数	客观权重	主观权重	总权重
蔗糖酶活性	0.264	0.275	1.040	0.494	0.3	0.397
过氧化氢酶活性	0.666	0.270	0.406	0.192	0.4	0.296
多酚氧化酶活性	0.391	0.258	0.661	0.314	0.3	0.307

表 9-28　土壤微生物数量分项指标权重的确定

土壤微生物数量	均值	标准差	变异系数	客观权重	主观权重	总权重
放线菌数量	0.392	0.355	0.907	0.307	0.3	0.304
自生固氮菌数量	0.470	0.374	0.796	0.270	0.4	0.335
反硝化细菌数量	0.225	0.281	1.247	0.423	0.3	0.361

表 9-29　功能性指标权重的确定

项目	均值	标准差	变异系数	客观权重	主观权重	总权重
单位面积生物量	0.306	0.234	0.763	0.354	0.4	0.377
土壤化学性质	0.429	0.180	0.420	0.195	0.1	0.147
土壤物理性质	0.406	0.071	0.175	0.081	0.1	0.090
土壤酶活性	0.422	0.119	0.283	0.131	0.2	0.166
土壤微生物数量	0.357	0.185	0.517	0.240	0.2	0.220

表 9-30　人工林病害分项指标权重的确定

项目	均值	标准差	变异系数	客观权重	主观权重	总权重
发病率	0.436	0.315	0.723	0.504	0.5	0.502
病情指数	0.405	0.288	0.711	0.496	0.5	0.498

表 9-31　人工林虫害分项指标权重的确定

项目	均值	标准差	变异系数	客观权重	主观权重	总权重
虫株率	0.248	0.309	1.246	0.673	0.5	0.587
危害程度	0.345	0.209	0.605	0.323	0.5	0.413

表 9-32　人工林火险分项指标权重的确定

项目	均值	标准差	变异系数	客观权重	主观权重	总权重
乔木树种易燃等级	0.250	0.361	1.445	0.348	0.5	0.424
火源管控力度	0.125	0.338	2.703	0.652	0.5	0.576

表 9-33　干扰性指标权重的确定

项目	均值	标准差	变异系数	客观权重	主观权重	总权重
人工林病害	0.421	0.293	0.695	0.221	0.3	0.260
人工林虫害	0.289	0.257	0.891	0.283	0.3	0.292
人工林火险	0.178	0.278	1.561	0.496	0.4	0.448

表 9-34　约束层指标权重的确定

项目	均值	标准差	变异系数	客观权重	主观权重	总权重
结构性指标	0.301	0.236	0.782	0.577	0.3	0.439
功能性指标	1.730	0.327	0.189	0.139	0.4	0.270
干扰性指标	0.888	0.341	0.384	0.284	0.3	0.292

通过主客观赋权法对约束层 *B*、评价指标 *C*、分项指标 *D* 的权重值进行归纳(表 9-35)。

表 9-35　安太堡露天矿人工林生态系统健康评价各指标的最终权重值

目标层 A	约束层 B 权重	评价指标 C 权重	分项指标 D 权重
人工林生态系统健康 A	结构性指标 B_1 0.439	物种多样性 C_1 0.174	草本物种多样性 D_1 1.000
		群落层次结构 C_2 0.315	
		林分更新状况 C_3 0.299	
		林分密度 C_4 0.212	
	功能性指标 B_2 0.270	单位面积生物量 C_6 0.377	
		土壤微生物数量 C_8 0.220	放线菌数量 D_5 0.304
			自生固氮菌数量 D_6 0.335
			反硝化细菌数量 D_7 0.361
		土壤酶活性 C_9 0.166	蔗糖酶活性 D_8 0.397
			过氧化氢酶活性 D_{10} 0.296
			多酚氧化酶活性 D_{11} 0.307
		土壤物理性质 C_{10} 0.090	土壤容重 D_{13} 0.311
			土壤含水量 D_{14} 0.264
			田间持水量 D_{15} 0.425
		土壤化学性质 C_{11} 0.147	土壤有机碳含量 D_{17} 0.322
			土壤全磷含量 D_{18} 0.164
			土壤速效磷含量 D_{19} 0.242
			土壤全氮含量 D_{20} 0.272
	干扰性指标 B_3 0.292	人工林病害 C_{12} 0.260	发病率 D_{22} 0.502
			病情指数 D_{23} 0.498
		人工林虫害 C_{13} 0.292	虫株率 D_{24} 0.587
			危害程度 D_{25} 0.413
		人工林火险 C_{14} 0.448	乔木树种易燃等级 D_{26} 0.424
			火源管控力度 D_{30} 0.576

第四节　平朔矿区人工重建生态系统健康评价结果与管护对策

一、评价模型

本研究中，评价指标体系分为 3 个方面，即结构性指标、功能性指标与干扰性指标。其中，结构性指标与功能性指标为正向指标，干扰性指标为负向指标，正向指标越大，负向指标越小，森林生态系统越健康，反之亦然。因此，根据评价指标体系及各指标的生态学意义，提出安太堡露天矿人工林生态系统健康评价模型为

$$H = \sum B_1 W_1 + \sum B_2 W_2 - \sum B_3 W_3 \qquad (9\text{-}14)$$

式中，H 为森林健康综合指数，是量纲数值；B_1、B_2 和 B_3 分别为结构性指标值、功能性指标值与干扰性指标值，W_1、W_2 和 W_3 分别为结构性指标、功能性指标与干扰性指标的权重值。

二、评价结果与分析

根据安太堡露天矿重建人工林生态系统健康评价模型，代入各项归一化值及权重值，即可算出各复垦模式健康评价综合指数值。

从健康评价综合指数值来看，总体符合正态分布，因此，健康等级标准采用常用的等距分组法来确定（表 9-36，表 9-37）。

表 9-36　健康等级标准

项目	优质	健康	亚健康	不健康
健康等级	HI＞0.6	0.4<HI≤0.6	0.2<HI≤0.4	HI≤0.2
健康值	1	2	3	4

表 9-37　健康评价分值及等级

项目	复垦模式							
	刺槐+榆+臭椿	刺槐纯林	刺槐+油松	青扦+白扦+油松	刺槐+柠条锦鸡儿	刺槐+沙棘	刺槐+柠条锦鸡儿+沙枣	小叶杨纯林
综合分值	0.67	0.64	0.43	0.29	0.35	0.25	0.22	−0.05
健康等级	1	1	2	3	3	3	3	4

不同复垦模式健康评价分值表明，刺槐+榆+臭椿与刺槐纯林模式为优质林，刺槐+油松为健康林，青扦+白扦+油松、刺槐+柠条锦鸡儿、刺槐+沙棘与刺槐+柠条锦鸡儿+沙枣模式为亚健康林，小叶杨纯林为不健康林。

三、结论与讨论

（一）结论

从健康评价结果来看，优质林 2 块，健康林 1 块，亚健康林 4 块，不健康林 1 块。原地貌小叶杨纯林的健康情况最差，该林分树种单一，群落层次少，养分积累不足，病虫害多是其不健康的主因。乔灌模式（刺槐+柠条锦鸡儿、刺槐+沙棘、刺槐+柠条锦鸡儿+沙枣）处于亚健康状态，主要是因为乔灌模式中，灌木逐渐占据主导地位，乔木生长缓慢，灌木层盖度几乎达 95%，造成林分逐渐向灌木群落的退化。但随着复垦年限的增长，乔灌模式的人工林健康情况也趋于好转。针叶混交林也处于亚健康状态，主要是人工林重建初期，针叶树种生长较慢，养分累积，土壤生态指标偏低，加之林分自我调节能力差，一旦遭受病虫害的侵扰，将造成灾难性的后果。同时，由于针叶树种林下物种多样性低，群落结构简单，尚未有自然更新的树种，针叶林又是易燃树种，林分增益能力弱，而有害干扰强，因此，呈现出亚健康的状态。刺槐+榆+臭椿模式与刺槐纯林模式最健康，主要是因为阔叶林下物种较为丰富，凋落物多，易分解，腐殖层厚，土壤生态性指标优，养分循环好，促进了林木自然更新，其综合赋值较高，总体评价结果较好。

本次进行的人工林生态系统健康评价也是对安太堡露天矿复垦模式优劣的一个评价。人工林生态系统是一个动态的系统，其健康状况并非一成不变，从目前的分析结果来看，刺槐+榆+臭椿模式与刺槐纯林模式相对较好，但并不代表其是最佳模式，随着时间延长，各类模式的异质化程度还会加剧。

（二）讨论

安太堡露天矿重建人工林生态系统健康评价理论与方法的研究仍处于探索阶段，影响因素众多，受到时间、资料及研究手段等因素和作者水平的限制，虽然有一些方法的改进，但仍存在一些问题，有待进一步研究与完善。

1）本研究采用了层次分析法和变异系数法相结合的主客观赋权法计算指标的权重值。层次分析法计算出来的结果受主观因素干扰较大，主观成分太多，而单纯的客观赋值法是通过对评价统计数据本身所包含的客观信息进行提取分析，从中找出规律，以确定权重系数的大小，过分依赖客观数据，而忽视了专家在确定权重中应有的重要性，计算出的结果往往不尽如人意或差别甚远。因此，主客观相结合的赋权法克服了层次分析法和变异系数法的缺点，保留了二者的优点，是一个确定权重的不错的方法。

2）要从不同的时间和空间尺度上，对重建人工林生态系统健康状况进行全面和完整地认识。重建人工林生态系统健康是一个动态的概念，单一时间或单一时段的状态并不能全面反映其真实的健康状况，对重建人工林生态系统健康状况的监测和评价也应是动态的，通过多年及多时段的监测与评价，能更充分地反映重建生态系统的健康状况，并预测其健康发展趋势。从空间尺度上看，重建人工林生态系统可以细分为土壤、植被、动物等生态系统，通过不同生态系统的监测来研究重建人工林生态系统的健康状况，将使研究结果能更真实地反映平朔矿区人工重建生态系统的健康状况。

3）由于矿区重建人工林生态系统健康状况的评价尚处于探索阶段，影响生态系统健康的因素较多，如何建立一个更全面、更具有操作性的指标体系是矿区重建人工林生态系统健康评价的一个重要内容。本次健康评价选取指标偏向于针对植物生长的外部性指标，而缺少能反映植物个体或群落的生理或生态指标，如叶面积指数、叶绿体含量、净光合速率、蒸腾系数、气孔导度和群落结构指数等。导致部分林分结构的评价结果出现偏差，如刺槐纯林因该区域倒春寒的发生，易出现顶部抽稍退化现象，未能通过选择相关评价指标反映出来。在今后的评价指标选择上，应增加植物生理和生态相关指标的权重。另外，对重建人工林生态系统健康状态的界定也较困难。目前的研究还没有给出何种指标在何种状态下是健康的，这给矿区重建人工林生态系统的健康评价增加了不确定性。本研究建立的指标体系及其量化分级标准还有待在实践中进一步检验并修正。

4）研究手段要与现代科技相结合。本次研究区面积相对较小，因此以实地采样监测为主要研究手段，但这种研究方法由于受到自然条件及人力、物力等因素的影响，制约了研究的范围与监测的频次。今后的研究可以借助自动化的野外监测手段，对不同空间尺度的自然、社会、经济因素进行识别、分类和分析，使得在不同尺度上动态、连续地监测、评价成为可能。

5）由于本研究历史积累资料较稀少，很难开展重建人工林生态系统健康状态的历史回顾评价。在今后的研究中，可以利用树轮生态学方法，以及前人在不同历史时段的调查资料开展研究，以弥补历史数据的不足，也可以对过去时段的生态系统健康状况进行“反演”。

6）本研究采用指标评价法进行研究，而指示物种评价法具有快速、便捷的特点。在今后的研究中，应加强指示物种及其监测指标的筛选，选择更稳定、可靠的敏感物种和监测指标，并加强指标评价法和指示物种评价法的结合使用，相互取长补短，提高评价精度和效率。

7）在实际研究中只监测了不同复垦模式人工林 0～20cm 土层土壤理化性质、酶活性及微生物的差异，未能进行土壤微生物生物量、根际土与非根际土土壤酶活性的差异等土壤生物学特性研究；在重建人工林服务功能评价中，未能对其生态功能进行多方面的研究，在后续研究中，仍需要加强与补充。

8）本次研究由于指标的选取和复垦时间的关系，针叶树种的评价结果相对偏低，未能真实反映针叶树种的生长状况。其原因主要是针叶树种前期生长较慢，凋落物形成对土壤生态系统的影响相对滞后，影响到部分指标的结果。此外，针叶树种还未到种子成熟阶段，植物更新状况中自我更新能力为零，直接影响针叶林健康状况的评价结果。

第十章　平朔矿区人工重建生态系统服务价值

生态系统服务一般是指自然生态系统及其所属物种支撑和维持人类生存的条件及过程。森林生态系统的生态服务功能是指森林生态系统及其生态过程为人类提供的自然环境条件与效用。森林作为陆地生态系统的主体，其服务功能主要体现在林木及林副产品的生产、涵养水源、保持水土、改良土壤、维持生物多样性、净化空气，以及游憩、自然景观的美学和文化功能方面（李少宁等，2004）。

第一节　生态系统服务价值研究概况

生态系统不仅为人类提供了医药、食物及其他工农业生产的原料，更重要的是生态系统支撑与维持地球的生命，对人类社会具有巨大的服务价值（王玉涛等，2009）。目前，生态系统服务价值评估是环境经济学和生态经济学的研究焦点及热点（赵军和杨凯，2007）。

有学者列举了生态系统对人类环境的服务功能（张振明和刘俊国，2011）；Daily于1997年在*Nature's Services: Societal Dependence on Natural Ecosystems*中提出生态系统服务价值是指生态过程与生态系统所形成的维持人类生存的自然环境条件及效用，同时将生态系统服务价值分为13类，其中包括缓解干旱和洪水、改良土壤和增加土壤肥力、废物的分解和解毒、农业害虫的控制、植物授粉、稳定局部气候等（张振明和刘俊国，2011）。Costanza等于1997年在*Nature*上发表的*The Value of the World's Ecosystem Services and Natural Capital*中对生态系统服务价值的定义是：生态系统是为人们提供物品和服务的统称，代表人类直接及间接从生态系统所获得的利益（Costanza et al.，1997）。Costanza将生态系统服务分为17类，包括气候调节、气体调节、水调节、水供给、干扰调节、基因资源、文化、休闲娱乐等。Caims在1997年认为生态系统服务是指对人类生存和生活质量有贡献的生态系统功能及生态系统产品（Caims，1997）。联合国《千年生态系统评估》（The Millennium Ecosystem Assessment）于2005年将生态服务划分成4类：文化服务、调节服务、供给服务、支持服务（张振明和刘俊国，2011）。国内生态系统服务价值研究起步相对较晚，但后续发展迅速，到目前为止已进行了大量有意义的探讨。薛达元等（1999）采用条件价值法对长白山森林生态系统的间接经济价值进行了评估；中国科学院生态环境研究中心对中国陆地生态系统服务价值及其经济价值进行了研究，都取得了开拓性的进展（黄从红等，2013）。如果能以具体的货币价值表示抽象的矿区人工重建生态系统的服务功能价值，将能使我们更直观地明确人工生态系统在社会经济环境中的重要性，更好地为建设和保护以及经营管理矿区复垦地人工重建生态系统提供重要依据。

第二节　平朔矿区人工重建生态系统服务价值初步分析

参照国内外文献，以环境资源价值理论为基础，将生态系统服务价值划分为使用价值和非使用价值。使用价值分为间接使用价值和直接使用价值。间接使用价值是所具有的载体功能、调节功能和信息等潜在价值，是无法商品化的生态系统服务功能价值。污染净化、调蓄洪水、生物栖息、气候调节等不存在直接市场，则采用可替代的市场计算其价值，属于间接使用价值（郭新春等，2005；黄从红等，2013）。直接使用价值表现为生态环境的用途价值，可以分为直接产品价值和直接服务价值。直接产品价值是指消耗性的、有形的资源产品。直接服务价值是指非消耗性的、无形的服务利用。自然保护区拥有稀有和濒危的物种，其生态系统、群落、生境、景观、自然过程和特殊的生态类型具有旅游、科学、文化价值。水源供给、物质生产、教育科研、观光旅游等服务，可以根据影子价格或市场价格直接计算其价值，属于直接使用价值（谢高地等，2001；陈建军，2010）。

非使用价值是独立于人类对区域生态系统服务现期利用的价值，是对其未来利用方式选择的评价。非利用价值主要包括存在价值、遗产价值、备用价值和半备用价值等，对其定量评价具有非常重要的意义。

一、平朔矿区人工重建生态系统的直接服务价值

平朔矿区通过土地复垦与生态重建所产生的直接利用价值主要是指人工重建生态系统产生产品的价值，如林业生产服务价值（崔凤萍，2005）。

1）至2016年年底，安太堡露天矿已分别在二铺排土场、南排土场、西排土场、西排土场扩大区和内排土场复垦土地 1406.4hm^2，其中林地 1059.7hm^2、耕地和草地346.7hm^2。

A. 安太堡南排土场　面积为226.7hm^2。1992年开始复垦，是安太堡露天矿复垦最早的区域之一，目前已经形成以油松、榆、刺槐、杏、柠条锦鸡儿、沙棘等为主的林–灌–草多层次、多类型的植物结构。

B. 安太堡二铺排土场　面积为24.7hm^2。主要种植沙棘、柠条锦鸡儿、新疆杨和紫苜蓿，也是安太堡最早开展复垦的外排土场。

C. 安太堡西排土场　面积为313.3hm^2。1994～1997年复垦，目前地表植被为刺槐、油松、落叶松、云杉、樟子松、沙棘、紫苜蓿、新疆杨、双阳快杨、榆等。

D. 安太堡西排土场扩大区　面积为281.7hm^2。2001～2003年复垦，目前植被主要为油松、沙棘、沙枣、紫苜蓿等，大型乔木较少。

E. 安太堡内排土场　面积为560hm^2。1997年开始复垦，主要植被为沙棘、沙枣、柠条锦鸡儿、榆、刺槐和紫穗槐。

2）安家岭露天矿排土场共复垦土地面积668.3hm^2，其中林地402.3hm^2，草地和耕地266.0hm^2。林地主要在排土场最终台阶与边坡上种植速生耐旱、耐贫瘠的植物，物种

配置草、灌、乔相结合；物种选择上，草本植物为沙打旺、无芒雀麦、紫苜蓿、白香草木犀、黄香草木犀、黄耆、甘草等；灌木植物为柠条锦鸡儿、沙枣、沙棘、沙柳、紫穗槐、火炬树等；乔木植物为油松、小黑杨、双阳快杨、新疆杨、刺槐、垂柳、旱柳、白榆等。

A. 安家岭东排土场　面积为 117.3hm^2。2005 年开始复垦，主要植被为沙棘、沙枣、柠条锦鸡儿、油松、紫穗槐等，现以油松为主要植被。

B. 安家岭西排土场　面积为 196.3hm^2。2000 年开始复垦，主要植被为沙棘、沙枣、柠条锦鸡儿、油松、刺槐、紫穗槐等。

C. 安家岭内排土场　面积为 354.7hm^2。2008 年开始复垦，主要植被为沙棘、沙枣、柠条锦鸡儿、油松、刺槐、紫穗槐等。

3）东露天矿属于新开矿，复垦面积为 101.3hm^2，林地主要集中在东露天北排土场，面积为 69.3hm^2，主要种植油松和刺槐；草地为 32hm^2。

4）木瓜界复垦区主要是三号井工矿塌陷治理区，复垦类型为林地，面积为 100hm^2，主要种植油松、刺槐和紫苜蓿，植被覆盖度达 71.61%。

由表 10-1 可见安太堡露天矿复垦地人工重建生态系统的林业生产服务价值粗略统计情况，本章的林业产品的价值计算只考虑了种植比较普遍和用于薪材的刺槐林和柠条锦鸡儿，以及作为作物的紫苜蓿等的平均收益情况。可以看到安太堡露天矿区的 5 个区域林业生产价值大约为 80.04×10^4 元/a（表 10-1）。

表 10-1　安太堡露天矿区林业生产服务价值

区域	面积（hm^2）	主要林种	单位面积产量	单价	总产值（元/a）	总价值（元/a）
南排土场	219.6	刺槐	37.5m^3/（hm^2·a）	200 元/（m^3·a）	1 647 000	1 647 000
二铺排土场	21.9	柠条锦鸡儿	2 050kg/（hm^2·a）	0.1 元/（kg·a）	4 489.5	4 489.5
西排土场	225.3	刺槐	37.5kg/（hm^2·a）	200 元/（kg·a）	1 689 750	1 689 750
西排土场扩大区	244.25	紫苜蓿	1 090kg/（hm^2·a）	0.1 元/（kg·a）	50 071.25	50 071.25
内排土场	114.66	刺槐	37.5m^3/（hm^2·a）	200 元/（m^3·a）	859 950	914 795.7
	267.54	柠条锦鸡儿	2 050kg/（hm^2·a）	0.1 元/（kg·a）	54 845.7	

由表 10-2 可见安家岭露天矿复垦地人工重建生态系统的林业生产服务价值粗略统计情况，本章的林业产品的价值计算只考虑了种植比较普遍和用于薪材的油松林和柠条锦鸡儿，以及作为作物的紫苜蓿等的平均收益情况。可以看到安家岭露天矿区的两个区域林业生产价值大约为 48.06×10^4 元/a（表 10-2）。

表 10-2　安家岭露天矿区林业生产服务价值

区域	面积（hm^2）	主要林种	单位面积产量	单价	总产值（元/a）	总价值（元/a）
东排土场	32.88	油松	17.5m^3/（hm^2·a）	200 元/（m^3·a）	115 080	131 480
	80	柠条锦鸡儿	2 050kg/（hm^2·a）	0.1 元/（kg·a）	16 400	
西排土场	43.9	刺槐	37.5m^3/（hm^2·a）	200 元/（m^3·a）	329 250	349 162.5
	75.6	柠条锦鸡儿	2 050kg/（hm^2·a）	0.1 元/（kg·a）	15 498	
	40.5	紫苜蓿	1 090kg/（hm^2·a）	0.1 元/（kg·a）	4 414.5	

由表 10-3 可见东露天矿区和木瓜界复垦地人工重建生态系统的林业生产服务价值粗略统计情况，本章的林业产品的价值计算只考虑了种植比较普遍和用于薪材的油松和刺槐林，以及作为作物的紫苜蓿等的平均收益情况。可以看到东露天矿区的林业生产价值大约为 42.62×10^4 元/a，而木瓜界复垦地的林业生产价值大约为 13.04×10^4 元/a。

表 10-3　东露天矿及木瓜界复垦区林业生产服务价值

区域	面积（hm^2）	主要林种	单位面积产量	单价	总产值（元/a）	总价值（元/a）
东露天矿	69.3	刺槐	$30.5m^3$/（hm^2·a）	200 元/（m^3·a）	422 730	426 218
	32	紫苜蓿	1 090kg/（hm^2·a）	0.1 元/（kg·a）	3 488	
木瓜界	60	油松	$10.5m^3$/（hm^2·a）	200 元/（m^3·a）	126 000	130 360
	40	紫苜蓿	1 090kg/（hm^2·a）	0.1 元/（kg·a）	4 360	

二、平朔矿区复垦地人工重建生态系统的间接服务价值

（一）平朔矿区复垦地人工重建生态系统的碳汇价值

随着国内碳汇市场的不断发展，国内对森林碳汇的研究不断深入。林业碳汇项目不仅能为我国造林绿化开辟新的融资通道，而且能够建立森林生态系统服务市场化的新机制，碳汇评价是开展碳汇项目的基础工作。在市场机制作用下形成的碳汇价格作为森林生态服务价值，具有现实性。森林吸收二氧化碳的估算方法主要有生物量测定法、蓄积量法、涡旋相关法等。其中生物量测定法比较简单、可行。它是最早测定森林固碳量所采用的方法，采用传统的森林资源清查方法，即森林的生物量估测，估测每吨林木干物质的碳含量，计算出吸收二氧化碳的量，再换算为碳汇价值（赵东喜，2006）。

$$V=M\cdot P\cdot K\cdot S \tag{10-1}$$

式中，V 为碳汇价值；M 为现有森林年净生产量［t/（hm^2·a）］；P 为国际碳汇价格；S 为某一森林类型所占面积（hm^2）；K 为 1t 干物质吸收二氧化碳量的平均值。

其中，生态系统每生产 1g 干物质可吸收 1.63g 二氧化碳，国际碳税率为 150 美元/t。

改善大气环境、维持大气成分稳定是生态系统服务功能的重要方面。对于人类滥用资源引发温室气体排放、导致全球变暖和臭氧层破坏等问题，可以通过生态系统吸收二氧化碳和释放氧气维持大气的平衡。通过计算可知（表 10-4），安太堡露天矿人工重建生态系统的碳汇服务价值约为 53.00×10^4 美元/a，可见矿区人工林在固碳方面有着重要的价值。

表 10-4　安太堡露天矿人工重建生态系统的碳汇价值

区域	面积（hm^2）	年净生产量［t/（hm^2·a）］	碳汇价值（美元/a）
南排土场平台	102.17	7.282	181 910.43
南排土场边坡	65.10	1.167	18 574.91
西排土场平台	176.41	2.244	96 790.73

续表

区域	面积（hm^2）	年净生产量［t/（hm^2·a）］	碳汇价值（美元/a）
西排土场边坡	71.00	2.244	52 887.41
二铺排土场	29.63	0.080	579.53
内排土场平台	148.85	4.031	146 700.65
内排土场边坡	25.25	5.280	32 600.48

（二）平朔矿区复垦地人工重建生态系统净化环境的服务价值

生物与环境相互依赖、相互作用、相互抑制，形成生态系统。在生态系统中环境影响植物的生长发育，植物对环境具有改造和适应的特性。生态系统净化环境是指生态系统中生物通过代谢作用，使环境中污染物数量减少，浓度降低、毒性减轻直至消失的过程。对环境污染的净化是生态系统为人类提供的一项重要生态功能，不同的生态系统对不同的污染物有着不同的净化能力。生态系统净化环境的功能主要表现在 4 个方面，即吸收污染物、抑制粉尘、杀灭病菌及降低噪声，在本章仅估算生态系统吸收二氧化硫和滞尘的价值。

生态系统对二氧化硫的吸收能力：阔叶林 q_1=88.65kg/（hm^2·a）；针叶林 q_2=215.6kg/（hm^2·a）。

年吸收二氧化硫的总量：

$$Q=Q_1+Q_2=q_1s_1+q_2s_2 \tag{10-2}$$

式中，Q 为年吸收二氧化硫的总量；Q_1、Q_2 分别为阔叶林、针叶林年吸收二氧化硫的总量；s_1、s_2 分别为阔叶林、针叶林面积。按照二氧化硫的投资及处理成本 600 元/t 计算其经济价值。同时生态系统滞尘的价值可以用削减粉尘的平均单位治理费用来评估，据测定我国森林的滞尘能力为阔叶林 q_1=10.1t/（hm^2·a），针叶林 q_2=33.2t/（hm^2·a）。滞尘的总量 $K=q_1s_1+q_2s_2$，按照除尘运行成本 170 元/t 计算其经济价值。由表 10-5 可以看到，安太堡露天矿人工重建生态系统净化环境的服务价值大约为 453.57×10^4 元/a。

表 10-5　安太堡露天矿人工重建生态系统净化环境服务价值

林种类型	面积（hm^2）	吸收 SO_2 价值（元/a）	滞尘价值（元/a）	总价值（元/a）
阔叶林	1 338.25	71 181.52	2 297 775.25	2 368 956.77
针叶林	375.30	48 548.81	2 118 193.20	2 166 742.01

本研究只是从两个方面 4 项指标计算了平朔矿区人工重建生态系统部分林地的服务功能价值，约为 1187.53×10^4 元/a，其中直接价值为 384.16×10^4 元/a，占总价值的 32.35%；间接价值为 803.37×10^4 元/a，占总价值的 67.65%，间接价值约为直接价值的 2.09 倍。此外，平朔矿区人工重建生态系统还具有水土保持、水源涵养、土壤熟化、小气候调节、养分循环、生物多样性保护、食物和药材生产、休闲娱乐及文化等生态服务价值。随着矿区人工重建生态系统的逐步完善，其生态服务价值的功能将会越来越多，由此可看出

人工重建生态系统经济效益、生态效益、社会效益的价值和重要性。应当指出的是，受科技水平、计量方法和研究手段及时间的限制，目前还无法对矿区重建生态系统服务功能进行十分确切的评价，其价值体现仍然是不完全的，因此，对平朔矿区生态系统服务功能的评价仅限于部分功能，但这一数值依然清楚地说明了矿区人工重建生态系统在维系与促进当地社会和经济持续发展以及生态环境保护中的巨大作用。

参 考 文 献

阿姆森 K A. 1984. 森林土壤: 性质和作用[M]. 林伯群, 周重光, 译. 北京: 科学出版社: 33-46

艾训儒. 2006. 人为干扰对森林群落及生物多样性的影响[J]. 福建林业科技, 33(3): 5-9

安韶山, 黄懿梅, 刘梦云, 等. 2005a. 宁南宽谷丘陵区植被恢复中土壤酶活性的响应及其评价[J]. 水土保持研究, 12(3): 31-34

安韶山, 黄懿梅, 郑粉莉. 2005b. 黄土丘陵区草地土壤脲酶活性特征及其与土壤性质的关系[J]. 草地学报, 13(3): 233-237

卞正富. 2004. 矿区开采沉陷农用土地质量空间变化研究[J]. 中国矿业大学学报, 33(2): 213-218

蔡艳, 薛泉宏, 侯琳, 等. 2002. 黄土高原几种乔灌木根区土壤微生物区系研究[J]. 陕西林业科技, (1): 4-9, 15

曹奇光, 张学培, 牛丽丽, 等. 2007. 晋西黄土区人工刺槐林生理生态特点分析与研究[J]. 水土保持研究, 14(3): 330-335

曹裕松, 李志安, 江远清, 等. 2004. 陆地生态系统土壤呼吸研究进展[J]. 江西农业大学学报, 26(1): 138-143

曹志洪. 2001. 解译土壤质量演变规律, 确保土壤资源持续利用[J]. 世界科技研究与发展, 23(3): 28-32

陈光升, 胡庭兴, 黄立华, 等. 2008. 华西雨屏区人工林凋落物及表层土壤的水源涵养功能研究[J]. 水土保持学报, 22(1): 159-162

陈建军. 2010. 涨渡湖湿地自然保护区生态服务价值评价[D]. 武汉: 华中农业大学硕士学位论文: 30-35

陈立新. 2004. 人工林土壤质量演变与调控[M]. 北京: 科学出版社

陈立新, 陈祥伟, 段文标. 1998. 落叶松人工林凋落物与土壤肥力变化的研究[J]. 应用生态学报, 9(6): 581-586

陈鹏, 初雨, 顾峰雪, 等. 2003. 绿洲-荒漠过渡带景观的植被与土壤特征要素的空间异质性分析[J]. 应用生态学报, 14(6): 904-908

陈庆强, 沈承德, 孙彦敏, 等. 2005. 鼎湖山土壤有机质深度分布的剖面演化机制[J]. 土壤学报, 42(1): 1-8

陈全胜, 李凌浩, 韩兴国, 等. 2004. 典型温带草原群落土壤呼吸温度敏感性与土壤水分的关系[J]. 生态学报, 24(4): 831-836

陈莎莎. 2001. 试论矿区的植被恢复与水土保持[J]. 福建水土保持, 13(4): 27-29

陈文新. 1990. 土壤和环境微生物学[M]. 北京: 北京农业大学出版社

陈文新, 李阜棣, 阎章才. 2003. 我国土壤微生物学和生物固氮研究的回顾与展望[J]. 世界科技研究与发展, 24(4): 6-12

陈秀蓉, 南志标. 2002. 细菌多样性及其在农业生态系统中的作用[J]. 草业科学, 19(9): 34-38

程冬兵, 蔡崇法, 孙艳艳. 2006. 植被恢复研究综述[J]. 亚热带水土保持, (6): 24-27

崔凤萍. 2005. 王家沟流域生态系统服务价值评价[D]. 太原: 山西大学硕士学位论文: 8-11

崔建国, 镡娟. 2008. 辽西油松蒙古栎林下凋落物现存量及持水能力的研究[J]. 水土保持研究, 15(2): 154-155, 158

崔玉亭, 韩纯儒, 卢进登. 1997. 集约高产农业生态系统有机物分解及土壤呼吸动态研究[J]. 应用生态学报, 8(1): 59-64

笪建原, 张绍良, 王辉, 等. 2005. 高潜水位矿区耕地质量演变规律研究: 以徐州矿区为例[J]. 中国矿业

大学学报, 34(3): 383-389
戴全厚, 刘国彬, 姜俊, 等. 2008b. 黄土丘陵区不同植被恢复模式对土壤酶活性的影响[J]. 中国农学通报, 24(9): 429-434
戴全厚, 刘国彬, 薛楚, 等. 2008a. 不同植被类型对黄土丘陵区土壤碳库及其管理指数的影响[J]. 水土保持研究, 15(3): 61-64
丁新景, 解国磊, 敬如岩, 等. 2016. 黄河三角洲不同人工刺槐混交林凋落物分解特性[J]. 水土保持学报, 30(4): 249-253, 307
东秀珠, 洪俊华. 2001. 原核微生物的多样性[J]. 生物多样性, 9(1): 18-24
董红利. 2010. 内蒙古准格尔煤田矿区复垦过程中土壤微生物的变化及规律的研究[D]. 呼和浩特: 内蒙古师范大学硕士学位论文
董丽, 郭东罡, 段毅豪, 等. 2013. 灵空山辽东栎-油松林更新空间分布格局及其与地形因子的关系[J]. 应用与环境生物学报, 19(6): 914-921
杜国坚, 黄天平, 张庆荣, 等. 1995. 杉木混交林土壤微生物及生化特征和肥力[J]. 浙江林学院学报, 12(4): 347-352
杜国坚, 刘亚群, 洪利兴. 1998. 马尾松林下栽植胡枝子对土壤肥力的影响[J]. 河北林果研究, 13(4): 322-327
范春楠, 郭忠玲, 郑金萍, 等. 2014. 磨盘山天然次生林凋落物数量及动态[J]. 生态学报, 34(3): 633-641
冯宗炜, 王效科, 吴刚. 1999. 中国森林生态系统的生物量和生产力[M]. 北京: 科学出版社
高会议, 郭胜利, 刘文兆. 2011. 黄土旱塬裸地土壤呼吸特征及其影响因子[J]. 生态学报, 31(18): 5217-5224
高志红, 张万里, 张庆费. 2004. 森林凋落物生态功能研究概况及展望[J]. 东北林业大学学报, 32(6): 79-80, 83
高志亮, 余新晓, 陈国亮, 等. 2008. 北京八达岭林场森林健康评价研究[J]. 林业资源管理, (4): 77-82
关松荫. 1980. 土壤酶与土壤肥力[J]. 土壤通报, (6): 41-44
关松荫. 1986. 土壤酶及其研究法[M]. 北京: 农业出版社
郭东罡. 2012. 露天煤矿排土场植被恢复时空格局与土壤质量动态研究[D]. 北京: 中国地质大学博士学位论文
郭芳琴, 何兴元, 陈玮, 等. 2012. 沈阳城市和城郊油松凋落叶的分解动态[J]. 生态学杂志, 31(6): 1397-1403
郭峰, 何佳, 陈丽华, 等. 2012. 华北土石山区典型天然次生林生态系统健康评价研究[J]. 水土保持研究, 19(4): 200-203
郭晋平, 丁颖秀, 张芸香. 2009. 关帝山华北落叶松林凋落物分解过程及其养分动态[J]. 生态学报, 29: 5684-5695
郭曼. 2009. 黄土丘陵区土壤质量对植被自然恢复过程的响应与评价[D]. 杨凌: 西北农林科技大学博士学位论文
郭伟, 张健, 黄玉梅, 等. 2009. 森林凋落物生态功能研究进展[J]. 安徽农业科学, 37(5): 1984-1985, 1987
郭逍宇, 张金屯, 宫辉力, 等. 2004. 安太堡矿区植被恢复过程主要种生态位梯度变化研究[J]. 西北植物学报, 24(12): 2329-2334
郭逍宇, 张金屯, 宫辉力, 等. 2005. 安太堡矿区复垦地植被恢复过程多样性变化[J]. 生态学报, 25(4): 763-770
郭新春, 赵妍, 冯江. 2005. 腰井子自然保护区草原生态系统服务价值估算[J]. 南昌大学学报(理科版), 29(4): 404-408
韩景军, 罗菊春. 1999. 长白山北部林区云冷杉林下土壤的研究[J]. 北京林业大学学报, 21(6): 35-39
郝蓉, 白中科, 赵景逵, 等. 2003. 黄土区大型露天煤矿废弃地植被恢复过程中的植被动态[J]. 生态学

报, 23(8): 1470-1476
郝蓉, 陕永杰, 白中科, 等. 2001. 露天煤矿复垦土地的植物群落多样性与稳定性[J]. 煤矿环境保护, 15(6): 14-16
郝文芳, 杜峰, 陈小燕, 等. 2012. 黄土丘陵区天然群落的植物组成、植物多样性及其与环境因子的关系[J]. 草地学报, 20(4): 610-615
郝占庆, 李步杭, 张健, 等. 2008a. 长白山阔叶红松林样地(CBS): 群落组成与结构[J]. 植物生态学报, 32(2): 238-250
郝占庆, 张健, 李步杭, 等. 2008b. 长白山次生杨桦林样地: 物种组成与群落结构[J]. 植物生态学报, 32(2): 251-261
何帆, 王得祥, 雷瑞德. 2011. 秦岭火地塘林区四种主要树种凋落叶分解速率[J]. 生态学杂志, 30(3): 521-526
何美成. 1998. 关于林木径阶整化问题[J]. 林业资源管理, (6): 33-36
和丽萍. 2014. 磷矿矿区废弃地植被恢复土壤质量演变及评价[D]. 北京: 北京林业大学博士学位论文
贺延龄, 陈爱侠. 2001. 环境微生物学[M]. 北京: 中国轻工业出版社
贺振伟, 郭东罡, 白中科, 等. 2012. 两种水土生态恢复模式下刺槐种群数量特征与空间格局研究[J]. 水土保持研究, 19(4): 48-52
胡斌, 段昌群, 王震洪, 等. 2002. 植被恢复措施对退化生态系统土壤酶活性及肥力的影响[J]. 土壤学报, 39(4): 604-608
胡承彪, 朱宏光, 韦源连. 1992. 龙胜里骆林区土壤微生物学特性研究[J]. 广西科学院学报, 8(2): 44-52
胡江波, 杨改河, 张笑培, 等. 2007. 不同植被恢复模式对土壤肥力的影响[J]. 河南农业科学, 3: 69-72
胡延杰, 翟明普, 武觐文, 等. 2002. 杨树刺槐混交林及纯林土壤微生物数量及活性与土壤养分转化关系的研究[J]. 土壤, 1: 42-50
胡延杰, 翟明普, 武觐文, 等. 2003. 杨树刺槐混交林及纯林根际微生物数量及其生化强度的季节性动态研究[J]. 土壤通报, 33(3): 219-222
胡阳. 2012. 基于 WebGIS 的森林健康评价研究[D]. 北京: 北京林业大学硕士学位论文
胡阳, 刘东兰, 郑小贤, 等. 2011. 基于 GIS 和 RS 的八达岭林场森林健康评价[J]. 林业科技开发, 25(5): 58-61
胡肄慧, 陈灵芝, 孔繁志, 等. 1986. 油松和栓皮栎枯叶分解作用的研究[J]. 植物学报, 28(1): 102-110
胡振琪. 1996. 土地复垦学研究现状与展望[J]. 煤矿环境保护, 10(4): 16-20
黄从红, 杨军, 张文娟. 2013. 生态系统服务功能评估模型研究进展[J]. 生态学杂志, 32(12): 3360-3367
黄建辉. 1992. 植物群落调查方法概要[J]. 生物学通报, (5): 45-46
黄韶华, 王正荣, 周华荣, 等. 1997. 新疆荒漠区土壤微生物与土壤环境关系的初步探讨[J]. 新疆环境保护, 19(1): 81-84
黄耀, 沈雨, 周密, 等. 2003. 木质素和氮含量对植物残体分解的影响[J]. 植物生态学报, 27(2): 183-188
黄宇, 汪思龙, 冯宗炜, 等. 2004. 不同人工林生态系统林地土壤质量评价[J]. 应用生态学报, 15(12): 2199-2205
霍萌萌, 郭东罡, 张婕, 等. 2014. 灵空山油松-辽东栎林乔木树种群落学特征及空间分布格局[J]. 生态学报, 34(20): 5925-5935
贾黎明, 方陆明, 胡延杰. 1998. 杨树刺槐混交林及纯林枯落叶分解[J]. 应用生态学报, 9(5): 463-467
贾晓红, 李新荣, 李元寿. 2007. 干旱沙区植被恢复中土壤碳氮变化规律[J]. 植物生态学报, 31(1): 66-74
柯明哲. 2000. 厦门市坂头林场森林土壤微生物生态分布研究[J]. 福建林业科技, 27(1): 5-9
孔红梅, 赵景柱, 姬兰柱, 等. 2002. 生态系统健康评价方法初探[J]. 应用生态学报, 13(4): 486-490
李登煜, 陈强, 张小平, 等. 2003. 石灰性紫色土上桤柏混交林土壤微生物活性[J]. 西南农业学报, 16(增刊): 86-89
李红生, 刘广全, 王鸿喆, 等. 2008. 黄土高原四种人工植物群落土壤呼吸季节变化及其影响因子[J].

生态学报, 28(9): 4099-4106
李晋川, 白中科. 2000. 露天煤矿土地复垦与生态重建[M]. 北京: 科学出版社
李晋川, 白中科, 柴书杰, 等. 2009. 平朔露天煤矿土地复垦与生态重建技术研究[J]. 科技导报, 27(17): 30-34
李景文. 1981. 森林生态学[M]. 北京: 中国林业出版社
李凌浩, 王其兵, 白永飞, 等. 2000. 锡林河流域羊草草原群落土壤呼吸及其影响因子的研究[J]. 植物生态学报, 24(6): 680-686
李其远. 1998. 论平庄矿区可持续发展之路[J]. 内蒙古煤炭经济, 1: 4-6
李倩茹, 许中旗, 许晴, 等. 2009. 燕山西部山地灌木群落凋落物积累量及其持水性能研究[J]. 水土保持学报, 23(2): 75-78
李少宁, 王兵, 赵广东, 等. 2004. 森林生态系统服务功能研究进展——理论与方法[J]. 世界林业研究, 4(17): 14-18
李叙勇, 孙继坤, 常直海, 等. 1997. 天山森林凋落物和枯枝落叶层的研究[J]. 土壤学报, 34(4): 406-417
李艳梅, 王静爱, 雷勇鸿, 等. 2005. 基于承灾体的中国森林火灾危险性评价[J]. 北京师范大学学报(自然科学版), 41(1): 92-96
李颖, 张婕, 郭东罡, 等. 2015. 基于大样地油松种群的地统计学分析[J]. 植物科学学报, 33(2): 158-164
李媛媛, 周运超, 邹军, 等. 2007. 黔中石灰岩地区不同植被类型根际土壤酶研究[J]. 安徽农业科学, 35(30): 9607-9609
李志辉, 李跃林, 杨民胜, 等. 2000. 桉树人工林地土壤微生物类群的生态分布规律[J]. 中南林学院学报, 20(3): 24-28
梁秀棠, 雷玉宝. 1991. 纯松林、纯杉林、混交林的土壤微生物区系分析[J]. 广西林业科技, 20(1): 23-28
廖军, 王新根. 2000. 森林凋落量研究概述[J]. 江西林业科技, 1: 31-34
廖利平, 马越强, 汪思龙, 等. 2000. 杉木与主要阔叶造林树种凋落物的混合分解[J]. 植物生态学报, 24(1): 27-33
林波, 刘庆. 2001. 中国西部亚高山针叶林凋落物的生态功能[J]. 世界科技研究与发展, 23(5): 49-54
林波, 刘庆, 吴彦, 等. 2004. 森林凋落物研究进展[J]. 生态学杂志, 23(1): 60-64
林鹏, 卢昌义, 王恭礼, 等. 1990. 海南岛河港海莲红树林凋落物动态的研究[J]. 植物生态学与地植物学学报, 14(1): 69-74
刘宝勇, 李艳军, 丁宏宇, 等. 2011. 海州露天矿排土场微生物区系分布特征研究[C]. 葫芦岛: 全国矿区环境综合治理与灾害防治技术研讨会
刘传照, 李景文, 潘桂兰, 等. 1993. 小兴安岭阔叶红松林凋落物产量及动态的研究[J]. 生态学杂志, 12(6): 29-33
刘强, 彭少麟. 2010. 植物凋落物生态学[M]. 北京: 科学出版社
刘尚华, 冯朝阳, 吕世海, 等. 2007. 京西百花山区 6 种植物群落凋落物持水性能研究[J]. 水土保持学报, 21(6): 179-182
刘士玲, 郑金萍, 范春楠, 等. 2016. 我国森林生态系统枯落物现存量研究进展[J]. 世界林业研究, 30(1): 66-71
刘卫华, 赵冰清, 白中科, 等. 2014. 半干旱区露天矿生态复垦土壤养分与植物群落相关分析[J]. 生态学杂志, 33(9): 2369-2375
刘文耀, 谢寿昌, 谢克金, 等. 1995. 哀牢山中山湿性常绿阔叶林凋落物和粗死木质物的初步研究[J]. 植物学报, 7(10): 807-814
刘雯霞, 马建祖. 2012. 甘南高寒草甸植物功能性状和土壤因子对坡向的响应[J]. 应用生态学报, (12): 3295-3300
刘曦, 段昌群. 2004. 飒马场次生半湿润常绿阔叶林凋落物特征初步研究[J]. 云南环境科学, 23(增刊 1): 53-56

刘晓冰, 邢宝山, Herbert S J. 2002. 土壤质量及其评价指标[J]. 农业系统科学与综合研究, 18(2): 109-112
刘永杰, 王世畅, 彭皓, 等. 2014. 神农架自然保护区森林生态系统服务价值评估[J]. 应用生态学报, 25(5): 1431-1438
刘勇, 李国雷. 2008. 不同林龄油松人工林叶凋落物分解特性[J]. 林业科学研究, 21(4): 500-505
柳云龙, 吕军, 王人潮. 2001. 低丘红壤复垦后土壤微生物特征研究[J]. 水土保持学报, 15(2): 64-67
卢景龙. 2011. 文峪河支流 3 种不同河岸林凋落物现存量研究[J]. 中国农学通报, 27(10): 54-57
卢俊培, 刘其汉. 1988. 海南尖峰岭热带雨林凋落物研究初报[J]. 植物生态学与地植物学学报, 12(2): 104-112
卢俊培, 刘其汉. 1989. 海南岛尖峰岭热带林凋落叶分解过程的研究[J]. 林业科学研究, 2(1): 25-32
卢宁, 李晋川, 郭春燕, 等. 2010. 露天煤矿复垦地土壤呼吸的日变化研究: 以安太堡露天煤矿排土场为例[J]. 山西农业科学, 38(4): 52-54, 64
鲁如坤. 2000. 土壤农业化学分析方法[M]. 北京: 中国农业科学技术出版社
罗雷, 何丙辉. 2005. 森林凋落物水文生态效益浅议[J]. 水土保持科技情报, (5): 12-16
吕春花. 2009. 黄土高原子午岭地区土壤质量对植被恢复过程的响应[D]. 杨凌: 西北农林科技大学博士学位论文
马克明, 孔红梅, 关文彬, 等. 2001. 生态系统健康评价: 方法与方向[J]. 生态学报, 21(12): 2106-2116
马克平, 钱迎倩. 1994. 生物多样性研究的原理与方法[M]. 北京: 中国科学技术出版社
马彦卿. 2001. 微生物复垦技术在矿区生态重建中的作用[J]. 采矿技术, 1(2): 66-68
马彦卿, 李小平, 冯杰, 等. 2000. 粉煤灰在矿山复垦中用于土壤改良的试验研究[J]. 矿冶, 9(3): 15-19
孟楚, 郑小贤, 蒋桂娟, 等. 2014. 吉林金沟岭林场云杉、冷杉林健康评价研究[J]. 西北林学院学报, 29(6): 190-194
孟玉珂, 刘小林, 袁一超, 等. 2012. 小陇山林区主要林分凋落物水文效应[J]. 西北林学院学报, 27(6): 48- 51
聂莹莹, 李新娥, 王刚. 2010. 阳坡-阴坡生境梯度上植物群落 α 多样性与 β 多样性的变化模式及与环境因子的关系[J]. 兰州大学学报(自然科学版), 46(6): 74-79
潘超美, 杨风, 蓝佩玲, 等. 1998. 南亚热带赤红壤地区不同人工林下的土壤微生物特性[J]. 热带亚热带植物学报, 6(2): 158-165
潘剑君. 2004. 土壤资源调查与评价[M]. 北京: 中国农业出版社
彭少麟. 1995. 中国南亚热带退化生态系统的恢复与重建[M]. 北京: 中国科学技术出版社
彭少麟. 2003. 热带亚热带恢复生态学研究与实践[M]. 北京: 科学出版社: 291-292
彭少麟, 刘强. 2002. 森林凋落物动态及其对全球变暖的响应[J]. 生态学报, 22(9): 1534-1544
任天志, Grego S. 2000. 持续农业中的土壤生物指标研究[J]. 中国农业科学, 33(1): 68-75
日本土壤微生物研究会. 1983. 土壤微生物实验法[M]. 北京: 科学出版社
邵俊. 2007. 不同农业利用下武汉狮子山土壤微生物多样性[D]. 武汉: 华中农业大学硕士学位论文
邵玉琴, 赵吉, 杨劼. 2004. 内蒙古皇甫川流域凋落物分解过程中营养元素的变化特征[J]. 水土保持学报, 18(3): 81-84
沈海龙, 丁宝永, 沈国舫, 等. 1996. 樟子松人工林下针阔叶凋落物分解动态[J]. 林业科学, 32(5): 393-402
沈慧, 姜风岐, 杜晓军, 等. 2000. 水土保持林土壤肥力及其评价指标[J]. 水土保持学报, 14(2): 60-65
石慧, 王孝安, 郭华. 2008. 秦岭华北落叶松人工林群落结构及物种多样性[J]. 安徽农学通报, 14(15): 159-162
史衍玺, 唐克丽. 1998. 人为加速侵蚀下土壤质量的生物学特性变化[J]. 土壤侵蚀与水土保持学报, 14(1): 28-33
宋娟丽. 2010. 黄土高原草地土壤质量特征及评价研究[D]. 杨凌: 西北农林科技大学博士学位论文

宋兰兰, 陆桂华, 刘凌. 2004. 浅析生态系统评价现状[J]. 河海大学学报(自然科学版), 32(5): 539-541
宋永芳. 2002. 刺槐资源的开发利用[J]. 林业科技开发, (5): 11-13
孙波, 赵其国. 1999. 红壤退化中的土壤质量评价指标及评价方法[J]. 地理科学进展, 19(2): 118-128
孙波, 赵其国, 张桃林. 1997. 土壤质量与持续环境Ⅲ. 土壤质量评价的生物学指标[J].土壤, (5): 225-234
孙翠玲, 郭玉文, 佟超然, 等. 1997. 杨树混交林地土壤微生物与酶活性的变异研究[J]. 林业科学, 33(6): 488-497
孙东辉. 2012. 半干旱区露天煤矿生态复垦植物群落格局及动态[D]. 太原: 山西大学硕士学位论文
孙向阳. 2005. 土壤学[M]. 北京: 中国林业出版社
孙一琳, 王红英, 刘秀萍. 2007. 黄土高原人工刺槐林土壤水分特征[J]. 青岛农业大学学报(自然科学版), 24(2): 123-126
孙振钧, 孙永明. 2004. 蚯蚓反应器与废弃物肥料化技术[M]. 北京: 化学工业出版社: 127-128
唐凯, 丁丽佳, 陈往溪. 2008. 土壤呼吸研究概述[J]. 广东气象, 30(3): 36-38
唐玉姝, 魏朝富, 颜廷梅, 等. 2007. 土壤质量生物学指标研究进展[J]. 土壤, 39(2): 152-163
田呈明, 刘建军, 梁英梅, 等. 1999. 秦岭火地塘林区森林根际微生物及其土壤生化特性研究[J]. 水土保持通报, 19(2): 19-22
汪晶, 罗梅, 郑小贤. 2014. 杉木人工林健康评价研究——以福建将乐林场为例[J]. 西北林学院学报, 29(6): 195-199
王凤友. 1989. 森林凋落量研究综述[J]. 生态学进展, 6(2): 82-89
王改玲, 白中科, 赵景逵. 2000. 安太堡露天煤矿排土场刺槐生长状况研究[J]. 煤矿环境研究, 14(2): 21-24
王国梁, 刘国彬, 周生路. 2003. 黄土丘陵沟壑区小流域植被恢复对土壤稳定入渗的影响[J]. 自然资源学报, 18(5): 529-535
王海英, 宫渊波, 陈林武. 2006. 不同植被恢复模式下土壤微生物及酶活性的比较[J]. 长江流域资源与环境, 15(2): 201-206
王荷生. 1992. 华北植物区系地理[M]. 北京: 科学出版社
王荷生, 张镱锂, 黄劲松, 等. 1995. 华北地区种子植物区系研究[J]. 云南植物研究, 增刊Ⅶ: 32-54
王怀泉, 潘子关, 赵中秋, 等. 2014. 黄土区场刺槐×油松复垦地物种演替规律分析[J]. 山西农业大学学报(自然科学版), 34(1): 44-50
王金满, 郭凌俐, 白中科, 等. 2013. 黄土区露天煤矿排土场复垦后土壤与植被的演变规律[J]. 农业工程学报, 29(21): 223-232
王瑾, 黄建辉. 2001. 暖温带地区主要树种叶片凋落物分解过程中主要元素释放的比较[J]. 植物生态学报, 25(3): 375-380
王丽媛. 2012. 半干旱区露天矿生态复垦的植物群落学特征——以安太堡为例[D]. 太原: 山西大学硕士学位论文
王丽媛, 郭东罡, 白中科, 等. 2012. 露天煤矿生态复垦区刺槐+油松混交林下草本植物组成及空间分布格局[J]. 应用与环境生物学报, 18(3): 399-404
王琼. 2009. 华东地区采石场自然恢复特征及人工生态恢复研究[D]. 北京: 北京林业大学博士学位论文
王晓芳, 张景群, 王蕾, 等. 2010. 黄土高原油松人工林幼林生态系统碳汇研究[J]. 西北林学院学报, 25(5): 29-32
王岩, 沈其荣. 1996. 土壤微生物量及其生态效应[J]. 南京农业大学学报, 19(4): 45-51
王艳青, 张雄伟, 于青军, 等. 2013. 不同森林生态系统的健康状况评价及分析[J]. 河北林果研究, 28(2): 116-121
王玉, 郭建斌. 2008. 黄土高原半干旱区刺槐人工林群落物种多样性研究[J]. 四川林勘设计, 3(1): 11-16

王玉涛, 郭卫华, 刘建, 等. 2009. 昆嵛山自然保护区生态系统服务功能价值评估[J]. 生态学报, 29(1): 523-531
王志宏, 刘志斌, 陈建平. 2003. 黑岱沟露天煤矿土地复垦及生态重建规划研究[J]. 露天采矿技术, 1: 19-21
魏强, 凌雷, 张广忠, 等. 2011. 甘肃兴隆山主要森林类型凋落物积累量及持水特性[J]. 应用生态学报, 22(10): 2589-2598
魏天兴, 余新晓, 朱金兆. 1998. 山西西南部黄土区林地枯落物截持降水的研究[J]. 北京林业大学学报, 20(6): 1-6
魏振荣, 刘国斌, 薛蓮, 等. 2010. 黄土丘陵区人工灌木林土壤酶特征[J]. 中国水土保持科学, 8(6): 86-92
吴承祯, 洪伟, 姜至林, 等. 2000. 我国森林凋落物研究进展[J]. 江西农业大学学报, 22(3): 405-410
吴冬秀. 2007. 陆地生态系统生物观测规范[M]. 北京: 中国环境科学出版社: 22-25
吴钢, 肖寒, 赵景柱, 等. 2001. 长白山森林生态系统服务功能[J]. 中国科学, 5(31): 471-480
吴钦孝, 刘向东, 苏宁虎, 等. 1992. 山杨次生林枯枝落叶蓄积量及其水文作用[J]. 水土保持学报, 6(1): 71-76
吴钦孝, 刘向东, 赵鸿雁. 1993. 陕北黄土丘陵区油松林枯枝落叶层蓄积量及其动态变化[J]. 林业科学, 29(1): 63-66
吴兆飞, 许子艺, 阴紫璇, 等. 2016. 平朔露天煤矿排土场植被恢复树木短期死亡动态研究[J]. 环境科学与管理, 41(8): 156-160
吴振斌, 梁威, 成水平, 等. 2002. 复合垂直流构建湿地净化污水机制研究——Ⅰ微生物类群和基质酶[J]. 长江流域资源与环境, 11(2): 179-183
吴征镒. 1991. 中国种子植物属的分布区类型[J]. 云南植物研究, 增刊: 1-178
吴征镒, 孙航, 周浙昆, 等. 2011. 中国种子植物区系地理[M]. 北京: 科学出版社
吴征镒, 周浙昆, 李德铢, 等. 2003. 世界种子植物科的分布区类型系统[J]. 云南植物研究, 25(3): 245-257
吴征镒, 周浙昆, 孙航, 等. 2006. 种子植物分布区类型及其起源和分化[M]. 昆明: 云南科技出版社
夏北成, Zhou J, Tiedje J M. 2001. 土壤细菌类克隆群落及其结构的生态学特征[J]. 生态学报, 21(4): 574-578
肖劲风, 欧阳华, 孙江华, 等. 2004. 森林生态系统健康评价指标与方法[J]. 林业资源管理, 2(1): 27-30
谢高地, 鲁春霞, 成升魁. 2001. 全球生态系统服务价值评估研究进展[J]. 资源科学, 23(6): 5-9
徐风兰, 魏坦, 刘爱琴. 2000. 杉木泡桐混交林地土壤的物理性质[J]. 浙江林学院学报, 17(3): 285-288
徐秋芳, 朱志建, 俞益斌. 2003. 不同森林植被下土壤酶活性研究[J]. 浙江林业科技, 23(4): 9-11
徐学选, 刘江华, 高鹏, 等. 2003. 黄土丘陵区植被的土壤水文效应[J]. 西北植物学报, 23(8): 1347-1351
徐燕, 张彩虹, 吴钢. 2005. 森林生态系统健康与野生动植物资源的可持续利用[J]. 生态学报, 25(2): 380-386
许光辉. 1986. 土壤微生物分析方法手册[M]. 北京: 农业出版社
许建伟, 李晋川, 白中科, 等. 2010. 黄土区大型露天矿复垦地土壤对植物多样性的影响研究——以平朔安太堡露天矿排土场为例[J]. 山西农业科学, 38(4): 48-51
许丽, 樊金栓, 周心澄, 等. 2005. 阜新市海州露天煤矿排土场植被自然恢复过程中物种多样性研究[J]. 干旱区资源与环境, 19(6): 152-157
许明祥, 刘国彬, 赵允格. 2005. 黄土丘陵区土壤质量评价指标研究[J]. 应用生态学报, 16(10): 1843-1848
许晓静, 张凯, 刘波, 等. 2007. 森林凋落物分解研究进展[J]. 中国水土保持科学, 5(4): 108-114
薛达元, 包浩生, 李文华. 1999. 长白山自然保护区森林生态系统间接经济价值评估[J]. 中国环境科学, 19(3): 247-252

薛立, 邝立刚, 陈红跃, 等. 2003. 不同林分土壤养分、微生物与酶活性的研究[J]. 土壤学报, 40(2): 280-285
薛晓辉, 卢芳, 张兴昌. 2005. 陕北黄土高原土壤有机质分布研究[J]. 西北农林科技大学学报(自然科学版), 33(6): 69-74
熊东红, 贺秀斌, 周红艺. 2005. 土壤质量评价研究进展[J]. 世界科技研究与发展, 27(2): 71-75
闫海冰, 韩有志, 杨秀清, 等. 2010. 华北山地典型天然次生林群落的树种空间分布格局及其关联性[J]. 生态学报, 30(9): 2311-2321
阎敬, 杨福海, 李富平. 1999. 冶金矿山土地复垦综述[J]. 河北理工学院学报, 21(5): 41-47
杨晶, 黄建辉, 詹学明, 等. 2004. 农牧交错区不同植物群落土壤呼吸日动态观测与测定方法比较[J]. 植物生态学报, 28(3): 318-325
杨柳燕, 肖琳. 2003. 环境微生物技术[M]. 北京: 科学出版社
杨万勤, 王开运. 2004. 森林土壤酶的研究进展[J]. 林业科学, (2): 152-159
杨小波, 李跃烈. 2003. 海南西南部不同植被类型样地的土壤养分特性及持水性比较研究[J]. 海南大学学报(自然科学版), 21(4): 334-338
杨玉盛, 陈银秀, 何宗明, 等. 2004. 福建柏和杉木人工林凋落物性质的比较[J]. 林业科学, 40(1): 2-10
杨玉盛, 何宗明, 林光耀, 等. 1998. 不同治理措施对闽东南沿海侵蚀性红壤肥力影响的研究[J]. 植物生态学报, 22(3): 281-288
姚槐应, 黄昌勇. 2006. 土壤微生物生态学及其实验技术[M]. 北京: 科学出版社
叶镜中. 1992. 森林生态学[M]. 哈尔滨: 东北林业大学出版社
叶万辉, 曹洪麟, 黄忠良, 等. 2008. 鼎湖山南亚热带常绿阔叶林 20 公顷样地群落特征研究[J]. 植物生态学报, 32(2): 274-286
蚁伟民, 丁明懋, 廖兰玉, 等. 1984. 鼎湖山自然保护区及电白人工林土壤微生物特性的研究[J]. 热带亚热带森林生态系统研究, (2): 59-69
原野, 赵中秋, 白中科, 等. 2016. 安太堡露天煤矿不同复垦模式下草本植物优势种生态位[J]. 生态学杂志, 35(12): 1-8
原作强, 李步杭, 白雪娇, 等. 2010. 长白山阔叶红松林凋落物组成及其季节动态[J]. 应用生态学报, 21(9): 2171-2178
袁菲, 张星耀, 梁军. 2013. 基于干扰的汪清林区森林生态系统健康评价[J]. 生态学报, 33(12): 3722-3731
岳建英, 郭春燕, 李晋川, 等. 2016. 安太堡露天煤矿复垦区野生植物定居分析[J]. 干旱区研究, 33(2): 399-409
岳建英, 李晋川, 王文英, 等. 2002. 安太堡矿废弃地侵入野生植物及对生态系统的影响[J]. 中国野生植物资源, 21(5): 44-46
岳明. 1998. 秦岭及陕北黄土区辽东栎林群落物种多样性特征[J]. 西北植物学报, 18(1): 124-131
张德强, 叶万辉, 余清发, 等. 2000. 鼎湖山演替系列中代表性森林凋落物研究[J]. 生态学报, 20(6): 938-944
张鼎华, 陈由强. 1987. 森林土壤酶与土壤肥力[J]. 林业科技通讯, 1(4): 1-3
张峰, 彭祚登, 安永兴, 等. 2010. 北京西山主要造林树种林下枯落物的持水特性[J]. 林业科学, 46(10): 6-14
张峰, 上官铁梁. 1988. 山西南方红豆杉森林群落的生态优势度分析[J]. 山西大学学报(自然科学版), 11(3): 82-87
张桂莲, 张金屯, 郭逍宇, 等. 2005. 安太堡矿区人工植被在恢复过程中的生态关系[J]. 应用生态学报, 16(1): 151-155
张洪勋, 王晓谊, 齐鸿雁. 2003. 微生物生态学研究方法进展[J]. 生态学报, 23(5): 988-995
张金波, 宋长春. 2004. 土壤氮素转化研究进展[J]. 吉林农业科学, 29(1): 38-46

张俊华, 常庆瑞, 贾科利, 等. 2003. 黄土高原植被恢复对土壤肥力质量的影响[J]. 水土保持学报, 17(4): 38-41
张丽霞, 张峰, 上官铁梁. 2000. 芦芽山植物群落的多样性[J]. 生物多样性, 8(4): 361-369
张萍. 1995. 西双版纳次生林土壤微生物生态分布及其生化特性的研究[J]. 生态学杂志, 14(1): 21-26
张萍, 郭辉军, 刀志灵, 等. 2000. 高黎贡山土壤微生物生化活性的初步研究[J]. 土壤学报, 37(2): 275-279
张青, 毕润成, 吴兆飞, 等. 2016a. 安太堡露天煤矿植被恢复区物种天然更新时空动态[J]. 生态学杂志, 35(12): 1-9
张青, 毕润成, 吴兆飞, 等. 2016b. 平朔露天煤矿植被恢复区物种天然更新格局及其驱动因素[J]. 环境与可持续发展, (2): 172-176
张庆费, 由文辉, 宋永昌. 1999. 浙江天童植物群落演替对土壤化学性质的影响[J]. 应用生态学报, 10(1): 19-22
张晴晴, 周刘丽, 赵延涛, 等. 2016. 浙江天童常绿阔叶林演替系列植物叶片的凋落节律[J]. 生态学杂志, 35(2): 290-299
张全发, 郑重, 金义兴. 1990. 植物群落演替与土壤发展之间的关系[J]. 武汉植物学研究, 8(4): 325-334
张荣祖. 1999. 中国动物地理[M]. 北京: 科学出版社
张树礼, 曹江营, 薛玲, 等. 1996. 准格尔煤田黑岱沟露天煤矿排土场植被恢复的生态效应研究[J]. 内蒙古环境保护, 8(1): 24-28
张薇, 魏海雷, 高洪文, 等. 2005. 土壤微生物多样性及其环境影响因子研究进展[J]. 生态学杂志, 24(1): 48-52
张文海, 余新晓, 吕锡芝, 等. 2012. 北京市十三陵林场森林健康评价研究[J]. 广东农业科学, (8): 223-236
张昭臣, 郝占庆, 叶吉, 等. 2013. 长白山次生杨桦林树木短期死亡动态[J]. 应用生态学报, 24(2): 303-310
张晓薇, 马云东. 2008. 半干旱地区矿区废弃地土壤演化规律研究[J]. 能源与环境, (3): 36-38.
张勇, 庞学勇, 包维楷, 等. 2005. 土壤有机质及其研究方法综述[J]. 世界科技研究与发展, 27(5): 72-78
张振明, 刘俊国. 2011. 生态系统服务价值研究进展[J]. 环境科学学报, 31(9): 1835-1842
章家恩, 骆世明. 2004. 农业生态系统健康的基本内涵及其评价指标[J]. 应用生态学报, 15(8): 1473-1476
赵冰清. 2012. 半干旱区露天矿生态复垦土壤养分与植物群落相关分析[D]. 太原: 山西大学硕士学位论文
赵冰清, 吴兆飞, 许子艺, 等. 2015. 露天煤矿生态复垦地刺槐+油松混交林样地: 物种组成及空间格局变化研究[J]. 环境与可持续发展, (6): 31-35
赵东喜. 2006. 森林生态服务价值评价及其补偿机制研究[D]. 福州: 福建农林大学硕士学位论文: 17
赵鸿雁, 吴钦孝, 刘向东. 1994. 山杨枯枝落叶的水文水保作用研究[J]. 林业科学, 30(2): 176-180
赵静, 刘东兰, 郑小贤, 等. 2010. GIS 在金沟岭林场森林多功能评价中的应用[J]. 西北林学院学报, 25(6): 212-214, 220
赵军, 杨凯. 2007. 生态系统服务价值评估研究进展[J]. 生态学报, 27(1): 346-356
赵文智. 2002. 科尔沁沙地人工植被对土壤水分异质性的影响[J]. 土壤学报, 39(1): 113-119
赵晓英. 1998. 恢复生态学及其发展[J]. 地球科学进展, 13(5): 474-480
赵晓英, 陈怀顺, 孙成权. 2001. 恢复生态学——生态恢复的原理与方法[M]. 北京: 中国环境科学出版社
赵勇, 吴明作, 樊巍, 等. 2009. 太行山针、阔叶森林凋落物分解及养分归还比较[J]. 自然资源学报, 24(9): 1616-1624
郑均宝, 王德艺, 郭泉水, 等. 1993. 燕山东段森林和灌木群落凋落物研究[J]. 林业研究, 6(5): 473-479

郑科, 郎南军, 温绍龙, 等. 2003. 水土保持生物措施的研究[J]. 水土保持研究, 10(2): 73-76
郑南山, 胡振琪, 顾和和. 1998. 煤矿开采沉陷对耕地永续利用的影响分析[J]. 煤矿环境保护, 12(1): 18-21
郑昭佩, 刘作新. 2003. 土壤质量及其评价[J]. 应用生态学报, 14(1): 131-134
中国科学院南京土壤研究所. 1978. 土壤理化分析[M]. 上海: 上海科学技术出版社
中国科学院南京土壤研究所微生物室. 1985. 土壤微生物研究法[M]. 北京: 科学出版社
中国农业百科全书编辑部. 1996. 中国农业百科全书(土壤卷)[M]. 北京: 中国农业出版社
中国生物多样性国情研究报告编写组. 1998. 中国生物多样性国情研究报告[M]. 北京: 中国环境科学出版社
周存宇. 2003. 凋落物在森林生态系统中的作用及其研究进展[J]. 湖北农学院学报, 23(2): 140-145
周红章. 2000. 物种与物种多样性[J]. 生物多样性, 8(2): 215-216
周礼恺. 1987. 土壤酶学[M]. 北京: 科学出版社
朱凡, 王光军, 田大伦, 等. 2010. 杉木人工林去除根系土壤呼吸的季节变化及影响因子[J]. 生态学报, 30(9): 2499-2506
朱金兆, 刘建军, 朱清科. 2002. 森林凋落物层水文生态功能研究[J]. 北京林业大学学报, 24(5/6): 30-34
朱显谟, 李玉山, 田积莹. 1978. 中国土壤[M]. 北京: 科学出版社: 45-47
朱志诚, 贾东林. 1993. 陕北黄土高原植被基本特征及其对土壤性质的影响[J]. 植物生态与地植物学学报, 17(3): 280-286
Aerts R, de Caluwe H. 1994. Nitrogen use efficiency of *Carex* species in relation to nitrogen supply[J]. Ecology, 75: 2362-2372
Anderson J M, Swift M J. 1983. Decomposition in tropical forests[J]. *In*: Sutton S L, Whitmore T C, Chadwick A C. Tropical Rain Forest: Ecology and Management. Oxford: Blackwell Scientific: 287-309
Bakken L R. 1985. Separation and purification of bacteria from soil[J]. Applied and Environmental Microbiology, 49: 1482-1487
Berg B, McClaugherty C. 2003. Plant Litter: Decomposition, Humus Formation, Carbon Sequestration[M]. New York: Springer Verlag
Bmbaker S C, Jones A J, Lewis D T, et al. 1993. Soil properties associated with slope positions[J]. Soil Science Society of America Journal, 57: 235-239
Bo E. 2003. Seasonal trends of soil CO_2 dynamics in a soil subject to freezing[J]. Journal of Hydrology, 276(1): 159-175
Bosalo D A, Girvan M S, Verchot L. 2005. Soil microbial community response to land use change in an agricultural landscape of western Kenya[J]. Microbial Ecology, 49(1): 50-62
Bowden R D, Nadelhoffer K J, Boone R D. 1993. Contribution of aboveground litter, belowground litter, and root respiration total soil respiration in a temperate mixed hardwood forest[J]. Canadian Journal of Forest Research, 23(7): 1402-1407
Bray J R, Gorham E. 1964. Litter production in forests of the world[J]. Advances in Ecological Research, 2(8): 101-157
Bums R G. 1978. Soil Enzymes[M]. New York: Academic Press
Burton A J, Pregitzer K S, Ruess R W, et al. 2002. Root respiration in North American forests: effects of nitrogen concentration and temperature across biomes[J]. Oecologia, 131(4): 559-568
Caims J. 1997. Protecting the delivery of ecosystem service[J]. Ecosystem Health, 3(3): 155-194
Carter M R. 1986. Microbial biomass as an index for tillage induced changes in soil biological properties[J]. Soil Tillage Research, 17(1): 29-40
Chapin F S, Matson P A, Mooney H A. 2002. Principles of Terrestrial Ecosystem Ecology[M]. New York: Springer Verlag
Conant R T, Klopatek J M, Klopatek C C. 2000. Environmental factors controlling soil respiration in three semiarid ecosystems[J]. Soil Science Society of America Journal, 64(1): 383-390
Condit R. 1995. Research in large, long-term tropical forest plots[J]. Trends in Ecology & Evolution, 10(1):

18-22
Copley J. 2000. Ecology goes underground[J]. Nature, 406(6795): 452-454
Costanza R, Arge R, Groot R. 1997. The value of the world's ecosystem services and natural capital[J]. Nature, 387(1): 253-260
Cosz J R, Likens G E, Bormann F H. 1972. Nutrient content of litter fall on the Hubbard Brook experimental forest, New Hampshire[J]. Ecology, 53(5): 769-784
Decbesne A, Pallud C, Debouzie D, et al. 2003. A novel method for characterizing the micro scale 3D spatial distribution of bacteria in soil[J]. Soil Biology & Biochemistry, 35(12): 1537-1547
Deng S P, Tabatabai M A. 1994. Cellulase activity of soils[J]. Soil Biology & Biochemistry, 26: 1347-1354
Ding M M. 1992. Effect of afforestation on microbial biomass and activity in soils of tropical China[J]. Soil Biochem, 24(9): 865-872
Ebermayer E. 1876. Die gesammte Lehre der Waldstreu mit Rucksicht auf die chemische Statik des Waldbaues[M]. Berlin: Julius Springer: 116
Fang C, Moncrieff J B. 2001. The dependence of soil CO_2 efflux on temperature[J]. Biology and Biochemistry, 33(2): 155-165
Frostegard A, Tunlid A, Baath E. 1993. Phospholipid fatty acid composition, biomass and activity of microbial communities form two soil types experimentally exposed to different heavy metals[J]. Applied Environmental Microbiology, 59: 3605-3617
Fruncioso O, Ciavatta C, Sanchez S, et al. 2000. Spectroscopic characterization of soil organic matter in long-term amendment traits[J]. Soil Science, 165: 495-504
Gartner T B, Cardon Z G. 2004. Decomposition dynamics in mixed species leaf litter[J]. Oikos, 104(2): 230-246
Gaumont G, Andrew B T, Griffins T J. 2006. Interpreting the dependence of soil respiration on soil temperature and water content in a boreal aspen stand[J]. Agricultural and Forest Meteorology, 140(1): 220-235
Gelsomino A, Keijzer-wolters A C, Cacco G, et al. 1999. Assessment of bacterial community structure in soil by polymerase chain reaction and denaturing gradient gel electrophoresis[J]. Journal of Microbiological Methods, 38(2): 1-15
Gholz H L, Fisher R F. 1985. Nutrient dynamics in slash pine plantation ecosystems[J]. Ecology, 66(3): 647-659
Gower S T, Krankina O N, Olson R J, et al. 2001. Net primary production and carbon allocation patterns of boreal forest ecosystems[J]. Ecological Applications, 11(5): 1395-1411
Hansen R A, Coleman D C. 1998. Litter complexity and composition are determinants of the diversity and species composition of oribatid mites in litterbags[J]. Applied Soil Ecology, 9(1-3): 17-23
Hassan M M, Majumder A H. 1990. Distribution of organic matter in some representative forest soils of Bangladesh[J]. Indian Journal of Forestry, 13: 281-287
Hawksworth D L. 1991. The fungal dimension of biodiversity: magnitude, significance and conservation[J]. Mycological Research, 95(6): 641-655
Hector A, Beale A, Minns A, et al. 2000. Consequences of the reduction of plant diversity for litter decomposition: effects through litter quality and microenvironment[J]. Oikos, 90(2): 357-371
Heneghan L, Miller S P, Baer S, et al. 2008. Integrating soil ecological knowledge into restoration management[J]. Restoration Ecology, 16(4): 608-617
Högberg P, Nordgren A, Ågren G I. 2002. Carbon allocation between tree root growth and root respiration in boreal pine forest[J]. Oecologia, 132(4): 579-581
Horton T R, Bruns T D. 2001. The molecular revolution in ectomycorrhizal ecology: peeking into the black-box[J]. Molecular Ecology, 10(8): 1855-1871
Hubbell S P, Foster R B. 1986. Commonness and Rarity in a Neotropical Forest: Implications for Tropical Tree Conservation[M]. Conservation Biology: Science of Scarcity and Diversity. Sunderland, Mass: Sinauer Press: 205-231
Hulson H J. 1980. Fungal saprophytism[M]. 2nd ed. UK: Edward Arnold: 21-22
Ibekwe A M, Sharon K P, Gan J Y, et al. 2001. Impact of fumigants on soil microbial communities[J]. Applied

and Environmental Microbiology, 67(7): 3245-3257

Insam H, Pakinson D, Domsch K H. 1989. The influence of microclimate on soil microbial biomass leave[J]. Soil Biology & Biochemistry, 21: 211-221

Jakub H, Ladislav D, Jana K. 2004. Monitoring microbial biomass and respiration in different soils from the Czech Republic: a summary of results[J]. Environment International, 30(1): 19-30

Janssens I, Pilegaard K. 2003. Large seasonal change in Q10 of soil respiration in a beech forest[J]. Global Change Biology, 9(6): 911-918

Jenkinson D S. 1988. Determination of microbial carbon and nitrogen in soil[J]. *In*: Wilson J B. Advances in nitrogen cycling. Wallingford: CAB International: 368-386

Jenny H, Gessel S P, Bingham F T. 1949. Comparative study of decomposition rates of organic matter in temperate and tropical regions[J]. Soil Science, 68(6): 419-432

Jia B R, Zhou G, Wang Y, et al. 2006. Effects of temperature and soil water-content on soil respiration of grazed and ungrazed *Leymus chinensis* steppes Inner Mongolia[J]. Journal of Arid Environments, 67(1): 60-76

John A L, James F R. 1990. 统计生态学[M]. 李育中, 译. 呼和浩特: 内蒙古大学出版社: 54-66

Kennedy A C. 1995. Microbial characteristics of soil quality[J]. Journal of Soil and Conversation, 50: 243-248

Lee M S, Nakane K, Nakatsubo T. 2003. Seasonal change in the contribution of root respiration to total soil respiration in a cool-temperate deciduous forest[J]. Plant and Soil, 225(1): 311-318

Li S Q, Yang B S, Wu D M. 2008. Community succession analysis of naturally colonized plants on coal gob piles in Shanxi mining areas, China[J]. Water, Air, and Soil Pollution, 193(1/2/3/4): 211-228

Lisa A M, Brenda S, Michael G S. 2001. Comparative denaturing gradient gel electrophoresis analysis of fungal communities associated with whole plant corn silage[J]. Journal of Microbial, 47(9): 829-841

Loomes R, O'Neill K. 1997. Nature's services: societal dependence on natural ecosystems[M]. Washington D. C.: Island Press

Ma S Y, Chen J Q, John R. 2005. Biophysical controls on soil respiration in the dominant patch types of an old-growth, mixed-conifer forest[J]. Forest Science, 51(3): 221-232

Maarit-Niemi R, Heiskanen L, Wallenius K, et al. 2001. Extraction and purification of DNA in rhizosphere soil samples for PCR-DGGE analysis of bacterial consortia[J]. Journal of Microbiological Methods, 45(3): 155-165

Manna M C, Jha S, Ghosh P K, et al. 2003. Comparative efficacy of three epigamic earthworms under different deciduous forest litters decomposition[J]. Bioresource Technology, 88(3): 197-206

Mccaig A E, Glover L A, Prosser J. 2001. Numerical analysis of Grassland bacterial community structure under different land management regimens by using 16S ribosomal DNA sequence data and denaturing gradient gel electrophoresis banding patterns[J]. Applied and Environmental Microbiology, 67(10): 4554-4559

Muyzcr G. 1999. DGGE/TGGE: A method for identifying genes from natural ecosystems[J]. Current Opinion in Microbiology, 2(3): 317-322

Muyzer G, Dewaal E C, Uitterlinden A G. 1993. Profiling of complex microbial populations by denaturing gradient gel electrophoresis of polymerase chain reaction amplified gene encoding for 16S rRNA[J]. Applied and Environmental Microbiology, 59(3): 695-700

Nael M, Khademi H, Hajabbasi M A. 2004. Response of soil quality indicators and their spatial variability to land degradation in central iran[J]. Applied Soil Ecology, 27(3): 221-232

Nakatsu C H, Torsvik V, Ovreas L. 2000. Soil community analysis using DGGE of 16S rDNA polymerase chain reaction products[J]. Soil Science Society of America Journal, 64(4): 1382-1388

Nilsson M C, Wardle D A, Dahlberg A. 1998. Effects of plant litter species composition and diversity on the boreal forest plant soil system[J]. Oikos, 86: 16-26

Olson J S. 1963. Energy storage and the balance of producers and decomposition in ecological systems[J]. Ecology, 44: 332-341

Oszlanyi J. 1997. Forest health and environmental pollution in Slovakia[J]. Environment Pollution, 98(3): 389-392

Peet R K. 1974. The measurement of species diversity[J]. Annual Review of Ecology and Systematics, 11(5): 285-307

Petra M, Ellen K, Bernd M. 2003. Structure and function of the soil microbial community in a long fertilizer experiment[J]. Soil Biology and Biochemistry, 35(3): 453-461

Raich J W, Tufekciogul A. 2000. Vegetation and soil respiration: correlations and controls[J]. Biogeochemistry, 48(1): 71-90

Robinson C H, Kirkham J B, Littlewood R. 1999. Decomposition of root mixtures from high artic plants: a microcosm study[J]. Soil Biology Biochemistry, 31: 1101-1108

Rodin L E, Bazilevich N I. 1967. Production and Mineral Cycling in Terrestrial Vegetation[M]. London: Oliver and Boyd: 20-75

Rustad L E, Huntington T G, Boone R D. 2000. Controls on soil respiration: implications for climate change[J]. Biogeochemistry, 48(1): 1-6

Rutigliano F A, Ascoli R D, Desanto A V. 2004. Soil microbial metabolism and nutrient status in a Mediterranean area as affected by plant cover[J]. Soil Biology and Biochemistry, 36: 1719-1729

Sánchez M L, Ozores M I, Colle R. 2002. Soil CO_2 fluxes in cereal land use of the Spanish plateau: influence of conventional and reduced tillage practices[J]. Chemosphere, 47(8): 837-844

Steinman J. 2004. Forest health monitoring in the Northeastern United Stated and condition during 1993-2002[M]. Newtown Square, PA: United States Department of Agriculture

Striegl R G, Wickland K P. 1998. Effects of a clear cut harvest on soil respiration in a jack pine-lichen woodland[J]. Canadian Journal of Forest Research, 28(4): 534-539

Swift M J, Heal O W, Anderson J. 1979. Decomposition in Terrestrial Ecosystems[M]. Berkeley: University of California Press

Tenney F G, Waksman S A. 1929. Composition of natural organic materials and their decomposition in the soil: Ⅳ. The nature and rapidity of decomposition of the various organic complexes in different plant materials under aerobic conditions[J]. Soil Science, 28: 55-84

Theron J, Cloete T E. 2000. Molecular techniques for determining microbial diversity and community structure in natural environments[J]. Critical Reviews in Microbiology, 26(1): 37-57

Thomas B M, Douglas L K. 2000. Identification of regional soil quality factors and indicators: Ⅰ. Central and southern high plain[J]. Soil Science Society of America Journal, 64: 2115-2124

Tiedje J M, Asuming-Brempong S, Nüsslein K, et al. 1999. Opening the black box of soil microbial diversity[J]. Applied Soil Ecology, 13(2): 1109-1122

Vitousek P M, Turner D R, Parton W J, et al. 1994. Litter decomposition on the Mauna Loa environmental matrix, Hawai'i: patterns, mechanisms, and models[J]. Ecology, 75(2): 418-429

Waksman S A, Tenney F G. 1927. Composition of natural organic materials and their decomposition in the soil: Ⅲ. The influence of the nature of the plant upon the rapidity of decomposition[J]. Soil Science, 26: 155-171

Wang Y F, Cai Y C. 1988. Studies on genesis, types and characteristics of the soil of the Xilin River Basin[J]. Research on Grassland Ecosystem, (3): 23-83

Ward D M, Weller R, Bateson M M. 1990. 16S rRNA sequences reveal numerous uncultured microorganisms in a natural community[J]. Nature, 345(6270): 63-65

Watve M G, Gangal R M. 1996. Problems in measuring bacterial diversity and a possible solution[J]. Appl Environ Microbiol, 62(11): 4299-4301

Whaney W R, Dumitru E, Dexter A R. 1995. Biological effects of soil compaction[J]. Soil and Tillage Research, 35(1-2): 53-68

Xiao H L, Zheng X J. 2001. Effects of plant diversity on soil microbes[J]. Soil and Environmental Sciences, 10(31): 238-241

Yuan Z Y, Chen H Y. 2009. Global trends in senesced-leaf nitrogen and phosphorus[J]. Global Ecology and Biogeography, 18(5): 532-542

附录一　平朔矿区植物名录

科	属	种	2017 年	2012 年	2006 年	1998 年	1994 年
葫芦藓科 Funariaceae	葫芦藓属 *Funaria* Hedw.	• 葫芦藓 *Funaria hygrometrica* Hedw.	√				
木贼科 Equisetaceae	木贼属 *Equisetum* L.	• 问荆 *Equisetum arvense* L.	√	√	√	√	
松科 Pinaceae	落叶松属 *Larix* Mill.	华北落叶松 *Larix principis-rupprechtii* Mayr.	√	√	√	√	√
	云杉属 *Picea* Dietr.	白扦 *Picea meyeri* Rehd. et Wils.	√	√	√	√	√
		青扦 *Picea wilsonii* Mast.	√	√	√	√	√
	松属 *Pinus* L.	油松 *Pinus tabulaeformis* Carr.	√	√	√	√	√
		樟子松 *Pinus sylvestris* L. var. *mongolica* Litv.	√	√	√	√	√
柏科 Cupressaceae	侧柏属 *Platycladus* Spach	侧柏 *Platycladus orientalis* (L.) Franco				√	√
	圆柏属 *Sabina* Mill.	圆柏 *Sabina chinensis* (L.) And.	√	√	√	√	√
		铺地柏 *Sabina procumbens* (Endl.) Iwata et Kusaka	√				
杨柳科 Salicaceae	杨属 *Populus* L.	新疆杨 *Populus alba* var. *pyramidalis* Bge.	√	√	√	√	√
		河北杨 *Populus hopeiensis* Hu et Chow	√	√	√	√	√
		群众杨 *Populus* × *popularis*					√
		• 小叶杨 *Populus simonii* Carr.	√	√	√	√	
		小黑杨 *Populus* × *xiaohei* T. S. Hwang et Liang					√
		双阳快杨 *Populus* × *xiaozhuanica* W. Y. Hsu et Liang					√
	柳属 *Salix* L.	乌柳 *Salix cheilophila* Schneid.	√	√	√	√	√
		北沙柳 *Salix psammophila* C.Wang et Ch. Y. Yang	√	√	√	√	√
		垂柳 *Salix babylonica* L.	√	√	√	√	√
		旱柳 *Salix matsudana* Koidz.	√	√	√	√	√
		馒头柳 *Salix matsudana* Koidz. var. *umbraculifera* Rehd.					√

续表

科	属	种	2017年	2012年	2006年	1998年	1994年
榆科 Ulmaceae	榆属 *Ulmus* L.	榆 *Ulmus pumila* L.	√	√	√	√	√
蓼科 Polygonaceae	荞麦属 *Fagopyrum* Mill.	荞麦 *Fagopyrum esculentum* Moench	√	√	√	√	√
	蓼属 *Polygonum* L.	• 两栖蓼 *Polygonum amphibium* L.	√	√	√	√	
		• 萹蓄 *Polygonum aviculare* L.	√	√	√	√	
		• 西伯利亚蓼 *Polygonum sibiricum* Laxm.	√	√	√	√	
	酸模属 *Rumex* L.	• 皱叶酸模 *Rumex crispus* L.	√	√	√	√	
藜科 Chenopodiaceae	沙蓬属 *Agriophyllum* Bieb.	• 沙蓬 *Agriophyllum arenarium* (L.) Moq.		√	√	√	√
	雾冰藜属 *Bassia* All.	• 雾冰藜 *Bassia dasyphylla* (Fisch. ex Mey.) O. Kuntze	√	√	√	√	
	驼绒藜属 *Ceratoides* (Tourn.) Gagneb.	华北驼绒藜 *Ceratoides arborescens* (Losinsk.) Tsien et C. G. Ma			√	√	√
	藜属 *Chenopodium* L.	• 尖头叶藜 *Chenopodium acuminatum* Willd.	√	√	√		
		• 藜 *Chenopodium albu* L.	√	√	√	√	√
		• 刺藜 *Chenopodium aristatum* L.	√	√	√		
		• 菊叶香藜 *Chenopodium foetidum* Schrad.	√	√	√	√	√
		• 灰绿藜 *Chenopodium glaucum* L.	√	√	√	√	
		• 小藜 *Chenopodium serotinum* L.	√	√	√	√	
	虫实属 *Corispermum* L.	• 毛果绳虫实 *Corispermum declinatum* Steph. ex Stev. var. *tylocapum* (Hance) Tsien ex C. G. Ma	√	√	√	√	√
		• 软毛虫实 *Corispermum puberulum* Iljin	√	√			
	地肤属 *Kochia* L.	• 地肤 *Kochia scoparia* (L.) Schrad.	√	√	√		
		• 碱地肤 *Kochia scoparia* (L.) Schrad. var. *sieversiana* (Pall.) Ulbr. ex Aschers et Graebn.	√	√	√		
	猪毛菜属 *Salsola* Pall.	• 猪毛菜 *Salsola collina* Pall.	√	√	√		
		• 无翅猪毛菜 *Salsola komarovii* Iljin	√	√			
苋科 Amaranthaceae	苋属 *Amaranthus* L.	• 反枝苋 *Amaranthus retroflexus* L.	√	√	√		
石竹科 Caryophyllaceae	石竹属 *Dianthus* L.	石竹 *Dianthus chinensis* L.			√	√	√
	石头花属 *Gypsophila* L.	霞草 *Gypsophila oldhamiana* Miq.				√	√

续表

科	属	种	2017 年	2012 年	2006 年	1998 年	1994 年
石竹科 Caryophyllaceae	蝇子草属 *Silene* L.	• 女娄菜 *Silene aprica* Turcz. ex. Fisch et Mey.	√	√			
		• 山蚂蚱草 *Silene jenisseensis* Willd.	√	√	√		
毛茛科 Ranunculaceae	铁线莲属 *Clematis* L.	• 芹叶铁线莲 *Clematis aethusifolia* Turcz.	√	√			
		• 灌木铁线莲 *Clematis fruticosa* Turcz.	√	√	√		
		• 黄花铁线莲 *Clematis intricate* Bge.	√	√	√		
		• 半钟铁线莲 *Clematis ochotensis* (Pall.) Poir.	√	√	√		
	翠雀属 *Delphinium* L.	• 翠雀 *Delphinium grandiflorum* L.	√	√			
十字花科 Cruciferae	菘蓝属 *Isatis* L.	菘蓝 *Isatis tinctoria* Fort.				√	√
	芸苔属 *Brassica* L.	• 芸苔 *Brassica campestris* L.	√	√	√	√	
	荠菜属 *Capsella* Medic.	• 荠菜 *Capsella bursa-pastoris* (L.) Medic.	√	√	√	√	
	离子芥属 *Chorispora* Pall.	• 离子芥 *Chorispora tenella* (Pall.) DC.	√	√	√		
	播娘蒿属 *Descurainia* Webb et Bereh.	• 播娘蒿 *Descurainia sophia* (L.) Webb. ex Prantl	√	√	√	√	
	芝麻菜属 *Eruca* Mill.	• 芝麻菜 *Eruca sativa* Mill.	√				
	独行菜属 *Lepidium* L.	• 独行菜 *Lepidium apetalum* Willd.	√	√	√	√	
	大蒜芥属 *Sisymbrium* L.	• 垂果大蒜芥 *Sisymbrium heteromallum* C. A. Mey.	√	√	√		
	盐芥属 *Thellungiella* O. E. Schulz	• 盐芥 *Thellungiella salsuginea* (Pall.) O. E. Schulz	√	√	√	√	
	蝟果芥属 *Torularia* L.	• 窄叶蝟果芥 *Torularia humilis* (C. A. Mey.) O. E. Schulz f. *angustifolia* Z. X. An	√	√	√		
		• 大花蝟果芥 *Torularia humilis* (C. A. Mey.) O. E. Schulz f. *grandiflora* O. E. Schulz	√	√			
蔷薇科 Rosaceae	杏属 *Armeniaca* Mill.	杏 *Armeniaca vulgaris* Lam.	√	√	√	√	√
	樱属 *Cerasus* Mill.	毛樱桃 *Cerasus tomentosa* (Thunb.) Wall.	√	√			
	山楂属 *Crataegus* L.	山里红 *Crataegus pinnatifida* Bge. var. *major* N. E. Br.	√	√	√	√	√
		华中山楂 *Crataegus wilsonii* Sarg.	√				
	栒子属 *Cotoneaster* B. Ehrhart	毛叶水栒子 *Cotoneaster submultiflorus* Popov	√				

续表

科	属	种	2017 年	2012 年	2006 年	1998 年	1994 年
蔷薇科 Rosaceae	苹果属 *Malus* Mill.	山荆子 *Malus baccata* L.	√				
		海红(西府海棠) *Malus micromalus* Makino		√	√	√	√
		苹果 *Malus pumila* Mill.					√
	梨属 *Pyrus* L.	苹果梨 *Pyrus bretschneideri* Rehd.					√
	桃属 *Amygdalus* L.	榆叶梅 *Amygdalus triloba* (Lindl.) Ricker			√	√	√
		桃 *Amygdalus persica* L.					√
	委陵菜属 *Potentilla* L.	• 二裂委陵菜 *Potentilla bifurca* L.	√	√	√		
		• 委陵菜 *Potentilla chinensis* Ser.	√	√	√	√	
		• 多裂委陵菜 *Potentilla multifida* L	√	√			
		• 朝天委陵菜 *Potentilla supine* L.	√	√	√	√	
		• 菊叶委陵菜 *Potentilla tanasetifolia* Willd.ex Schlecht.	√	√	√		
	金露梅属 *Ptentaphylloides* L.	• 金露梅 *Ptentaphylloides fruticosa* L.	√	√	√	√	
	蔷薇属 *Rosa* L.	• 美蔷薇 *Rosa bella* Rehd. et Wils.	√	√	√		
		玫瑰 *Rosa rugosa* Thunb.					√
		黄刺玫 *Rosa xanthina* Lindl.	√	√	√	√	√
	绣线菊属 *Spiraea* L.	粉花绣线菊光叶变种 *Spiraea japonica* L. f. var. *fortune* (Planchon) Rehd.	√	√			
		绣线菊 *Spiraea salicifolia* L.		√	√	√	√
		• 三裂绣线菊 *Spiraea trilobata* L.	√	√	√		
豆科 Leguminosae	紫穗槐属 *Amorpha* L.	紫穗槐 *Amorpha fruticosa* L.	√	√	√	√	√
	黄耆属 *Astragalus* L.	直立黄耆 *Astragalus adsurgens* Pall.	√	√	√	√	√
		华黄耆 *Astragalus chinensis* L.					√
		鹰嘴紫云英 *Astragalus cicer* L.					√
		• 扁茎黄耆 *Astragalus complanatus* R. Br. ex Bge.	√	√	√	√	
		• 达乌里黄耆 *Astragalus dahuricuss* (Pall.) DC.	√	√	√	√	
		• 灰叶黄耆 *Astragalus discolor* Bge. ex Maxim.	√	√	√		

续表

科	属	种	2017年	2012年	2006年	1998年	1994年
豆科 Leguminosae	黄耆属 *Astragalus* L.	• 草木樨状黄耆 *Astragalus melilotoides* Pall.	√	√	√	√	
		内蒙黄耆 *Astragalus mongolicus* Bge.	√	√	√		
		• 糙叶黄耆 *Astragalusscaberrimus* Bge.	√	√	√	√	
		• 皱黄耆 *Astragalus tataricus* Franch.	√	√	√		
	决明属 *Cassia* L.	草决明 *Cassia tora* L.					√
	锦鸡儿属 *Caragana* Fabr.	柠条锦鸡儿 *Caragana korshinskii* Kom.	√	√	√	√	√
		小叶锦鸡儿 *Caragana microphylla* Lam.	√	√			
	大豆属 *Glycine* Willd.	大豆 *Glycine max* (L.) Merr.					√
	小冠花属 *Coronilla* L.	多变小冠花 *Coronilla varia* L.					√
	甘草属 *Glycyrrhiza* L.	甘草 *Glycyrrhiza uralensis* Fisch.	√	√	√	√	√
	米口袋属 *Gueldenstaedtia* Fisch.	• 米口袋 *Gueldenstaedtia multiflora* Bge.	√	√	√	√	
		• 狭叶米口袋 *Gueldenstaedtia stenophylla* Bge.	√	√			
	岩黄耆属 *Hedysarum* L.	塔落岩黄耆 *Hedysarum fruticos* Pall.	√	√	√	√	√
	木蓝属 *Indigofera* L.	河北木蓝 *Indigofera bungeana* Walp.					√
	胡枝子属 *Lespedeza* Michx.	• 长叶铁扫帚 *Lespedeza caraganae* Bge.	√	√	√	√	
		兴安胡枝子 *Lespedeza daurica* (Laxm.) Schindl.	√	√	√	√	
		• 尖叶铁扫帚 *Lespedeza hedysaroides* (Pall.) Kitag	√	√			
		• 阴山胡枝子 *Lespedeza inschanica* (Maxim.) Schindl.	√	√			
	苜蓿属 *Medicago* L.	紫苜蓿 *Medicago sativa* L.	√	√	√	√	√
	草木犀属 *Melilotus* Adans.	白香草木犀 *Melilotus albus* Desr.	√	√	√	√	√
		黄香草木犀 *Melilotus officinalis* (L.) Pall.	√	√	√	√	√
	驴食草属 *Onobrychis* Mill.	红豆草 *Onobrychis viciifolia* Scop.					√
	棘豆属 *Oxytropis* DC.	• 窄膜棘豆 *Oxytropis moellendorffii* Bge. ex Maxim.	√	√			
		• 砂珍棘豆 *Oxytropis psammocharis* Hance	√	√	√	√	
	菜豆属 *Phaseolus* L.	菜豆 *Phaseolus vulgaris* L.	√				

续表

科	属	种	2017 年	2012 年	2006 年	1998 年	1994 年
豆科 Leguminosae	槐属 *Sophora* L.	槐 *Sophora japonica* L.	√	√	√	√	√
	刺槐属 *Robinia* L.	刺槐 *Robinia pseudoacacia* L.	√	√	√	√	√
	扁蓿豆属 *Melissitus* Medic.	• 花苜蓿 *Melissitus ruthenicus* (L.) Latsch.	√	√	√	√	
	野决明属 *Thermopsis* R. Br.	• 披针叶野决明 *Thermopsis lanceolata* R. Br.	√	√	√		
	野豌豆属 *Vicia* L.	• 山野豌豆 *Vicia amoena* Fisch.	√	√	√	√	√
		• 广布野豌豆 *Vicia cracca* L.	√	√			
		• 歪头菜 *Vicia unijuga* A. Br.	√	√			
牻牛儿苗科 Geraniaceae	牻牛儿苗属 *Erodium* Willd.	• 牻牛儿苗 *Erodium stephanianum* Willd.	√	√	√		
	老鹳草属 *Geranium* L.	• 鼠掌老鹳草 *Geranium sibiricum* L.	√	√	√	√	
亚麻科 Linaceae	亚麻属 *Linum* L.	• 野亚麻 *Linum stelleroides* Planch.	√	√			
		亚麻 *Linum usitatissimum* L.	√	√	√	√	√
苦木科 Simarubaceae	臭椿属 *Ailanthus* Desf.	臭椿 *Ailanthus altissima* (Mill.) Swingle	√	√	√	√	√
远志科 Polygalaceae	远志属 *Polygala* L.	远志 *Polygala tenuifolia* Willd.	√				
大戟科 Euphorbiaceae	大戟属 *Euphorbia* L.	• 地锦 *Euphorbia humifusa* Willd. ex Schlecht.	√	√	√	√	
		• 乳浆大戟 *Euphorbia esula* L.	√	√	√	√	
	蓖麻属 *Ricinus* L.	蓖麻 *Ricinus communis* L.					√
漆树科 Anacardiaceae	盐肤木属 *Rhus* L.	火炬树 *Rhus typhina* L.				√	√
槭树科 Aceraceae	槭树属 *Acer* L.	梣叶槭 *Acer negundo* L.				√	√
无患子科 Sapindaceae	文冠果属 *Xanthoceras* Bge.	文冠果 *Xanthoceras sorbifolium* Bge.					√
锦葵科 Malvaceae	蜀葵属 *Althaea* L.	蜀葵 *Althaea rosea* (L.) Cavan.	√	√	√	√	√
	木槿属 *Hibiscus* L.	• 野西瓜苗 *Hibiscus trionum* L.	√	√	√		
	锦葵属 *Malva* L.	• 锦葵 *Malva sinensis* Cavan.	√	√			
柽柳科 Tamaricaceae	水柏枝属 *Myricaria* L.	• 宽苞水柏枝 *Myricaria bracteata* Royle	√	√	√		
	柽柳属 *Tamarix* L.	• 柽柳 *Tamarix chinensis* Lour.	√	√	√	√	
		• 多枝柽柳 *Tamarix ramosissima* Ledeb.	√	√	√		

续表

科	属	种	2017 年	2012 年	2006 年	1998 年	1994 年
堇菜科 Violaceae	堇菜属 *Viola* L.	• 南山堇菜 *Viola chaerophylloides* (Regel) W. Beck.	√	√	√		
		• 裂叶堇菜 *Viola dissecta* Ledeb.	√	√			
		• 东北堇菜 *Viola mandshurica* W. Beck.	√	√	√		
		• 蒙古堇菜 *Viola mongolica* Franch.	√	√			
		• 紫花地丁 *Viola philippica* Cav.	√	√			
		• 早开堇菜 *Viola prionantha* Bge.	√	√	√		
瑞香科 Thymelaeaceae	狼毒属 *Stellera* L.	• 狼毒 *Stellera chamaejasme* L.	√	√	√	√	
胡颓子科 Elaeagnaceae	胡颓子属 *Elaeagnus* L.	沙枣 *Elaeagnus angustifolia* L.	√	√	√	√	√
	沙棘属 *Hipophae* L.	沙棘 *Hipophae rhamnoides* L. subsp. *sinensis* Rousi	√	√	√	√	√
马钱科 Loganiaceae	醉鱼草属 *Buddleja* L.	互叶醉鱼草 *Buddleja alternifolia* Maxim.	√	√	√	√	√
龙胆科 Gentianaceae	龙胆属 *Gentiana* L.	• 鳞叶龙胆 *Gentiana squarrosa* Ledeb.	√	√			
柳叶菜科 Onagraceae	月见草属 *Oenothera* L.	• 月见草 *Oenothera biennis* L.	√	√	√		
木犀科 Oleaceae	连翘属 *Forsythia* Vahl.	连翘 *Forsythia suspensa* (Thunb.) Vahl	√	√	√	√	√
	丁香属 *Syringa* L.	紫丁香 *Syringa oblata* Lindl.	√	√	√	√	√
	梣属 *Fraxinus* L.	白蜡树 *Fraxinus chinensis* Roxb.	√	√	√	√	√
萝藦科 Asclepiadaceae	鹅绒藤属 *Cynanchum* L.	• 牛皮消 *Cynanchum auriculatum* Royle ex Wight.	√	√	√	√	
		• 鹅绒藤 *Cynanchum chinense* R. Br.	√	√	√	√	
		• 地梢瓜 *Cynanchum thesioides* (Freyn) K. Schum.	√	√	√		
旋花科 Convolvulaceae	打碗花属 *Calystegia* L.	• 打碗花 *Calystegia hederacea* Wall.	√	√	√	√	
	田旋花属 *Convolvulus* L.	• 田旋花 *Convolvulus arvensis* L.	√	√	√	√	
	菟丝子属 *Cuscuta* R. Br.	• 南方菟丝子 *Cuscuta australis* R. Br.	√	√			
		• 菟丝子 *Cuscuta chinensis* Lam.	√	√	√		
紫草科 Boraginaceae	斑种草属 *Bothriospermum* Bge.	• 狭苞斑种草 *Bothriospermum kusnezowii* Bge.	√	√	√		
	鹤虱属 *Lappula* L.	• 鹤虱 *Lappula myosotis* V. Wolf	√	√	√	√	

续表

科	属	种	2017年	2012年	2006年	1998年	1994年
紫草科 Boraginaceae	砂引草属 *Messerschmidia* L.	• 细叶砂引草 *Messerschmidia sibirica*L. var. *angustior* (DC.) W. T. Wang	√	√	√		
	紫筒草属 *Stenosolenium* Turcz.	• 紫筒草 *Stenosolenium saxatile* (Pall) Turcz.	√	√	√		
马鞭草科 Verbenaceae	莸属 *Caryopteris* Maxim.	光果莸 *Caryopteris tangutica* Maxim.		√			
唇形科 Labiatae	青兰属 *Dracocephalum* L.	• 香青兰 *Dracocephalum moldavica* L.	√	√	√	√	√
	益母草属 *Leonurus* L.	• 益母草 *Leonurus artemisia* (Lour.) S. Y. Hu	√	√	√	√	
		• 细叶益母草 *Leonurus sibiricus* L.	√	√	√		
	薄荷属 *Mentha* L.	• 薄荷 *Mentha haplocalyx* Briq.	√	√	√	√	
	紫苏属 *Perilla* L.	紫苏 *Perilla frutescens* (L.) Britt.					√
	黄芩属 *Scutellaria* L.	黄芩 *Scutellaria baicalensis* Georgi	√	√	√	√	√
		• 并头黄芩 *Scutellaria scordifolia* Fisch. ex Schrank	√	√	√		
		• 粘毛黄芩 *Scutellaria viscidula* Bge.	√	√	√		
	百里香属 *Thymus* L.	• 百里香 *Thymus mongolicus* Ronn.	√	√	√	√	
茄科 Solanaceae	天仙子属 *Hyoscyamus* L.	• 天仙子 *Hyoscyamus niger* L.	√	√	√	√	
	枸杞属 *Lycium* L.	宁夏枸杞 *Lycium barbarum* L.	√	√	√	√	√
	茄属 *Solanum* L.	• 青杞 *Solanum septemlobum* Bge.	√	√	√		
		马铃薯 *Solanum tuberosum* L.	√	√	√	√	√
		• 龙葵 *Solanum nigrum* L.	√	√			
紫葳科 Bignoniaceae	角蒿属 *Incarvillea* L.	• 角蒿 *Incarvillea sinensis* Lam.	√	√	√	√	
车前科 Plantaginaceae	车前属 *Plantago* L.	• 平车前 *Plantago depressa* Willd.	√	√	√	√	
		• 大车前 *Plantago major* L.	√	√	√		
茜草科 Rubiaceae	茜草属 *Rubia* L.	• 茜草 *Rubia cordifolia* L.	√	√	√		
脂麻科 Sesamum	胡麻属 *Sesamum* L.	芝麻 *Sesamum indicum* L.			√		
忍冬科 Caprifoliaceae	忍冬属 *Lonicera* L.	忍冬 *Lonicera japonica* Thunb.	√				
败酱科 Valerianaceae	败酱属 *Patrinia* Juss.	• 墓头回 *Patrinia heterophylla* Bge.	√				

续表

科	属	种	2017 年	2012 年	2006 年	1998 年	1994 年
葫芦科 Cucurbitaceae	西瓜属 *Citrullus* Schrad.	西瓜 *Citrullus lanatus* (Thunb.) Matsum. et Nakai					√
	黄瓜属 *Cucumis* L.	甜瓜 *Cucumis melo* L.					√
	栝楼属 *Trichosanthes* L.	栝楼 *Trichosanthes kirilowii* Maxim.					√
桔梗科 Campanulaceae	沙参属 *Adenophora* Fisch.	• 泡沙参 *Adenophora potaninii* Korsh.	√	√			
	桔梗属 *Platycodon* A. DC.	桔梗 *Platycodon grandiflorus* (Jacq.) A. DC.					√
菊科 Compositae	牛蒡属 *Arctium* L.	牛蒡 *Arctium lappa* L.					√
	蒿属 *Artemisia* L.	• 时萝蒿 *Artemisia anethoides* Mattf.	√	√	√	√	√
		• 黄花蒿 *Artemisia annua* L.	√	√	√		
		• 艾 *Artemisia argyi* Lévl. et Van.	√	√	√	√	
		• 牛尾蒿 *Artemisia dubia* Wall. ex Bess.	√	√			
		• 南牡蒿 *Artemisia eriopoda* Bge.	√	√			
		• 牡蒿 *Artemisia japonica* Thunb.	√	√			
		• 细杆沙蒿 *Artemisia macilenta* (Maxim.) Krasch.	√	√			
		• 蒙古蒿 *Artemisia mongolica* (Fisch.ex Bess.) Nakai	√	√			
		• 白莲蒿 *Artemisia sacrorum* Ledeb.	√	√	√		
		• 五月艾 *Artemisia indica* Willd.	√	√	√		
		• 野艾蒿 *Artemisia lavandulaefolia* DC.	√	√	√	√	
		• 黑沙蒿 *Artemisia ordosica* Krasch.	√	√	√	√	√
		• 灰莲蒿 *Artemisia sacrorum* Ledeb. var. *incana* (Bess.) Y. R. Ling	√	√			
		• 猪毛蒿 *Artemisia scoparia* Waldst. et Kit.	√	√	√	√	√
		• 大籽蒿 *Artemisia sieversiana* Ehrhart ex Willd.	√	√	√	√	
	紫菀属 *Aster* L.	• 三脉紫菀 *Aster ageratoides* Turcz.	√	√	√		
		• 狭苞紫菀 *Aster farreri* W. W. Smith et J. F. Jeffrey	√				
	鬼针草属 *Bidens* L.	• 小花鬼针草 *Bidens parviflora* Willd.	√	√	√		
	飞廉属 *Carduus* L.	• 节毛飞廉 *Carduus acanthoides* L.	√	√	√		

续表

科	属	种	2017 年	2012 年	2006 年	1998 年	1994 年
菊科 Compositae	飞廉属 *Carduus* L.	• 丝毛飞廉 *Carduus crispus* L.	√	√	√	√	
	红花属 *Carthamus* L.	红花 *Carthamus tinctorius* L.					√
	蓟属 *Cirsium* Mill	• 刺儿菜 *Cirsium setosum* (Willd.) MB.	√	√	√	√	
	白酒草属 *Conyza* L.	• 小蓬草 *Conyza canadensis* (L.) Cronq.	√	√			
	秋英属 *Cosmos* Cav.	波斯菊 *Cosmos bipinnata* Cav.	√	√	√		
	还阳参属 *Crepis* L.	• 北方还阳参 *Crepis crocea* (Lam.) Babcock	√	√	√		
	菊属 *Dendranthema* (DC.) Des Moul.	• 小红菊 *Dendranthema chanetii* (Lévl.) Shih	√	√	√	√	
	蓝刺头属 *Echinops* L.	• 砂蓝刺头 *Echinops gmelinii* Turcz.	√	√	√	√	
	向日葵属 *Helianthus* L.	菊芋 *Helianthus tuberosus* L.			√	√	√
	泥胡菜属 *Hemisteptia* L.	• 泥胡菜 *Hemisteptia lyrata* (Bge.) Bge.	√	√	√	√	
	狗娃花属 *Heteropappus* Less.	• 阿尔泰狗娃花 *Heteropappus altaicus* (Willd.) Novoposk.	√	√	√	√	√
	旋覆花属 *Inula* L.	• 欧亚旋覆花 *Inula britannica* L.	√	√	√		
		• 旋覆花 *Inula japonica* Thunb.	√	√	√	√	
		• 蓼子朴 *Inula salsoloides* (Turcz.) Ostenf.	√	√	√	√	
	小苦荬属 *Ixeridium* (A. Gray) Tzvel.	• 中华小苦荬 *Ixeridium chinense* (Thunb.) Tzvel.	√	√	√	√	
		• 窄叶小苦荬 *Ixeridium gramineum* (Fisch.) Tzvel.	√	√	√		
		• 抱茎小苦荬 *Ixeridium sonchifolium* (Maxim.) Shih	√	√	√	√	
	马兰属 *Kalimeris* L.	• 马兰 *Kalimeris indica* (L.) Sch.-Bip.	√	√	√	√	
		• 全叶马兰 *Kalimeris integrifolia* Turcz ex DC.	√	√	√	√	
	大丁草属 *Leibnitzia* L.	• 大丁草 *Leibnitzia anandria* (L.) Nakai	√	√			
	火绒草属 *Leontopodium* R. Brown	• 长叶火绒草 *Leontopodium longifolium* Ling	√	√	√		
		• 火绒草 *Leontopodium leontopodioides* (Willd.) Beauv.	√	√	√		
	乳苣属 *Mulgedium* Cass.	• 乳苣 *Mulgedium tataricum* (L.) DC.	√	√	√	√	
	栉叶蒿属 *Neopallasia* (Pall.) Poljark.	• 栉叶蒿 *Neopallasia pectinata* (Pall.) Poljak.	√	√	√		
	蝟菊属 *Olgaea* L.	• 刺疙瘩 *Olgaea tangutica* Iljin	√	√	√		

续表

科	属	种	2017 年	2012 年	2006 年	1998 年	1994 年
菊科 Compositae	风毛菊属 *Saussurea* DC.	• 草地风毛菊 *Saussurea amara* (L.) DC.	√	√	√	√	
		• 紫苞风毛菊 *Saussurea iodostegia* Hance	√	√	√		
		• 风毛菊 *Saussurea japonica* (Thunb.) DC.	√	√	√	√	
		• 美花风毛菊 *Saussurea pulchella* (Fisch.) Fisch.	√	√	√		
	鸦葱属 *Scorzonera* Bge.	• 华北鸦葱 *Scorzonera albicaulis* Bge.	√				
		• 鸦葱 *Scorzonera austriaca* Willd.	√	√	√		
	麻花头属 *Serratula* L.	• 麻花头 *Serratula centauroides* L.	√	√	√		
		• 缢苞麻花头 *Serratula strangulata* Iljin	√	√	√		
	松香草属 *Silphium* L.	串叶松香草 *Silphium perfoliatum* L.					√
	苦苣菜属 *Sonchus* L.	• 长裂苦苣菜 *Sonchus brachyotus* DC.	√	√	√	√	
		• 苦苣菜 *Sonchus oleraceus* L.	√	√	√	√	
	蒲公英属 *Taraxacum* F. H. Wigg.	• 蒲公英 *Taraxacum mongolicum* Hand.-Mazz.	√	√	√	√	√
		• 白缘蒲公英 *Taraxacum platypecidum* Diels	√	√	√		
	苍耳属 *Xanthium* L.	• 苍耳 *Xanthium sibiricum* Patr. ex Widder	√	√	√	√	
禾本科 Gramineae	芨芨草属 *Achnatherum* Beauv.	• 羽茅 *Achnatherumsibiricum* (L.) Keng	√	√			
		芨芨草 *Achnatherum splendens* (Trin.) Nevski	√	√	√	√	√
	冰草属 *Agropyron* Gaertn.	冰草 *Agropyron cristatum* (L.) Gaertn.	√	√	√	√	√
		• 沙芦草 *Agropyron mongolicum* Keng	√	√	√		
	燕麦属 *Avena* L.	莜麦 *Avena chinensis* (Fisch. ex Roem. et Schult.) Metzg.			√	√	√
		• 野燕麦 *Avena fatua* L.	√	√	√	√	
		燕麦 *Avena sativa* L.					√
	野牛草属 *Buchloe* Engelm.	• 野牛草 *Buchloe dactyloides* (Nutt.) Engelm.	√	√	√		
	雀麦属 *Bromus* L.	无芒雀麦 *Bromus inermis* Leyss.	√	√	√	√	√
	拂子茅属 *Calamagrostis* Adans.	• 拂子茅 *Calamagrostis epigeios* (L.) Roth	√	√	√	√	√
		• 大拂子茅 *Calamagrostis macrolepis* Litv.	√	√	√		

续表

科	属	种	2017 年	2012 年	2006 年	1998 年	1994 年
禾本科 Gramineae	拂子茅属 *Calamagrostis* Adans.	• 假苇拂子茅 *Calamagrostis pseudophragmites* (Hall. f.) Koel.	√	√	√		
	虎尾草属 *Chloris* Sw.	• 虎尾草 *Chloris virgata* Sw.	√	√	√	√	√
	薏苡属 *Coix* L.	薏苡 *Coix lacryma-jobi* L.					√
	隐子草属 *Cleistogenes* Keng	• 中华隐子草 *Cleistogenes chinensis* (Maxim.) Keng	√	√			
		• 糙隐子草 *Cleistogenes squarrosa* (Trin.) Keng	√	√			
	野青茅属 *Deyeuxia* L.	• 糙毛野青茅 *Deyeuxia arundinacea* (L.) Beauv. var. *hirsute* (Hack.) P. C. Kuo et S. L. Lu	√	√	√		
	马唐属 *Digitaria* Hall.	• 止血马唐 *Digitaria ischaemum* (Schreb.) Schreb. ex Muhl.	√				
	稗属 *Echinochloa* Beauv.	• 稗 *Echinochloa crusgalli* (L.) Beauv.	√	√	√	√	
		• 无芒稗 *Echinochloa crusgalli* (L.) Beauv. var. *mitis* (Pursh) Peterm.	√	√	√		
	披碱草属 *Elymus* L.	披碱草 *Elymus dahuricus* Turcz.	√	√	√	√	√
		• 肥披碱草 *Elymus excelsus* Turcz.	√	√			
		• 老芒麦 *Elymus sibiricus* L.				√	√
	画眉草属 *Eragrostis* Beauv.	• 画眉草 *Eragrostis pilosa* (L.) Beauv.	√	√	√		
	羊茅属 *Festuca* L.	苇状羊茅 *Festuca arundinacea* Schreb.			√	√	√
		羊茅 *Festuca ovina* L.			√	√	√
		高山羊茅 *Festuca arioides* Lam.					√
	甜茅属 *Glyceria* R. Br.	• 甜茅 *Glyceria acutiflora* Torrey subsp. *japonica* (Steud.) T. Koyama et Kawano	√	√	√	√	
	黑麦草属 *Lolium* L.	• 黑麦草 *Lolium perenne* L.				√	√
	茅香属 *Hierochloe* R. Br.	• 茅香 *Hierochloe odorata* (L.) Beauv.	√	√	√		
	大麦属 *Hordeum* L.	• 芒颖大麦草 *Hordeum jubatum* L.	√	√	√		
	白茅属 *Imperata* Cyr.	• 白茅 *Imperata cylindrica* (L.) Beauv.	√	√	√	√	
	洽草属 *Koeleria* L.	• 洽草 *Koeleria cristata* (L.) Pers.	√	√	√		
	赖草属 *Leymus* Hochst.	• 羊草 *Leymus chinensis* (Trin.) Tzvel.	√	√			
		• 赖草 *Leymus secalinus* (Georgi) Tzvel.	√	√	√	√	√

续表

科	属	种	2017 年	2012 年	2006 年	1998 年	1994 年
禾本科 Gramineae	臭草属 *Melica* L.	• 抱草 *Melica virgata* Turcz. ex Trin.	√	√			
	黍属 *Panicum* L.	• 黍 *Panicum miliaceum* L.			√	√	√
	狼尾草属 *Pennisetum* L.	• 白草 *Pennisetum centrasiaticum* Tzvel.	√	√	√		
	芦苇属 *Phragmites* Adans.	• 芦苇 *Phragmites australis* (Cav.) Trin. ex Steud.	√	√	√	√	
	早熟禾属 *Poa* L.	• 早熟禾 *Poa annua* L.	√	√	√	√	
		• 堇色早熟禾 *Poa ianthina* Keng	√	√	√		
		• 林地早熟禾 *Poa nemoralis* L.	√				
		• 硬质早熟禾 *Poa sphondylodes* Trin.ex Bge.	√	√	√		
	鹅观草属 *Roegneria* L.	• 纤毛鹅观草 *Roegneria ciliaris* (Trin.) Nevski	√	√	√	√	
		• 鹅观草 *Roegneria kamoji* Ohwi.	√	√	√	√	
		• 缘毛鹅观草 *Roegneria pendulina* Nevski	√	√	√		
		• 多变鹅观草 *Roegneria varia* Keng	√	√			
	狗尾草属 *Setaria* Beauv.	• 大狗尾草 *Setaria faberi* Herrm.	√				
		• 金色狗尾草 *Setaria glauca* (L.) Beauv.	√	√	√	√	√
		粱 *Setaria italica* (L.) Beauv.	√	√	√	√	√
		• 狗尾草 *Setaria viridis* (L.) Beauv.	√	√	√	√	√
	针茅属 *Stipa* L.	• 短花针茅 *Stipa breviflora* Griseb.	√	√	√		
		• 长芒草 *Stipa bungeana* Trin.	√	√	√	√	
		• 镰芒针茅 *Stipa caucasica* Schmalh.	√	√	√		
		• 大针茅 *Stipa grandis* P. Smirn.	√	√	√		
		• 戈壁针茅 *Stipa tianschanica* Roshev. var. *gobica* (Roshev.) P. C. Kuo et Y. H. Sun	√	√	√		
		• 西北针茅 *Stipa sareptana* Beker var. *krylovii* (Roshev.) P. C. Kuo et Y. H. Sun	√	√			
	玉蜀黍属 *Zea* L.	玉米 *Zea mays* L.	√	√	√	√	√

续表

科	属	种	2017年	2012年	2006年	1998年	1994年
鸭跖草科 Commelinaceae	鸭跖草属 *Commelina* L.	鸭跖草 *Commelina communis* L.	√	√			
百合科 Liliaceae	葱属 *Allium* L.	• 薤白 *Allium macrostemon* Bge.	√				
		• 山韭 *Allium senescens* L.	√	√			
		• 北葱 *Allium schoenoprasum* L.	√				
		• 细叶韭 *Allium tenuissimum* L.	√				
	知母属 *Anemarrhena* Bge.	知母 *Anemarrhena asphodeloides* Bge.					√
	天门冬属 *Asparagus* Bge.	• 曲枝天门冬 *Asparagus trichophyllus* Bge.	√	√	√		
薯蓣科 Dioscoreaceae	薯蓣属 *Dioscorea* L.	• 穿龙薯蓣 *Dioscorea nipponica* Makino	√	√			
鸢尾科 Iridaceae	射干属 *Belamcanda* Adans.	射干 *Belamcanda chinensis* (L.) DC.				√	√

•为野生植物，其余为栽培植物

附录二　平朔矿区昆虫名录

（11目132科642种）

目	科	种
蜻蜓目 ODONATA	蜻科 Libellulidae	白尾灰蜻 *Orthetrum albistylum*
		黄蜻 *Pantala flavescens*
		小黄赤卒 *Sympetrum kuncheli*
螳螂目 MANTODEA	螳科 Mantidae	宽胸螳螂（广腹螳螂）*Hierodula patellifera*
		薄翅螳螂 *Mantis religiosa*
革翅目 DERMAPTERA	球螋科 Forficulidae	日本张铗螋 *Anechara japonica*
		健阔球螋 *Forficula robusta*
直翅目 ORTHOPTERA	螽斯科 Tettigoniidae	长翅鸣螽 *Gampsocleis buergeri*
		长翅纺织螽 *Mecopoda elongata*
	蝼蛄科 Gryllotalpidae	东方蝼蛄 *Gryllotalpa orientalis*
		华北蝼蛄 *Gryllotalpa unispina*
	蟋蟀科 Gryllidae	油葫芦 *Gryllus testaceus*
	癞蝗科 Pamphagidae	笨蝗 *Haplotropis brunneriana*
	锥头蝗科 Pyrgomorphidae	短额负蝗 *Atractomorpha sinensis*
	斑腿蝗科 Catantopidae	短星翅蝗 *Calliptamus abbreviatus*
		北极黑蝗 *Melanoplus frigidus*
		无齿稻蝗 *Oxya adentata*
		中华稻蝗 *Oxya chinensis*
	斑翅蝗科 Cedipodidae	红翅皱膝蝗 *Angaracris rhodopa*
		白边痂蝗 *Bryodema luctuosum*
		轮纹异痂蝗 *Bryodemella tuberculatum dilutum*
		小赤翅蝗 *Celes skalozubovi*
		大赤翅蝗 *Celes akitanus*
		大胫刺蝗 *Compsorhipis davidiana*
		大垫尖翅蝗 *Epacromius coerulipes*
		小垫尖翅蝗 *Epacromius tergestinus tergestinus*
		甘蒙尖翅蝗 *Epacromius tergostinus extimus*
		云斑车蝗 *Gastrimargus marmoratus*
		亚洲小车蝗 *Oedaleus asiaticus*
		黑条小车蝗 *Oedaleus decorus*
		黄胫小车蝗 *Oedaleus infernalis*
		蒙古束颈蝗 *Sphingonotus mongolicus*
		疣蝗 *Trilophidia annulata*

续表

目	科	种
直翅目 ORTHOPTERA	网翅蝗科 Arcypteridae	白纹雏蝗 *Chorthippus albonemus*
		华北雏蝗 *Chorthippus brunneus huabeiensis*
		锥尾雏蝗 *Chorthippus conicaudatus*
		狭翅雏蝗 *Chorthippus dubius*
		小翅雏蝗 *Chorthippus fallax*
		北方雏蝗 *Chorthippus hammarstroemi*
		夏氏雏蝗 *Chorthippus hsiai*
		东方雏蝗 *Chorthippus intermedius*
		侧翅雏蝗 *Chorthippus latipennis*
		素色异爪蝗 *Euchorthippus unicolor*
		永宁异爪蝗 *Euchorthippus yungningensis*
		红腹牧草蝗 *Omocestus haemorrhoidalis*
		红胫牧草蝗 *Omocestus ventralis*
		宽翅曲背蝗 *Pararcyptera microptera meridionalis*
	槌角蝗科 Gomphoceridae	长角皱腹蝗 *Egnatius apicalis*
		李氏大足蝗 *Gomphocerus licenti*
	剑角蝗科 Acrididae	中华剑角蝗 *Acrida cinerea*
		异翅鸣蝗 *Mongolotettix anomopterus*
	蚱科 Tetrigidae	小菱蝗 *Acrydium japonica*
		喀氏菱蝗 *Acrydium kraussi*
		大菱蝗 *Acrydium longulum*
		高目菱蝗（突眼蚱）*Ergatettix dorsiferus*
同翅目 HOMOPTERA	蜡蝉科 Fulgoridae	斑衣蜡蝉 *Lycorma delicatula*
	飞虱科 Delphacidae	白背飞虱 *Sogatella furcifera*
	蝉科 Cicadidae	杨寒将 *Melampsalta radiator*
	沫蝉科 Cercopidae	柳沫蝉 *Aphrophora intermedia*
		鞘翅沫蝉 *Lepyronia coleoptrata*
	叶蝉科 Cicadellidae	黑尾大叶蝉 *Bothrogonia ferruginea*
		大青叶蝉 *Cicadella viridis*
		淡绿叶蝉 *Balclutha punctata*
		二点叶蝉 *Macrosteles fascifrons*
		黑尾叶蝉 *Nephotettix cincticeps*
		条沙叶蝉 *Psammotettix striatus*
		小绿叶蝉 *Empoasca flavescens*
		百斑小叶蝉 *Euythroneuramori*
	角蝉科 Membracidae	西伯利亚脊角蝉 *Machaerotypus sibiricus*
		角蝉 *Orthobelus* sp.
	木虱科 Psyllidae	中国梨木虱 *Psylla chinensis*
		梨黄木虱 *Psylla pyricola*
	个木虱科 Triozidae	中国沙棘个木虱 *Hippophaetrioza chinensis*

续表

目	科	种
同翅目 HOMOPTERA	个木虱科 Triozidae	广武沙棘个木虱 *Hippophaetrioza guongwui*
	球蚜科 Adelgidae	云杉绿球蚜 *Sacchiphantes viridis*
	瘿绵蚜科 Pemphigidae	杨枝瘿绵蚜 *Pemphigus immunis*
		白杨瘿绵蚜 *Pemphigus napaeus*
		榆四脉绵蚜 *Tetraneura ulmi*
	大蚜科 Lachnidae	松长足大蚜 *Cinara pinea*
		柳瘤大蚜 *Tuberolachnus salignus*
	毛蚜科 Chaitophoridae	榆华毛蚜 *Sinochaitophorus maoi*
	蚜科 Aphididae	豌豆蚜 *Acyrthosiphon pisum*
		甜菜蚜 *Aphis fabae*
		豆蚜 *Aphis craccivora*
		艾蚜 *Aphis kurosawai*
		金雀花蚜 *Aphis cytisorum*
		苜蓿蚜 *Aphis medicaginis*
		杠柳蚜 *Aphis periplocophila*
		洋槐蚜 *Aphis robiniae*
		杏短尾蚜 *Brachycaudus helichrysi*
		甘蓝蚜 *Brevicoryne brassicae*
		高粱蚜 *Melanaphis sacchari*
		荻草谷网蚜 *Sitobion miscanthi*
		苹果圆瘤蚜 *Ocatus malisuctus*
		杏瘤蚜 *Myzus mumecola*
		桃（烟）蚜 *Myzus persicae*
		艾稠钉毛蚜 *Pleotrichophorus pseudoglandulosus*
		玉米蚜 *Rhopalosiphum maidis*
		禾谷缢管蚜 *Rhopalosiphum padi*
		麦二叉蚜 *Schizaphis graminum*
		梨二叉蚜 *Schizaphis piricola*
		樱桃卷叶蚜 *Tuberocephalus liaoningensis*
		桃瘤头蚜 *Tuberocephalus momonis*
		红花指管蚜 *Dactynotus gobonis*
	蚧科 Coccidae	杨雪盾蚧 *Chionaspis micropori*
		皱大球蚧 *Eulecanium kuwanai*
		瘤坚大球蚧 *Eulecanium gigantea*
	盾蚧科 Diaspididae	梨枝圆盾蚧 *Diaspidiotus perniciosus*
		榆牡蛎盾蚧 *Lepidosaphes ulmi*
半翅目 HEMIPTERA	黾蝽科 Gerridae	水黾 *Aquarium paludum*
	猎蝽科 Reduviidae	淡带荆猎蝽 *Acanthaspis cincticrus*
		污黑盗猎蝽 *Pirates* (*Cleptocoris*) *turpis*
	螳蝽科 Phymatidae	松潘瘤蝽 *Cnizocoris berezowskii*

续表

目	科	种
半翅目 HEMIPTERA	螳蝽科 Phymatidae	中国螳瘤蝽 *Cnizocoris sinensis*
		中国原瘤蝽 *Phymatacras sipeschinensis*
	盲蝽科 Miridae	苜蓿盲蝽 *Adelphocoris lineolatus*
		小黑盲蝽 *Chlamydatus pullus*
		绿后丽盲蝽 *Apolygus lucorum*
	姬蝽科 Nabidae	类原姬蝽亚洲亚种 *Nabis* (*Nabis*) *punctatusminoferus*
		华姬蝽 *Nabis* (*Nabis*) *sinoferus*
		暗色姬蝽 *Nabis* (*Nabis*) *stenoferus*
	花蝽科 Anthocoridae	微小花蝽 *Orius minutus*
	扁蝽科 Aradidae	同扁蝽 *Aradus compar*
	跷蝽科 Berytidae	琴长蝽 *Ligyrocoris sylvestris*
		谷子小长蝽 *Nysius ericae*
		淡边地长蝽 *Rhyparochromus adspersus*
	红蝽科 Pyrrhocoridae	地红蝽 *Pyrrhocoris tibialis*
	缘蝽科 Coreidae	点伊缘蝽 *Rhopalus latus*
		褐伊缘蝽 *Rhopalus sapporensis*
		粟缘蝽 *Liorchyssus hyalinus*
		棕长缘蝽 *Megalotomus castaneus*
		闭环缘蝽 *Stictopleurus viridictatus*
	异蝽科 Urostylidae	光华异蝽 *Tessaromerus licenti*
		花壮异蝽 *Urochela luteovaria*
		红足壮异蝽 *Urochela quadrinotata*
	同蝽科 Acanthosomatidae	直同蝽 *Elasmostethus interstinctus*
		短直同蝽 *Elasmostethus brevis*
	土蝽科 Cydnidae	圆边土蝽 *Legnotus rotundus*
		长点边土蝽 *Legnotus notatus*
		根土蝽 *Stibaropus formosanus*
	龟蝽科 Plataspidae	双痣圆龟蝽 *Coptosoma biguttula*
	盾蝽科 Scutelleridae	扁盾蝽 *Eurygaster testudinarius*
	蝽科 Pentatomidae	实蝽 *Antheminia pusio*
		紫翅果蝽 *Carpocoris purpureipennis*
		斑须蝽 *Dolycoris baccarum*
		麻皮蝽 *Erthesina fullo*
		横纹菜蝽 *Eurydema gebleri*
		赤条蝽 *Graphosoma rubrolineata*
		茶翅蝽 *Halyomorpha picus*
		弯角蝽 *Lelia decempunctata*
		碧蝽 *Palomena angulosa*
		缘碧蝽 *Palomena limbata*
		金绿真蝽 *Pentatoma metallifera*

续表

目	科	种
半翅目 HEMIPTERA	蝽科 Pentatomidae	红足真蝽 *Pentatoma rufipes*
		珠蝽 *Rubiconica intermedia*
脉翅目 NEUROPTERA	草蛉科 Chrysopidae	丽草蛉 *Chrysopa formosa*
		多斑草蛉 *Chrysopa intima*
		大草蛉 *Chrysopa pallens*
		叶色草蛉 *Chrysopa phyllochroma*
		中华草蛉 *Chrysopa sinica*
		亚非草蛉 *Mallada boninensis*
		黄褐草蛉 *Chrysopas yatsumatsai*
	蚁蛉科 Myrmeleontidae	褐纹树蚁蛉 *Dendroleon pantherinus*
		中华东蚁蛉 *Euroleon sinicus*
	蝶角蛉科 Ascalaphidae	黄花蝶角蛉 *Ascalaphus sibiricus*
鳞翅目 LEPIDOPTERA	细蛾科 Gracilariidae	金纹细蛾 *Lithocolletis ringoniella*
	银蛾科 Argyresthiidae	苹果银蛾 *Argyresthia conjugella*
	巢蛾科 Yponomeutidae	苹果点巢蛾 *Yponomeuta polysticta*
		淡褐巢蛾 *Swammerdamia pyrella*
		苹果巢蛾 *Yponomeuta padella*
		卫矛巢蛾 *Yponomeuta polystigmellus*
	菜蛾科 Plutellidae	小菜蛾 *Plutella xylostella*
	潜蛾科 Lyonetiidae	旋纹潜蛾 *Leucoptera scitella*
		杨白潜蛾 *Leucoptera susinella*
		银纹潜蛾 *Lyonetia prunifoliella*
		杨银潜蛾 *Phyllocnistis saligna*
	麦蛾科 Gelechiidae	杨麦蛾 *Anacampsis populella*
		黑星麦蛾 *Telphusa chloroderces*
	木蠹蛾科 Cossidae	柳干蠹蛾 *Holcocerus vicarious*
		芳香木蠹蛾 *Cossus cossus*
		沙棘木蠹蛾 *Holcocerus hippophaecolus*
		白斑木蠹蛾 *Catopta albonubilus*
	卷蛾科 Tortricidae	黄斑长翅卷蛾 *Acleris fimbriana*
		棉褐带卷蛾 *Adoxophyes orana*
		枣镰翅小卷蛾 *Ancylis sativa*
		梨黄卷蛾 *Archips breviplicana*
		黄色卷蛾 *Choristoneura longicellana*
		松叶小卷蛾 *Epinotia rubiginosana*
		李小食心虫 *Grapholitha funebrana*
		梨小食心虫 *Grapholitha molesta*
		大豆食心虫 *Leguminivora glycinivorella*
		松褐卷蛾 *Pandemis cinnamomeana*
		苹褐卷蛾 *Pandemis heparana*

续表

目	科	种
鳞翅目 LEPIDOPTERA	卷蛾科 Tortricidae	醋栗褐卷蛾 *Pandemis ribeana*
		云杉球果小卷蛾 *Laspeyresia strobilella*
		芽白小卷蛾 *Spilonota lechriaspis*
		亚麻细卷蛾 *Phalonia epilinana*
	透翅蛾科 Sesiidae	葡萄透翅蛾 *Paranthrene regale*
		白杨透翅蛾 *Paranthrene tabaniformis*
		杨大透翅蛾 *Sphecia crabroniformis*
		海棠透翅蛾 *Synanthedon haitangvora*
	斑蛾科 Zygaenidae	桃叶斑蛾 *Illiberis nigra*
		梨叶斑蛾 *Illiberis pruni*
		杏星毛虫 *Illiberis psychina*
		榆斑蛾 *Illiberis ulmivora*
	刺蛾科 Limacodidae	黄刺蛾 *Cnidocampa flavescens*
		褐边绿刺蛾 *Parasa consocia*
		扁刺蛾 *Thosea sinensis*
	螟蛾科 Pyralidae	米缟螟 *Aglossa dimidiatua*
		粟灰螟 *Chilo infuscatellus*
		稻纵卷叶螟 *Cnaphalocrocis medinalis*
		四斑绢野螟 *Diaphania quadrimaculalis*
		柠条种子螟 *Epiepischnia keredjella*
		豆荚螟 *Etiella zinckenella*
		豆卷叶螟 *Lamprosema indicata*
		草地螟 *Margaritia sticticalis*
		玉米螟 *Ostrinia nubilalis*
		印度谷螟 *Plodia interpunctella*
		旱柳原野螟 *Proteuclasta stotzneri*
		紫斑谷螟 *Pyralis farinalis*
	尺蛾科 Geometridae	醋栗尺蛾 *Abraxas grossulariata*
		杉霜尺蛾 *Alcis angulifera*
		金星尺蛾 *Gigantalcis flavolinearia*
		曲带尺蛾 *Alcis qudai*
		桦霜尺蛾 *Alcis bastelbergeri*
		李尺蛾 *Angerona prunaria*
		沙枣尺蛾 *Apochemia cinerarius*
		黄星尺蛾 *Arichanna melanaria*
		山枝子尺蛾 *Aspitates tristrigaria*
		桦尺蛾 *Biston betularia*
		粉蝶尺蛾 *Bupalus vestalis*
		丝棉木金星尺蛾 *Abraxas suspecta*
		榛金星尺蛾 *Abraxas sylvata*

续表

目	科	种
鳞翅目 LEPIDOPTERA	尺蛾科 Geometridae	叉线青尺蛾 *Tanaoctenia dehaliaria*
		酸枣尺蛾 *Chihuo sunzao*
		枣尺蛾 *Chihuo zao*
		遗仿锈腰尺蛾 *Chlorissa obliterata*
		双肩尺蛾 *Cleora cinctaria*
		暗旋尺蛾 *Colostygia pendearia*
		白点焦尺蛾 *Colotois pennaria ussuriensis*
		栎绿尺蛾 *Comibaena delicatior*
		双斜线尺蛾 *Conchia mundataria*
		枞灰尺蛾 *Deileptenia ribeata*
		华秋枝尺蛾 *Ennomos autumnaria sinica*
		菊四目绿尺蛾 *Thetidia albocostaria*
		云纹尺蛾 *Eulithis pyropata*
		直脉青尺蛾 *Geometra valida*
		贡尺蛾 *Gonodontis aurata*
		角顶尺蛾 *Menophra emaria*
		波无缰青尺蛾 *Hemistola veneta*
		红腰绿尺蛾 *Hemithea aestivaria*
		白脉青尺蛾 *Geometra albovenaria*
		蝶青尺蛾 *Geometra papilionaria*
		窗尺蛾 *Laciniodes unistirpis*
		缘点尺蛾 *Lomaspilis marginata amurensis*
		黄辐射尺蛾 *Iotaphora iridicolor*
		女贞尺蛾 *Naxa seriaria*
		斜白线青尺蛾 *Neohipparchus vallata*
		枯斑翠尺蛾 *Ochrognesia difficta*
		秋尺蛾 *Operphtera brumata*
		四星尺蛾 *Ophthalmitis irrorataria*
		雪尾尺蛾 *Ourapteryx nivea*
		驼尺蛾 *Pelurga comitata*
		同渣尺蛾 *Psyras imilaria*
		杨姬尺蛾 *Scopula virginalis*
		三线银尺蛾 *Scopula pudicaria*
		槐尺蛾 *Semiothisa cinerearia*
		中国威庶尺蛾 *Semiothisa wauariachinensis*
		甘肃狭参尺蛾 *Synopsiastrictaria variegata*
		波翅青尺蛾 *Thalerafimbrialis chlorosaria*
		肖二线绿尺蛾 *Thetidia chlorophyllaria*
		红黑维尺蛾 *Venusia nigrifurca*
		双流潢尺蛾 *Xanthorhoe biriviata*

续表

目	科	种
鳞翅目 LEPIDOPTERA	尺蛾科 Geometridae	顶角斑尺蛾 *Xenortholitha propinguataniphonica*
		桑褶翅尺蛾 *Apochima excavata*
	钩蛾科 Drepanidae	赤杨镰钩蛾 *Drepana curvatula*
		荞麦钩蛾 *Spica parallelangula*
	弄蝶科 Hesperiidae	黄纹弄蝶 *Carterocephalus palaemon*
		尖翅弄蝶 *Hesperia oberthuri*
		赭弄碟 *Ochlodes subhyalina*
		小赭弄蝶 *Ochlodes venata*
		花弄蝶 *Pyrgus maculatus*
	凤蝶科 Papilionidae	金凤蝶 *Papilio machaon*
	粉蝶科 Pieridae	黄尖襟粉蝶 *Anthocharis scolymus*
		树粉蝶 *Aporia crataegi*
		斑缘豆粉蝶 *Colias erate*
		橙黄豆粉蝶 *Colias fieldi*
		宽边小黄粉蝶 *Eurema hecabe*
		锐角翅粉蝶 *Gonepteryx aspasia*
		突角小粉蝶 *Leptidea amurensis*
		黑脉粉蝶 *Pieris melete*
		暗脉粉蝶 *Pieris napi*
		菜粉蝶 *Pieris rapae*
		云斑粉蝶 *Pontia daplidice*
	眼蝶科 Satyridae	黑眼蝶 *Aphantopus hyperantus*
		白点艳眼蝶 *Callerebia albipunctata*
		珍眼蝶 *Coenonympha amaryllis*
		白眼蝶 *Melanargia halimede*
		蛇眼蝶 *Minois dryas*
		西藏带眼蝶 *Pararge thibetana*
		白带眼蝶 *Satyrus alcyone*
	蛱蝶科 Nymphalidae	柳紫闪蛱蝶 *Apatura ilia*
		紫闪蛱蝶 *Apatura iris*
		绿豹蛱蝶 *Argynnis paphia*
		老豹蛱蝶 *Argyronome laodice*
		银豹蛱蝶 *Childrena childreni*
		孔雀蛱蝶 *Inachis io*
		红线蛱蝶 *Limenitis populi*
		斑网蛱蝶 *Melitaea didyma*
		东北网蛱蝶 *Melitaea mandschurica*
		重环蛱蝶 *Neptis alwina*
		链环蛱蝶 *Neptis pryeri*
		单环蛱蝶 *Neptis rivularis*

续表

目	科	种
鳞翅目 LEPIDOPTERA	蛱蝶科 Nymphalidae	黄环蛱蝶 *Neptis themis*
		黄缘蛱蝶 *Nymphalis antiopa*
		白矩朱蛱蝶 *Nymphalis vau-album*
		白钩蛱蝶 *Polygonia c-album*
		黄钩蛱蝶 *Polygonia c-aureum*
		小红蛱蝶 *Vanessa cardui*
		大红蛱蝶 *Vanessa indica*
	灰蝶科 Lycaenidae	琉璃灰蝶 *Celastrina argiolus*
		小紫灰蝶 *Everes argiades*
		长尾蓝灰蝶 *Everes lacturnus*
		黄灰蝶 *Japonica lutea*
		珠灰蝶 *Lycaeides argyrognomon*
		红灰蝶 *Lycaena phlaeas*
		大斑霾灰蝶 *Maculinea arionides*
		胡麻霾灰蝶 *Maculinea teleia*
		豆灰蝶 *Plebejus argus*
		珞灰蝶 *Scolitantides orion*
		乌灰蝶 *Strymon idiawalbum*
		玄灰蝶 *Tongeia fischeri*
	枯叶蛾科 Lasiocampidae	白杨枯叶蛾 *Bhima idiota*
		蒙古小毛虫 *Cosmotriche lunigera*
		黄波纹杂毛虫 *Cyclophragma undans fasciatella*
		油松毛虫 *Dendrolimus tabulaeformis*
		杨枯叶蛾 *Gastropacha populifolia*
		李枯叶蛾 *Gastropacha quercifolia*
		褐纹黄枯叶蛾 *Gastropacha quercifolia cerridifolia*
		黄褐天幕毛虫 *Malacosoma neustria testacea*
		桦树天幕毛虫 *Malacosoma rectifascia*
	大蚕蛾科 Saturniidae	合目大蚕蛾 *Caligula boisduvali fallax*
		黄豹大蚕蛾 *Leopa katinki*
		蓖麻蚕 *Philosamia cynthia ricina*
	天蛾科 Sphingidae	黄脉天蛾 *Amorpha amurensis*
		榆绿天蛾 *Callambulyx tatarinovi*
		沙枣白眉天蛾 *Celerio hippophaes*
		八字白眉天蛾 *Celerio lineata livornica*
		深色白眉天蛾 *Celerio gallii*
		大黑边天蛾 *Haemorrhagia alternata*
		枣桃六点天蛾 *Marumba gaschkewitschi*
		白环红天蛾 *Pergesa askoldensis*
		红天蛾 *Pergesa elpenor lewisi*

续表

目	科	种
鳞翅目 LEPIDOPTERA	天蛾科 Sphingidae	紫光盾天蛾 *Phyllosphingia dissimilis sinensis*
		霜天蛾 *Psilogramma menephron*
		白肩天蛾 *Rhagastis mongoliana*
		杨目天蛾 *Smernthus caecus*
		兰目天蛾 *Smerinthus planus*
	舟蛾科 Notodontidae	黑带二尾舟蛾 *Cerura vinula felma*
		杨二尾舟蛾 *Cerura menciana*
		杨扇舟蛾 *Clostera anachoreta*
		黑芯尾舟蛾 *Dudusa sphingiformis*
		栎纷舟蛾 *Fentonia ocypete*
		腰带燕尾舟蛾 *Harpyia lanigera*
		杨小褐舟蛾 *Micromelalopha troglodyta*
		榆白边舟蛾 *Nericoides davidi*
		仿白边舟蛾 *Paranerice hoenei*
		舟形毛虫 *Phalera flavesoens*
		黄掌舟蛾 *Phalera fusoesoens*
		杨白剑舟蛾 *Pheosia tremula*
		国槐羽舟蛾 *Pterostoma sinicum*
	毒蛾科 Lymantriidae	云星黄毒蛾 *Euproctis niphonis*
		榆毒蛾 *Ivela ochropoda*
		柳毒蛾 *Leucoma candida*
		雪毒蛾 *Leucoma salicis*
		舞毒蛾 *Lymantria dispar*
		盗毒蛾 *Porthesia simills*
	灯蛾科 Arctiidae	红缘灯蛾 *Amsacta lactinea*
		排点黄灯蛾 *Diacrisia sannio*
		车前灯蛾 *Parasemia plantaginis*
		浑黄灯蛾 *Rhyparioides nebulosa*
		黄臀黑污灯蛾 *Spilarctia caesarea*
		尘白灯蛾 *Spilarctia obliqua*
	夜蛾科 Noctuidae	桃剑纹夜蛾 *Acronicta intermedia*
		豆卜馍夜蛾 *Bomolocha tristalis*
		参卜馍夜蛾 *Bomolocha obesalis*
		八字地老虎 *Amathes c-nigrum*
		大地老虎 *Agrotis tokionis*
		三角地老虎 *Agrotis triangulum*
		小地老虎 *Agrotis ipsilon*
		蔷薇扁身夜蛾 *Amphipyra perflua*
		银纹夜蛾 *Argyrogramma agnata*
		银装冬夜蛾 *Argyromata splendida*

续表

目	科	种
鳞翅目 LEPIDOPTERA	夜蛾科 Noctuidae	显裳夜蛾 *Catocala deuteronympha*
		柳裳夜蛾 *Catocala electa*
		缟裳夜蛾 *Catocala fraxini*
		筱客来夜蛾 *Chrysorithrum flavomaculata*
		柳残夜蛾 *Colobochyla salicalis*
		碧银冬夜蛾 *Cucullia argentea*
		黄条冬夜蛾 *Cucullia biornata*
		谐夜蛾 *Emmelia trabealis*
		鸽光裳夜蛾 *Ephesia columbina*
		黄地老虎 *Euxoa segetum*
		三叉地夜蛾 *Euxoa trifurcula*
		烟实夜蛾 *Heliothis assulta*
		苜蓿夜蛾 *Heliothis dipsacea*
		苹梢鹰夜蛾 *Hypocala sabsatura*
		黏虫 *Leucania separata*
		甘蓝夜蛾 *Mamestra brassicae*
		雪疽夜蛾 *Nodaria niphona*
		窄直禾夜蛾 *Oligia arctides*
		鸟嘴壶夜蛾 *Oraesia excavata*
		黄裳银钩夜蛾 *Panchrysia dives*
		碧金翅夜蛾 *Plusia nadeja*
		黑点银纹夜蛾 *Plusia nigrisigna*
		斜纹夜蛾 *Prodenia litura*
		枣绮夜蛾 *Prophyriniaparva*
		焰夜蛾 *Pyrrhia umbra*
		棘翅夜蛾 *Scoliopteryx libatrix*
鞘翅目 COLEOPTERA	虎甲科 Cicindelidae	云纹虎甲 *Cicindela elisae*
		芽斑虎甲 *Cicindela gemmata*
		多型虎甲红翅亚种 *Cicindela hybridanitida*
	步甲科 Carabidae	金星步甲 *Calosoma chinense*
		毛青步甲 *Chlaenius pallipes*
		强婪步甲 *Harpalus crates*
		黄鞘婪步甲 *Harpalus pallidipennis*
		屁步甲 *Pheropsophus occipitalis*
	龙虱科 Dytiscidae	灰龙虱 *Eretes sticticus*
	粪金龟科 Geotrupidae	戴锤角粪金龟 *Bolbotrypes davidis*
		粪堆粪金龟 *Geotrupes stercorarius*
		粪金龟 *Geotrupes substriatellus*
	蜉金龟科 Aphodiidae	游荡蜉金龟 *Aphodius erraticus*
		红亮蜉金龟 *Aphodius impunctatus*

续表

目	科	种
鞘翅目 COLEOPTERA	蜉金龟科 Aphodiidae	直蜉金龟 *Aphodius rectus*
	金龟子科 Scarabaeidae	神农洁蜣螂 *Catharsius molossus*
		臭蜣螂 *Copris ochus*
		墨侧裸蜣螂 *Gymnopleurus mopsus*
		双顶嗡蜣螂 *Onthophagus bivertex*
		小驼嗡蜣螂 *Onthophagus gibbulus*
		台风蜣螂 *Scarabaeus typhon*
	犀金龟科 Dynastidae	阔胸禾犀金龟 *Pentodon mongolicus*
	丽金龟科 Rutelidae	茸喙丽金龟 *Adoretus puberulus*
		铜绿异丽金龟 *Anomala corpulenta*
		黄褐异丽金龟 *Anomala exoleta*
		弓斑丽金龟 *Cyriopertha arcuata*
		粗绿彩丽金龟 *Mimela holosericea*
		分异发丽金龟 *Phyllopertha diversa*
		庭园发丽金龟 *Phyllopertha horticola*
		中华弧丽金龟 *Popillia quadriguttata*
		苹毛丽金龟 *Proagopertha lucidula*
	鳃金龟科 Melolonthidae	华阿鳃金龟 *Apogonia chinensis*
		黑阿鳃金龟 *Apogonia cupreoviridis*
		福婆鳃金龟 *Brahmina faldermanni*
		华北大黑鳃金龟 *Holotrichia oblita*
		小黑鳃金龟 *Holotrichia picea*
		毛黄脊鳃金龟 *Holotrichia* (*Pledina*) *trichophora*
		斑单爪鳃金龟 *Hoplia aureola*
		围单爪鳃金龟 *Hoplia cincticollis*
		灰胸突鳃金龟 *Hoplosternus incanus*
		小阔胫玛绢金龟 *Maladera ovatula*
		阔胫玛绢金龟 *Maladera verticalis*
		弟兄鳃金龟 *Melolontha frater*
		小云鳃金龟 *Polyphylla gracilicornis*
		大云鳃金龟 *Polyphylla laticollis*
		东方绢金龟 *Serica orientalis*
		饰毛绢金龟 *Trichoserica polita*
	花金龟科 Cetoniidae	小青花金龟 *Oxycetonia jucunda*
		褐锈花金龟 *Poecilophilides rusticola*
		白星花金龟 *Potosia brevitarsis*
	斑金龟科 Trichiidae	短毛斑金龟 *Lasiotrichius succinctus*
	吉丁虫科 Buprestidae	带小吉丁 *Agrilus mali*
		栎铜吉丁 *Chrysobothris affinis*
		梨金缘吉丁 *Scintillatrix limbata*

续表

目	科	种
鞘翅目 COLEOPTERA	叩甲科 Elateridae	细胸锥尾叩甲 *Agriotes subvittatus*
		褐纹叩甲 *Melanotus caudex*
		沟线角叩甲 *Pleonomus canaliculatus*
	皮蠹科 Dermestidae	褐毛皮蠹 *Attagenus augustatus gobicola*
		拟白腹皮蠹 *Dermestes frischii*
	蛛甲科 Ptnidae	日本蛛甲 *Ptinus japonicus*
	长蠹科 Bostrichidae	谷蠹 *Rhyzopertha dominica*
	谷盗科 Ostomatidae	大谷盗 *Tenebrioides mauritanicus*
	郭公虫科 Cleridae	黑斑郭公虫 *Clerus* (*Trichodes*) *sinae*
	扁甲科 Cucujidae	锈赤扁谷盗 *Cryptolestes ferrugineus*
		土耳其扁谷盗 *Cryptolestes turcicus*
	锯谷盗科 Silvanidae	米扁虫 *Ahasverus advena*
		锯谷盗 *Oryzaephilus surinamensis*
	瓢虫科 Coccinellidae	二星瓢虫 *Adalia bipunctata*
		红点唇瓢虫 *Chilocorus kuwanae*
		黑缘红瓢虫 *Chilocorus rubidus*
		孪斑瓢虫 *Coccinella geminopunctata*
		七星瓢虫 *Coccinella septempunctata*
		梵文菌瓢虫 *Halyzia sanscrita*
		异色瓢虫 *Harmonia axyridis*
		马铃薯瓢虫 *Henosepilachna vigintioctomaculata*
		多异瓢虫 *Hippodamia* (*Adonia*) *variegata*
		黄斑盘瓢虫 *Coelophora* (*Lemnia*) *saucia*
		六斑月瓢虫 *Menochilus sexmaculata*
		菱斑巧瓢虫 *Oenopia conglobata*
		龟纹瓢虫 *Propylea japonica*
	薪甲科 Lathridiidae	大眼薪甲 *Cartodere argus*
	小蕈甲科 Mycetophagidae	波纹蕈甲 *Mycetophagus antennatus*
	拟步甲科 Tenebrionidae	二带黑菌虫 *Alphitophagus bifasciatus*
		蒙古沙潜 *Gonocephalum reticulatum*
		沙潜 *Opatrum subaratum*
		赤拟谷盗 *Tribolium castaneum*
	芫菁科 Meloidae	中国豆芫菁 *Epicauta chinensis*
		锯角豆芫菁 *Epicauta gorhami*
		暗头豆芫菁 *Epicauta obscurocephala*
		绿芫菁 *Lytta caraganae*
		苹斑芫菁 *Mylabris calida*
	天牛科 Cerambycidae	灰长角天牛 *Acanthocinus aedilis*
		星天牛 *Anoplophora chinensis*
		桃红颈天牛 *Aromia bungii*

续表

目	科	种
鞘翅目 COLEOPTERA	天牛科 Cerambycidae	松幽天牛 *Asemum amurense*
		红缘天牛 *Asias halodendri*
		曲牙锯天牛 *Dorysthenes hydropicus*
		大牙锯天牛 *Dorysthenes paradoxus*
		顶斑瘤筒天牛 *Linda fraterna*
		中华薄翅锯天牛 *Megopis sinic*
		桔褐天牛 *Nadezhdiella cantori*
		黄带蓝天牛 *Polyzonus fasciatus*
		青杨天牛 *Saperda populnea*
		家茸天牛 *Trichoferus campestris*
	豆象科 Bruchidae	豌豆象 *Bruchus pisorum*
		蚕豆象 *Bruchus rufimanus*
		绿豆象 *Callosobruchus chinensis*
	负泥虫科 Crioceridae	谷子负泥虫 *Oulema tristis*
	叶甲科 Chrysomelidae	杨叶甲 *Chrysomela populi*
		柳叶甲 *Plagiodera versicolora*
		杨蓝叶甲 *Agelastica alni*
		麦茎异跗萤叶甲 *Apophylia thalassina*
		印度黄守瓜 *Aulacophora indica*
		双斑长跗萤叶甲 *Monolepta hieroglyphica*
		阔胫萤叶甲 *Pallasiold absinthii*
		榆蓝叶甲 *Pyrrhalta aenescens*
		榆黄萤叶甲 *Pyrrhalta luteola*
		麦凹胫跳甲 *Chaetocnema hortensis*
		粟凹胫跳甲 *Chaetocnema ingenua*
		黄曲条跳甲 *Phyllotreta striolata*
		黄窄条跳甲 *Phyllotreta vittula*
		大麻蚤跳甲 *Psylliodesa ttenuata*
		毛隐头叶甲 *Cryptocephalus pilosellus*
		黑纹隐头叶甲 *Cryptocephalus semenovi*
		二点钳叶甲 *Labidostomis bipunctata*
		粟鳞斑叶甲 *Pachnephorus lewisii*
		杨梢叶甲 *Parnops glasunowi*
	卷象科 Attelabidae	黑胸卷象 *Apoderus erythropterus*
		榆卷象 *Tomapoderus ruficollis*
	象甲科 Curculionidae	甜菜象 *Bothynoderes punctiventris*
		三北甜菜象 *Bothynoderes securus*
		短毛草象 *Chloebius psittacinus*
		大绿象 *Chlorophanus grandis*
		西伯利亚绿象 *Chlorophanus sibiricus*

续表

目	科	种
鞘翅目 COLEOPTERA	象甲科 Curculionidae	红背绿象 *Chlorophanus solarii*
		欧洲方喙象 *Cleonus piger*
		长毛叶喙象 *Diglossotrox chinensis*
		臭椿沟眶象 *Eucryptorrhynchus brandti*
		亥象 *Heydenia crassicornis*
		波纹斜纹象 *Lepyrus japonicus*
		红褐圆筒象 *Macrocoryhus discoideus*
		中国多露象 *Polydrosus chinensis*
		枣飞象 *Scythropus yasumatsui*
		玉米象 *Sitophilus zeamais*
		峰喙象 *Stelorrhinoides freyi*
		北京灰象 *Sympiezomias herzi*
		大灰象 *Sympiezomias velatus*
		蒙古土象 *Xylinophorus mongolicus*
双翅目 DIPTERA	大蚊科 Tipulidae	短柄大蚊 *Nephrotoma* sp.
	蚊科 Culicidae	按蚊 *Anopheles* sp.
		库蚊 *Culex* sp.
		摇蚊 *Tendipes* sp.
	蚋科 Simuliidae	短蚋 *Odagmia ferganicum*
	虻科 Tabanidae	黄虻 *Atylotus* sp.
		斑虻 *Chrysops* sp.
		麻虻 *Haematopota* sp.
	窗虻科 Scenopinidae	窗虻 *Scenopinus* sp.
	食虫虻科 Asilidae	鬃低颜食虻 *Cerdistus fubatus*
		中华盜虻 *Cophinopoda chinensis*
		短芒毛突食虫虻 *Eutolmus brevistylus*
	食蚜蝇科 Syrphidae	大长角食蚜蝇 *Chrysotoxum grande*
		八斑长角食蚜蝇 *Chrysotoxum octomaculatum*
		褐黄长角食蚜蝇 *Chrysotoxum testaceum*
		巨斑边食蚜蝇 *Didea fasciata*
		黑带食蚜蝇 *Episyrphus balteatus*
		长尾管蚜蝇 *Eristalis tenax*
		灰带管蚜蝇 *Eristalis cerealis*
		黑色斑眼蚜蝇 *Eristalinus aeneus*
		斜斑鼓额食蚜蝇 *Scaeva pyrastri*
		梯斑黑食蚜蝇 *Melanostoma scalare*
		四条小食蚜蝇 *Paragus quadrifasciatus*
		短翅细腹食蚜蝇 *Sphaerophpria scripta*
		大灰后食蚜蝇 *Metasyrphus corollae*
		凹带后食蚜蝇 *Metasyrphus nitens*

续表

目	科	种
双翅目 DIPTERA	潜叶蝇科 Agromyzidae	齿角潜蝇 *Cerodontha denticornis*
		葱斑潜蝇 *Liriomyza chinensis*
		豌豆潜叶蝇 *Phytomyza horticola*
	秆蝇科 Chloropidae	粟秆蝇 *Atherigona biseta*
		麦秆蝇 *Meromyza saltatrix*
	花蝇科 Anthomyiidae	葱地种蝇 *Delia antiqua*
		萝卜地种蝇 *Delia floralis*
		灰地种蝇 *Delia platura*
膜翅目 HYMENOPTERA	叶蜂科 Tenthredinidae	菜叶蜂 *Athalia rosae*
		黄翅菜叶蜂 *Athalia rosae japanensis*
		梨实蜂 *Hoplocampa pyricola*
	小蜂科 Chalcididae	广大腿小蜂 *Brachymeria lasus*
		麻蝇大腿小蜂 *Brachymeria minuta*
	广肩小蜂科 Eurytomidae	锦鸡儿广肩小蜂 *Bruchophagus neocaraganae*
		杏仁蜂 *Eurytoma samsonowi*
	金小蜂科 Pteromalidae	米象小蜂 *Lariophagus distinguendus*
	跳小蜂科 Encyrtidae	巢蛾多胚跳小蜂 *Ageniaspis fuscicollis*
	姬小蜂科 Eulophidae	瓢虫双脊姬小蜂 *Pediobius foveoiatus*
		梨潜皮蛾姬小蜂 *Pediobius pyrgo*
	赤眼蜂科 Trichogrammatidae	松毛虫赤眼蜂 *Trichogramma dendrolimi*
		广赤眼蜂 *Trichogramma evanescens*
		玉米螟赤眼蜂 *Trichogramma ostriniae*
	姬蜂科 Ichneumonidae	野蚕黑瘤姬蜂 *Coccygomimus luctuosus*
		夜蛾瘦姬蜂 *Ophion luteus*
		脊腿囊爪姬蜂 *Theronia atalantae gestator*
	茧蜂科 Braconidae	桑毒蛾绒茧蜂 *Apanteles femoratus*
		天幕毛虫绒茧蜂 *Apanteles gastropachae*
		菜粉蝶绒茧蜂 *Apanteles glomeratus*
		荨麻蛱蛾绒茧蜂 *Apanteles venessae*
		螟黑纹茧蜂 *Bracon onukii*
		瓢虫茧蜂 *Perilitus coccinellae*
	蚜茧蜂科 Aphidiidae	烟蚜茧蜂 *Aphidius gifuensis*
		平滑腹板蚜茧蜂 *Aphidius laevipetiolus*
		桃蚜茧蜂 *Aphidius matricariae*
		菜蚜茧蜂 *Diaeretiella rapae*
		排遗蚜外茧蜂 *Praon abjectum*
	土蜂科 Scoliidae	大斑土蜂 *Scolia clypeata*
		黑体花斑土蜂 *Scolia histrionica*

续表

目	科	种
膜翅目 HYMENOPTERA	胡蜂科 Vespidae	黄边胡蜂 *Vespa crabro*
		桃胡蜂 *Vespa mandarina*
	地蜂科 Andrenidae	蒙古拟地蜂 *Melitturga mongolica*
	条蜂科 Anthophoridae	杂无垫蜂 *Amegilla confusa*
	切叶蜂科 Megachilidae	七黄斑蜂 *Anthidium septemspinosum*
		平唇切叶蜂 *Megachile conjunctiformis*
		拟小突切叶蜂 *Megachile disjunctiformis*
		北方切叶蜂 *Megachile manchuriana*
	蜜蜂科 Apidae	意大利蜜蜂 *Apis mellifera*
		阿尔泰原木蜂 *Proxylocopa altaica*
		黄胸木蜂 *Xylocopa appendiculata*

附录三　平朔矿区陆栖脊椎动物名录

（4纲20目46科128种）

纲	目	科	种
两栖纲 AMPHIBIA	无尾目 Anura	蟾蜍科 Bufonidae	花背蟾蜍 *Bufo raddei*
			中华蟾蜍 *Bufo gargarizans*
		蛙科 Ranidae	黑斑蛙 *Rana nigromaculata*
爬行纲 REPTILIA	有鳞目 Squamata	壁虎科 Gekkonidae	无蹼壁虎 *Gekko swinhonis*
		蜥蜴科 Lacertidae	丽斑麻蜥 *Eremias argus*
	蛇目 Serpentiformes	游蛇科 Colubridae	白条锦蛇 *Elaphe dione*
			虎斑颈槽蛇 *Rhabdophis tigrinus*
鸟纲 AVES	鹳形目 Ciconiiformes	鹭科 Ardeidae	苍鹭 *Ardea cinerea*
			池鹭 *Ardeola bacchus*
			夜鹭 *Nycticorax nycticorax*
	雁形目 Anseriformes	鸭科 Anatidae	赤麻鸭 *Tadorna ferruginea*
			绿翅鸭 *Anas crecca*
			斑嘴鸭 *Anas poecilorhyncha*
	隼形目 Falconiformes	鹰科 Accipitridae	苍鹰 *Accipiter gentilis*
			雀鹰 *Accipiter nisus*
			大鵟*Buteo hemilasius*
			普通鵟*Buteo buteo*
		隼科 Falconidae	阿穆尔隼 *Falco amurebsis*
			红隼 *Falco tinnunculus*
	鸡形目 Galliformes	雉科 Phasianidae	石鸡 *Alectoris chukar*
			斑翅山鹑 *Perdix dauurica*
			鹌鹑 *Coturnix coturnix*
			环颈雉 *Phasianus colchicus*
	鸻形目 Charadriiformes	鸻科 Charadriidae	灰头麦鸡 *Vanellus cinereus*
			金眶鸻 *Charadrius dubius*
		鹬科 Scolopacidae	白腰草鹬 *Tringa ochropus*
			矶鹬 *Tringa hypoleucos*
			孤沙锥 *Capella solitaria*
			扇尾沙锥 *Gallinago gallinago*
			丘鹬 *Scolopax rusticola*
		鸥科 Laridae	白额燕鸥 *Sterna albifrons*
			普通燕鸥 *Sterna hirundo*

续表

纲	目	科	种
鸟纲 AVES	鸽形目 Columbiformes	鸠鸽科 Columbidae	岩鸽 *Columba rupestris*
			灰斑鸠 *Streptopelia decaocto*
			山斑鸠 *Streptopelia orientalis*
			珠颈斑鸠 *Streptopelia chinensis*
	鹃形目 Cuculiformes	杜鹃科 Cuculidae	四声杜鹃 *Cuculus micropterus*
			红翅凤头鹃 *Clamator coromandus*
	鸮形目 Strigiformes	鸱鸮科 Strigidae	纵纹腹小鸮 *Athene noctua*
			长耳鸮 *Asio otus*
			短耳鸮 *Asio flammeus*
	雨燕目 Apodiformes	雨燕科 Apodidae	楼燕 *Apus apus*
			白腰雨燕 *Apus pacificus*
	佛法僧目 Coraciiformes	翠鸟科 Alcedinidae	普通翠鸟 *Alcedo atthis*
		戴胜科 Upupidae	戴胜 *Upupa epops*
	䴕形目 Piciformes	啄木鸟科 Picidae	蚁䴕 *Jynx torquilla*
			灰头绿啄木鸟 *Picus canus*
			大斑啄木鸟 *Dendrocopos major*
			星头啄木鸟 *Dendrocopos canicapillus*
	雀形目 Passeriformes	百灵科 Alaudidae	凤头百灵 *Galerida cristata*
			云雀 *Alauda arvensis*
			短趾沙百灵 *Calandrella cinerea*
		燕科 Hirundinidae	家燕 *Hirundo rustica*
			金腰燕 *Hirundo daurica*
			毛脚燕 *Delichon urbicum*
		鹡鸰科 Motacillidae	山鹡鸰 *Dendronanthus indicus*
			黄鹡鸰 *Motacilla flava*
			黄头鹡鸰 *Motacilla citreola*
			灰鹡鸰 *Motacilla cinerea*
			白鹡鸰 *Motacilla alba*
		伯劳科 Laniidae	虎纹伯劳 *Lanius tigrinus*
			红尾伯劳 *Lanius cristatus*
			楔尾伯劳 *Lanius sphenocercus*
		黄鹂科 Oriolidae	黑枕黄鹂 *Oriolus chinensis*
		卷尾科 Dicruridae	黑卷尾 *Dicrurus macrocercus*
		椋鸟科 Sturnidae	灰椋鸟 *Sturnus cineraceus*
			北椋鸟 *Sturnus sturninus*
		鸦科 Corvidae	红嘴蓝鹊 *Urocissa erythroryncha*
			灰喜鹊 *Cyanopica cyanus*
			喜鹊 *Pica pica*
			红嘴山鸦 *Pyrrhocorax pyrrhocorax*
			寒鸦 *Corvus monedula*

续表

纲	目	科	种
鸟纲 AVES	雀形目 Passeriformes	鸦科 Corvidae	大嘴乌鸦 *Corvus macrorhynchos*
		岩鹨科 Prunellidae	棕眉山岩鹨 *Prunella montanella*
		鹟科 Muscicapidae	北红尾鸲 *Phoenicurus auroreus*
			黑喉石䳭 *Saxicola torquata*
			白顶䳭 *Oenanthe pleschanka*
			蓝矶鸫 *Monticola solitarius*
			乌鸫 *Turdus merula*
			赤颈鸫 *Turdus ruficollis*
			斑鸫 *Turdus naumanni*
			乌鹟 *Muscicapa sibirica*
			红喉姬鹟 *Ficedula parva*
			黄腰柳莺 *Phylloscopus proregulus*
			黄眉柳莺 *Phylloscopus inornatus*
			山鹛 *Rhopophilus pekinensis*
			棕头鸦雀 *Paradoxornis webbianus*
			山噪鹛 *Garrulax davidi*
		山雀科 Paridae	大山雀 *Parus major*
			黄腹山雀 *Parus venustulus*
			煤山雀 *Parus ater*
			沼泽山雀 *Parus palustris*
		长尾山雀科 Aegithalidae	银喉长尾山雀 *Aegithalos caudatus*
			北褐头山雀 *Parus montanus*
		䴓科 Sittidae	黑头䴓*Sitta villosa*
		绣眼鸟科 Zosteropidae	暗绿绣眼鸟 *Zosterops japonicus*
		雀科 Passeridae	树麻雀 *Passer montanus*
		燕雀科 Fringillidae	燕雀 *Fringilla montifringilla*
			金翅雀 *Carduelis sinica*
			普通朱雀 *Carpodacus erythrinus*
			黑尾蜡嘴雀 *Eophona migratoria*
			锡嘴雀 *Coccothraustes coccothraustes*
			白头鹀 *Emberiza leucocephalos*
			黄喉鹀 *Emberiza elegans*
			三道眉草鹀 *Emberiza cioides*
			灰眉岩鹀 *Emberiza cia*
			田鹀 *Emberiza rustica*
			小鹀 *Emberiza pusilla*
			白眉鹀 *Emberiza tristrami*
			苇鹀 *Emberiza pallasi*
哺乳纲 MAMMALIA	食虫目 Insectivora	猬科 Erinaceidae	普通刺猬 *Erinaceus europaeus*
		鼩鼱科 Soricidae	北小麝鼩 *Crocidura suaveolens*

续表

纲	目	科	种
哺乳纲 MAMMALIA	翼手目 Chiroptera	蝙蝠科 Vespertilionidae	普通伏翼 *Pipistrellus abramus*
			东方蝙蝠 *Vespertilio sinensis*
	食肉目 Carnivora	犬科 Canidae	赤狐 *Vulpes vulpes*
		鼬科 Mustelidae	黄鼬 *Mustela sibirica*
			艾虎 *Putorius eversmanni*
			狗獾 *Meles meles*
			猪獾 *Arctonyx collaris*
		猫科 Felidae	豹猫 *Prionailurus bengalensis*
	兔形目 Lagomorpha	兔科 leporidae	草兔 *Lepus capensis*
	啮齿目 Rodentia	松鼠科 Sciuridae	花鼠 *Eutamias sibiricus*
			岩松鼠 *Sciurotamias davidianus*
		鼠科 Muridae	黑线姬鼠 *Apodemus agrarius*
			小家鼠 *Mus musculus*
			褐家鼠 *Rattus norvegicus*
		仓鼠科 Cricetidae	大仓鼠 *Cricetulus triton*
			长尾仓鼠 *Cricetulus longicaudatus*